"十二五"江苏省高等学校重点教材（编号：2013-1-132）
全国高等职业教育规划教材

机电设备电气控制与PLC应用

主　编　陶亦亦　吴　倩
副主编　陆春元　金　芬
参　编　潘丽敏　王　敏　陆欢林
　　　　郭秀华　于　进　杨弟平
主　审　顾寄南

机械工业出版社

本书以工程实际项目为基础，在任务分析、任务实施过程中引入相关知识点，着眼于知识应用和能力训练的培养，“理论”与“实践”融为一体，互相渗透。

本书共分2篇，包含10个项目，每个项目又由多个任务构成。第一篇为低压电气控制技术，基于典型机电设备电气控制分析，介绍了低压电器、电路分析方法、基本控制电路及典型电路的分析。第二篇为可编程序控制器技术，基于典型机电设备和工程应用项目以及任务的分析，介绍了三菱FX_{3U}系列PLC的基本组成、结构及工作原理、基本指令、步进顺控指令和常用功能指令、PLC通信控制以及触摸屏和变频器在PLC控制任务中的应用和实现，最后还列出了多个PLC控制的综合应用项目。

本书融理论与实践于一体，注重培养学生的技术应用能力、工程设计能力和创新能力，可作为高职高专院校机电类、电气类、电子类等相关专业“机电设备电气控制与PLC应用”课程及类似课程的教材，也可供电气工程技术人员参考。

本书配套授课电子课件，需要的教师可登录机械工业出版社教材服务网www.cmpedu.com免费注册后下载，或联系编辑索取（QQ：1239258369，电话：010－88379739）。

图书在版编目(CIP)数据

机电设备电气控制与PLC应用/陶亦亦，吴倩主编．—北京：机械工业出版社，2015.12
全国高等职业教育规划教材
ISBN 978-7-111-52391-8

Ⅰ.①机… Ⅱ.①陶… ②吴… Ⅲ.①机电设备－电气控制－高等职业教育－教材 ②可编程序控制器－高等职业教育－教材 Ⅳ.①TM921.5 ②TP332.3

中国版本图书馆CIP数据核字(2015)第300784号

机械工业出版社(北京市百万庄大街22号 邮政编码 100037)
责任编辑：曹帅鹏 责任校对：张艳霞
责任印制：乔 宇

唐山丰电印务有限公司印刷

2016年4月第1版·第1次印刷
184mm×260mm·20.25印张·499千字
0001-3000册
标准书号：ISBN 978-7-111-52391-8
定价：49.00元

凡购本书，如有缺页、倒页、脱页，由本社发行部调换

电话服务
服务咨询热线：(010)88379833
读者购书热线：(010)88379649

网络服务
机工官网：www.cmpbook.com
机工官博：weibo.com/cmp1952
教育服务网：www.cmpedu.com
金书网：www.golden-book.com

全国高等职业教育规划教材机电专业

编委会成员名单

出版说明

《国务院关于加快发展现代职业教育的决定》指出：到2020年，形成适应发展需求、产教深度融合、中职高职衔接、职业教育与普通教育相互沟通，体现终身教育理念，具有中国特色、世界水平的现代职业教育体系，推进人才培养模式创新，坚持校企合作、工学结合，强化教学、学习、实训相融合的教育教学活动，推行项目教学、案例教学、工作过程导向教学等教学模式，引导社会力量参与教学过程，共同开发课程和教材等教育资源。机械工业出版社组织全国60余所职业院校（其中大部分是示范性院校和骨干院校）的骨干教师共同策划、编写并出版的“全国高等职业教育规划教材”系列丛书，已历经十余年的积淀和发展，今后将更加紧密地结合国家职业教育文件精神，致力于建设符合现代职业教育教学需求的教材体系，打造充分适应现代职业教育教学模式的、体现工学结合特点的新型精品化教材。

“全国高等职业教育规划教材”涵盖计算机、电子和机电三个专业，目前在销教材300余种，其中“十五”“十一五”“十二五”累计获奖教材60余种，更有4种获得国家级精品教材。该系列教材依托于高职高专计算机、电子、机电三个专业编委会，充分体现职业院校教学改革和课程改革的需要，其内容和质量颇受授课教师的认可。

在系列教材策划和编写的过程中，主编院校通过编委会平台充分调研相关院校的专业课程体系，认真讨论课程教学大纲，积极听取相关专家意见，并融合教学中的实践经验，吸收职业教育改革成果，寻求企业合作，针对不同的课程性质采取差异化的编写策略。其中，核心基础课程的教材在保持扎实的理论基础的同时，增加实训和习题以及相关的多媒体配套资源；实践性较强的课程则强调理论与实训紧密结合，采用理实一体的编写模式；涉及实用技术的课程则在教材中引入了最新的知识、技术、工艺和方法，同时重视企业参与，吸纳来自企业的真实案例。此外，根据实际教学的需要对部分课程进行了整合和优化。

归纳起来，本系列教材具有以下特点：

1）围绕培养学生的职业技能这条主线来设计教材的结构、内容和形式。

2）合理安排基础知识和实践知识的比例。基础知识以“必需、够用”为度，强调专业技术应用能力的训练，适当增加实训环节。

3）符合高职学生的学习特点和认知规律。对基本理论和方法的论述容易理解、清晰简洁，多用图表来表达信息；增加相关技术在生产中的应用实例，引导学生主动学习。

4）教材内容紧随技术和经济的发展而更新，及时将新知识、新技术、新工艺和新案例等引入教材。同时注重吸收最新的教学理念，并积极支持新专业的教材建设。

5）注重立体化教材建设。通过主教材、电子教案、配套素材光盘、实训指导和习题及解答等教学资源的有机结合，提高教学服务水平，为高素质技能型人才的培养创造良好的条件。

由于我国高等职业教育改革和发展的速度很快，加之我们的水平和经验有限，因此在教材的编写和出版过程中难免出现问题和疏漏。我们恳请使用这套教材的师生及时向我们反馈质量信息，以利于我们今后不断提高教材的出版质量，为广大师生提供更多、更适用的教材。

机械工业出版社

前　言

随着职业教育在我国的不断深化，各高职高专院校在人才培养、教学模式及课程建设与改革方面，越来越注重培养学生的职业能力，关心学生的就业。这就需要课程在保证知识体系相对完整的同时，改变知识理解体系，在项目任务的认识、分析和完成过程中，掌握知识与技术的应用。

本书在编写过程中，结合人才培养、实践教学体系、课程建设与改革要求，基于项目任务，立足应用型人才的培养目标，做了以下工作和努力。

（1）突出高职教育新要求。针对产业结构调整、技术转移、新型产业发展对高职教育技术应用型人才提出的要求，以技术应用能力培养和技术素养养成为出发点，在保证课程知识体系的同时，基于典型机电设备和工控领域实际项目，系统构建课程内容体系和实训项目。

（2）体现技术新发展和新应用。随着电气控制与PLC技术在各领域应用的不断深化，出现了新产品、新技术和新应用，如新型智能电器元件、新型号的PLC，通信功能不断增强，组态功能更丰富，智能模块功能更趋强大，编程工具多样化等。基于这些功能的增强和丰富，本书在教学内容上做了相应的充实。

（3）项目教学引领对接职业标准。理论和实践一体的项目化教学，打破了理论课和实训课的界限，将课程的理论教学、实践教学、解决生产实际问题融于一体。在教材使用上，以完成某个项目为教学目标，通过师生互动，充分调动和激发学生的学习兴趣，实现教、学、练的紧密结合。在综合训练项目上，对接可编程序控制系统设计师最新职业标准。

（4）注重学生自我能力培养。为进一步强化、巩固学生的知识，每个任务后面都列出了主要知识点，每个项目后面都提供了与项目任务相关的习题；同时还设了知识拓展部分，以补充新知识或前沿知识、重点难点等，给学生的课外学习点津，培养学生自我学习、主动学习的能力，以适应终身学习和可持续发展能力的培养要求。

本书编者既有从事电气控制技术及PLC应用技术的教学与科研的一线教师，也有具有丰富工程经验的企业工程师。他们在教学改革、实训室建设、工程项目等各方面都有一定造诣。本书是在编者多年教学与工程实践基础上编写而成的。参加本书编写的主要有陶亦亦、吴倩、陆春元、金芬、王敏、陆欢林等。其中陶亦亦、吴倩编写了项目三、项目四、项目五；金芬编写了项目七、项目九；陆春元编写了项目一、项目二；王敏编写了项目六、项目十的任务一、任务二；潘丽敏编写了项目八；陆欢林编写了项目十的任务三；郭秀华、于进整理了相关实训项目；杨弟平审核了附录内容。全书由陶亦亦、吴倩统稿、定稿，并任主编，陆春元、金芬任副主编。

本书由江苏大学顾寄南教授主审，并提出了有益的建议和意见。此外，在本书的编写过程中，还得到了苏州市职业大学教务处、机电工程学院领导的大力支持，得到了三菱电机自动化（中国）有限公司、上海宇龙软件工程有限公司、苏州瑞思机电科技有限公司的帮助，在此一并表示衷心的感谢！

由于编者水平有限，书中存在疏漏及不足之处在所难免，恳请广大师生、读者批评指正，提出宝贵意见。

编　者

目　录

出版说明

前言

安全用电与急救常识 ………………………… 1

第一篇　低压电气控制技术

项目一　低压电器元件的选用与电气原理图识图 ………………………… 4

任务一　CA6140 车床电器元件认知与选用 ………………………… 4

任务二　CA6140 车床电气原理图读图 ………………………… 19

训练项目一　常用电工仪表的使用 ………………………… 24

思考与练习 ………………………… 26

项目二　电气控制电路的分析与调试 … 27

任务一　三相异步电动机正反转控制电路的分析与调试 … 27

任务二　三相异步电动机减压启动控制电路的分析与调试 … 31

任务三　三相异步电动机制动控制电路的分析与调试 ……… 36

任务四　三相异步电动机调速控制电路的分析与调试 ……… 40

训练项目二　自动往复控制电路的安装与调试 ……… 45

思考与练习 ………………………… 47

第二篇　可编程序控制器技术

项目三　PLC 认知 ………………………… 49

任务一　PLC 认知 ………………………… 49

任务二　三菱 FX_{3U}系列 PLC 硬件认知 ………………………… 57

训练项目三　三菱 FX_{3U}系列 PLC 硬件接线 ………………………… 64

任务三　GX Works2 编程软件的使用 ………………………… 68

思考与练习 ………………………… 78

项目四　电动机基本控制电路的 PLC 控制 ………………………… 80

任务一　三相异步电动机单向连续带点动的 PLC 控制 ……… 80

任务二　三相异步电动机Y－△减压启动的 PLC 控制 ……… 97

任务三　三相异步电动机正反转的 PLC 控制 ………………… 103

训练项目四　三相异步电动机正反转带Y－△减压启动的 PLC 控制 ………………… 111

任务四　三台三相异步电动机顺序启停的 PLC 控制 ……… 114

训练项目五　工作台自动往复运动 PLC 控制的实现…… 123

思考与练习 ………………………… 126

项目五　顺序控制流程的 PLC 控制 ………………………… 130

任务一　物料传送装置的 PLC 控制 ………………………… 130

训练项目六　液体混合的 PLC 控制 ………………………… 138

任务二　大、小球分拣系统的 PLC 控制 ………………………… 141

任务三　十字路口交通信号灯的

PLC 控制…………………… 148
训练项目七　人行横道按钮式交通灯的 PLC 控制 …… 155
思考与练习…………………………… 158
项目六　功能指令任务的 PLC 控制…………………………… 161
任务一　物料传送装置手动自动运行的 PLC 控制 ……… 161
任务二　简易自动售货机的 PLC 控制…………………… 172
训练项目八　加工中心刀库捷径方向选择的 PLC 控制 … 187
任务三　喷泉的 PLC 控制 ……… 189
训练项目九　舞台艺术灯饰的 PLC 控制…………… 195
习题及思考题……………………… 197
项目七　PLC 控制工程实例 ………… 199
任务一　C650 普通卧式车床的 PLC 控制…………………… 199
任务二　电镀流水线的 PLC 控制…………………… 206
任务三　机械手传送装置的 PLC 控制…………………… 218
思考与练习…………………………… 231
项目八　通信控制的 PLC 实现 ……… 233
任务一　三菱 PLC N: N 网络通信的实现…………… 233
任务二　三菱 PLC CC – link 现场总线通信的实现………… 247
思考与练习…………………………… 260
项目九　触摸屏和变频器的 PLC 综合控制…………………… 261
任务一　触摸屏、变频器对水泵电动机的调速控制……… 261
任务二　基于触摸屏的变频器模拟量调速控制的实现……… 269
训练项目十　变频器调速的 PLC 控制实现…………… 275
项目十　PLC 控制系统设计与项目实训…………………… 278
任务一　PLC 的编程方法………… 278
任务二　PLC 控制系统设计……… 279
任务三　电气控制技术与 PLC 应用综合实训………………… 285
附录 A　FX_{3U} 系列 PLC 技术指标 …… 296
附录 B　FX_{3U} 系列 PLC 的型号名称体系及其种类………………… 300
附录 C　FX_{3U} PLC 特殊元件编号及名称检索…………………… 305
附录 D　FX_{3U} 指令顺序排列及其索引…………………………… 307
参考文献…………………………………… 315

安全用电与急救常识

一、安全用电与电气危害

1. 安全用电的意义

电能的广泛应用有力地推动了人类社会的发展，但是不注意用电安全会带来严重的灾害。安全用电是指在保证人身及设备安全的前提下，正确地使用电力及为达到此目的而采用的科学措施和手段。

2. 电气危害

电气危害有两个方面：一方面是对系统自身的危害，如短路、过电压、绝缘老化等；另一方面是对用电设备、环境和人员的危害，如触电、电气火灾、电压异常升高造成用电设备损坏等，其中触电和电气火灾危害最为严重。

3. 用电安全措施

（1）手、脚或身体其他部分潮湿时，不要触摸电器、开关、插头及插座。

（2）将插头插入或拔出插座前，应把电器电源开关关掉。

（3）清洁电器时，应关闭电源。

（4）使用多用插座时，应避免负载过重。

（5）识别安全标志，警惕危险因素，防止偶然触及或过分接近带电体而触电。

（6）带电设备设施与工作人员之间必须有一定的安全距离，距离的大小取决于电压的高低。

（7）设置保护屏以防止工作人员意外碰触或过分接近带电体并保护电气设备。

（8）用绝缘材料将带电导体封护或隔离，使电气设备及电路正常工作，防止人身触电。

（9）带电设备设施接地保护。

（10）带电设备设施安装漏电保护开关，使其发生漏电或接地故障时自动切断电源。

二、触电及触电急救

1. 触电及触电危害

触电是指人体触及带电体后，电流对人体造成的伤害，包括电伤和电击。电伤是指电流的热效应、化学效应、机械效应及电流本身作用造成的人体伤害，一般会在人体皮肤表面留下明显的伤痕，常见的有灼伤、电烙伤和皮肤金属化等现象。电击是指电流通过人体内部，破坏人体内部组织，影响呼吸系统、心脏及神经系统的正常功能，甚至危及生命。在触电事故中，电击和电伤常会同时发生。

2. 触电方式

人体触电一般分为直接触电、间接触电和跨步电压触电，此外还有高压电场、高频电磁场、静电感应、雷击等对人体造成的伤害。

3. 影响触电危险程度的因素

影响触电危险程度的主要因素有电流类型、大小、作用时间、路径及人体电阻等。我国规定适用于一般环境的安全电压为36 V，人体安全电流为30 mA。

4. 触电急救

（1）解脱电源　人在触电后可能由于失去知觉或超过人的摆脱电流而不能自己脱离电源，此时抢救人员不要惊慌，不得直接用手或其他金属及潮湿的物件作为救护工具，最好采用单手操作，在保护自己不被触电的情况下使触电者脱离电源。具体方法如下：

① 如果接触电器触电，应立即断开近处的电源，可就近拔掉插头、断开开关或打开熔断器盒。

② 如一时不能实行上述方法，触电者又趴在电器上，可隔着干燥的衣物将触电者拉开或用干木板、干胶木板等绝缘物插入触电者身下，隔断电源。

③ 如果碰到破损的电线而触电，附近又找不到开关，可用干燥的木棒、竹竿、手杖等绝缘工具把电线挑开，挑开的电线要放置好，不要使人再触碰到。

④ 抛掷裸金属导线，使电路短路接地，迫使保护装置动作，断开电源。

⑤ 触电者脱离电源后，肌肉不再受到电流刺激，会立即放松而摔倒，造成外伤，特别是在高空作业时更危险，故在切断电源时，须同时有相应的保护措施以防止造成二次受伤。

（2）现场急救　把脱离电源的触电者迅速移至干燥通风的地方，使其仰卧，并解开其上衣和腰带，通过观察呼吸情况、检查心跳情况等，迅速判断其症状。根据其受电流伤害的不同程度，采取不同的急救方法：

① 触电者神志清醒，但有些心慌，四肢发麻，全身无力，应使触电者保持安静，解除恐慌，不要走动，并请医生前来诊治或送往医院。

② 触电者已失去知觉，但心脏跳动和呼吸还存在，应让触电者在空气流动的地方平卧，解开衣领便于呼吸；如天气寒冷，应注意保温，必要时用氨水摩擦全身使之发热，并迅速请医生到现场治疗或送往医院。

③ 触电者有心跳而呼吸停止时，应采用“口对口人工呼吸法”进行抢救。

④ 触电者有呼吸而心脏停止跳动时，应采用“胸外心脏按压法”进行抢救。

⑤ 触电者呼吸和心跳均停止时，应同时采用“口对口人工呼吸法”和“胸外心脏按压发”进行抢救。

三、电气火灾消防

1. 电气火灾原因

（1）危险温度　危险温度是电气设备过热，即电流的热效应造成的。电路发生短路故障、电气设备过载以及电气设备使用不当均可导致发热超过危险温度而引起火灾。

（2）电火花和电弧　电火花是电极间的击穿放电现象，而电弧是大量电火花汇集而成的。如开关电器的拉、合操作，接触器触点的吸、合等都能产生电火花。

（3）易燃易爆环境　如在石油、化工和一些军工企业的生产场所中，存在可燃物及爆炸性混合物；另外，一些设备本身可能会产生可燃易爆物质，如设备中的绝缘油，在电弧作用下分解和气化，喷出大量的油雾和可燃气体。

2. 电气灭火

(1) 切断电源要求　发现电子装置、电气设备、电缆等冒烟起火，要尽快切断电源，切断电源时应注意下列事项：

① 切断电源时应使用绝缘工具。发生火灾后，开关设备可能受潮或被烟熏，其绝缘强度大大降低，因此拉闸时应使用可靠的绝缘工具，防止操作中发生触电事故。

② 切断电源的地点要选择得当，防止切断电源后影响灭火工作。

③ 要注意拉闸的顺序。对于高压设备，应先断开断路器，然后拉开隔离开关；对于低压设备，应先断开磁力启动器，然后拉闸，以免引起弧光短路。

④ 当剪断低压电源导线时，剪断位置应注意避免断线线头下落时造成触电伤人或发生接地短路。剪断同一电路的不同相导线时，应错开部位剪断，以免造成人为短路。

⑤ 如果电路带有负荷，应尽可能先切断负荷，再切断现场电源。

(2) 带电灭火安全要求　有时为了争取灭火时间，来不及断电，或因实验需要以及其他原因，不允许断电，则需带电灭火。灭火时不可将身体或灭火工具触及导线和电气设备。应使用砂土、二氧化碳或四氯化碳等不导电灭火介质，忌用泡沫和水进行灭火。带电灭火需注意以下几点：

① 选择适当的灭火器。二氧化碳、四氧化碳、二氟一氯一溴甲烷、二氟二溴甲烷或干粉灭火器的灭火剂都是不导电的，可用于带电灭火。泡沫灭火器的灭火剂（水溶液）有一定的导电性，对绝缘有一定影响，不宜用于带电灭火。

② 用水枪灭火器灭火时宜采用喷雾水枪。该水枪通过水柱泄漏的电流较小，用于带电灭火较安全。

③ 人体与带电体之间应保持安全距离。用水灭火时，水枪喷嘴至带电体的距离：电压在 110 V 以下不小于 3 m，电压在 220 V 以上应不小于 5 m。

④ 对架空线路等空中设备进行灭火时，人体位置与带电体之间的仰角应不超过 45°，以防止导线断落危及灭火人员安全。

⑤ 带电导线断落的场合，需划出警戒区。

第一篇　低压电气控制技术

项目一　低压电器元件的选用与电气原理图识图

【项目内容简介】

本项目针对通用机床设备的电气控制要求，介绍常用低压电器元件的选用和电气原理图识图。通过两个任务，介绍各类低压电器的结构、组成、工作原理、选用原则和电气原理图识图等内容。要求能根据具体的电气控制要求，正确选择低压电器类型，计算低压电器元件参数，合理选用低压电器型号并掌握电气原理图识图方法。

【知识目标】

1. 了解低压电器的结构、组成、工作原理；
2. 掌握低压电器的图形、文字国际标准符号；
3. 掌握电气控制原理图识图方法。

【能力目标】

1. 能根据生产工况正确、合理选用低压电器元件；
2. 能对给出的电气控制原理图根据识图方法进行读图分析；
3. 能分析低压电器常见故障并提出解决方案。

任务一　CA6140 车床电器元件认知与选用

一、任务内容

CA6140 普通卧式车床主要由床身、主轴箱、进给箱、溜板箱、刀架、光杠、丝杠和尾座等部件组成。图 1-1 为 CA6140 普通车床外形图。主轴箱固定安装在床身的左端，其内装有主轴和变速传动机构；床身的右侧装有尾座，其上可装后顶尖以支承长工件的一端，也可安装钻头等孔加工刀具以进行钻、扩、铰孔等加工。

CA6140 普通卧式车床主要有两种主运动，一种是主轴卡盘带动工件的旋转运动，称为主运动（切削运动）；另一种是溜板刀架或尾架顶针带动刀具的直线运动，称为进给运动。两种运动由同一台电动机带动并通过各自的变速箱调节主轴转速或进给速度。此外，为提高效率、减轻劳动强度、便于对刀和减小辅助工时，CA6140 普通车床的刀架还能快速移动（辅助运动）。

CA6140 普通车床由三台三相笼型异步电动机拖动，即主电动机、刀架快速移动电动机和冷却泵电动机。主电动机实现机床主运动，刀架快速移动电动机带动刀架实现快速移动，冷却泵电动机实现加工过程中冷却液供给。CA6140 普通车床为半自动化机械加工设备，其电气控制通过继电器接触器控制实现，图 1-2 为 CA6140 普通车床电气原理图，表 1-1 列出了 CA6140 普通车床电气控制所用到的电器元件。

图 1-1　CA6140 普通车床

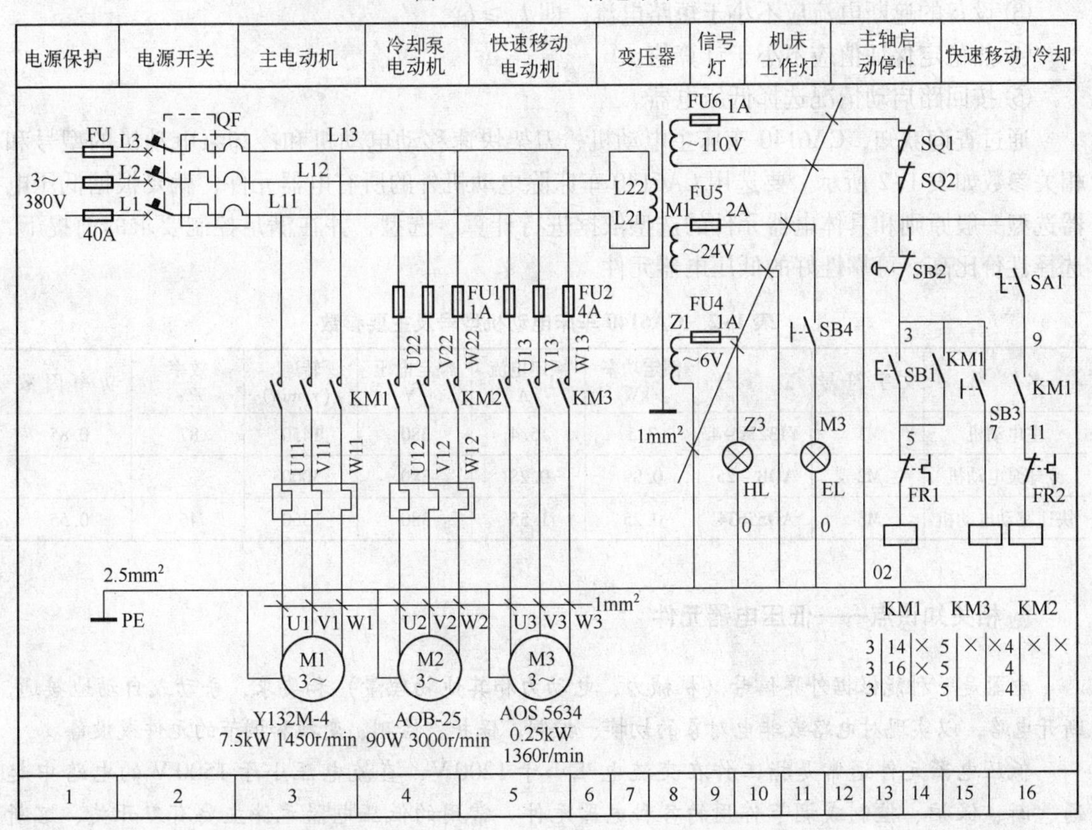

图 1-2　CA6140 普通车床电气原理图

表 1-1　CA6140 车床电器元件符号及功能说明表

符　　号	名称及用途	符　　号	名称及用途
M1	主电动机	SB1	主电动机启动按钮
M2	冷却泵电动机	SB2	机床停止按钮
M3	快速移动电动机	SB3	快移电动机启动按钮
QF	开关电源用低压断路器	SB4	照明灯接通按钮
KM1	主电动机启动接触器	SA1	冷却泵电动机启动开关
KM2	冷却泵电动机启动接触器	SQ1	带轮罩开关
KM3	快移电动机启动接触器	SQ2	电柜门断电开关
FU、FU1、FU2、FU4～FU6	熔断器	EL	照明灯
FR1、FR2	电动机过载保护热继电器	HL	信号灯

二、任务分析

要正确、合理选用电器元件，首先要明确电器元件的控制对象和工况，低压电器选型的一般原则是：

① 低压电器的额定电压应不小于回路的工作电压，即 $U_n \geqslant U_g$。

② 低压电器的额定电流应不小于回路的计算工作电流，即 $I_n \geqslant I_g$。

③ 设备的遮断电流应不小于短路电流，即 $I_{zh} \geqslant I_{ch}$。

④ 热稳定保证值应不小于计算值。

⑤ 按回路启动情况选择低压电器。

通过查询获知，CA6140 车床主电动机、刀架快速移动电动机和冷却泵电动机的型号和相关参数如表 1-2 所示。要选用 CA6140 车床除电动机外的所有电器元件，就要根据低压电器选型一般原则和具体电器元件的选型依据进行计算、选型，并在满足控制要求的前提下，选择性价比高、可靠性好的低压电器元件。

表 1-2　CA6140 车床电动机型号及主要参数

名　称	文字符号	型　号	额定功率 /kW	额定电流 /A	额定电压 /V	转速 /(r/min)	效率 /%	功率因数
主电动机	M1	Y132M－4	7.5	15.4	380	1450	87	0.85
冷却泵电动机	M2	AOB－25	0.09	0.28	380	3000		
快速移动电动机	M3	AOS5634	0.25	1.55	380	1360	46	0.55

相关知识点——低压电器元件

电器是一种能根据外界信号（机械力、电动力和其他物理量）和要求，手动或自动地接通、断开电路，以实现对电路或非电对象的切换、控制、保护、检测、变换和调节的元件或设备。

低压电器元件通常是指工作在交流电压小于 1200 V、直流电压小于 1500 V 的电路中起通、断、保护、控制或调节作用的各种电器元件。常用的低压电器元件主要有刀开关、熔断器、断路器、接触器、继电器、按钮、行程开关等。

1. 低压断路器

（1）低压断路器的结构和用途　低压断路器又称空气开关，在电气电路中起接通、分断和承载额定工作电流的作用，并能在电路和电动机发生过载、短路、欠电压的情况下进行可靠的保护。它的功能相当于刀开关、过电流继电器、欠电压继电器、热继电器及漏电保护器等电器部分或全部的功能总和，是低压配电网中一种重要的保护电器。常用的低压断路器有 DZ 系列、DW 系列和 DWX 系列。图 1-3 所示为 DZ15 系列低压断路器外形图。

低压断路器的结构示意图如图 1-4 所示，低压断路器主要由触点、灭弧系统、脱扣器和操作机构等组成。脱扣器又分电磁脱扣器、热脱扣器、复式脱扣器、欠压脱扣器和分励脱扣器 5 种。

图 1-3　DZ15 系列低压断路器

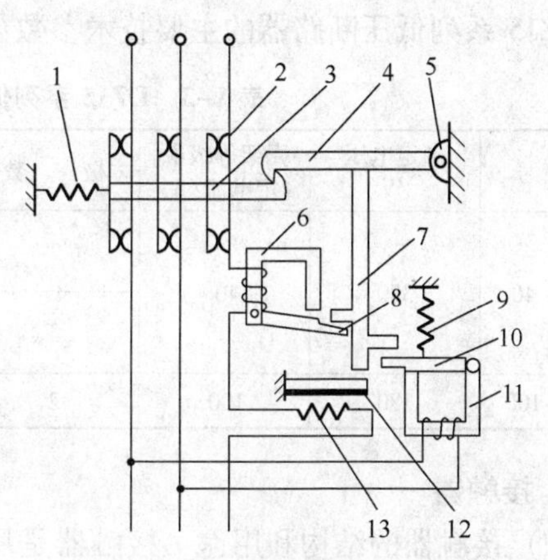

图 1-4　低压断路器结构示意图

1、9—弹簧　2—主触点　3—传动杆　4—锁扣　5—轴
6—电磁脱扣器　7—杠杆　8、10—衔铁　11—欠压脱扣器
12—双金属片　13—发热元件

图 1-4 所示断路器处于闭合状态，3 个主触点通过传动杆与锁扣保持闭合，锁扣可绕轴 5 转动。断路器的自动分断是由电磁脱扣器 6、欠压脱扣器 11 和双金属片 12 使锁扣 4 被杠杆 7 顶开而完成的。正常工作中，各脱扣器均不动作，而当电路发生短路、欠压或过载故障时，分别通过各自的脱扣器使锁扣被杠杆顶开，实现保护作用。

（2）低压断路器的表示方式

1）型号。低压断路器的标志组成及其含义如下：

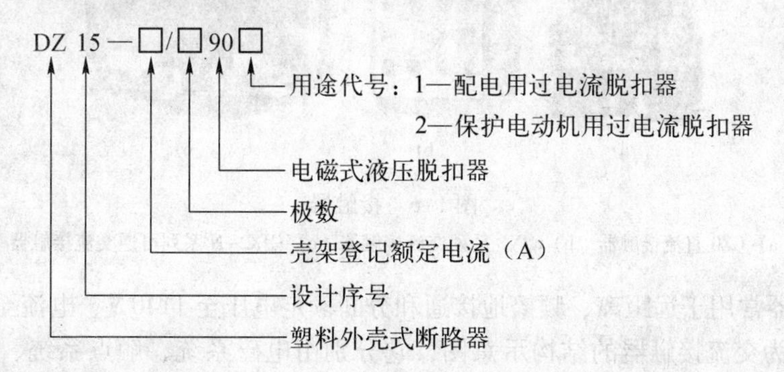

2）电气符号。低压断路器的图形符号及文字符号如图 1-5 所示。

(3) 低压断路器的主要技术参数　低压断路器的主要技术参数有额定电压、额定电流、通断能力和分断时间等。

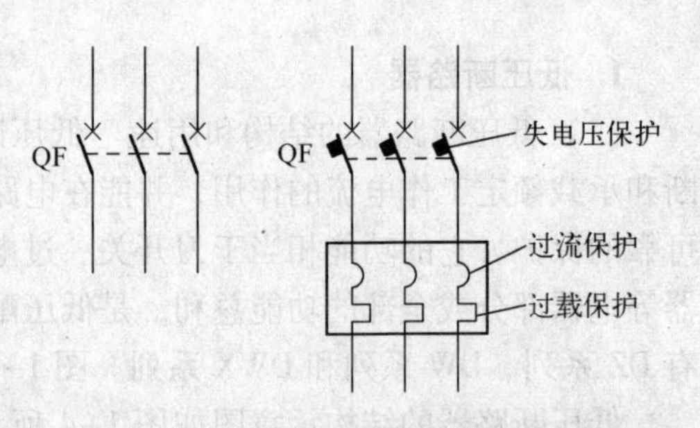

图 1-5　低压断路器图形、文字符号

通断能力是指断路器在规定的电压、频率以及规定的电路参数（交流电路为功率因数，直流电路为时间常数）下，能够分断的最大短路电流值。

分断时间是指断路器切断故障电流所需的时间。

DZ15 系列低压断路器的主要技术参数如表 1-3 所示。

表 1-3　DZ15 系列低压断路器的主要技术参数

型　号	额定电压 /V	壳架等级额定电流/A	极　数	额定电流 /A	额定极限短路分断能力/kA	额定运行短路分断能力/kA	飞弧距离 /mm
DZ15 -40	380	40	2	20、25 32、40	3	3	≤50
			3	10、16、20 25、32、40			
DZ15 -100	380	100	2	63	5	2.5	≤70

2. 接触器

(1) 接触器的结构和用途　接触器是用于远距离频繁地接通和切断交直流主电路及大容量控制电路的一种自动控制电器。其主要控制对象是电动机，也可以用于控制其他电力负载、电热器、电照明、电焊机与电容器组等。接触器具有操作频率高、使用寿命长、工作可靠、性能稳定、维护方便等优点，同时还具有低压释放保护功能，因此，在电力拖动和自动控制系统中，接触器是运用最广泛的控制电器之一。

按控制电流性质不同，接触器分为交流接触器和直流接触器两大类。图 1-6 所示为几款接触器外形图。

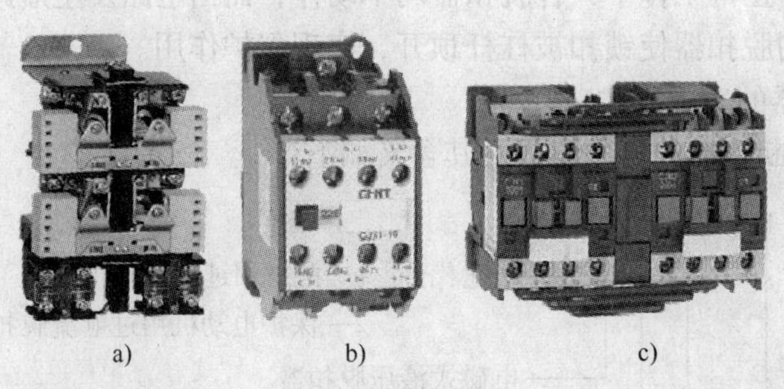

a)　　b)　　c)

图 1-6　接触器

a) CZ0 直流接触器　b) CJX1 系列交流接触器　c) CJX2-N 系列可逆交流接触器

交流接触器常用于远距离、频繁地接通和分断额定电压至 1140 V、电流至 630 A 的交流电路。图 1-7 为交流接触器的结构示意图，它分别由电磁系统、触点系统、灭弧装置和其他部件组成。交流接触器工作时，当施加在线圈上的交流电压大于线圈额定电压值的 85% 时，铁心中产生的磁通对衔铁产生的电磁吸力克服复位弹簧拉力，使衔铁带动触点动作。触点动作时，常闭触点先断开，常开触点后闭合，主触点和辅助触点是同时动作的。当线圈中的电压值降到某一数值时，铁心中的磁通下降，吸力减小到不足以克服复位弹簧的拉力时，衔铁复位，使主触点和辅助触点复位。这个功能就是接触器的失压保护功能。

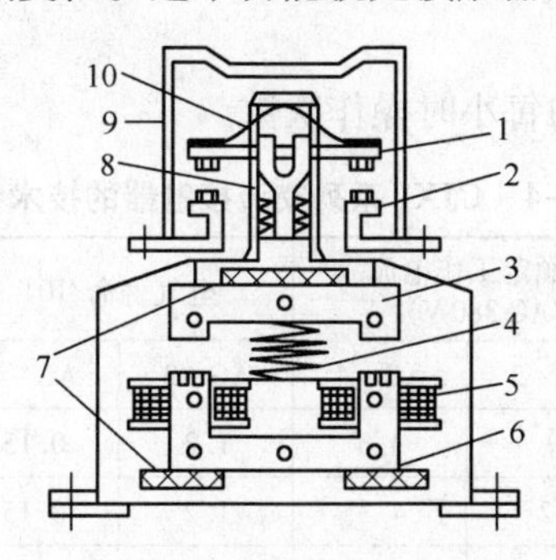

图 1-7　交流接触器结构示意图

1—动触点　2—静触点　3—衔铁　4—弹簧　5—线圈　6—铁心
7—垫毡　8—触点弹簧　9—灭弧罩　10—触点压力弹簧

常用的交流接触器有 CJ20 系列，可取代 CJ0、CJ8、CJ10 等老产品，CJ12、CJ12B 系列可取代 CJ1、CJ2、CJ3 等老产品，其中 CJX 是引进系列产品。

（2）接触器的表示方式

1）型号。接触器的标志组成及其含义如下：

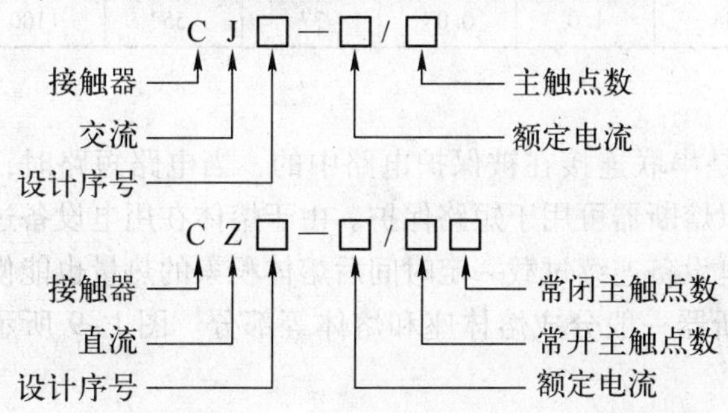

2）电气符号。交、直流接触器的图形符号及文字符号如图 1-8 所示。

图 1-8　接触器图形、文字符号

（3）接触器的主要技术参数　接触器的主要技术参数有额定电压、额定电流、吸引线圈的额定电压、电气寿命、机械寿命和额定操作频率，如表 1-4 所示。

接触器铭牌上的额定电压是指主触点的额定电压，交流有 127 V、220 V、380 V、500 V 等档次；直流有 110 V、220 V、440 V 等档次。

接触器铭牌上的额定电流是指主触点的额定电流，有 5 A、10 A、20 A、40 A、60 A、100 A、150 A、250 A、400 A 和 600 A 等档次。

接触器吸引线圈的额定电压，交流有 36 V、110 V、127 V、220 V、380 V 等档次；直流有 24 V、48 V、220 V、440 V 等档次。

接触器的电气寿命用其在不同使用条件下无须修理或更换零件的负载操作次数来表示。接触器的机械寿命用其在需要正常维修或更换机械零件（包括更换触点）前，所能承受的无载操作循环次数来表示。

额定操作频率是指接触器的每小时操作次数。

表 1–4 CJX1 系列交流接触器的技术参数

型号	额定绝缘电压/V	机械寿命/10^4	额定工作电流(AC 380 V)/A		电气寿命/10^4		可控电动机功率/kW(AC –3)		
			AC –3	AC –4	AC –3	AC –4	230/220 V	400/380 V	690/660 V
CJX1–9	660	10	9	3.3	1.2	0.15	2.4	4	5.5
CJX1–12	660	10	12	4.3	1.2	0.15	3.3	5.5	7.5
CJX1–16	660	10	16	7.7	1.2	0.15	4	7.5	11
CJX1–22	660	10	22	8.5	1.0	0.15	6.1	11	11
CJX1–32	660	10	32	15.6	1.0	0.12	8.5	15	23
CJX1–45	1000	10	45	24	1.0	0.12	15	22	39
CJX1–63	1000	10	63	28	1.0	0.1	18.5	30	55
CJX1–75	1000	10	75	34	1.0	0.1	22	37	67
CJX1–85	1000	10	85	42	1.0	0.1	26	45	67
CJX1–110	1000	10	110	54	1.0	0.05	37	55	100

3. 熔断器

（1）熔断器的结构和用途　熔断器是串联连接在被保护电路中的，当电路短路时，电流很大，熔体急剧升温，立即熔断，所以熔断器可用于短路保护。由于熔体在用电设备过载时所通过的过载电流能积累热量，当用电设备连续过载一定时间后熔体积累的热量也能使其熔断，所以熔断器也可作过载保护。熔断器一般分成熔体座和熔体等部分。图 1–9 所示为 RT 系列熔断器外形图。

图 1–9　RT 系列熔断器

（2）熔断器的表示方式

1）型号。熔断器的型号标志组成及其含义如下：

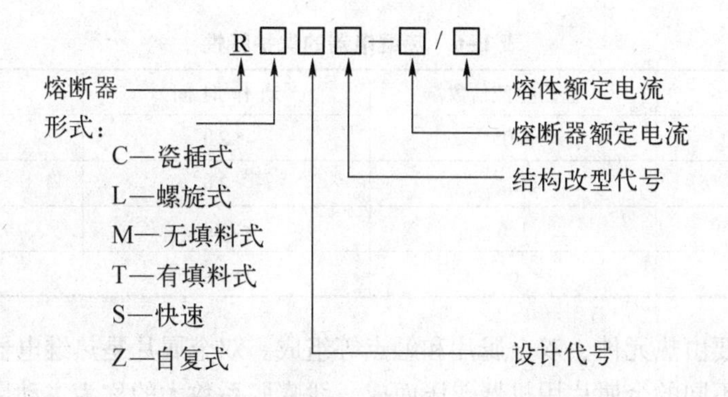

2）电气符号。熔断器的图形符号和文字符号如图1-10所示。

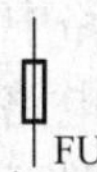

图1-10 熔断器图形、文字符号

（3）熔断器的主要技术参数 熔断器的主要技术参数有额定电压、额定电流和极限分断能力。

熔断器的主要技术参数如表1-5所示。

表1-5 熔断器的主要技术参数

型 号	额定电压/V	额定电流/A		分断能力/kA
		熔断器	熔体	
RT12-20	AC 415	20	2，4，6，10，15，20	AC 80
RT12-32		32	20，25，32	
RT12-63		63	32，40，50，63	
RT12-100		100	63，80，100	
RT14-20	AC 380	20	2，4，6，10，16，20	100
RT14-32		32	2，4，6，10，16，20，25，32	
RT14-63		63	10，16，20，25，32，40，50，63	

4. 热继电器

（1）热继电器的结构和用途 电动机在运行过程中若过载时间长，过载电流大，电动机绕组的温升就会超过允许值，使电动机绕组绝缘老化，缩短电动机的使用寿命，严重时甚至会使电动机绕组烧毁。因此，电动机在长期运行中，需要对其过载提供保护装置。热继电器是利用电流的热效应原理实现电动机的过载保护，图1-11为JR16系列热继电器外形图。

图1-11 JR16系列热继电器

热继电器具有反时限保护特性，即过载电流大，动作时间短；过载电流小，动作时间长。当电动机的工作电流为额定电流时，热继电器应长期不动作。其保护特性如表1-6所示。

表 1-6　热继电器的保护特性

项　　号	整定电流倍数	动 作 时 间	试 验 条 件
1	1.05	>2 h	冷态
2	1.2	<2 h	热态
3	1.6	<2 min	热态
4	6	>5 s	冷态

热继电器主要由热元件、双金属片和触点等组成。双金属片是热继电器的感测元件，由两种线膨胀系数不同的金属片用机器碾压而成。线膨胀系数大的称为主动层，小的称为被动层。图 1-12a 是热继电器的结构示意图。热元件串联在电动机定子绕组中，当电动机过载时，流过热元件的电流增大，经过一定时间后，双金属片受热向左弯曲推动导板使常闭触点断开。由于常闭触点是接在电动机的控制电路中的，它的断开会使得与其相接的接触器线圈断电，从而接触器主触点断开，电动机的主电路断电，实现了过载保护。热继电器动作后，双金属片经过一段时间冷却，按下复位按钮即可复位。

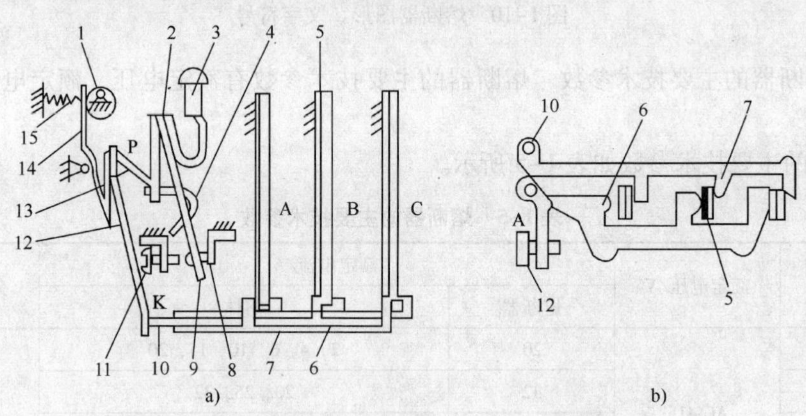

图 1-12　JR16 系列热继电器结构示意图

a）结构示意图　b）差动式断相保护示意图

1—电流调节凸轮　2—簧片　3—手动复位按钮　4—弓簧　5—双金属片　6—外导板　7—内导板　8—常闭静触点　9—动触点　10—杠杆　11—调节螺钉　12—补偿双金属片　13—推杆　14—连杆　15—压簧

电动机断相运行是电动机烧毁的主要原因之一，因此要求热继电器还应具备断相保护功能，如图 1-12b 所示，热继电器的导板采用差动机构，在断相工作时，其中两相电流增大，一相电流逐渐减小，这样可使热继电器的动作时间缩短，从而更有效地保护电动机。

（2）热继电器的表示方式

1）型号。热继电器的型号标志组成及其含义如下：

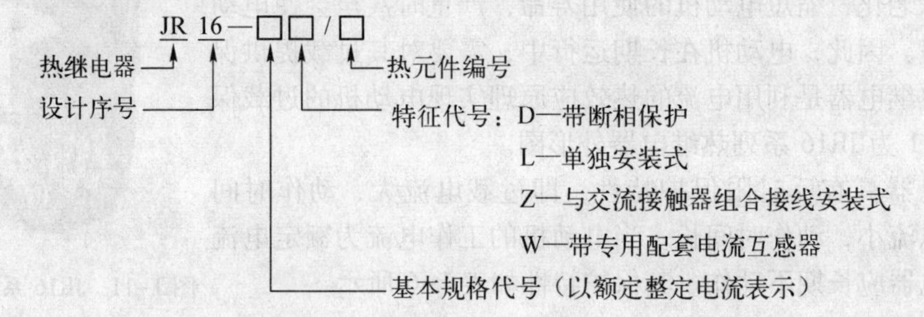

2）电气符号。热继电器的图形符号及文字符号如图1-13所示。

图1-13　热继电器图形、文字符号
a）热继电器的驱动器件
b）热继电器的常闭触点

（3）热继电器的主要技术参数　热继电器的主要技术参数包括额定电压、额定电流、相数、热元件编号及整定电流调节范围等。

热继电器的整定电流是指热继电器的热元件允许长期通过又不致引起继电器动作的最大电流值。对于某一热元件，可通过调节其电流调节旋钮，在一定范围内调节其整定电流。

常用的热继电器有 JRS1、JR20、JR16、JR15、JR14 等系列，引进产品有 T、3UP、LR1-D 等系列。

JR20、JRS1 系列具有断相保护、温度补偿、整定电流值可调、手动脱扣、手动复位、动作后的信号指示灯功能。安装方式上除采用分立结构外，还增设了组合式结构，可通过导电杆与挂钩直接插接，可直接电气连接在 CJ20 接触器上。

表 1-7 所示是 JR16 系列热继电器的主要技术参数。

表 1-7　JR16 系列热继电器的主要参数

型　号	额定电流/A	热元件规格	
		额定电流/A	电流调节范围/A
JR16-20/3 JR16-20/3D	20	0.35	0.25~0.35
		0.5	0.32~0.5
		0.72	0.45~0.72
		1.1	0.68~1.1
		1.6	1.0~1.6
		2.4	1.5~2.4
		3.5	2.2~3.5
		5	3.5~5.0
		7.2	6.8~11
		11	10.0~16
		16	14~22
		22	
JR16-60/3 JR16-60/3D	60 100	22	14~22
		32	20~32
		45	28~45
		63	45~63
JR16-150/3 JR16-150/3D	150	63	40~63
		85	53~85
		120	75~120
		160	100~160

5. 按钮

按钮是一种手动且可以自动复位的主令电器，其结构简单，控制方便，在低压控制电路中得到广泛应用。图 1-14 所示为 LAY3 系列按钮外形。

图 1-14 LAY3 系列按钮

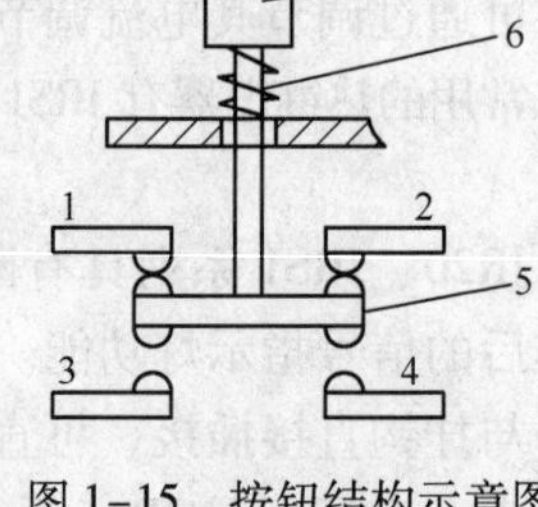

图 1-15 按钮结构示意图
1、2—常闭触点
3、4—常开触点
5—桥式触点 6—复位弹簧
7—按钮帽

(1) 按钮的结构和用途 按钮由按钮帽、复位弹簧、桥式触点和外壳等组成，其结构如图 1-15 所示。触点采用桥式触点，触点额定电流在 5 A 以下，分常开触点和常闭触点两种。在外力作用下，常闭触点先断开，然后常开触点再闭合；复位时，常开触点先断开，然后常闭触点再闭合。

按用途和结构的不同，按钮分为启动按钮、停止按钮和复合按钮等。

按使用场合、作用不同，通常将按钮帽做成红、绿、黑、黄、蓝、白、灰等颜色。国家标准 GB 5226.1—2008 对按钮帽颜色作了如下规定：

1）“停止”和“急停”按钮必须是红色的。

2）“启动”按钮的颜色为绿色。

3）“启动”与“停止”交替动作的按钮必须是黑白、白色或灰色。

4）“点动”按钮必须是黑色。

5）“复位”按钮必须是蓝色（如保护继电器的复位按钮）。

在机床电气设备中，常用的按钮有 LA18、LA19、LA20、LA25 和 LAY3 等系列。其中 LA25 系列按钮为通用型按钮的更新换代产品，采用组合式结构，可根据需要任意组合其触点数目，最多可组成 6 个单元。

(2) 按钮的表示方式

1）型号。按钮型号标志组成及其含义如下：

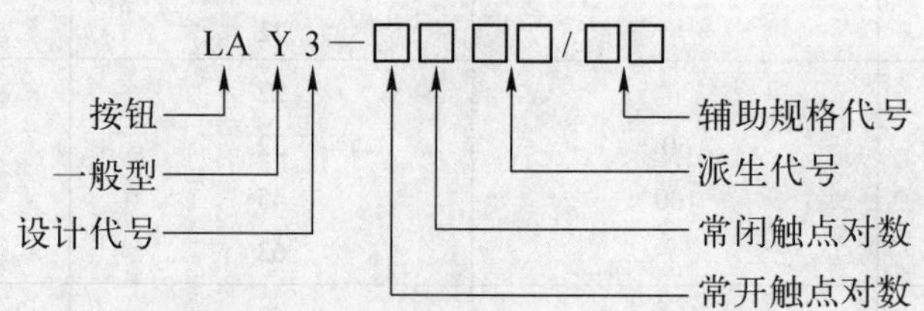

2）电气符号。按钮的图形符号及文字符号如图 1-16所示。

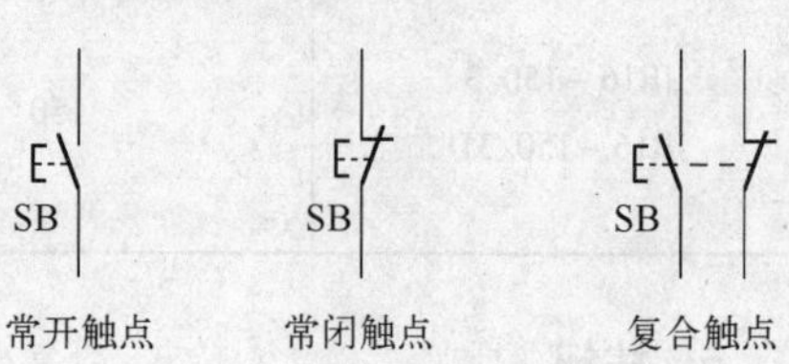

图 1-16 按钮图形、文字符号

(3) 按钮的主要技术参数 按钮的主要技术参数有额定绝缘电压 U_i、额定工作电压 U_n、额定工作电流 I_n，LAY3 按钮开关额定电压与额定电流对应表如表 1-8 所示，其主要技术参数如下。

1）额定绝缘电压：AC 660 V（50 Hz 或 60 Hz）；

2）额定发热电流：5 A；

3）使用类别：AC－15、DC－13；

4）额定工作电压与对应的额定工作电流见表1-8；

5）机械寿命：一般钮、蘑菇头300万次，带灯钮100万次，旋钮、钥匙钮、自锁钮10万次；

6）电寿命：交流60万次，直流30万次；旋钮、锁匙钮、自锁钮10万次；

7）防护等级：IP55。

表1-8　LAY3按钮开关额定电压与额定电流对应表

使用类别	额定值					
AC－15	额定工作电压（U_n）/V	660	380	220	110	48
	额定工作电流（I_n）/A	0.45	0.79	1.36	2.72	6.25
DC－13	额定工作电压（U_n）/V	440	220	110	48	24
	额定工作电流（I_N）/A	0.13	0.27	0.54	1.25	2.5

6. 行程开关

（1）行程开关的结构和用途　行程开关是一种利用生产机械的某些运动部件的碰撞来发出控制指令的主令电器，用于控制生产机械的运动方向、行程大小和位置保护等。当行程开关用于位置保护时，又称限位开关。

行程开关的种类很多，常用的行程开关有按钮式、单轮旋转式、双轮旋转式，它们的外形如图1-17所示。

各种系列的行程开关其基本结构大体相同，都是由操作头、触点系统和外壳组成，其结构如图1-18所示。操作头接收机械设备发出的动作指令或信号，并将其传递到触点系统，触点系统再将操作头传递来的动作指令或信号通过本身的结构功能变成电信号，输出到有关控制回路。

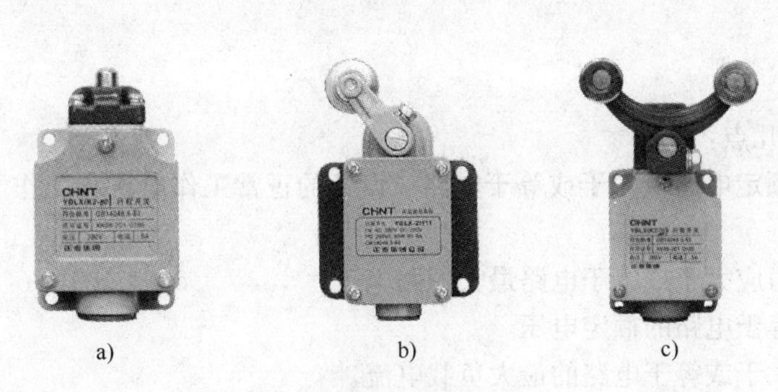

图1-17　行程开关

a）按钮式　b）单轮旋转式　c）双轮旋转式

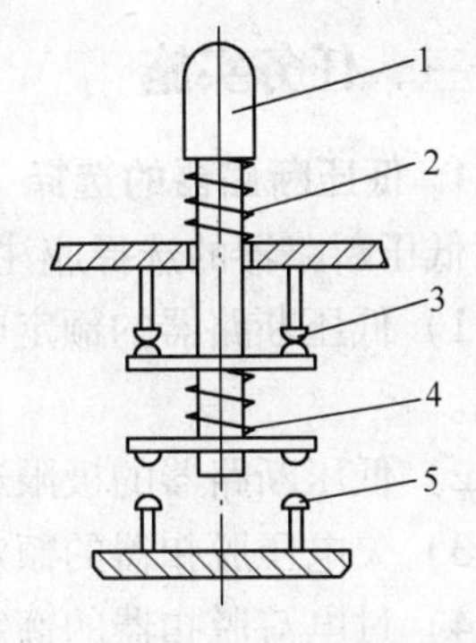

图1-18　行程开关结构示意图

1—顶杆　2—弹簧　3—常闭触点　4—触点弹簧　5—常开触点

（2）行程开关的表达方式

1）型号。行程开关的型号标志组成及其含义如下：

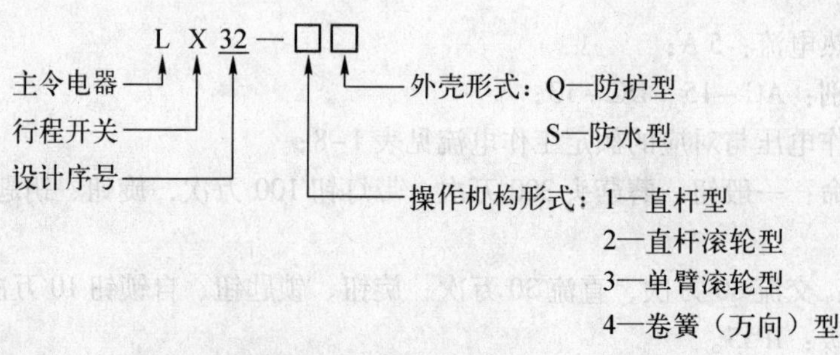

2）电气符号。行程开关的图形符号及文字符号如图 1-19 所示。

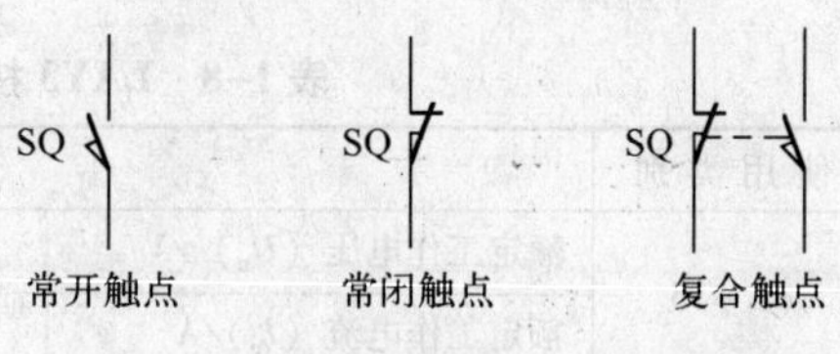

图 1-19 行程开关图形、文字符号

（3）行程开关的主要技术参数 行程开关的主要技术参数有额定电压、额定电流、触点数量、动作行程、触点转换时间、动作力等，LX19 系列行程开关的技术参数如表 1-9 所示。

表 1-9 LX19 系列行程开关的技术参数

型号	触点数量		额定电压/V		额定电流/A	触点换接时间/s	动作力/N	动作行程或角度
	常开	常闭	交流	直流				
LX19-001	1	1	380	220	5	≤0.04	≤15	1.5~4 mm
LX19-111 LX19-121 LX19-131	1	1	380	220	5	≤0.04	≤20	≤30°
LX19-212 LX19-222 LX19-232	1	1	380	220	5	≤0.04	≤20	≤60°

三、任务实施

1. 低压断路器的选择

低压断路器的选择应注意以下几点：

1）低压断路器的额定电流和额定电压应大于或等于电路、设备的正常工作电压和工作电流。

2）低压断路器的极限通断能力应大于或等于电路最大短路电流。

3）欠电压脱扣器的额定电压等于电路的额定电压。

4）过电流脱扣器的额定电流大于或等于电路的最大负载电流。

使用低压断路器来实现短路保护比熔断器优越，因为当三相电路短路时，很可能只有一相的熔断器熔断，造成断相运行。对于低压断路器来说，只要造成短路都会使开关跳闸，将三相同时切断。但其结构较复杂、操作频率低、价格较高，因此适用于要求较高的场合，如电源总配电盘。

本任务中，低压断路器作为机床电源总开关使用，实现机床主电路三台电动机和控制电路的电源通断，三台电动机的额定电流分别为 15 A、1.55 A 和 0.28 A，控制电路一般称为小电流电路，工作电流在5 A以下。根据低压断路器选择注意点1），通过查表1-3，CA6140普通车床电源总开关可选DZ15-40/3902型低压断路器，脱扣器额定电流为40 A。

2. 交流接触器的选择

接触器的选择主要考虑以下几个方面：

1）接触器的类型。根据接触器所控制的负载性质，选择直流接触器或交流接触器。

2）额定电压。接触器的额定电压应大于或等于所控制电路的电压。

3）额定电流。接触器的额定电流应大于或等于所控制电路的额定电流。对于电动机负载可按下列经验公式计算：

$$I_c = \frac{P_n}{KU_n} \tag{1-1}$$

式中 I_c——接触器主触点电流，A；

P_n——电动机额定功率，kW；

U_n——电动机额定电压，V；

K——经验系数，一般取1~1.4。

本任务中，接触器KM1、KM2和KM3分别控制主电动机、快速移动电动机和冷却泵电动机，三台电动机的额定电流分别为15 A、1.55 A、0.28 A。按公式1-1计算，结合表1-4，KM1可选CJX1-16/11型接触器，KM2、KM3可选CJX1-9/00型接触器。

3. 熔断器的选择

熔断器的选择主要包括熔断器类型、额定电压、额定电流和熔体额定电流等的确定。

熔断器的类型主要由电控系统整体设计确定，熔断器的额定电压应大于或等于实际电路的工作电压；熔断器额定电流应大于或等于所装熔体的额定电流。

确定熔体电流是选择熔断器的关键，具体来说可以参考以下几种情况：

1）对于照明电路或电阻炉等电阻性负载，熔体的额定电流应大于或等于电路的工作电流，即

$$I_{fN} \geqslant I \tag{1-2}$$

式中 I_{fN}——熔体的额定电流；

I——电路的工作电流。

2）保护一台异步电动机时，考虑电动机冲击电流的影响，熔体的额定电流可按下式计算

$$I_{fN} \geqslant (1.5 \sim 2.5) I_n \tag{1-3}$$

式中 I_n——电动机的额定电流。

3）保护多台异步电动机时，若各台电动机不同时启动，则应按下式计算

$$I_{fN} \geqslant (1.5 \sim 2.5) I_{nmax} + \sum I_n \tag{1-4}$$

式中 I_{nmax}——容量最大的一台电动机的额定电流；

$\sum I_n$——其余电动机额定电流的总和。

4）为防止发生越级熔断，上、下级（即供电干、支线）熔断器间应有良好的协调配合，为此，应使上一级（供电干线）熔断器的熔体额定电流比下一级（供电支线）大1~2个级差。

本例中，共涉及5组熔断器，分别是冷却泵电动机熔断器FU1、快速移动电动机熔断器

FU2、信号电路熔断器 FU4、照明电路熔断器 FU5 和控制电路熔断器 FU6。根据熔断器选择依据，快移电动机和冷却泵电动机需考虑冲击电流影响，FU1、FU4、FU6 可选 RT14 - 20 型熔断器，熔芯 1 A；FU2 可选 RT14 - 20 型熔断器，熔芯 4 A。FU5 可选 RT14 - 20 型熔断器，熔芯 2 A。

4. 热继电器的选择

热继电器主要用于电动机的过载保护，使用中应考虑电动机的工作环境、启动情况、负载性质等因素，应按以下几个方面来选择。

1）热继电器结构形式的选择：Y形接法的电动机可选用两相或三相结构热继电器；△接法的电动机应选用带断相保护装置的三相结构热继电器。

2）根据被保护电动机的实际启动时间，选取 6 倍额定电流下具有相应可返回时间的热继电器。一般热继电器的可返回时间大约为 6 倍额定电流下动作时间的 50% ~70% 。

3）热元件额定电流一般可按下式确定

$$I_{n} = (0.95 \sim 1.05) I_{mn} \tag{1-5}$$

式中 I_{n}——热元件额定电流；

I_{mn}——电动机的额定电流。

对于工作环境恶劣、启动频繁的电动机，则按下式确定

$$I_{n} = (1.15 \sim 1.5) I_{mn} \tag{1-6}$$

热元件选好后，还需用电动机的额定电流来调整它的整定值。

4）对于重复短时工作的电动机（如起重机电动机），由于电动机不断重复升温，热继电器双金属片的温升跟不上电动机绕组的温升，电动机将得不到可靠的过载保护。因此，不宜选用双金属片热继电器，而应选用过电流继电器或能反映绕组实际温度的温度继电器来进行保护。

本任务中，主轴电动机和冷却泵电动机长时间工作，启动不频繁，需过载保护；快移电动机点动短时工作，无需过载保护。根据式（1-1）计算并结合表 1-7，主轴电动机热继电器可选 JR16 - 20/3 型，整定电流 15. 4 A，冷却泵电动机热继电器可选 JR16 - 20/3 型，整定电流 0. 32 A。

5. 控制按钮的选择

按钮主要根据使用场合、用途、控制需要及工作状况等进行选择。

1）根据使用场合，选择控制按钮的种类，如开启式、防水式、防腐式等。

2）根据用途，选用合适的形式，如钥匙式、紧急式、带灯式等。

3）根据控制回路的需要，确定不同的按钮数，如单钮、双钮、三钮、多钮等。

4）根据工作状态指示和工作情况的要求，选择按钮及指示灯的颜色。

本任务中，SB1 为主电动机启动按钮，可选 LAY3-10 型按钮，绿色；SB2 为机床停止按钮，可选 LAY3-01ZS/1 型按钮，红色；SB3 为快移电动机点动按钮，可选 LA9 型按钮，黑色；SB4、SA1 分别为照明灯接通按钮和冷却泵电动机启动按钮，可选 LAY3-10X/23 型按钮，绿色。

6. 行程开关的选择

目前，国内生产的行程开关品种规格很多，较为常用的有 LXW5、LX19、LXK3、LX32、LX33 等系列。新型 3SEs3 系列行程开关的额定工作电压为 500 V，额定电流为 10 A，其机

械、电气寿命比常见行程开关更长。LXW5 系列为微动开关。

行程开关在选用时，应根据不同的使用场合，满足额定电压、额定电流、复位方式和触点数量等方面的要求。

本任务中，SQ1 为带轮罩开关，作为机床保护开关使用。根据 CA6140 普通卧式车床行程开关安装位置、动作要求可选 YB LX3/11K 型行程开关。SQ2 为机床或电气控制柜安全工作的电气联锁开关，可选 JWM6－11 型门限位开关。

CA6140 车床电器元件明细表如表 1-10 所示。

表 1-10　CA6140 车床电器元件明细表

文字符号	名　　称	可选型号	规　　格
M1	主电动机	Y132M－4	7.5 kW，1440 r/min
M2	刀架快移电动机	AOS5634	250 W，1500 r/min
M3	冷却泵电动机	AOB－25	90 W，2800 r/min
QF	低压断路器（电源总开关）	DZ15－40/3902	
KM1	主电动机启动接触器	CJX1-16/11	线圈电压 24 V，50 HZ
KM2	冷却泵电动机启动接触器	CJX1-9/00	线圈电压 24 V，50 HZ
KM3	快移电动机启动接触器	CJX1-9/00	线圈电压 24 V，50 HZ
FU1、FU4、FU6	熔断器	RT14－20	熔芯 1 A
FU2	熔断器	RT14－20	熔芯 4 A
FU5	熔断器	RT14－20	熔芯 2 A
FR1	主电动机过载保护热继电器	JR16－20/3	14～22 A 整定到 15.4 A
FR2	冷却泵电动机过载保护热继电器	JR16－20/3	0.25～0.35 A 整定到 0.28 A
SB1	主电动机启动按钮	LAY3-10	绿色
SB2	机床停止按钮	LAY3-01ZS/1	红色
SB3	快移电动机启动按钮	LA9	黑色
SB4	机床照明灯接通按钮	LAY3-10X/23	绿色
SA1	冷却泵电动机启动按钮	LAY3-10X/23	绿色
SQ1	带轮罩开关	LX3-11K	
SQ2	电柜门断电开关	JWM6－11	
HL1	机床照明灯	JC－10	交流 24 V、40 W
HL2	信号灯	AD－11/B	交流 24 V

任务二　CA6140 车床电气原理图读图

一、任务内容

电气原理图是各种机电设备安装检验，分析电气电路，排除机床电路故障等的重要图样，是用来表明设备电气工作原理及各电器元件作用，相互之间关系的一种表示方式。

在分析、掌握了 CA6140 普通卧式车床的电器元件后，下一步工作是阅读、分析

CA6140 普通卧式车床的电气原理图。分析、掌握 CA6140 普通卧式车床的电气原理图，对熟练、正确操作车床和完成车床保养维修有很大帮助。

二、任务分析

如图 1-2 所示的 CA6140 型普通卧式车床的电气原理图是根据 CA6140 型普通卧式车床的控制要求，以及规范的表达方式绘制的。

要阅读、分析电气原理图，首先要了解电气原理图的组成和规范画法。

相关知识点——电气原理图

电气原理图用来表明设备的工作原理及各电器元件间的关系，一般由主电路、控制执行电路、检测与保护电路、配电电路等几大部分组成。这种图，由于它直接体现了电子电路与电气结构以及其相互间的逻辑关系，所以一般用在设计、分析电路中。分析电路时，通过识别图样上所画各种电路元件的符号，以及它们之间的连接方式，就可以了解电路实际工作时的情况。

（1）电气原理图的规范画法及注意事项

1）电气原理图一般分主电路和辅助电路两部分：主电路就是从电源到电动机有较大电流通过的电路。辅助电路包括控制电路、照明电路、信号电路及保护电路等，由继电器和接触器的线圈、继电器的触点、接触器的辅助触点、按钮、照明灯、控制变压器等电器元件组成。

2）电气原理图采用国家规定的统一标准的图形符号和文字符号绘制，一般不画出各电器元件的实际外形图。

3）电气原理图中，各电器元件和部件在控制电路中的位置，应根据便于阅读的原则安排，同一电器元件的各部件根据需要可以不画在一起，但文字符号要相同。

4）电气原理图中所有电器的触点，都应按没有通电和没有外力作用时的初始状态画出。例如继电器、接触器的触点，按吸引线圈不通电时的状态画出，控制器按手柄处于零位时的状态画，按钮、行程开关触点按不受外力作用时的状态画出等。

5）电气原理图中，无论是主电路还是辅助电路，各电器元件一般按动作顺序从上到下，从左到右依次排列，可水平布置或者垂直布置。

6）电气原理图中，有直接联系的交叉导线连接点，要用黑圆点表示。无直接联系的交叉导线连接点不画黑圆点。

（2）图面区域的划分　在电气原理图上方的“电源保护……”等字样，表明对应区域下方元件或电路的功能，使读图者能清楚地知道某个元件或某部分电路的功能，以利于理解全电路的工作原理。

图样下方的 1、2、3 等数字是图区编号，是为了便于检索电气电路，方便阅读分析，避免遗漏而设置的。

（3）符号位置的索引　符号位置的索引用图号、页次和图区号的组合索引法，索引代号的组成如下：

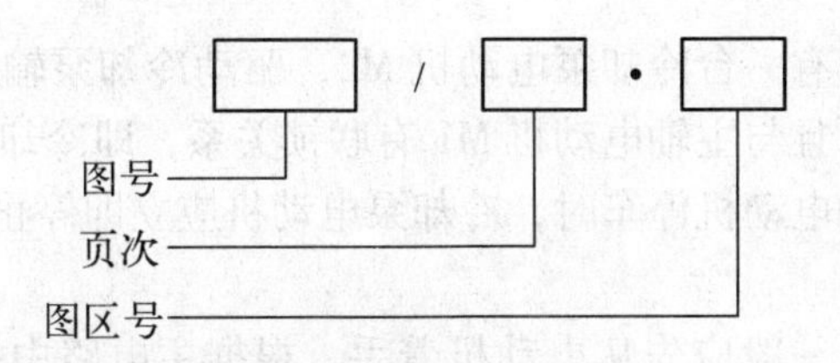

当某图号仅有一页图样时，只写图号和图区号；当某一元件相关的各符号元素只出现在一张图纸的不同图区时，索引代号只用图区号表示：

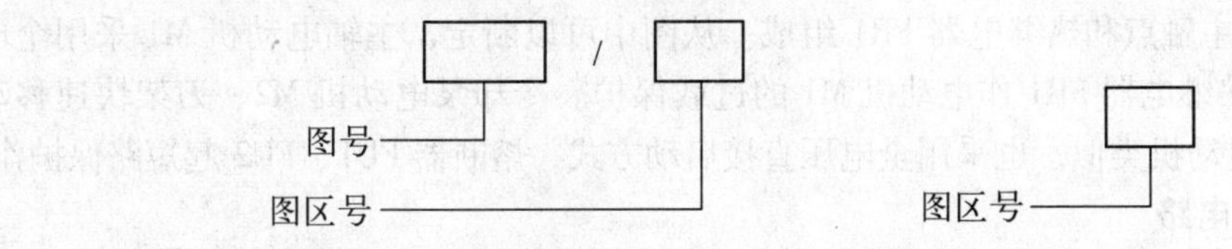

图 1-2 中，接触器 KM1、KM2 和 KM3 线圈下方是相应触点的索引：

KM1			KM3			KM2		
3	14	×	5	×	×	4	×	×
3	16	×	5			4		
3			5			4		

电气原理图中，接触器和继电器线圈与触点的从属关系需用附图表示。即在原理图中相应线圈的下方，给出触点的图形符号，并在其下面注明相应触点的索引代号，对未使用的触点用“×”表明，有时也可采用上述省去触点的表示法。

对接触器，上述表示法中各栏的含义如下：

左栏	中栏	右栏
主触点所在图区号	常开辅助触点所在图区号	常闭辅助触点所在图区号

对继电器，上述表示法中各栏的含义如下：

左栏	右栏
常开触点所在图区号	常闭触点所在图区号

三、任务实施

电气原理图的阅读分析方法主要有查线读图法和逻辑代数法两种方法，下面以查线读图法为例来分析 CA6140 普通车床电气原理图。

查线读图法又称直接读图法或跟踪追击法。查线读图法是根据电路生产过程的工作步骤依次读图的，按照以下步骤进行。

1. 了解生产工艺与执行电器的关系

在分析电气线路之前，应该熟悉生产机械的工艺情况，充分了解生产机械要完成哪些动作，这些动作之间又有什么联系；然后进一步明确生产机械的动作与执行电器的关系，必要时可以画出简单的工艺流程图，为分析电气线路提供方便。

图 1-2 CA6140 型普通车床在做车削加工时，为防止刀具与工件温度过高，需用切削液

对其进行冷却，为此设置有一台冷却泵电动机 M2，驱动冷却泵输出冷却液，而带动冷却泵的电动机只需单向旋转，且与主轴电动机 M1 有联锁关系，即冷却泵电动机启动必须在主轴电动机启动之后，当主轴电动机停车时，冷却泵电动机应立即停止。

2. 分析主电路

在分析电气电路时，一般应先从电动机着手，根据主电路中控制元件的主触点、电阻等，大致判断电动机是否有正反转控制、制动控制和调速要求等。

在图 1-2 所示的 CA6140 型普通车床电气控制电路的主电路中，主轴电动机 M1 电路主要由接触器 KM1 的主触点和热继电器 FR1 组成。从图中可以断定，主轴电动机 M1 采用全电压直接启动方式，热继电器 FR1 作电动机 M1 的过载保护。冷却泵电动机 M2、刀架快速移动电动机 M3 同主轴电动机类似，也采用全电压直接启动方式，熔断器 FU1、FU2 起短路保护作用。

3. 分析控制电路

通常对控制电路按照由上往下或由左往右的顺序依次阅读，可以按主电路的构成情况，把控制电路分解成与主电路相对应的几个基本环节，一个环节一个环节地分析，然后把各环节串起来。

首先，记住各信号元件、控制元件或执行元件的初始状态；然后，设想按动了操作按钮，电路中有哪些元件受控动作，这些动作元件的触点又是如何控制其他元件动作的，进而查看受驱动的执行元件有何运动；再继续追查执行元件带动机械运动时，会使哪些信号元件状态发生变化；然后再查电路信号元件状态变化时执行元件如何动作……。在读图过程中，特别要注意各电器元件间相互联系和制约关系，直至将电路全部看懂为止。

图 1-2 所示的 CA6140 型普通车床电气控制的主电路，可以分成主轴电动机 M1、冷却泵电动机 M2 和刀架快速移动电动机 M3 3 个部分，其控制电路也可相应地分解成 3 个基本环节，外加变压电路、信号电路和照明电路。

CA6140 型普通车床电气控制过程如下。

电动机 M1、M2、M3 均采用全压直接启动，皆为接触器控制的单向运行控制电路。三相交流电源通过低压断路器 QF 引入，接触器 KM1 控制 M1 的启动和停止，接触器 KM2 控制 M2 的启动和停止，接触器 KM3 控制 M3 的启动和停止。KM1 由按钮 SB1、SB2 控制，KM3 由 SB3 进行点动控制，KM2 用开关 SA1 控制。主轴正、反向运行由摩擦离合器实现。

M1、M2 为连续运行的电动机，分别采用热继电器 FR1、FR2 作过载保护；M3 为短期工作电动机，因此未设过载保护。熔断器 FU1 ~ FU6 分别对主电路、控制电路和辅助电路实行短路保护。

（1）主轴电动机 M1 的控制（图 1-20a） 按下启动按钮 SB1，接触器 KM1 得电吸合，其常开辅助触点 KM1 闭合自锁；主触点 KM1 闭合，主轴电动机 M1 启动，并连续运行；同时其常开辅助触点 KM1(9 - 11)闭合，作为 KM2 得电的先决条件。按下停止按钮 SB2，接触器 KM1 失电释放，电动机 M1 停转。

相关知识点——自锁

依靠接触器自身辅助触点保持线圈通电的电路，称为自锁电路。如图 1-20a 所示，常开辅助触点 KM1(3-5)与启动按钮 SB1 并联所构成的电路即可实现自锁，而常开辅助触点 KM1(3-5)称为自锁触点。自锁电路同时还具有零压保护功能（即断电后的电压恢复，接触器不能自动得电)。

(2) 冷却泵电动机 M2 的控制(图 1-20b) 冷却泵电动机 M2 的控制是采用两台电动机 M1、M2 顺序联锁控制的典型例子。主轴电动机启动后,冷却泵电动机才能启动,当主轴电动机停止运行时,冷却泵电动机也自动停止运行。主轴电动机 M1 启动后,即在接触器 KM1 得电吸合的情况下,其常开辅助触点 KM1(9 - 11)闭合,因此合上开关 SA1,接触器 KM2 线圈得电吸合,冷却泵电动机 M2 才能启动。

(3) 刀架快速移动电动机 M3 的控制(图 1-20c) 刀架快速移动电动机 M3 采用点动控制。按下按钮 SB3,KM3 得电吸合,其主触点闭合,电动机 M3 启动运转,并经传动系统,驱动溜板带动刀架快速移动。松开 SB3,KM3 失电释放,电动机 M3 停转。

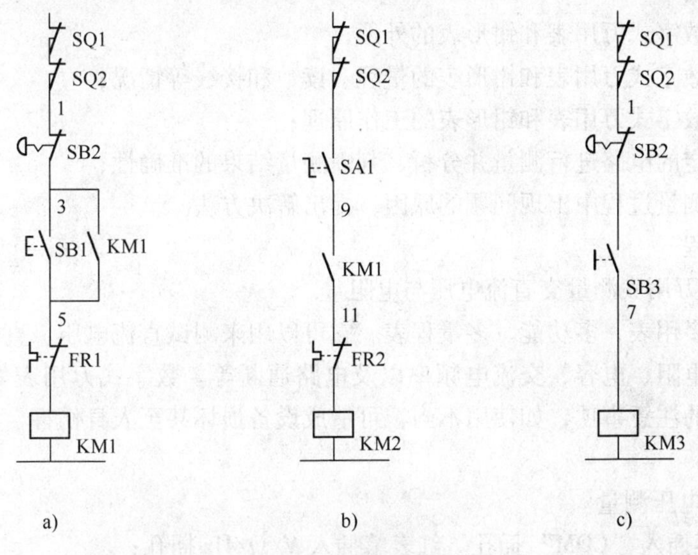

图 1-20 控制电路

a) 主轴电动机 M1 的控制电路 b) 冷却泵电动机 M2 的控制电路 c) 刀架快移电动机 M3 的控制电路

相关知识点——点动

点动控制是相对连续控制来说的,由自锁电路实现连续运转状态的控制电路为连续控制电路,直接用按钮控制以实现短时间运转状态的控制电路为点动控制电路。

(4) 照明和信号电路 控制变压器 TC 的二次侧分别输出 24 V 和 6 V 电压,作为机床照明灯和信号灯的电源。EL 为机床的低压照明灯,由开关 SB4 控制;HL 为电源的信号灯。

(5) 电路的保护装置

1) 短路保护:由熔断器 FU、FU1 、FU2 、FU6 、FU5 和 FU4 实现主电路、控制电路、照明信号电路的短路保护。

2) 过载保护:由热继电器 FR1、FR2 实现主轴电动机、冷却泵电动机的长期过载保护。

3) 欠电压保护:由接触器本身的电磁机构来实现。当电源电压严重过低或失电压时,接触器的衔铁自行释放,电动机失电而停机。当电源电压恢复正常时,接触器线圈不能自动得电,只有再次按下启动按钮后电动机才会启动,防止突然断电后来电,造成人身及设备损害的危险。

查线读图法的优点是直观性强，容易掌握，因而得到广泛采用。其缺点是分析复杂电路时容易出错，叙述也较长。

训练项目一　常用电工仪表的使用

一、项目内容

熟悉电路测试中常用的电工仪表，并根据给定的电路和测量要求完成数据测量并分析测量结果的准确性。

二、实施思路

观察：观察数字式万用表和钳形表的外形；

熟悉：熟悉数字式万用表和钳形表的量程、读数和接线等情况；

理解：理解数字式万用表和钳形表的工作原理；

实施：对给定的电路进行测量并分析、判断测量结果的准确性；

思考：分析测量过程中出现问题的原因，提出解决方法。

三、实施过程

1. 用数字式万用表测量交直流电压与电阻

万用表又称多用表，多功能、多量程表。它可以用来测试直流电压、直流电流、交流电压、交流电流、电阻、电容、交流电频率以及电路通断等。数字式万用表如图 1-21 所示，其使用时有严格的注意事项，如使用不当，可造成设备损坏甚至人身伤害，具体注意事项见万用表使用手册。

（1）交直流电压测量

1）将黑表笔插入“COM”插孔。红表笔插入 V/Ω/Hz 插孔；

2）将量程开关转至相应的档位上，然后将测试表笔跨接在被测电路上，红表笔所接点的电压与极性将显示在屏幕上，如图 1-22 所示；

3）记录测量电压值。

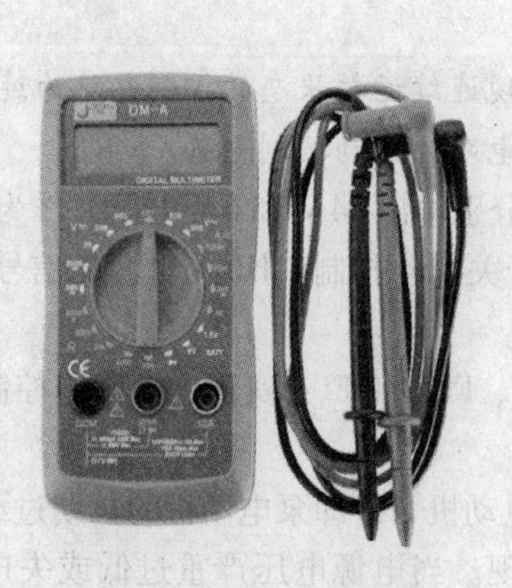

图 1-21　数字式万用表

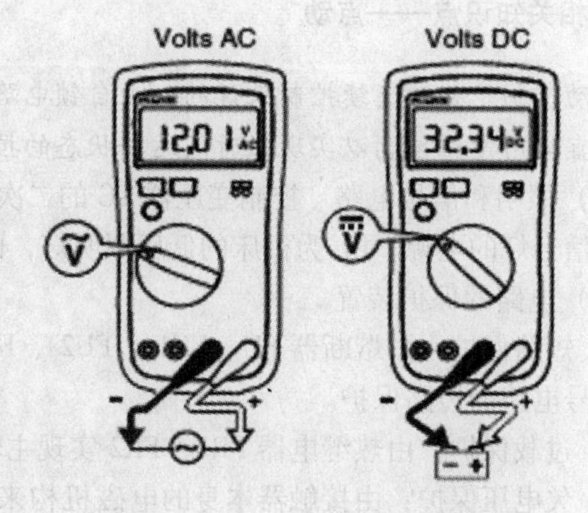

图 1-22　数字式万用表测量电压

注意：

◇ 如果事先不知被测电压的范围，应将量程开关转到最高档位，然后根据显示值转至相应档位上；

◇ 改变量程时，表笔应与被测点断开；

◇ 未测量时小电压档有残留数字，属正常现象不影响测试，如测量时高位显示“1”，表明已超过量程范围，须将量程开关转至较高档位上；

◇ 测量交流电路时请选择 AC V ~ 档位，测量直流电路时请选择 DC V ⎓ 档位；

◇ 输入电压切勿超过 1000 V，如超过，则有损坏仪表电路的危险；

◇ 当测量电路时，注意避免身体触及高压电路；

◇ 不允许用电阻档和电流档测电压；

◇ 不测量时，应将档位旋至 OFF。

（2）电阻测量

1）将黑表笔插入“COM”插孔，红表笔插入 V/Ω/Hz 插孔；

2）将量程开关转至相应的电阻量程上，将两表笔跨接在被测电阻上；

3）记录测得的电阻值。

注意：

◇ 如果电阻值超过所选的量程值，则会显示“1”，这时应将开关转高一档；当测量电阻值超过 1 MΩ 以上时，读数需几秒时间才能稳定，这在测量高电阻值时是正常的；

◇ 当输入端开路时，则显示过载情形；

◇ 测量在线电阻时，要确认被测电路所有电源已关断而所有电容都已完全放电；

◇ 请勿在电阻量程测量电压；

◇ 不测量时，应将档位旋至 OFF。

2. 用钳形电流表测量交流电流

钳形电流表（图 1-23a）是一种便携式仪表，能在不停电的情况下测量交流电流。常用的是互感器式钳形电流表，由电流互感器和交流电流表组成。它只能测量交流电流。

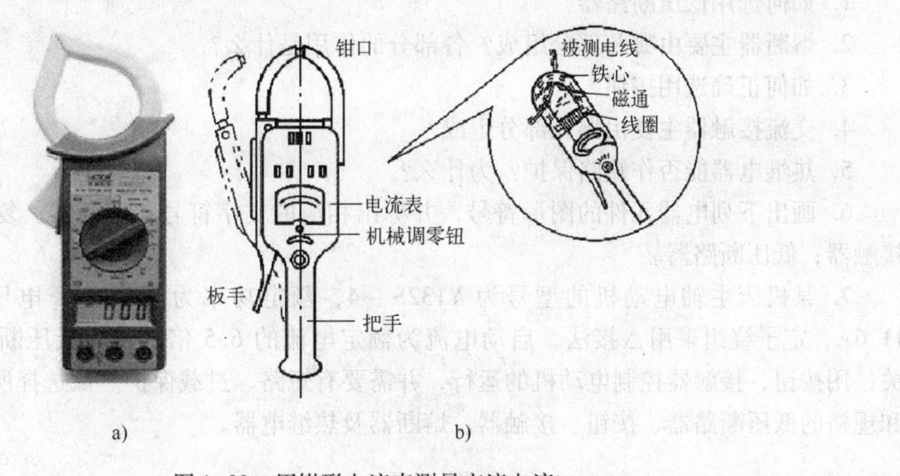

图 1-23　用钳形电流表测量交流电流

a）钳形电流表实物图　b）测量交流电流示意图

1）握紧钳形电流表的扳手，将通有被测电流的导线放入钳口中。

2）松开扳手，被测载流导线相当于电流互感器的一次绕组，绕在钳形电流表铁心上的线圈相当于电流互感器的二次绕组。

3）记录测量电流值。

根据要求填写表1-11。

表1-11　实施过程、实施方案或结果、出现异常的原因和处理方法记录表

序　号	实施过程	实施要求	实施方案或结果	异常原因分析及处理方法
1	万用表、钳形表认知	1. 写出万用表、钳形表的型号及含义		
		2. 熟悉万用表、钳形表端子和档位		
		3. 写出万用表、钳形表的测量接线方法		
2	用万用表测量电压	选择合适的档位		
		测量电压并记录		
3	用万用表测量电阻	选择合适的档位		
		测量电阻并记录		
4	用钳形电流表测量交流电流	选择合适的档位		
		测量电流并记录		

主要知识点：

- 低压电器工作原理
- 低压电器选型
- 电气原理图读图

思考与练习

1. 如何选用低压断路器？

2. 熔断器主要由哪几部分组成？各部分的作用是什么？

3. 如何正确选用按钮？

4. 交流接触器主要由哪几部分组成？

5. 热继电器能否作短路保护？为什么？

6. 画出下列电器元件的图形符号，并标出相应的文字符号：熔断器；复合按钮；交流接触器；低压断路器。

7. 某机床主轴电动机的型号为 Y132S－4，额定功率为 5.5 kW，电压 380 V，电流 11.6A，定子绕组采用△接法，启动电流为额定电流的 6.5 倍。若用低压断路器作电源开关，用按钮、接触器控制电动机的运行，并需要有短路、过载保护。试选择所用的相应型号和规格的低压断路器、按钮、接触器、熔断器及热继电器。

项目二　电气控制电路的分析与调试

【项目内容简介】

本项目通过对几种典型基本电气控制电路的分析与调试，使读者掌握基本电气控制电路的工作原理，学会分析电气控制系统的方法，提高读图能力，能利用基本电气控制电路初步设计电气控制系统并正确安装、调试，为按照生产设备工艺要求设计电气控制系统打下一定基础。

【知识目标】

1. 掌握基本电气控制电路工作原理；
2. 掌握电气控制电路的调试方法。

【能力目标】

1. 会分析基本电气控制电路工作原理；
2. 能利用基本电气控制电路初步设计电气控制系统；
3. 能分析出现的低压电器常见故障并提出解决方案。

任务一　三相异步电动机正反转控制电路的分析与调试

一、任务内容

在生产机械中的很多设备都需要正反转，如车床主轴需要正反转以满足车削螺纹的需要，铣床在加工时有顺铣和逆铣之分，其本质就是铣床主轴的正反转运动。实现机床正反转运动常用的方法有两种，一种是通过机械传动实现，如 CA6140 车床主轴的正反转就是通过摩擦离合器改变传动方向来实现的，第二种是通过电动机的正反转驱动传动系统实现可逆运行。现要对几种常用的电动机正反转控制电路进行分析并按照控制电路完成电路接线与调试。

二、任务分析

通过对三相异步电动机的工作原理分析可知，要实现三相异步电动机的正反转，只要改变接入三相异步电动机定子绕组的三相电源相序，即正转时三相电源线 L1、L2、L3 分别接到定子绕组的 U1、V1、W1 接线端子上；反转时，任意交换其中两相绕组的电源相序，如三相电源线 L1、L2、L3 分别接到定子绕组的 U1、W1、V1 接线端子上即可。完成三相电源相序交换这项任务是通过接触器来完成的。

三、任务实施

1. 三相异步电动机正 – 停 – 反控制电路分析

图 2–1 所示是电动机正 – 停 – 反控制电路。电路控制过程分析如下：

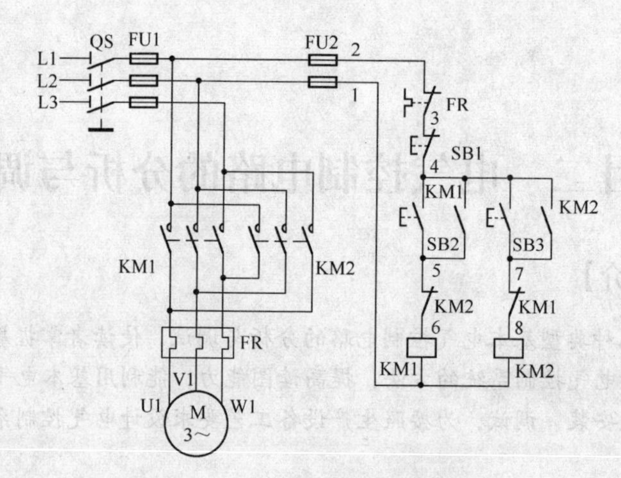

图 2-1　正 - 停 - 反控制电路

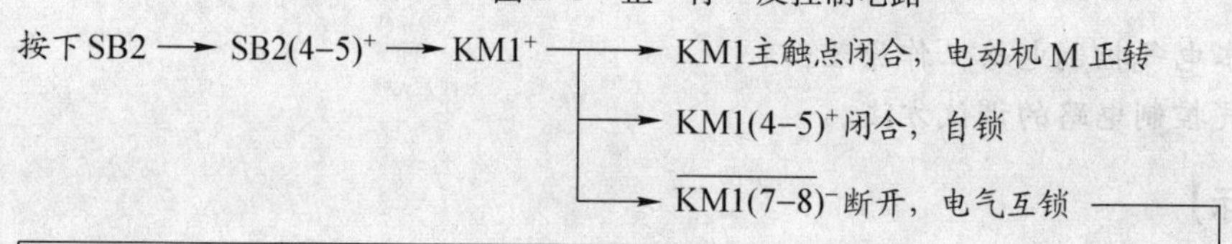

按下SB1 → KM1失电释放 → 电动机M正转停止

反转操作同正转操作类似，但反转启动按钮换成了SB3，此处不再赘述。本例中，若主电路中KM1、KM2主触点都闭合，则主电路将发生短路现象，引起安全生产事故。为避免这种情况的发生，在控制电路中必须防止KM1、KM2两个接触器的线圈同时得电。因此，正反转切换时，必须先按下SB1使KM1线圈失电，然后才能换向启动。所以该控制电路称为正 - 停 - 反控制电路。

相关知识点——互锁

在控制电路中将KM1、KM2常闭辅助触点串接在对方线圈电路中，形成相互制约的控制，这种相互制约的控制称为互锁。

2. 三相异步电动机正 - 停 - 反控制电路调试

（1）选择电器元件和导线　本任务中，根据图2-1所示电动机正 - 反 - 停控制电路原理图，以给定的三相异步电动机的额定功率、额定电压和额定电流为主要参数，依据项目一中讲述的各类常用低压电器元件的选用依据并结合工程经验合理选择所需的电器元件。在导线选择时，要把主电路和控制电路分开来考虑。主电路导线规格选择可根据1 mm^2导线通过8 A电流的经验法来选定，但主电路最小规格为1.5 mm^2；控制电路一般为小电流电路，电流在5 A以内，导线规格可选1 mm^2或1.5 mm^2。

（2）安装电器元件　按图样的要求，正确使用安装工具，将电器元件固定在配电板上。在电器元件安装时，要符合以下条件：

① 操作方便。元器件在操作时，不应受到空间的制约，不应有触及带电体的可能。

② 维修容易。能够较方便地更换元器件及维修电路。

③ 元件布局要遵守元器件飞弧距离要求（按产品说明书上要求）。

④ 保证一、二次线的安装距离。

具体电器元件安装可依据电器元件安装规范要求和相关电器元件的使用说明来执行。本任务中，电器元件的安装以图 2-2 所示的布置图为依据，用安装工具将相应电器元件固定在网孔板上。在电器元件安装时，要检查熔断器、交流接触器、热继电器、启停按钮有无损坏，操作按钮和接触器触点动作是否灵活可靠。

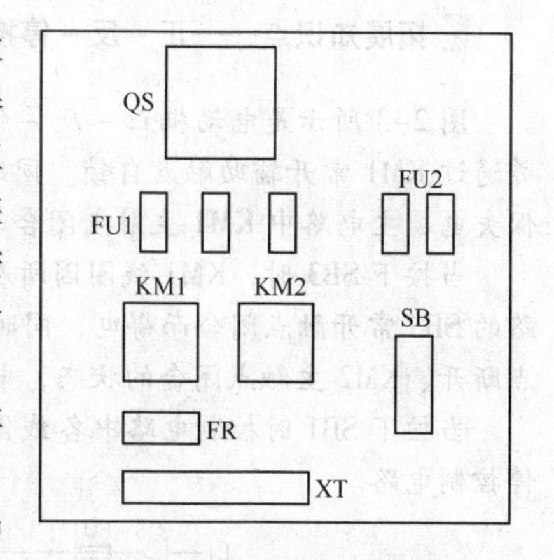

图 2-2 电动机正－停－反控制电路元件布置图

（3）连接电路 电气控制电路接线的基本技术要求是：

① 从一端子到另一端子走线连续，横平竖直，中间没有接头。

② 导线敷设应成排成束，并有线夹固定：走线尽可能避免交叉，这是设置控制柜时就已经考虑到的问题。

③ 导线的敷设不妨碍电器元件的拆卸。

④ 主控电路导线、工作零线、保护线颜色符合国标要求，线端应有与图样上一致的标号。

本任务中，电路接线应严格按照接线工艺规则，根据图 2-1 的控制原理图，分主电路和控制电路两部分来连接。主电路接线时，应确保接触器 KM1、KM2 在接入电动机绕组时有两相相序交换，实现电动机正反转。在控制电路接线时，要确保接触器 KM1、KM2 的常闭辅助触点互相串接在对方电路中，实现电气互锁，以防止通电后主电路发生短路。

（4）通电调试 在通电调试前，一定要做好安全防护。如调试人员必须穿绝缘电工鞋，地面铺设绝缘毯。

1）系统供电电压确认。根据电气原理图，确认主电路和控制电路的供电电压是否正常。

2）线路检查。

① 目视检查。线路检查先通过目视检查查看系统中是否有未连接的线路，如接有变压器的，则一定要检查变压器一次侧与二次侧是否有接反现象，防止反接后出现超高压现象。

② 仪表检查。检查前，将所有回路断路器全部合上。（控制回路及主回路）

主回路：用万用表的欧姆档检查各级主回路是否存在短接状态。（因主回路存在接触器等断开器件，故必须逐级检查）

控制回路检查：用万用表欧姆档检查交流回路及直流回路是否有短接和串接状况。

3）通电调试。在上述检查都正常后，便可接通电源进行调试。按下正转启动按钮 SB2，观察接触器 KM1 触点动作和电动机转动。由正转切换到反转时，必须先按下停止按钮 SB1，然后才可以按下反转启动按钮 SB3。在调试过程中，如电动机转速较低或不转，且有“嗡嗡”的杂音，则有可能是电动机发生缺相，应立即切断电源仔细排查故障。在调试过程中，如闻到异味或听到异响的情况，则应立即切断电源，排查、分析故障并消除。

拓展知识点——正－反－停控制电路

图 2–3 所示是电动机正－反－停控制电路。当按下复合按钮 SB2 时，KM1 线圈得电，并通过 KM1 常开辅助触点自锁。同时 KM2 因所在支路中联动按钮 SB2 的常闭触点断开而确保失电，主电路中 KM1 主触点闭合、KM2 主触点断开，电动机正转。

当按下 SB3 时，KM1 线圈因所在支路的 SB3 常闭触点断开而失电，KM2 线圈因所在支路的 SB3 常开触点闭合而得电，同时通过 KM2 常开辅助触点自锁，主电路中形成 KM1 主触点断开、KM2 主触点闭合的状态，电动机反转。

当按下 SB1 时控制电路中各线圈均失电，电动机停转。所以该控制电路称为正－反－停控制电路。

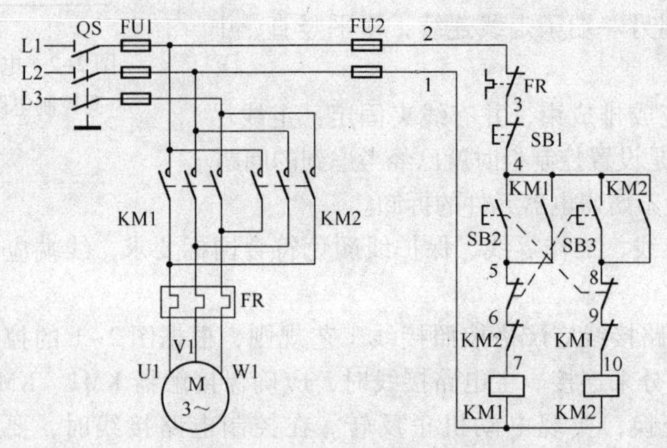

图 2–3　正－反－停控制线路

上述过程可用如下的电器元件动作顺序表示。

1）正向启动：

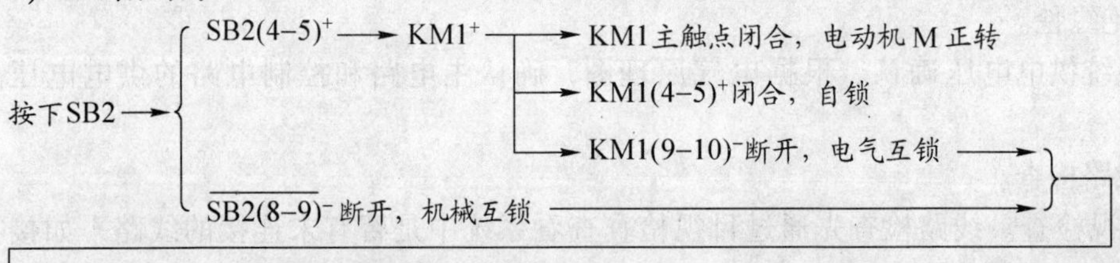

2）反向启动：

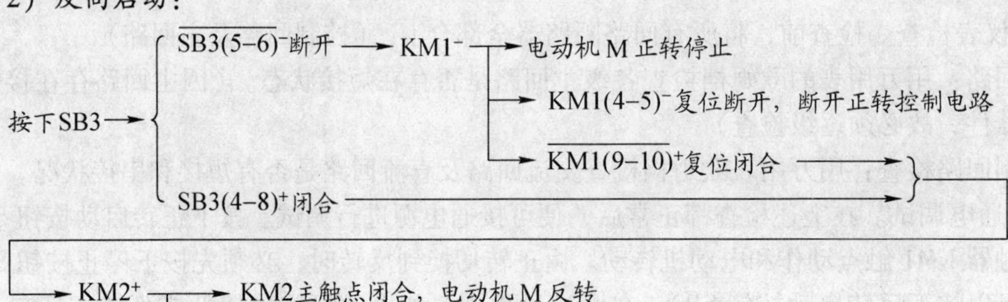

3）停止：

按下 SB1→KM2 失电释放→电动机 M 反转停止

KM1 线圈与 KM2 线圈所在支路中既有电气互锁，又有机械互锁，该控制电路称为电气-机械双重互锁电路。该电路比较安全可靠，是机电设备中最常用的电气控制电路。

任务二　三相异步电动机减压启动控制电路的分析与调试

一、任务内容

三相异步电动机的启动主要有全压直接启动和减压启动两种。定子绕组直接连在额定电压的交流电源上的，这种启动方式称为全电压直接启动。定子绕组启动时接入的电压非电动机额定电压，而是经某种手段降压后的电压，待电动机的转速接近额定转速时，再换接额定电压的启动方式，称为减压启动。现对几种常用的减压启动控制电路进行分析，并按照控制电路完成电路接线与调试。

二、任务分析

由于三相异步电动机启动电流 I_{st} 为额定电流 I_n 的 4～7 倍，启动时过大的电流将导致绕组因严重发热而损坏，甚至还会造成电网电压显著下降及邻近其他电气设备工作不正常。所以全电压直接启动的电动机容量受到一定的限制，需要符合下面的经验公式或电动机容量在 10 kW 以下。

$$\frac{I_{st}}{I_n} \leqslant \frac{3}{4} + \frac{S}{4P} \tag{2-1}$$

式中　I_{st}——电动机直接启动电流，A；

I_n——电动机额定电流，A；

S——电源变压器容量，kV · A；

P——电动机容量，kW。

在很多机电设备中，由于电动机容量较大，不适合采用全电压直接启动，需要采用减压启动。常用的减压启动方法有Y-△减压启动、定子串电阻减压启动、自耦变压器减压启动等。

三、任务实施

1. 三相异步电动机Y-△减压启动控制电路分析

用于Y-△减压启动的三相异步电动机的定子绕组中有 6 个接线端子 U1、V1、W1、W2、U2 及 V2，如图 2-4 所示。启动时 KM 主触点和 KM1 主触点闭合、KM2 主触点断开，接线端子 W2-U2-V2 互连，定子绕组暂接成星形（Y），这时定子绕组相电压仅为电动机额定电压的 $1/\sqrt{3}$ 倍，电动机启动。待电动机转速升到一定值时，再换接成 KM 主触点和 KM2 主触点闭合、KM1 主触点断开的状态，接线端子 U1-V2、V1-W2、W1-U2 互连，定子绕组换接成三角形（△），电动机在额定电压下正常运转。

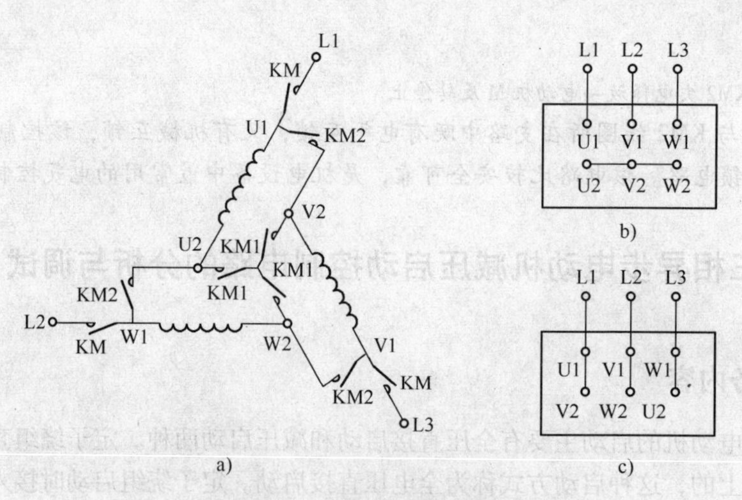

图 2-4　定子绕组Y－△换接

a）定子绕组接线示意图　b）Y联结　c）△联结

图 2-5 是Y－△自动换接减压启动控制电路。电路控制过程分析如下：

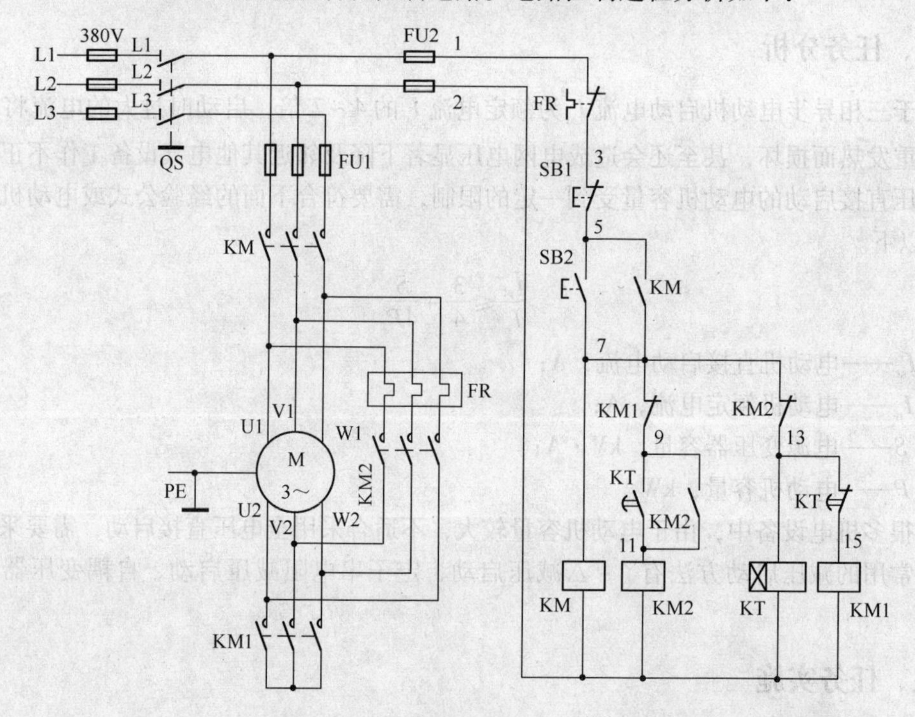

图 2-5　Y－△自动换接减压启动电路

按下 SB2，KM 线圈得电，并通过常开辅助触点 KM 自锁，同时，KM1 线圈得电、KT 线圈也得电。主电路中的 KM 主触点与 KM1 主触点都闭合，定子绕组联结成Y形。KT 线圈延时到达后，KT 常开延时闭合触点闭合，KM2 线圈得电，并通过常开辅助触点 KM2 形成自锁。与此同时，KM1 线圈因所在支路中的 KT 常闭延时断开触点断开而失电，KM 线圈则保持得电。上述结果导致主电路中 KM1 主触点断开，KM 主触点与 KM2 主触点闭合，定子绕组自动换接成△。上述过程可用电器元件动作顺序表示为：

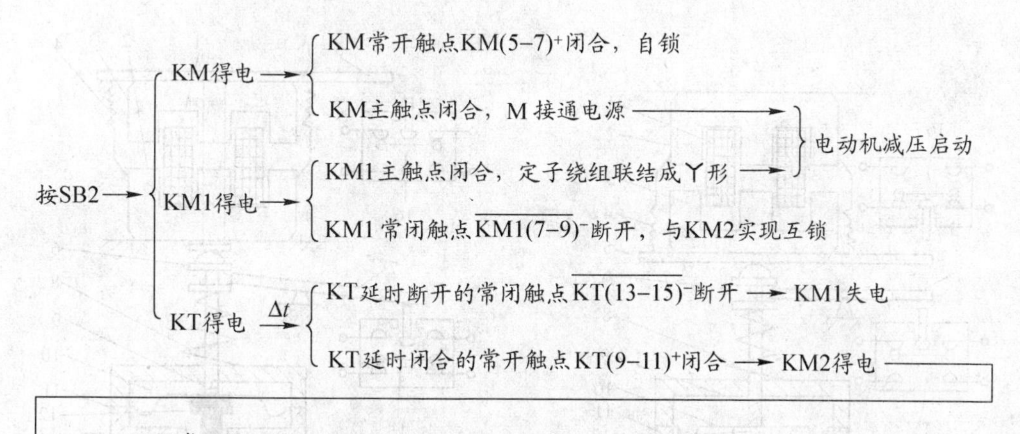

Y－Δ减压启动的优点在于定子绕组为Y接法时，启动电压为Δ接法的$1/\sqrt{3}$，启动电流为Δ接法的1/3，启动电流特性好，电路比较简单。缺点是启动转矩下降为Δ接法的1/3，转矩特性差。

相关知识点——时间继电器

在自动控制系统中，需要有瞬时动作的继电器，也需要延时动作的继电器。时间继电器就是利用某种原理实现触点延时动作的自动电器，经常用于时间控制原则进行控制的场合。其种类主要有空气阻尼式、电磁阻尼式、电子式和电动式。

时间继电器的延时方式有以下两种。

1）通电延时。接受输入信号后延迟一定的时间，输出信号才发生变化。当输入信号消失后，输出瞬时复原。

2）断电延时。接受输入信号时，瞬时产生相应的输出信号。当输入信号消失后，延迟一定的时间，输出才复原。

1. 空气阻尼式时间继电器

空气阻尼式时间继电器是利用空气阻尼原理获得延时的，其结构由电磁系统、延时机构和触点三部分组成。电磁机构为双正直动式，触点系统用LX5型微动开关，延时机构采用气囊式阻尼器。图2-6为JS7系列空气阻尼式时间继电器外形图。

图2-6　JS7系列空气阻尼式时间继电器外形

空气阻尼式时间继电器的电磁机构可以是直流的，也可以是交流的；既有通电延时型，也有断电延时型。只要改变电磁机构的安装方向，便可实现不同的延时方式：当衔铁位于铁心和延时机构之间时为通电延时，如图2-7a所示；当铁心位于衔铁和延时机构之间时为断电延时，如图2-7b所示。

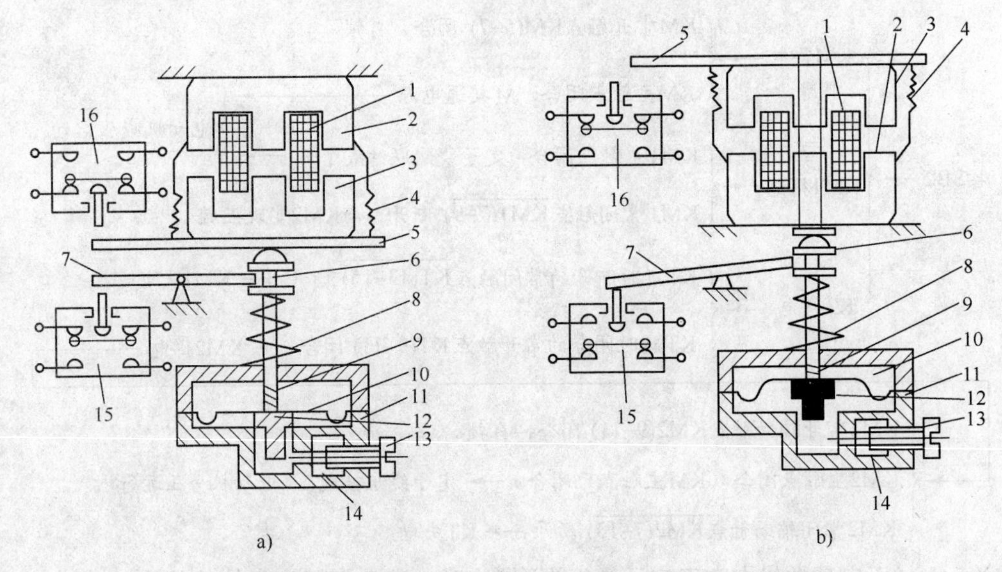

图 2-7　JS7-A 系列空气阻尼式时间继电器结构原理图

a）通电延时型　b）断电延时型

1—线圈　2—铁心　3—衔铁　4—反力弹簧　5—推板　6—活塞杆　7—杠杆　8—塔形弹簧　9—弱弹簧　10—橡皮膜　11—空气室壁　12—活塞　13—调节螺钉　14—进气孔　15、16—微动开关

空气阻尼式时间继电器的特点是：延时范围较大（0.4～180 s），结构简单，寿命长，价格低。但其延时误差较大，无调节刻度指示，难以确定整定延时值。在对延时精度要求较高的场合，不宜使用这种时间继电器。

2. 时间继电器的图形符号和文字符号

时间继电器的图形符号和文字符号如图 2-8 所示。

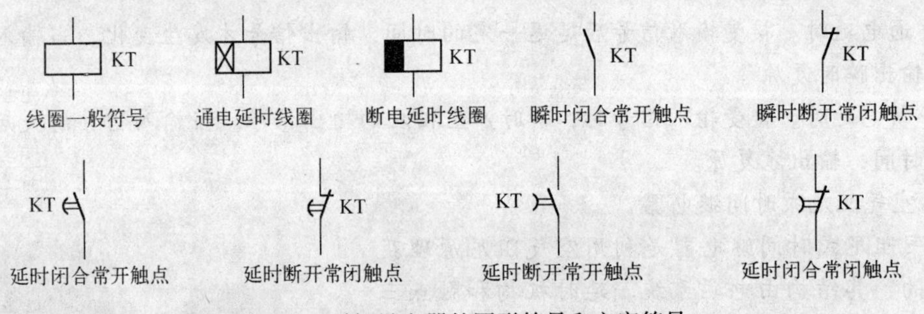

图 2-8　时间继电器的图形符号和文字符号

2. 三相异步电动机Y-△减压启动控制电路调试

（1）选择电器元件和导线　根据图 2-5 所示电动机Y-△减压启动控制电路原理图，以给定的三相异步电动机的额定功率、额定电压和额定电流为主要参数，根据项目一中讲述的各类常用低压电器元件的选用依据，并结合工程经验合理选择所需的电器元件。

（2）安装电器元件　按图样的要求，正确使用安装工具，将电器元件固定在配电板上。电器元件的安装以图 2-9 所示的布置图为依据，用安装工具将相应电器元件固定在网孔板上。在电器元件安装时，要检查熔断器、交流接触器、热继电器、时间继电器、启停按钮有无损坏，操作按钮和接触器触点动作是否灵活可靠。

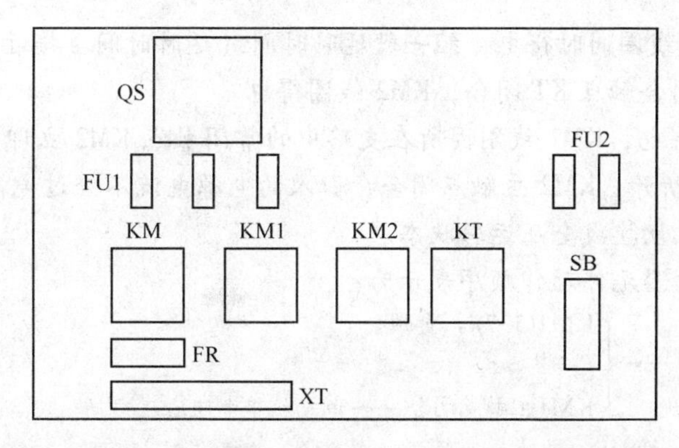

图 2-9　电动机Y－△减压启动电器元件布置图

（3）连接电路　电路接线应严格按照接线工艺规则，根据图 2-5 控制原理图，分主电路和控制电路两部分来连接。主电路接线时，应确保接触器 KM 与 KM1 在接入电动机绕组时构成Y联结，接触器 KM 与 KM2 在接入电动机绕组时构成△联结，实现电动机减压启动。在控制电路接线时，要确保接触器 KM1、KM2 的常闭辅助触点互相串接在对方电路中，实现电气互锁。

（4）通电调试　在完成任务一中讲述的电压确认、线路检查后，就可接通电源进行调试。按下启动按钮 SB2，观察接触器 KM、KM1、KM2 触点的动作顺序，特别要注意在时间继电器延时时间到后，接触器 KM1 线圈是否断电，KM2 线圈是否通电，即电动机是否由Y启动换成△运行。如果没有实现，就要判断时间继电器工作是否正常，或者时间继电器的触点接线是否正确。停止时，则按下停止按钮 SB1。在调试过程中，如电动机转速较低或不转，且有"嗡嗡"杂音，则有可能是电动机发生缺相，应立即切断电源仔细排查故障。在调试过程中，如闻到异味或听到异响，应立即切断电源，排查、分析故障并消除。

拓展知识点——定子串电阻减压启动控制电路

图 2-10 所示是定子绕组串电阻减压启动控制电路。电动机启动时，在电路中串电阻，可使电动机定子绕组电压降低，启动结束后再将电阻切除，使电动机在额定电压下运行。

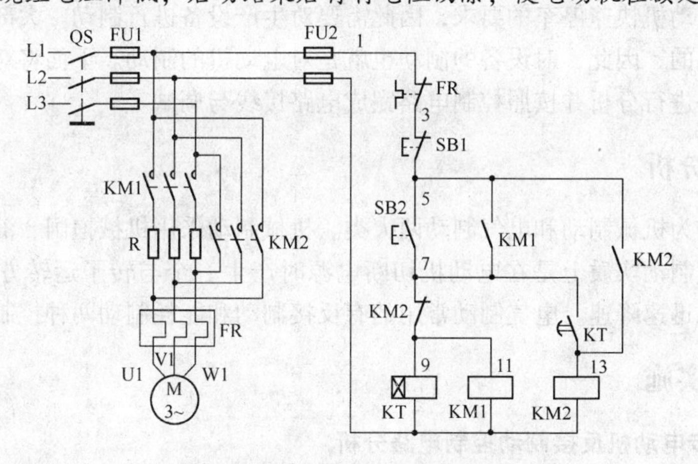

图 2-10　定子绕组串电阻降压启动

当按下 SB2，KM1 线圈得电，常开辅助触点 KM1 闭合，形成对 SB2 的自锁。主电路中主触点 KM1 接通，电动机进入减压启动状态。

按下 SB2 时 KT 线圈同时得电，经一段延时时间（延时时间至接近电动机额定转速时结束）后，常开延时闭合触点 KT 闭合，KM2 线圈得电。

KM2 线圈一旦得电，KM1 线圈因所在支路中的常闭触点 KM2 立即断开而失电，此时主电路中 KM1 主触点断开，KM2 主触点闭合，引入的电源电流不经过电阻 R 直接接入电动机的三相绕组，电动机切换成全压运转状态。

上述过程可用电器元件动作顺序表示为：

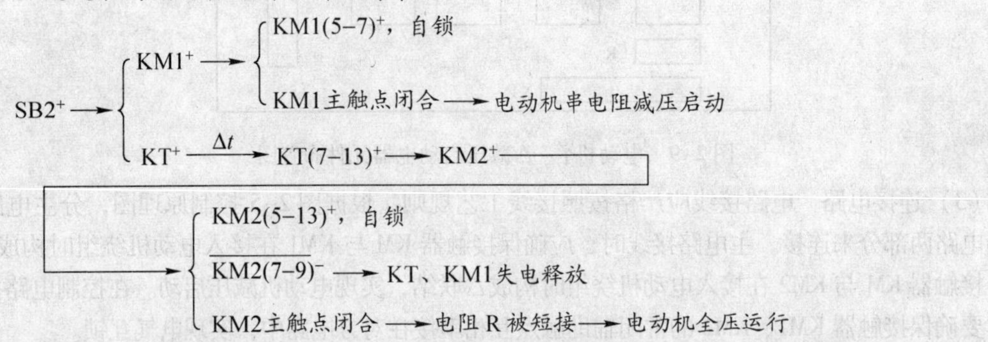

串电阻减压启动的优点是控制电路简单、成本低、动作可靠、功率因数高。但由于串电阻减压启动时电流随定子电压成正比下降，启动转矩按电压的平方成正比下降，且每次启动都要消耗大量电能，仅适用于要求启动平稳的中小容量电动机，且启动不宜频繁。

任务三　三相异步电动机制动控制电路的分析与调试

一、任务内容

在生产过程中，很多设备都要求能实现立即停车。一是为了提高生产效率，实现加工产品快速换装。二是为了安全生产需要，在发生设备故障或影响人身安全时能快速停车，将损失降到最低。但由于机械惯性，生产设备往往从切除电源到停止转动，需经过一段降速时间，不能满足电动机快速停车的要求，因此需要对生产设备进行制动。大部分的生产设备都是由电动机驱动的，因此，对设备的制动也就是对电动机的制动。下面将对几种常用的电动机制动控制电路进行分析并按照控制电路完成电路接线与调试。

二、任务分析

制动方法分为机械制动和电气制动两大类。机械制动采用机械抱闸、液压制动器等机械装置实现。电气制动实质上是在电动机切断电源时产生一个与转子运转方向相反的制动转矩，迫使电动机迅速降速。电气制动常用的有反接制动和能耗制动两种控制电路。

三、任务实施

1. 三相异步电动机反接制动控制电路分析

反接制动通过改变异步电动机定子绕组中三相电源的相序，从而产生一个与转子惯性转动方向相反的制动转矩，实现制动。

反接制动时，转子与旋转磁场的相对速度接近 2 倍同步转速，所以定子绕组中会产生很大的反接制动电流，形成电流冲击。为了减小冲击电流，需在电动机主电路中串接电阻限制反接制动电流。

图 2-11 是单向反接制动控制电路。启动时，按下 SB2，KM1 线圈得电，并通过 KM1 常开辅助触点自锁，主电路中 KM1 主触点闭合，电动机正转启动升速，当升速至接近速度继电器 KS 的额定动作速度 120 r/min 时，控制电路中的 KS 常开触点闭合。之后当按下 SB1，KM1 线圈失电、KM2 线圈因所在支路中的 SB1 常开触点的闭合而得电。主电路中 KM1 主触点断开、KM2 主触点闭合，导致 L1、L3 中电流反接至 W、U 两相定子绕组中，改变了定子绕组中三相电源的相序，从而产生出一个与电动机正向转动惯性矩相反的制动转矩，使电动机快速降速。

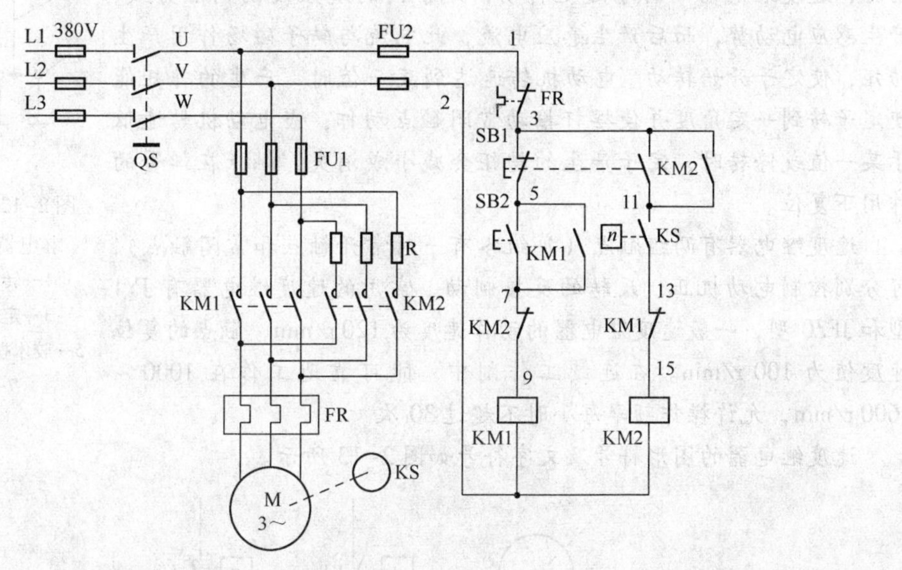

图 2-11　单向反接制动控制电路

当电动机转子转速低于 100 r/min 时，KM2 线圈因所在支路中的 KS 常开触点的断开而失电，惯性转矩消失，电动机停转。

上述过程用电器元件动作顺序表示为：

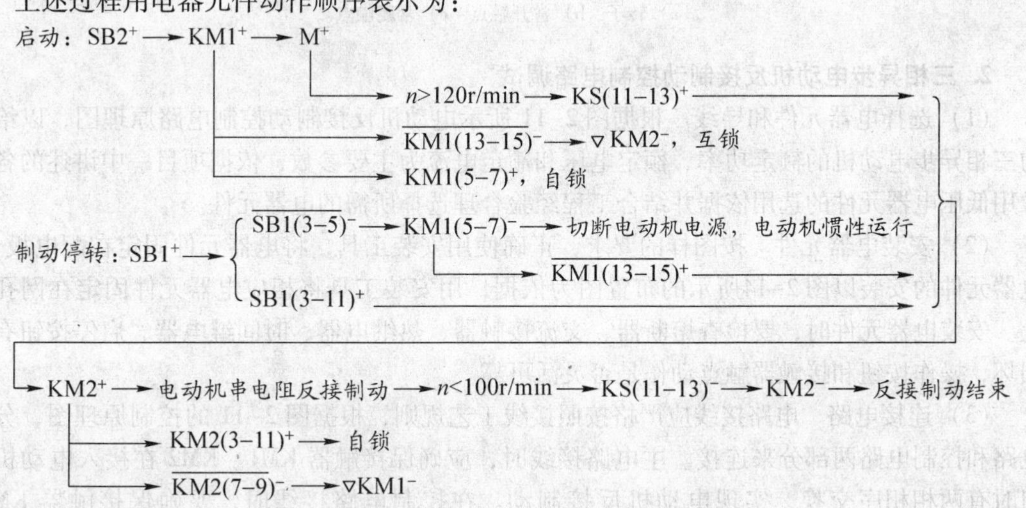

注：∇表示使某电器元件不能得电提供保障。

相关知识点——速度继电器

速度继电器是用来反映转速与转向变化的继电器。它可以按照被控电动机转速的大小使控制电路接通或断开。速度继电器通常与接触器配合，实现对电动机的反接制动。图 2-12 为速度继电器的结构示意图。

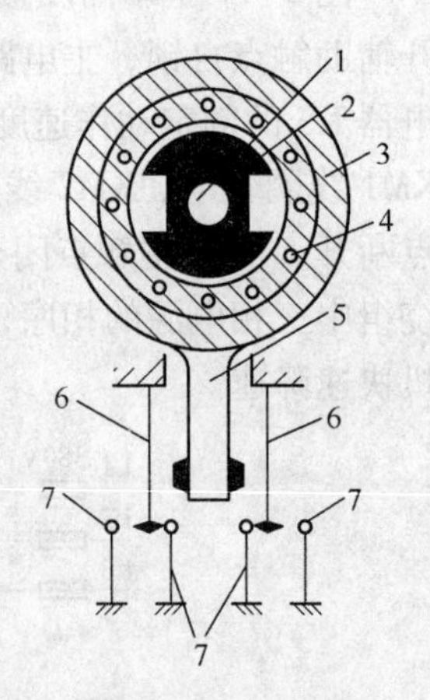

图 2-12　JY1 型速度继电器结构示意图
1—转轴　2—转子
3—定子　4—绕组
5—胶木摆杆　6—动触点
7—静触点

速度继电器的转轴和电动机的轴通过联轴器相连，当电动机转动时，速度继电器的转子随之转动，定子内的绕组便切割磁力线，产生感应电动势，而后产生感应电流，此电流与转子磁场作用产生转矩，使定子开始转动。电动机转速达到某一值时，产生的转矩能使定子转到一定角度并使摆杆推动常闭触点动作；当电动机转速低于某一值或停转时，定子产生的转矩会减小或消失，触点在弹簧的作用下复位。

速度继电器有两组触点（每组各有一对常开触点和常闭触点），可分别控制电动机正、反转的反接制动。常用的速度继电器有 JY1 型和 JFZ0 型，一般速度继电器的动作速度为 120 r/min，触点的复位速度值为 100 r/min。在连续工作制中，能可靠地工作在 1000 ~ 3600 r/min，允许操作频率每小时不超过 30 次。

速度继电器的图形符号及文字符号如图 2-13 所示。

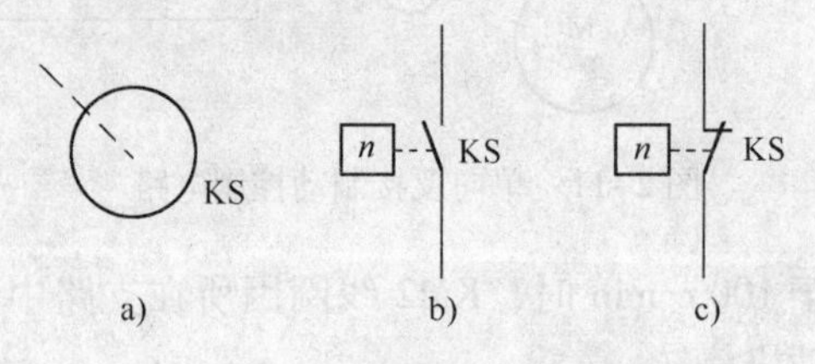

图 2-13　速度继电器图形符号和文字符号
a）转子　b）常开触点　c）常闭触点

2. 三相异步电动机反接制动控制电路调试

（1）选择电器元件和导线　根据图 2-11 所示电动机反接制动控制电路原理图，以给定的三相异步电动机的额定功率、额定电压和额定电流为主要参数，依据项目一中讲述的各类常用低压电器元件的选用依据并结合工程经验合理选择所需的电器元件。

（2）安装电器元件　按图样的要求，正确使用安装工具，将电器元件固定在配电板上。电器元件的安装以图 2-14所示的布置图为依据，用安装工具将相应电器元件固定在网孔板上。安装电器元件时，要检查熔断器、交流接触器、热继电器、时间继电器、启停按钮有无损坏，操作按钮和接触器触点动作是否灵活可靠。

（3）连接电路　电路接线应严格按照接线工艺规则，根据图 2-11 的控制原理图，分主电路和控制电路两部分来连接。主电路接线时，应确保接触器 KM1、KM2 在接入电动机绕组时有两相相序交换，实现电动机反接制动。在控制电路接线时，要确保接触器 KM1、

KM2 的常闭辅助触点互相串接在对方电路中，实现电气互锁。

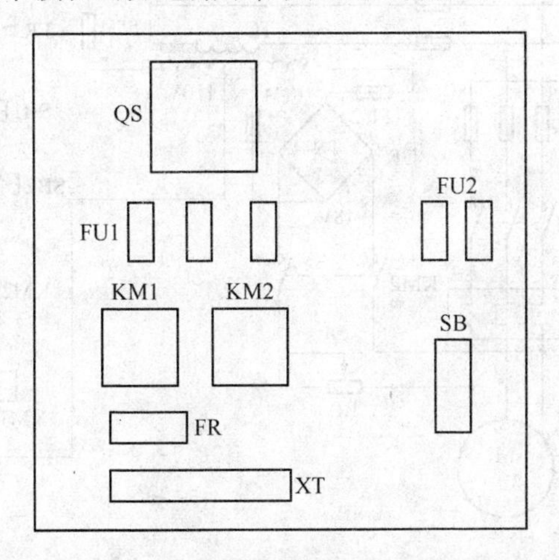

图 2-14　电动机反接制动电器元件布置图

(4) 通电调试　在完成任务一中讲述的电压确认、线路检查后，就可接通电源进行调试。按下启动按钮 SB2，待电动机转速稳定后，按下停止按钮 SB1 然后松开，注意观察接触器 KM2 的触点是否动作，电动机的转速是否快速下降且在短时间内停止。如果不是，有可能是速度继电器损坏，不能正常工作，或者接线时选错了速度继电器的触点，应换接速度继电器另一组触点。

在调试过程中，如电动机转速较低或不转，且有“嗡嗡”杂声，则有可能电动机发生缺相，应立即切断电源并仔细排查故障。在调试过程中，如有闻到异味或听到异响的情况，则应立即切断电源，排查、分析故障并消除。

拓展知识点——三相异步电动机能耗制动控制电路

所谓能耗制动，就是在电动机切断三相交流电源的同时，在定子绕组中通入直流电流，利用电磁感应电流与静止磁场作用产生电磁制动转矩实现制动。

图 2-15 是时间原则控制的单向能耗制动控制电路。电动机正常运转时，若按下 SB1 复合按钮，KM1 线圈失电，主电路中 KM1 主触点断开，导致电动机脱离三相交流电源，电动机开始降速。

复合按钮 SB1 按下的同时，接触器线圈 KM2 和时间继电器线圈 KT 同时得电吸合，并通过常开辅助触点 KM2、KT 自锁。主电路中 2 个 KM2 主触点闭合，从 L1、L2 引入的两相交流电源通过变压器 TC 引入桥式整流电路的输入端，经整流后输出端的直流电加载到了定子绕组的 U、W 相，通过感应作用在电动机转子绕组中产生制动转矩，抵消电动机定子绕组失电后的惯性转矩，使电动机快速降速。

复合按钮 SB1 按下的同时，KT 线圈也得电，经过一段延时后，电动机转速降至接近零速，KM2 线圈会因所在支路中的 KT 延时常闭触点的断开而失电，主电路中的 KM2 主触点断开，切除能耗制动的直流电流，电动机停止转动。

上述过程可用电器元件动作顺序表示为：

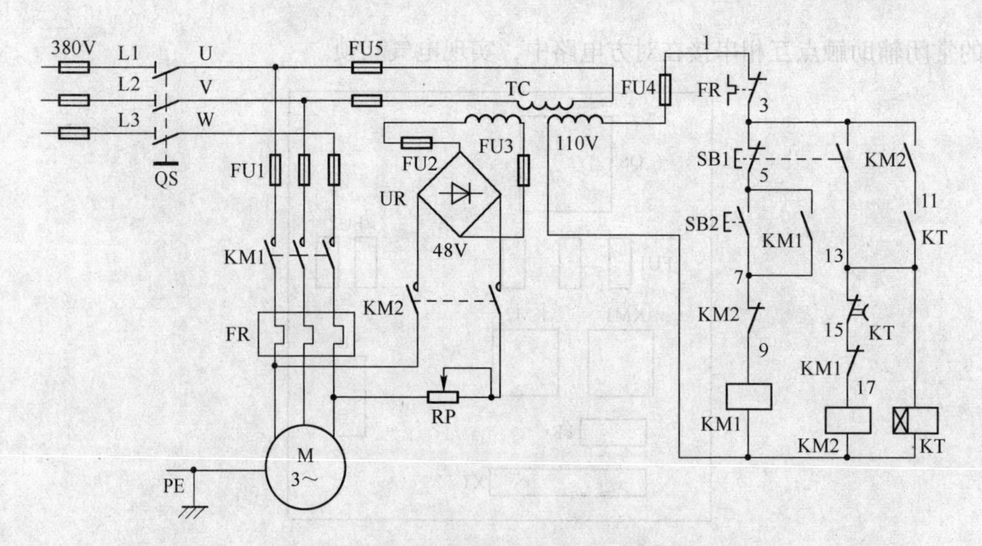

图2-15　时间原则控制的单向能耗制动线路

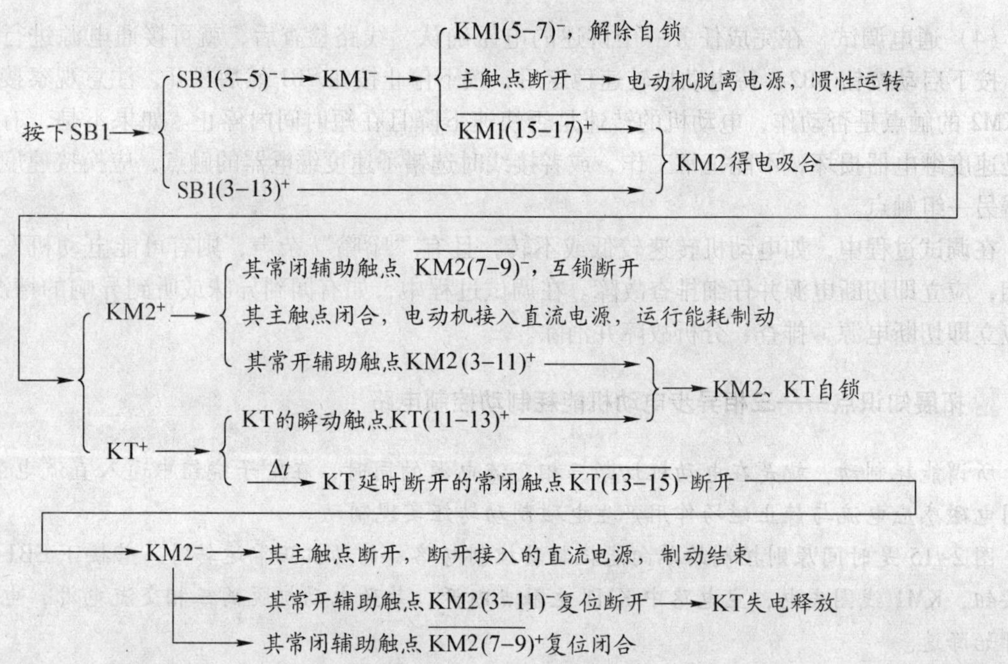

由以上分析可知，能耗制动比反接制动消耗的能量少，其制动电流也比反接制动电流小得多，但能耗制动的制动效果不及反接制动的明显，同时需要一个直流电源，控制电路相对比较复杂，通常能耗制动适用于电动机容量较大，启动、制动频繁的场合。

任务四　三相异步电动机调速控制电路的分析与调试

一、任务内容

在生产过程中，很多设备都要求运行速度可调。如车床在粗加工和精加工过程中，由于切削用量的不同，主轴的转速要求也是不同的。为了节能环保的需要，在商场中运行的自动扶梯在有乘客和没乘客的时候，运行的速度也是不同的。要实现生产设备运行速度的可调主要有两种方法，一是通过机械变速箱换挡实现调速，二是通过电气控制实现调速，如采用多速电动机、变频调速等。现要求对几种常用的电气控制调速电路进行分析并按照控制电路完成电路接线与调试。

二、任务分析

电气调速是指在同一负载下，通过改变电动机电气参数而得到不同转速的方法。三相异步电动机转速公式为

$$n = 60f(1-s)/p \tag{2-2}$$

式中 f——电源频率；

s——转差率；

p——电动机磁极对数。

根据上式可知，三相异步电动机调速方法有变极调速、变差调速和变频调速三种。

三、任务实施

1. 双速电动机变极调速控制电路分析

由电工学原理可知，电动机的转速与电动机的磁极对数 p 有关，改变电动机的磁极对数即可改变其转速。对于笼型感应电动机来讲，可通过改变定子绕组的连接，即改变定子绕组中电流流动的方向，形成不同的磁极对数，来改变电动机的转速。

双速电动机定子绕组的每相由两个线圈连接而成，线圈之间有导线引出，如图 2-16a 所示，也就是说，定子绕组有 6 个引出端，即 U1（W2）、V1（U2）、W1（V2）、U3、V3、W3。图 2-16b、c 为△/Y（4 极/2 极）定子绕组接线示意图。其中，图 2-16b 表示三相定子绕组按△联结（U1、V1、W1 接电源 L1、L2、L3，而接线端 U3、V3、W3 悬空），此时每相绕组中的线圈①、②串联，电流方向如图 2-16b 中虚线箭头所示，此时电动机以 4 极运行，为低速。转子同步转速：

$$n = 60f(1-s)/p = 60 \times 50 \times (1-0)/2 = 1500\ \text{r/min}$$

若将电动机定子绕组的 3 个接线端子 U3、V3、W3 接三相交流电源，而将另外三个引线 U1、V1、W1 连接在一起，则原来三相定子绕组的△联结变为Y联结，如图 2-16c 所示，此时每相绕组中的线圈①、②并联，电流方向如图 2-16c 中的实线箭头所示，于是电动机以 2 极高速运行。所以转子同步转速变换成 3000 r/min。必须注意，为保证单绕组双速异步电动机变极调速时转向不变，必须将三相电源线中的任意两相换接。

在图 2-17 中，KM1 为电动机定子绕组△联结，KM2、KM3 为定子绕组Y联结。

在某些场合，有时需要电动机先以低速启动，然后再自动切换到高速运转，这个过程可以用时间继电器控制。图 2-17b 所示为△启动，然后，自动地将速度加快，利用时间继电器投入Y运转的控制电路。

在图 2-17b 所示电路中，按下启动按钮 SB2，使接触器 KM1 得电吸合并自锁，电动机定子绕组按△联结低速启动运行，KM1 的常闭辅助触点 KM1（13-15）断开，确保 KM2、KM3 不能得电，实现互锁；同时通电延时时间继电器 KT 也得电并自锁，一旦 KT 延时时间到，其延时断开的常闭触点 KT(9-11)断开，使 KM1 失电释放。低速启动运行停止，同时 KM1 的常闭辅助触点 KM1(13-15)复位闭合，而 KT 的延时闭合的常开触点 KT(3-13)也闭

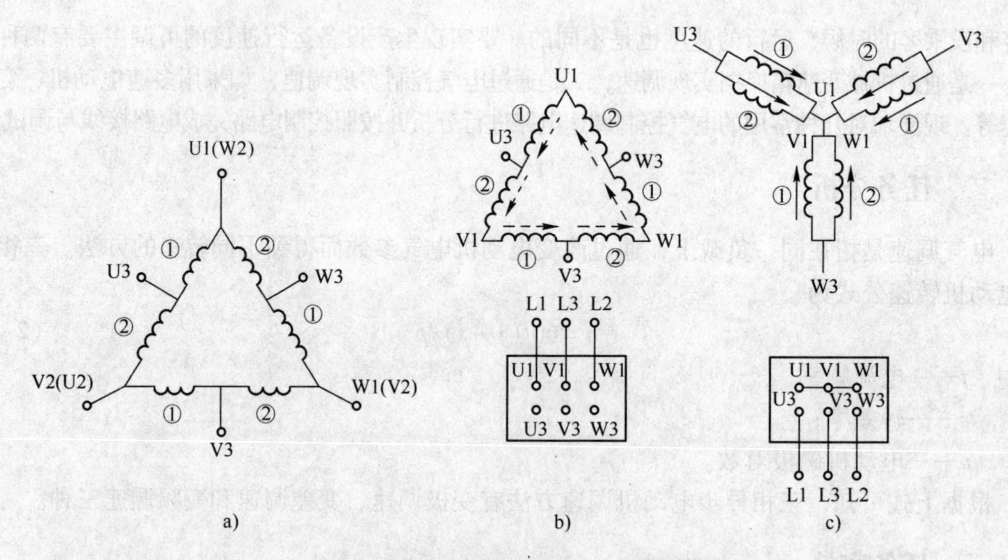

图 2-16　双速电动机定子绕组变极调速接线

a）绕组形式　b）△联结　c）Y联结

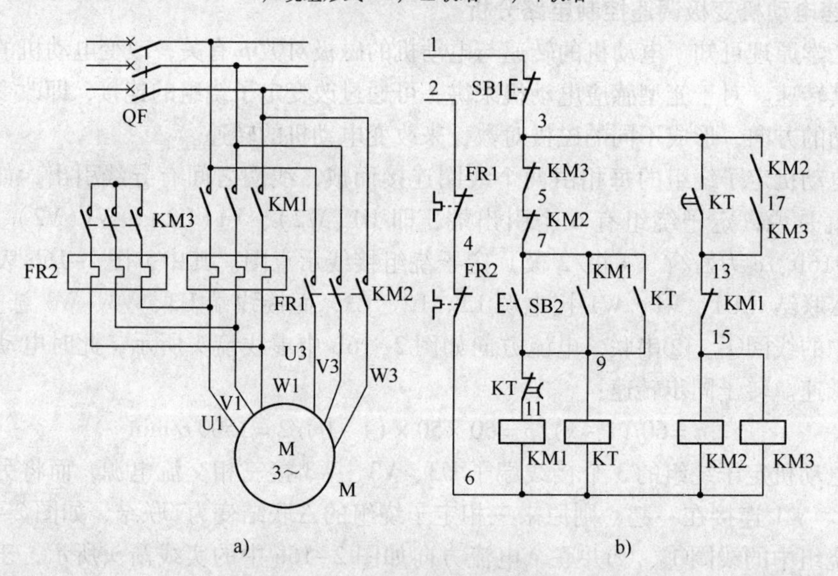

图 2-17　双速电动机变极调速控制电路

a）主电路　b）控制电路

合，使接触器 KM2、KM3 得电吸合并自锁，其主触点闭合，电动机便由低速自动转换为高速运行，实现了自动加速控制，其常闭辅助触点 KM3(3-5)、KM2(5-7)断开，使 KT 失电释放，并确保 KM1 不能得电，实现互锁。

时间继电器 KT 自锁触点 KT(7-9)的作用是，在 KM1 失电释放后，KT 仍然保持有电，直至进入高速运行，即 KM2、KM3 得电后，KT 才失电，这样一方面使控制电路工作可靠，另一方面使 KT 只在换接过程中短时得电，减少 KT 线圈的能耗。

电器元件动作顺序为：

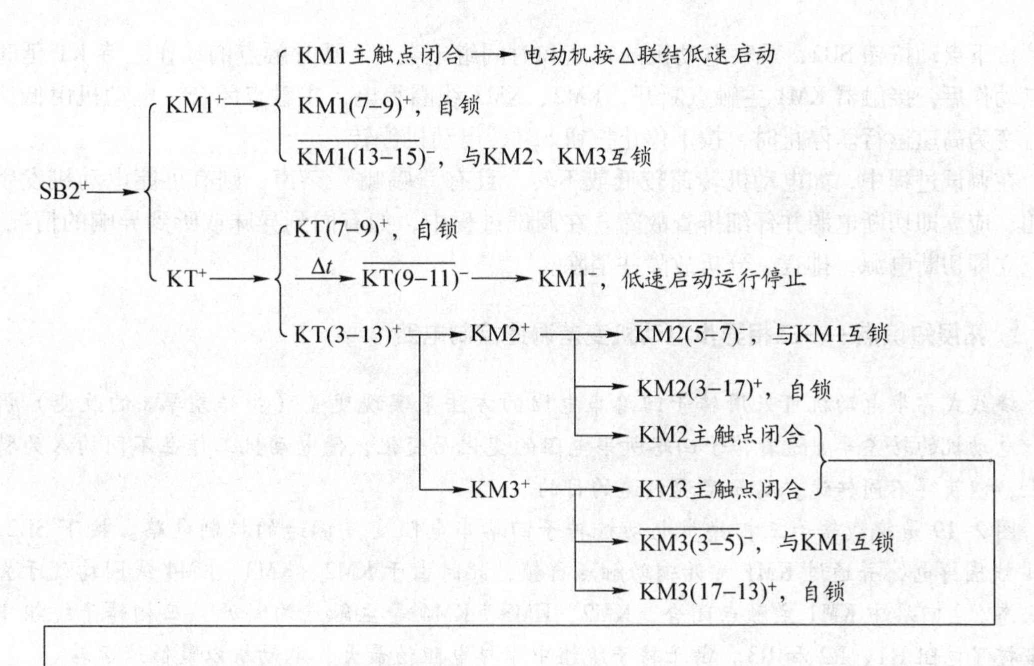

2. 双速电动机变极调速控制电路调试

（1）选择电器元件和导线　根据图2−17所示双速电动机变极调速控制电路原理图，以给定的三相异步电动机的额定功率、额定电压和额定电流为主要参数，依据项目一中讲述的各类常用低压电器元件的选用依据并结合工程经验合理选择所需的电器元件。

（2）安装电器元件　按图样的要求，正确使用安装工具，将电器元件固定在配电板上。本例中，电器元件的安装以图2−18所示的布置图为依据，用安装工具将相应电器元件固定在网孔板上。在电器元件安装时，要检查熔断器、交流接触器、热继电器、时间继电器、启停按钮有无损坏，操作按钮和接触器触点动作是否灵活可靠。

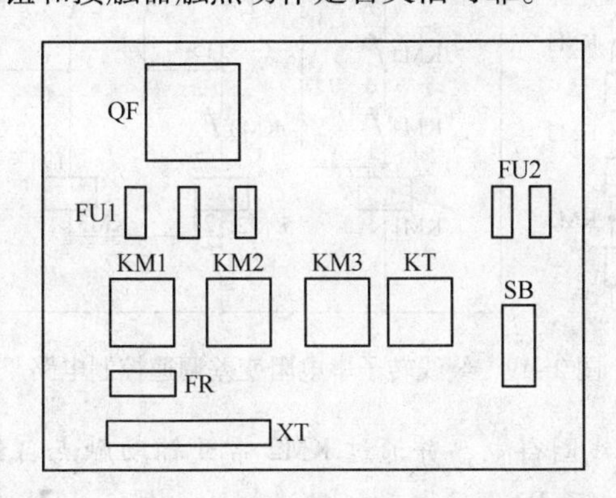

图2−18　双速电动机变极调速电器元件布置图

（3）连接电路　电路接线应严格按照接线工艺规则，根据图2−17控制原理图，分主电路和控制电路两部分来连接。主电路接线时，应确保接触器KM2、KM3在接入电动机绕组时能构成绕组Y联结。在控制电路接线时，要确保接触器KM1与KM2、KM3之间的互锁。

（4）通电调试　在完成任务一中讲述的电压确认、线路检查后，就可接通电源进行调试。按下启动按钮 SB2，观察电动机的转速和时间继电器 KT 延时触点的动作。待 KT 延时触点动作后，接触器 KM1 主触点断开，KM2、KM3 线圈得电，主触点闭合，电动机由低速运行变为高速运行。停止时，按下停止按钮 SB1，电动机停转。

在调试过程中，如电动机转速较低或不转，且有“嗡嗡”杂声，则有可能电动机发生缺相，应立即切断电源并仔细排查故障。在调试过程中，如有闻到异味或听到异响的情况，则应立即切断电源，排查、分析故障并消除。

拓展知识点——三相异步电动机变差调速控制电路

绕线式异步电动机可采用转子回路串电阻的方法来实现变差（指转差率 s 的改变）调速。电动机的转差率 s 随着转子回路所串电阻的变化而变化，使电动机工作在不同的人为特性上，以获得不同转速，从而实现调速的目的。

图 2-19 是绕线转子三相异步电动机转子回路串电阻变差调速的控制电路。按下 SB2，KM1 线圈得电，并通过 KM1 常开辅助触点自锁，此时由于 KM2、KM3、KM4 线圈均处于失电状态。主回路中 KM1 主触点闭合，KM2、KM3、KM4 等主触点均断开，三相转子绕组中都串接了电阻 R1、R2 和 R3。由于转子绕组中串接电阻值最大，电动机以最低速运转。

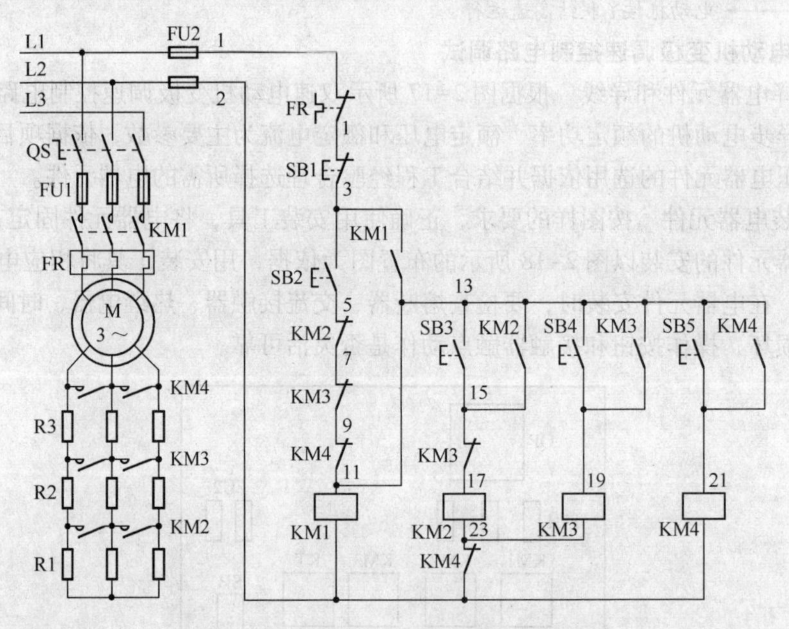

图 2-19　绕线转子串电阻变差调速控制电路

当按下 SB3 时，KM2 线圈得电，并通过 KM2 常开辅助触点自锁。主电路中三相转子绕组中因短接，串接电阻减去了 R1，使电动机转速调高一档。

当按下 SB4 时，KM3 线圈得电，通过 KM3 常开辅助触点自锁，并通过 KM2 线圈所在支路的 KM3 常闭辅助触点的断开而使 KM2 线圈失电。主电路中 KM2 主触点断开，KM3 主触点闭合，三相转子绕组中串接电阻又减去了 R2，电动机转速又被调高一档。

同理，按下 SB5 时，主电路 KM4 主触点闭合，三相转子绕组中已无任何串接电阻，电动机以最高转速运转。

上述过程可用电器元件动作顺序表示为：

按下SB2→KM1$^+$→ { KM1(3–13)$^+$，自锁；KM1主触点闭合，R1、R2、R3电阻都接入，电动机以最低速运行 }

再按下SB3→KM2$^+$→ { KM2(13–15)$^+$，自锁；R1电阻被短路，电动机转速调高一挡 }

再按下SB4→KM3$^+$→ { KM3(13–19)$^+$，自锁；R1、R2电阻被短路，电动机转速又调高一挡 }

最后按下SB5→KM4$^+$→ { KM4(13–21)$^+$，自锁；KM4(23–2)$^+$→KM2$^-$、KM3$^-$；R1、R2、R3电阻均被短路，电动机以最高转速运行 }

训练项目二　自动往复控制电路的安装与调试

一、项目内容

图2-20所示为自动往复控制电路。该电路中三相异步电动机型号为Y160M-4，功率为11kW，额定电流为22.6A，要求根据电路及电动机功率选择电器元件，并完成电路的安装与调试。

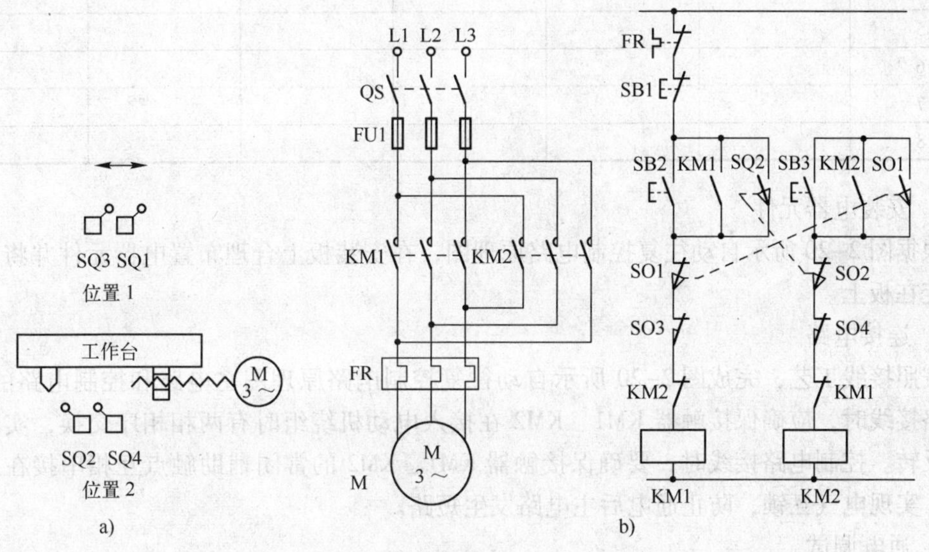

图2-20　自动往复控制电路原理图

二、实施思路

观察：观察电器元件的外观，初步判断电器元件是否完好；

熟悉：熟悉低压电器元件的安装工艺与接线；

理解：理解自动往复控制电路原理图的工作原理和调试流程；

实施：完成自动往复控制电路原理图电器元件安装、电路的接线与调试；

思考：分析调试过程中出现问题的原因，提出解决方法。

三、实施过程

1. 选择电器元件和导线

根据电动机功率和额定电流大小，选择电器元件和导线规格，填入表 2-1 中。

表 2-1　自动往复控制电路电器元件清单

序　号	符　号	名　称	型　号	规　格	数　量	备　注
1						
2						
3						
4						
5						
6						
7						
8						
9						
10						
11						
12						
13						
14						
15						
16						
17						
18						

2. 安装电器元件

根据图 2-20 所示自动往复控制电路原理图，在安装板上合理布置电器元件并将电器元件固定在板上。

3. 连接电路

按照接线工艺，完成图 2-20 所示自动往复控制电路原理图主电路和控制电路的接线。主电路接线时，应确保接触器 KM1、KM2 在接入电动机绕组时有两相相序交换，实现电动机正反转。控制电路接线时，要确保接触器 KM1、KM2 的常闭辅助触点互相串接在对方电路中，实现电气互锁，防止通电后主电路发生短路。

4. 通电调试

在确保供电正常，接线正确的情况下通电调试。

（1）分别按下正转启动按钮 SB2 和反转启动按钮 SB3，观察接触器 KM1、KM2 触点动作和电动机转向。

（2）在电动机运作时，按下停止按钮 SB1，观察电动机是否能正常停止。

（3）在电动机运行过程中，分别按下行程开关 SQ1、SQ2，观察电动机转动是否换向。

（4）在电动机运行过程中，分别按下行程开关 SQ3、SQ4，观察电动机是否能实现往复运动和超行程停止。

调试过程中，如电动机转速较低或不转，且有“嗡嗡”杂声，则有可能电动机发生缺相，应立即切断电源并仔细排查故障。如闻到异味或听到异响，则应立即切断电源，排查、分析故障并消除。

5. 项目考核

序号	考核内容	考核要求	评分标准	配分	得分
1	电器元件选择	掌握电器元件的选择方法	接触器、熔断器、热继电器选择不对每项扣4分 电源开关、按钮、辅助继电器、接线端子、导线选择不对每项扣2分	20	
2	元件安装	1. 按图样的要求，正确使用工具和仪表，熟练地安装电器元件 2. 元件在配电板上布置要合理，安装要准确、紧固	1. 元件布置不整齐、不合理，每只扣2分 2. 元件安装不牢固、安装元件时漏装螺钉，每只扣2分 3. 损坏元件每只扣4分	10	
3	布线	1. 接线要求美观、紧固 2. 电源和电动机配线、按钮接线要接到端子排上	1. 布线不美观，主电路、控制电路每根扣2分 2. 接点松动、接头露铜过长、反圈、压绝缘层，标记线号不清楚、遗漏或误标，每处扣2分 3. 损伤导线绝缘或线芯，每处扣2分	30	
4	通电试验	在保证人身和设备安全的前提下，通电试验一次成功	1. 设定时间继电器及热继电器整定值错误各扣5分 2. 主、控电路配错熔体，每个扣5分 3. 在考核时间内，1次试车不成功扣15分；2次试车不成功扣30分	30	
5	安全文明生产	按国家颁布的安全生产或校内实训室有关规定考核	1. 调试期间，不听从指导人员安排，私自通电，扣10分 2. 调试结束，不按要求，整理、整顿实验仪器的，扣5分	10	
备注			合计	100	

主要知识点：

- 电动机基本控制电路控制分析
- 电动机基本控制电路安装与调试
- 电路故障分析

思考与练习

1. 自锁环节是怎样组成的？它起什么作用？

2. 什么是互锁环节，它起到什么作用？

3. 在有自动控制的机床上，电动机由于过载而自动停车后，有人立即按启动按钮，但不能开车，试说明可能是什么原因？

4. 有两台电动机，试拟定一个既能分别启动、停止，又可以同时启动、停止的控制电路。

5. 试设计某机床主轴电动机的主电路和控制电路。要求：（1）Y/△减压启动；（2）能耗制动；（3）电路具有短路、过载和失电压保护功能。

6. 试设计一个控制电路，要求第一台电动机启动运行3 s后，第二台电动机才能自行启动，运行8 s后，第一台电动机停转，同时第三台电动机启动，运行5 s后，电动机全部失电。

7. 试设计一个笼型电动机的控制电路，要求：（1）既能点动又能连续运转；（2）停止时采用反接制动；（3）能在两处进行启动和制动。

8. 试设计一个往复运动的主电路和控制电路。要求：（1）向前运动到位停留一段时间再返回；（2）返回到位立即向前；（3）电路具有短路、过载和失电压保护功能。

9. 在电动机的主电路中既然装有熔断器，为什么还要装热继电器？它们各起什么作用？

10. 为什么电动机要设零电压和欠电压保护？

第二篇　可编程序控制器技术

项目三　PLC 认知

【项目内容简介】

本项目将通过继电器接触器逻辑控制与可编程序控制器（Programmable Logic Control, PLC）控制在实际应用中的比较，引出可编程序控制器的定义、特点、应用、发展等。通过三个项目任务，介绍 PLC 的结构、组成、工作原理、编程软件的使用、硬件电路的连接等内容。要求掌握 PLC 的基本结构和工作原理，能根据任务要求完成 PLC 的硬件电路连接，能熟练使用 GX Works 2 编程软件，并完成程序的运行调试。

【知识目标】

1. 了解 PLC 的产生、特点、应用和发展状况等；
2. 掌握 PLC 的基本结构和工作原理；
3. 掌握 GX Works 2 编程软件的基本操作，熟悉软件的主要功能；
4. 掌握 PLC 的硬件接线电路。

【能力目标】

1. 会熟练操作 GX Works 2 编程软件，能完成 PLC 与计算机的通信设置、程序的编写、修改、下载、上传、监控等操作；
2. 能根据提供的 PLC 及端口分配表完成 PLC 硬件电路的连接。

任务一　PLC 认知

一、任务内容

如图 3-1 所示为三相笼型异步电动机全压启动单向运转控制的继电器接触器控制电路。图 3-1a 为主电路，图 3-1b 为控制电路。要求用 PLC 来实现三相笼型异步电动机全压启动单向运转控制。

二、任务分析

1. 继电器接触器控制分析

如图 3-1 所示，电动机启动时，合上电源开关 QS，接通控制电路电源，按下启动按钮

SB2，接触器 KM 线圈通电吸合，KM 常开主触点与常开辅助触点同时闭合，前者使电动机接入三相交流电源启动旋转；后者并接在启动按钮 SB2 两端，形成自锁，即使松开启动按钮 SB2，KM 线圈仍通过自身的常开辅助触点闭合而保持通电，使电动机继续运转。

从上述继电器接触器控制的动作顺序，可了解到继电器接触器控制系统使用硬线连接将许多低压电器（继电器、接触器等低压电器元件）按一定方式连接起来完成逻辑动作顺序，实现逻辑功能。继电器接触器控制系统框图如图 3-2 所示。

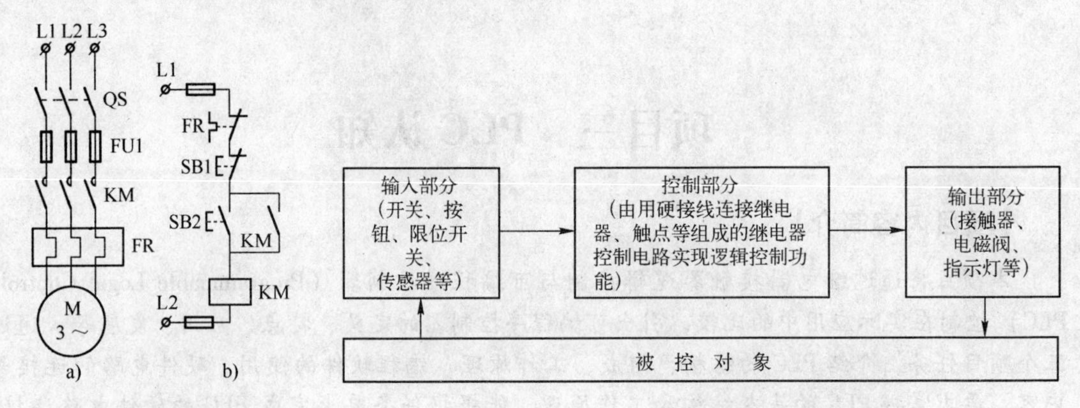

图 3-1　三相笼型异步电动机全压启动单向运转控制电路

图 3-2　继电器接触器控制系统框图

2. PLC 控制分析

如果用 PLC 来实现三相笼型异步电动机全压启动单向运转控制，那么只需要考虑将输入设备（按钮、操作开关、限位开关和传感器等）、输出设备（继电器、接触器和信号灯等执行元件）等与 PLC 相连接，具体的控制功能是靠输入 PLC 的用户程序来实现的，不需要在输入设备和输出设备之间设计并安排复杂的硬线连接。图 3-3 为电动机单向运转 PLC 控制的输入输出端口电路。

由图 3-3 可知，将启动按钮 SB2、停止按钮 SB1、热继电器 FR 接入 PLC 的输入端子，将接触器 KM 线圈接入 PLC 的输出端子便完成了接线，具体的控制功能是靠 PLC 的用户程序来实现。

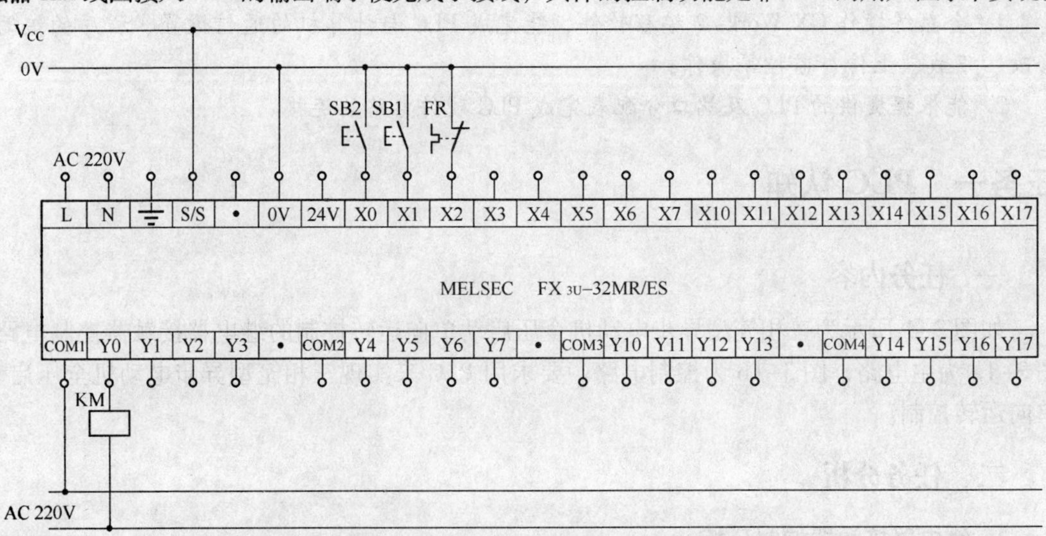

图 3-3　电动机单向运转 PLC 控制输入输出端口电路

PLC 控制为存储程序控制，其工作程序存放在存储器中，系统是通过存储器中的程序来完成控制任务的。

PLC 控制系统框图如图 3-4 所示。

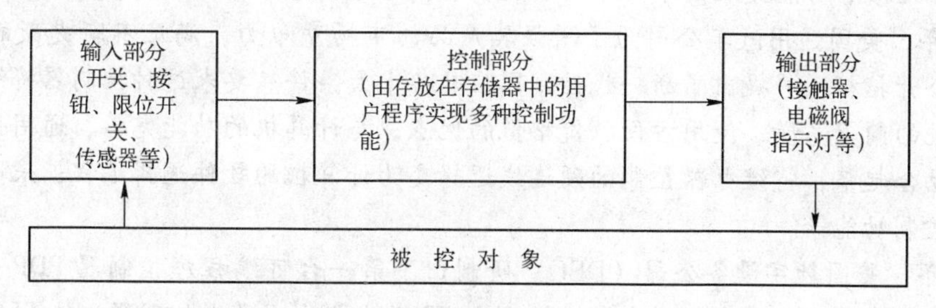

图 3-4 PLC 控制系统框图

在继电器接触器控制系统框图和 PLC 控制系统框图的比较中，可以看出，PLC 控制系统的输入、输出部分与传统的继电器接触器控制系统基本相同，其差别仅在于其控制部分。

继电器接触器控制系统是用硬接线将许多低压电器按一定方式连接起来完成逻辑功能，所以其逻辑功能不能灵活改变，并且接线复杂，故障点多。

而 PLC 控制系统是通过存放在存储器中的用户程序来完成控制功能的，由用户程序代替了继电器控制电路，接线简单，当变动控制功能时不用改动接线，只要改变程序即可，而且不仅能实现逻辑运算，还具有数字运算及过程控制等复杂控制功能，因此可以灵活、方便地通过用户程序的设计来实现控制功能。

相关知识点

1. PLC 的定义

国际电工委员会（International Electrical Committee）在 1987 年颁布的 PLC 标准草案中对 PLC 作了如下定义：“PLC 是一种专门为在工业环境下应用而设计的数字运算操作的电子装置。它采用可以编制程序的存储器，用来在其内部存储执行逻辑运算、顺序运算、定时、计数和算术运算等操作的指令。并能通过数字式或模拟式的输入和输出，控制各种类型的机械或生产过程。PLC 及其有关的外围设备都应按照易于与工业控制系统形成一个整体，易于扩展其功能的原则而设计。

从 PLC 的定义，进一步来认识 PLC：PLC 本质上是一种“数字运算操作的电子装置”，它带有“可以编制程序的存储器”，可以进行“逻辑运算、顺序运算、计时、计数和算术运算”工作，具有计算机的基本特征。但它与计算机又有所不同，PLC 是“为工业环境下应用”而设计的计算机，它具有特殊构造，使它能在高粉尘、高噪声、强电磁干扰和温度变化剧烈的环境下正常工作。用以控制“各种类型”的工业设备及生产过程，从某种意义上说，它是一种通用的工业控制计算机。

2. PLC 的产生与发展

PLC 是在继电器接触器控制基础上发展起来，它是一种以微处理器为核心，集自动控制技术、计算机控制技术和通信技术等为一体的新型工业控制装置。目前，PLC 已成为工业控制领域中最重要、应用最多的控制装置，居工业生产自动化三大支柱（PLC、机器人、CAD/CAM）的首位。

在 PLC 出现之前，继电器接触器控制系统在工业中占主导地位，但是继电器接触器控制系统采用固定接线的硬件实现控制逻辑，具有设备体积大、功能固定、工作频率低、可靠性差、故障检修和功能更改困难、难以实现较复杂的控制等缺点。

1968 年，美国通用汽车公司为了增强其产品的市场竞争力，满足不断更新的汽车型号的需要，公开招标，并提出了新一代控制器应具备十大条件。要求这种控制器将继电器接触器控制系统的简单易懂、使用方便、价格低的优点，与计算机的功能完善、通用性、灵活性好等优点结合起来，将继电器控制的硬连线逻辑变为计算机的软件逻辑编程，采取程序修改方式改变控制功能等。

1969 年，美国数字设备公司（DEC）研制出了第一台可编程序控制器 PDP－14，并在通用汽车公司汽车生产线上试用成功。20 世纪 70 年代初出现的微处理器，使 PLC 增加了运算、数据传送及处理等功能，成为真正具有计算机特征的工业控制装置。

20 世纪 80 年代，PLC 的生产规模日益扩大，价格不断下降，PLC 被迅速普及，产品的规模和品种开始系列化，其应用范围开始向顺序控制的全部领域拓展。如三菱的 F 系列 PLC 等。

20 世纪 90 年代，随着计算机技术的发展，其技术全面引入到 PLC 中，使 PLC 的功能发生了飞跃，并向大规模、高速度、高性能、小型化方向发展，开发了各种特殊功能模块。如三菱的 FX 系列 PLC、Q 型小、中、大型系列产品等。

进入 21 世纪，PLC 向运算速度更快、存储容量更大、智能水平更高、网络的通信能力更强的方向发展。开发了各种适用于工业自动化的过程控制、运动控制等特殊功能模块；在网络的发展上，新的通信协议不断产生，和其他工业控制计算机组网构成大型的控制系统；在产品的配套性能上，产品的品种更丰富、规格更齐备，完美的人机界面和完备的通信设备会更好地适应各种工业控制场合的需求。如三菱的 Q/K 系列产品，其性能不断完善，并陆续有新的 CPU 模块推出。

随着微电子技术和计算机技术的发展，PLC 的发展趋势主要表现为以下四个方面。

（1）向微型化、网络化、开放性方向发展。随着微电子技术的发展，新型器件的性能和功能的提高，PLC 的结构将更紧凑、更小巧，其功能更强，安装和操作使用将更方便。随着 PLC 控制组态软件的进一步完善和发展，及金字塔结构的多级网络工业控制技术的成熟，要求 PLC 与计算机、PLC 与 PLC 之间联网和通信能力增强，并具有以太网（Ethernet）接口，使 PLC 在网络化、开放性方向发展。

（2）向系列化、标准化、模块化方向发展。各 PLC 生产公司几乎都有自己的系列化产品，同一系列产品及使用向上兼容，以满足新机型的推广和使用。但各厂家的 PLC 表达方式各不相同，不同品牌的 PLC 互不兼容，因此编程语言的标准化有待进一步完善，使其具有良好的兼容性；虽然大多数 PLC 产品采用了标准化的接口，但通信功能上还是非标准化的，因此需要制定统一的、规范化的总线和标准化的 PLC 接口，以方便不同机型 PLC 之间、PLC 与计算机之间进行联网通信，实现资源共享。在模块化方面，各厂家开发了连接方便、通用性强的 PLC 模块，如主模块、扩展模块、I/O 模块及各种高性能模块等，还开发了各种功能明确、专用化的辅助功能模块，如专用智能 PID 控制群、智能模拟量 I/O 模块、智能位置控制模块、语音处理模块、专用数控模块、智能通信与计算模块等。这些模块本身带有 CPU，无论在速度、精度、适应性、可靠性等方面都对 PLC 做了极好的补充，完成了许多

PLC本身无法完成的功能。总之，系列化、标准化、模块化是PLC今后发展的必然趋势。

(3) 向高速度、大容量、高性能方面发展。大型PLC采用多微处理器系统，以便可同时进行多任务操作，处理速度高，存储容量大大增加，同时PLC的控制功能进一步增强，以适应各种控制需要，使计算、处理功能进一步完善，增强了过程控制和数据处理功能。智能I/O组件也将进一步发展，以完成各种专门的任务（如位置控制、PID调节、远程通信）等。

(4) 向自诊断、容错性、高可靠性方面发展。根据分析，在可编程序控制系统的故障中，CPU板占5%，I/O接口单元占15%，执行器占30%，接线占5%。前两项共20%的故障可由CPU本身的硬件、软件检测外，其余80%的故障都不能通过自诊断查出。因此，各厂家都在开发专门用于检测外部故障的专用智能模块。国外一些主要的PLC生产厂家在其生产的PLC中增加了容错功能，如自动切换I/O双机表决（当输出状态与PLC的逻辑状态相比较出错时，会自动断开该输出）和I/O三重表决（对I/O的状态进行软硬件表决，系统通过3选2的表决来提供高可靠性和无误差的操作），以大幅提高PLC控制系统的可靠性。

3. PLC的特点

(1) 可靠性高，抗干扰能力强　高可靠性是电气控制设备的关键性能。PLC是专门为工业环境下应用而设计的，它从硬件和软件两方面都采取了抗干扰措施。硬件方面，如PLC采用大规模集成电路技术，内部电路采用了先进的抗干扰技术，内部主要部件采用导电导磁良好的材料以屏蔽电磁干扰等。软件方面，如PLC具有硬件故障的自我检测功能、内部信息保护和恢复功能、警戒时钟和对程序进行检查和检验功能等。用户还可以编写外围器件的故障自诊断程序，使系统中除PLC以外的电路及设备也获得故障自诊断保护。

(2) 配套齐全，功能完善，适用性强　PLC产品已系列化和模块化，可用于各种规模的工业控制场合。随着PLC的功能模块大量涌现，除了逻辑处理功能外，PLC已渗透到了位置控制、温度控制、计算机数控（CNC）等各种工业控制中；PLC的模块化设计、通信能力的增强及人机界面技术的发展，使用PLC组成各种控制系统变得非常容易，且系统的性价比更趋于合理。

(3) 编程语言简单易学，便于掌握　PLC是通用工业控制计算机，是面向工矿企业的工控设备，其梯形图语言的图形符号和表达方式与继电器电路图非常接近，易于为工程技术人员学习和掌握。

(4) 系统设计周期短，改造容易，维护方便　PLC控制系统只需将现场的各种设备与PLC相应的I/O端相连，其控制电路用存储逻辑代替接线逻辑，可以大大减少外部的接线；PLC的软件设计、模拟调试等与系统设备安装可以同时进行，使控制系统设计周期大大缩短；同一设备可通过改变程序来改变生产过程；另外，由于PLC本身具有很高的可靠性，又有完善的自诊断能力，一旦发生故障，可以根据故障信息，迅速查明原因，提高了维护的工作效率，保证了生产的正常进行。

4. PLC的应用领域

由于PLC具有可靠性高、体积小、功能强、程序设计简单、灵活通用、维护方便等优点，因而已被广泛应用于钢铁、石油、化工、电力、建材、机械制造、汽车、轻纺、交通运输、环保及文化娱乐等各个行业。其应用情况大致有下几个方面。

(1) 开关量逻辑控制　开关量的逻辑控制是PLC最基本、最广泛的应用领域，可用它取代传统的继电器控制电路，实现逻辑控制、顺序控制，既可用于单台设备的控制，又可用于多机群控制及自动化流水线控制。

（2）模拟量过程控制　PLC都有配套的A-D、D-A转换模块，PID调节模块等用于模拟量控制。因为在工业生产过程中，PLC除了开关量逻辑控制外，还需控制如温度、压力、流量、液位和速度等模拟量信号，以实现对温度、压力、流量等模拟量的闭环控制。因此PLC被广泛应用于冶金、化工、热处理、锅炉控制等场合。

（3）运动控制　各主要PLC厂家几乎都配备了运动控制功能专用模块，用于圆周运动或直线运动的控制。如可驱动步进电动机或伺服电动机的单轴或多轴位置控制模块，广泛地用于各种机械、机床、机器人、电梯等场合。

（4）数据采集与处理　PLC具有数学运算（含矩阵运算、逻辑运算）、数据传送、数据转换、排序、查表、位操作等功能，可以完成数据的采集、分析及处理，并可以利用通信功能与其他智能装置通信，通过数据的分析与处理进行控制操作。数据处理一般用于大、中型控制系统，如无人控制的柔性制造系统、造纸、冶金、食品工业等。

（5）通信及联网　PLC通信包含PLC与PLC之间的通信，以及PLC与其他智能设备间的通信。随着计算机控制的发展，PLC与其他智能控制设备组成“分散控制、集中管理”的分布式控制系统，能对生产全过程进行控制与监控，满足企业自动化生产的需要。

5. PLC的分类

PLC产品种类繁多，其规格、结构和性能也各不相同，通常按输入输出点数、结构型式等进行大致分类。

（1）根据PLC的输入/输出（I/O）点数的多少，一般可将PLC分为以下三类。

1）小型机。小型PLC I/O总点数一般在256点以下，单CPU，8位或16位处理器，用户程序存储器容量在4KB左右。特点是体积小、结构紧凑，整个硬件融为一体。除了开关量I/O以外，还可以连接模拟量I/O及其他各种特殊模块。它能执行逻辑运算、计时、计数、数据处理和传送等各种应用指令，具有通信联网等功能。如美国通用电气公司的GE-I型；日本三菱公司的FX系列；德国西门子公司的S7-200系列等。

2）中型机。中型PLC的I/O总点数在256~2048点之间，双CPU，用户程序存储器容量为4~16KB。这类PLC一般采用模块化结构，I/O处理方式除了采用一般PLC通用的扫描处理方式外，还有直接处理方式。它能与更多的特殊功能模块连接，通信联网功能强，指令系统更丰富，内存容量更大，扫描速度更快。如美国通用电气公司的GE-Ⅲ型；日本立石公司的C-500型；德国西门子公司的S7-300系列等。

3）大型机。大型PLC的I/O总点数在2048点以上，多CPU，16位或32位处理器，用户程序存储器容量达到16KB以上。具有极强的自诊断功能，通信联网功能更强，可以构成三级通信网。大型PLC还可以采用三CPU构成表决式系统，使机器的可靠性更高。如美国通用电气公司的GE-Ⅳ型；日本立石公司的C-2000型；德国西门子公司的S7-400系列等。

（2）根据PLC结构形式的不同，可分为整体式、叠装式和模块式三类。

1）整体式。整体式PLC的结构特点是将PLC的基本部件，如CPU、电源、RAM、ROM、I/O接口、电源、指示灯等都装配在一个标准机壳内，构成一个整体，组成PLC的一个基本单元。如图3-5所示，该类PLC的I/O点数比较固定，无I/O扩展模块接口。整体式PLC的特点是结构紧凑，体积小、成本低、安装方便，适用于I/O控制要求固定、点数较少的机电一体化设备。如日本三菱的 $FX_{1S}-10/14/20/30$ 系列等。

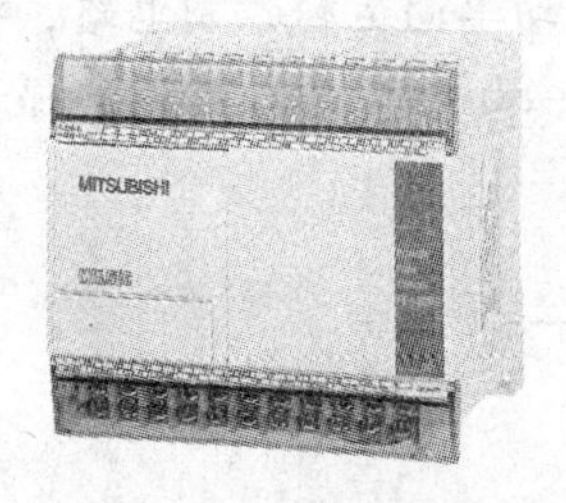

图3-5　整体式 PLC

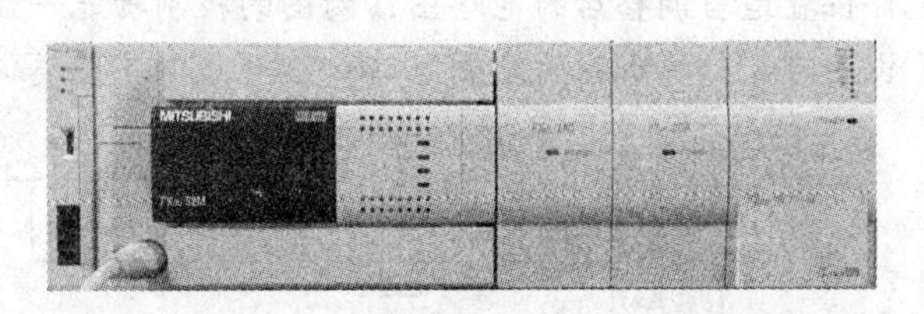

图3-6　叠装式 PLC（基本单元加模拟量输入输出等模块）

2）叠装式。叠装式 PLC 整体结构固定 I/O 点数的基本单元上有扩展接口，通过扩展电缆和扩展单元相连。如图 3-6 所示，叠装式 PLC 一般有许多专用的特殊模块，如模拟量 I/O 模块、热电偶模块、通信模块等，可以构成不同的配置，可以进行 I/O 点数与控制功能的扩展。该类 PLC 除具有结构紧凑，体积小、安装方便等特点外，还具有 I/O 点数与控制功能的扩展容易的优点，可以灵活适应控制要求的变化。

叠装式 PLC 的最大 I/O 点数通常可以达到 256 点以上，功能模块的规格和品种也较多。这类产品在机电一体化产品中用量较大，如日本三菱公司的 FX_{1N}、FX_{2N}、FX_{3U} 系列等。

3）模块式。模块式结构又叫积木式结构，是大、中型 PLC 的常用结构。如图 3-7 为模块式 PLC，这种模块式结构的特点是把 PLC 的每个工作单元都制成独立的模块，如 CPU 模块、输入模块、输出模块、通信模块等。另外用一块带有插槽的母板（实质上就是计算机总线）把这些模块按控制系统需要选取后插到母板上，就构成了一个完整的 PLC。这种结构 PLC 的特点是系统构成非常灵活，安装、扩展、维修都很方便。模块式 PLC 的 I/O 点一般可以达到 1024 点以上，可以连接各种开关量输入/输出、模拟量输入/输出、位置控制、网络通信等功能扩展模块。此类 PLC 通常用于复杂的机电一体化产品或自动线的控制，绝大部分生产厂家的大、中型 PLC 采用了这种结构形式，如日本三菱公司的 Q 系列等。

图3-7　模块式 PLC

6. PLC 的编程语言

国际电工委员会（IEC）1994 年 5 月公布的 IEC61131-3《可编程控制器语言标准》列出了 PLC 的五种编程语言。它们是梯形图（Ladder Diagram，LD）、指令表（Instruction List，IL）、顺序功能图（Sequential Function Chart，SFC）、功能图块（Function Block Chart，FBD）及结构文本（Structured Text，ST）。其中，梯形图和指令表使用最多。

（1）梯形图（LD）　梯形图语言是 PLC 编程语言中使用最广泛的一种语言。它是从传统的继电器电路图演变过来的，继承了传统电气控制逻辑中使用的框架结构、逻辑运算方式和输入输出形式，如具有常开、常闭触点及线圈；线圈的得电及失电将导致触点的相应动作；用母线代替电源线；用能量流概念来代替继电器电路中的电流概念等。

如图3-8a所示为图3-1所示的三相笼型异步电动机全压启动单向运转控制电路，将其电器元件位置适当调整后的电路图，两图的控制功能一致。图3-8b为其PLC控制的梯形图程序。由图可见，梯形图的绘制思路和继电器电路图类似。

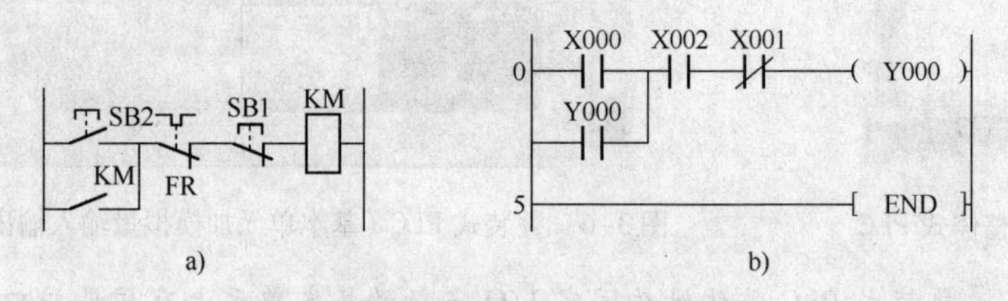

图3-8 继电器控制电路与PLC梯形图

a）继电器控制电路 b）PLC梯形图

(2) 指令表（IL） 指令表一般由助记符和操作数两部分组成，有的指令只有助记符没有操作数，称为无操作数指令。指令表程序和梯形图程序有严格的对应关系。图3-8b所示的PLC梯形图对应的指令表如下：

```
0  LD   X000
1  OR   Y000
2  AND  X002
3  ANI  X001
4  OUT  Y000
5  END
```

(3) 顺序功能图（SFC） 顺序功能图常用来编制顺序控制类程序。它包含步、动作、转换条件三个要素。顺序功能编程法可将一个复杂的控制过程分解成若干个不同的工作状态(步)，每个工作状态（步）完成一定的动作，转换条件满足就转移到下一个工作状态，是依一定的顺序控制要求连接组合成整体的控制程序。顺序功能图体现了一种顺序控制的编程思想，在程序的编制中有很重要的意义。

图3-9是顺序功能图的示意图。

(4) 功能块图（FBD） 功能块图是一种类似于数字逻辑电路的编程语言，熟悉数字电路的人比较容易掌握。该编程语言用类似与门、或门的方框来表示逻辑运算关系，方框的左侧为逻辑运算的输入变量，右侧为输出变量，信号自左向右流动。功能块图程序如图3-10所示，该功能块图输出为：

$$Y000 = (X000 + X001) \cdot X002 \cdot M1$$

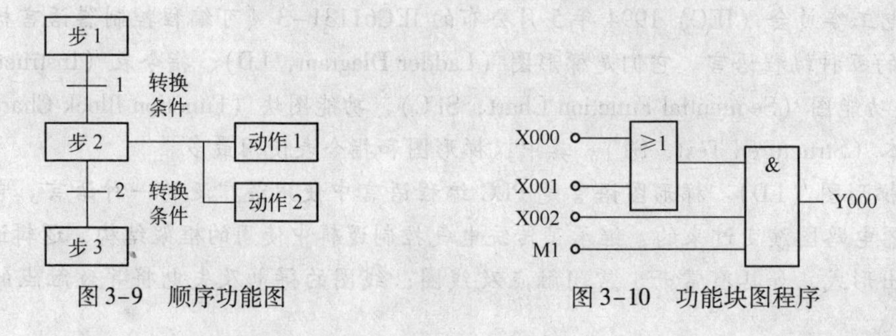

图3-9 顺序功能图　　图3-10 功能块图程序

(5) 结构文本（ST） 结构文本是为 IEC 61131-3 标准创建的一种专用的高级编程语言，如 PASCAL、BASIC、C 语言等。它采用计算机的描述语句来描述系统中各种变量之间的运算关系，以完成所需的功能或操作。与梯形图相比，它能实现复杂的数学运算，编写的程序非常简洁和紧凑。IEC 标准除了提供几种编程语言供用户选择外，还允许编程者在同一程序中使用多种编程语言，这使编程者能选择不同的语言来适应特殊的工作。

PLC 的编程语言是用户编制软件的工具。它是以 PLC 的输入口、输出口、机内元件进行逻辑组合实现系统的控制要求，并将程序存储在机内的存储器中。

主要知识点：

- PLC 的定义、特点、应用领域、分类及编程语言

任务二 三菱 FX_{3U} 系列 PLC 硬件认知

一、任务内容

若图 3-1 所示三相笼型异步电动机全压启动单向运转控制用 PLC 来实现，则首先应在了解 PLC 的硬件组成、工作过程、PLC 的型号及相关技术指标的基础上，选择合适的 PLC，了解其端口并完成硬件电路的连接，以三菱 FX_{3U} 系列中 FX_{3U} -32M PLC 为例，认知 PLC 的硬件。

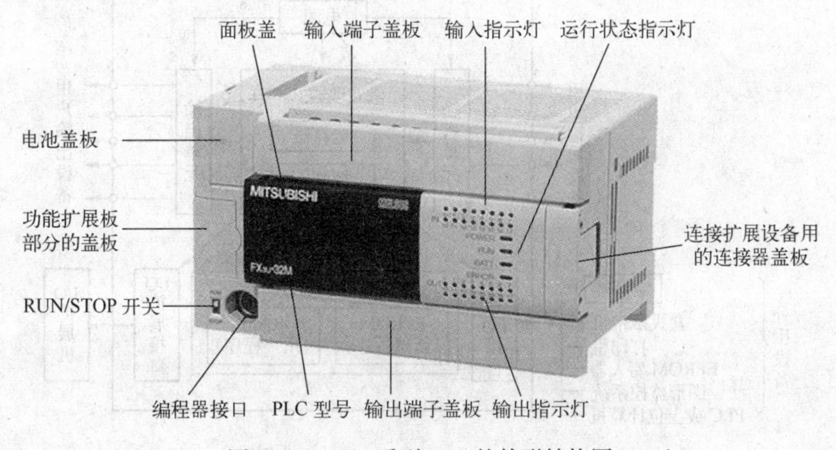

图 3-11 FX_{3U} 系列 PLC 的外形结构图

二、任务分析

FX 系列 FX_{3U} -32M PLC 外形结构如图 3-11 所示。FX 系列 PLC 基本单元的外部特征很相似，一般都由外部端子部分、指示部分以及接口部分组成，其各组成部分功能如下：

1) 外部端子部分。输入、输出端子盖板下为外部的输入和输出端子，包括 PLC 电源端子（L、N、⏚）、供外部传感器用的 DC 24 V 电源端子（24 +、COM）、输入端子（X）、输出端子（Y）等，主要完成信号的 I/O 连接，是 PLC 与外部设备（输入设备、输出设备）连接的桥梁。

2）指示部分。指示部分包括各I/O点的状态指示、PLC电源（POWER）指示、PLC运行（RUN）指示、用户程序存储器后备电池（BATT）状态指示及程序出错（PROG－E）、CPU出错（CPU－E）指示等，用于反映I/O点及PLC的状态。

3）接口部分。接口部分主要包括编程器、扩展单元、扩展模块，特殊模块及存储卡盒等外部设备的接口，其作用是完成基本单元同上述外部设备的连接。在编程器接口旁边，还设置了一个PLC运行模式转换开关SW1，它有RUN和STOP两个运行模式，RUN模式能使PLC处于运行状态（RUN指示灯亮），STOP模式能使PLC处于停止状态（RUN指示灯灭）。

在了解PLC型号、硬件组成、工作原理的基础上，才能进行PLC硬件电路的设计与连接，以及控制程序的编写等。

相关知识点

1. PLC的硬件组成

不同品牌的PLC外观是各不相同的，虽然其外观各异，但其硬件结构大体相同。硬件主要由中央处理器（CPU）、存储器（RAM、ROM）、输入输出接口（I/O接口）、电源及编程设备几大部分构成。PLC的硬件结构框图如图3-12所示。从PLC的外观上只能看到相关输入输出接口，其余硬件都封装在PLC的内部。

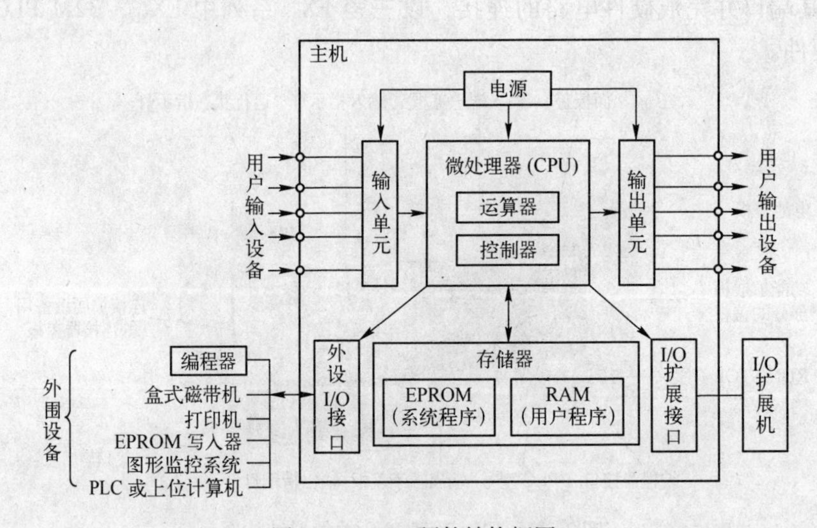

图3-12　PLC硬件结构框图

（1）中央处理器。中央处理器是PLC的核心，它在系统程序的控制下，完成逻辑运算、数学运算、协调系统内部各部分工作等任务。PLC中采用的CPU一般有两大类：一类为通用微处理器，如80286、80386等；一类为单片机芯片，如8051、8096等。另外，还有位处理器，如AMD2900、AMD2903等。一般说来，PLC的档次越高，CPU的位数也越多，运算速度也越快，指令功能也越强。为了提高PLC的性能，也有一台PLC采用多个CPU的。如三菱FX_{3U}系列PLC是三菱电机为适应用户需求开发出来的第三代微型PLC，CPU处理速度达到了0.065 μs/基本指令。

（2）存储器。存储器是PLC存放系统程序、用户程序及运算数据的单元。和计算机一样，PLC 的存储器可分为只读存储器（ROM）和随机读写存储器（RAM）两大类。PLC 的存储器区域按用途不同，可分为程序区及数据区。程序区是用来存放用户程序的区域，一般有数千个字节。数据区是用来存放用户数据的区域，一般较小，在数据区中，各类数据存放的位置都有严格的划分。

(3) 输入输出接口。输入输出接口是 PLC 和工业控制现场各类信号连接的部分。输入接口用来接收生产过程的各种参数。输出接口用来输出 PLC 运算后得出的控制信息，并通过机外的执行机构完成工业现场的各类控制。生产现场对 PLC 接口的要求一是要有较好的抗干扰能力，二是能满足工业现场各类信号的匹配要求，因此厂家为 PLC 设计了不同的接口单元。主要有以下几种：

1) 开关量输入接口。其作用是把现场的开关量信号变成 PLC 内部处理的标准信号。开关量输入接口按可接收的外信号电源的类型不同，分为直流输入单元和交流输入单元。输入接口中都有滤波电路及耦合隔离电路。滤波有抗干扰的作用，耦合有抗干扰及产生标准信号的作用。

2) 开关量输出接口。其作用是把 PLC 内部的标准信号转换成现场执行机构所需要的开关量信号。这里特别要指出的是，输出接口本身都不带电源。而且在考虑外部驱动电源时，还需考虑输出器件的类型。一般有 3 种输出接口类型：继电器输出接口、晶体管输出接口和晶闸管输出接口。继电器式的输出接口可用于交流及直流两种电源，但接通、断开的频率低；晶体管输出接口有较高的接通、断开频率，但只适用于直流驱动的场合；晶闸管输出接口仅适用于交流驱动的场合。

(4) 扩展接口。扩展接口是用于扩展 I/O 单元的，它使 PLC 的点数规模配置更为灵活。这种扩展接口实际上为总线形式，可以配接开关量 I/O 单元，也可配置如模拟量、高速脉冲等单元以及通信适配器等。在大型机中，扩展接口为插槽扩展基板的形式。

(5) 编程器接口。PLC 本体上通常是不带编程器的，为了能对 PLC 编程及监控，PLC 上专门设置有编程器接口，通过这个接口可以接各种形式的编程装置，还可以利用此接口做一些监控的工作。

(6) 存储器接口。为了存储用户程序以及扩展用户程序存储区、数据参数存储区，PLC 上还设有存储器扩展口，可以根据使用的需要扩展存储器，其内部也是接到总线上的。

(7) 电源。PLC 的电源包括为 PLC 各工作单元供电的开关电源及为掉电保护电路供电的后备电源（后备电源一般为电池）。

(8) 外部设备，主要包括如下几种：

1) 编程器。PLC 的特点是它的程序是可变更的，能方便地加载程序，也可方便地修改程序。因此编程设备是 PLC 编程工作不可缺少的设备。PLC 的编程设备一般有两类：一类是专用的编程器，有手持式的，其优点是携带方便，也有台式的，有的可编程控制器机身上自带编程器；另一类是个人计算机。在个人计算机上运行 PLC 相关的编程软件即可完成编程任务。借助软件编程比较容易，一般是编好了以后再下载到 PLC 中去。编程器除了编程以外，还具有一定的调试及监控功能，能实现人机对话操作。

2) 其他外部设备。PLC 还配有其他一些外部设备如打印机，用以打印程序或制表；EPROM 写入器，用以将程序写入到用户 EPROM 中；高分辨率大屏幕彩色图形监控系统，用以显示或监视有关部分的运行状态。

2. FX 系列 PLC 的基本构成

FX 系列 PLC 的结构属于叠装式 PLC。可在基本单元的接线插座上通过电缆来连接各类扩展单元、扩展模块以及其他特殊功能单元。

(1) 基本单元 (Basic Unit) 包括 CPU、存储器、输入输出接口及电源，是 PLC 的主要部分。

(2) 扩展单元 (Extension Unit) 是用于增加 I/O 点数的装置，内部无电源，用电由基本单元供给。

(3) 扩展模块 (Extension Module) 用于增加 I/O 点数及改变 I/O 比例，内部无电源，必须与基本单元一起使用。

(4) 特殊功能单元 (Special Function Unit) 是一些专门用途的装置。如位置控制模块、模拟量控制模块、计算机通信模块等。

3. FX 系列 PLC 的型号

FX 系列 PLC 型号名称的含义如下：

FX□□-□□ □·□/□ □□
(a) (b) (c)(d)(e) (f)

(a) 系列序号：如 1S、1N、2N、3U

(b) I/O 总点数：10～256

(c) 单元类型：M 为基本单元
E 为 I/O 混合扩展单元与扩展模块
EX 为输入专用扩展模块
EY 为输出专用扩展模块

(d) 输出形式：R 为继电器输出
T 为晶体管输出
S 为双向晶闸管输出

(e) 电源形式：E 为 AC 100～240 V 电源/DC 24 V 输入型
D 为 DC 24 V 电源/DC 24 V 输入
UA1 为 AC 100～240 V 电源/AC 100 V～200 V 输入

(f) 输入输出方式：S 为 DC 5～30 V 漏型/源型输入、漏型（对于晶体管而言）输出
SS 为 DC 5～30 V 漏型/源型输入、源型（对于晶体管而言）输出

注意：当输出形式为晶体管输出时，分漏型输出和源型输出两种方式。

例如 FX_{3U}-16MR/ES，其参数意义为三菱 FX_{3U}PLC，有 16 个 I/O 点的基本单元，继电器输出型，使用交流电源，DC 24 V 输入。又如 FX_{3U}-64MT/DS 表示属于 FX_{3U}系列，有 64 个 I/O 点的基本单元，晶体管漏型输出，使用 24 V 直流电源。

FX_{3U}系列的基本单元、扩展单元、扩展模块、特殊功能模块的型号名称体系各不相同，且种类繁多。详见附录 B。

4. FX_{3U}系列 PLC 的技术指标

FX_{3U}系列 PLC 的技术指标包括一般技术指标、电源技术指标、输入技术指标、输出技术指标和性能技术指标。详见附录 A。

5. PLC 的工作原理

图 3-13a 是 PLC 控制三相笼型异步电动机全压启动单向运转的接线图。启动按钮为 SB2、停止按钮为 SB1、热继电器为 FR。它们的常开触点或常闭触点分别接在编号为 X000、X001 和 X002 的 PLC 的输入端；接触器 KM 接在编号为 Y000 的 PLC 的输出端。图 3-13b 为输入/输出变量对应的 I/O 映像寄存器。图 3-13c 是 PLC 的梯形图程序。输入/输出端子的编号与存放其信息的映像寄存器编号一致。梯形图以指令的形式存储在 PLC 的用户程序存储器中。

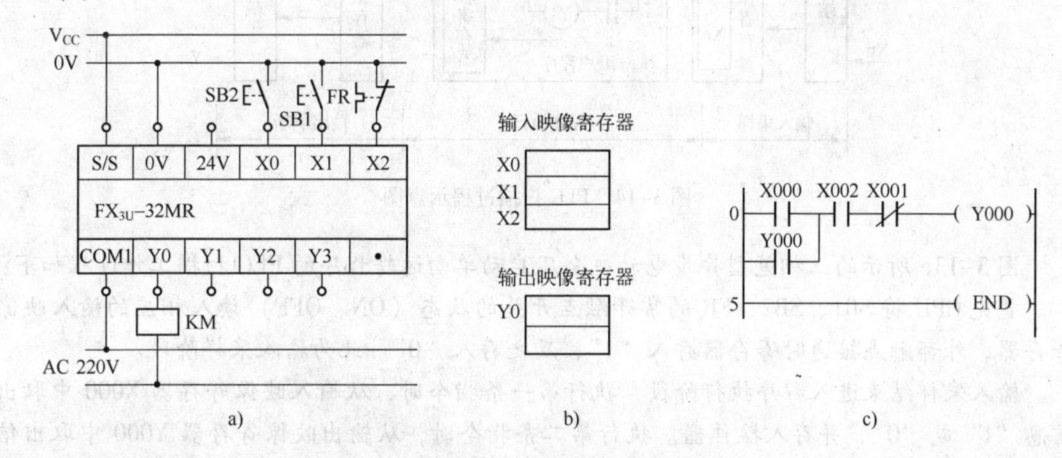

图 3-13　PLC 外部接线图与梯形图

a）PLC 接口图　b）内部寄存器　c）梯形图

PLC 的工作原理与计算机的工作原理基本上是一致的，可以简单地表述为在系统程序的管理下，通过运行应用程序完成用户任务。但个人计算机与 PLC 的工作方式有所不同，计算机一般采用等待命令的工作方式。如常见的键盘扫描方式或 I/O 扫描方式，当键盘有键按下或 I/O 接口有信号时则中断转入相应的子程序。而 PLC 在确定了工作任务，装入了专用程序后成为一种专用机，它采用循环扫描工作方式，系统工作任务管理及应用程序执行都是以循环扫描方式完成的。

（1）PLC 的工作方式　从本任务的具体工作情况来看，PLC 是以分时处理及扫描方式来完成工作任务的。一般来说，PLC 系统正常工作时要完成如下的任务：

① PLC 内部各工作单元的调度、监控。

② PLC 与外部设备间的通信。

③ 用户程序所要完成的工作。

这些工作都是分时完成的。每项工作又都包含着许多具体的工作，以用户程序的完成来看又可分为以下三个阶段。

① 输入处理阶段，也称输入采样阶段。在这个阶段中，PLC 读入输入接口的状态，并将它们存放在输入映像寄存器中。在执行程序过程中，即使输入接口状态有变化，输入映像寄存器中的内容也不变，直到下一个周期的输入处理阶段，才读入这种变化。

② 程序执行阶段。在这个阶段中，PLC 根据本次读入的输入数据，按用户程序的顺序逐条执行用户程序。执行的结果均存储在输出映像寄存器中。

③ 输出处理阶段，也叫输出刷新阶段。这是一个程序执行周期的最后阶段。PLC 将本

次用户程序的执行结果一次性地从输出锁存器送到各个输出接口，对输出状态进行刷新。

这三个阶段也是分时完成的。为了连续地完成 PLC 所承担的工作，系统必须周而复始地以一定的顺序完成这一系列的具体工作。这种工作方式叫作循环扫描工作方式。PLC 扫描过程示意图如图 3-14 所示。

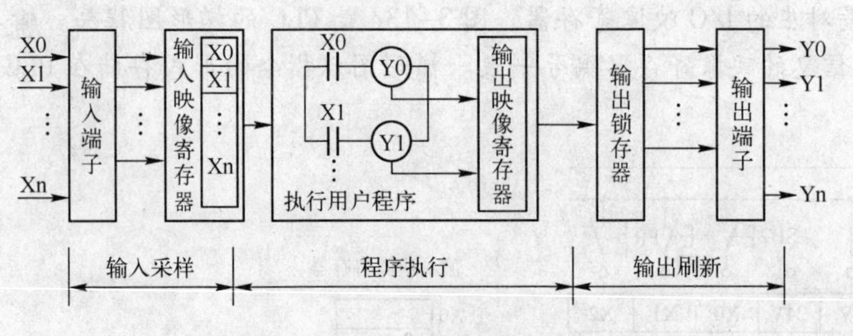

图 3-14 PLC 扫描过程示意图

图 3-13c 所示的三相笼型异步电动机全压启动单向运转程序的 PLC 扫描工作过程如下：

首先 CPU 将 SB1、SB2、FR 的常开触点开关的状态（ON、OFF）读入相应的输入映像寄存器，外部触点接通时寄存器存入“1”，反之存入“0”。此为输入采样阶段。

输入采样结束进入程序执行阶段，执行第一条指令时，从输入映像寄存器 X000 中取出信息“l”或“0”，并存入操作器。执行第二条指令时，从输出映像寄存器 Y000 中取出信息“l”或“0”，并与操作器中的内容相“或”，结果存入操作器中。执行第三条指令时，将输入映像寄存器 X002 内容取出与操作器的内容相“与”，然后将结果存入操作器。执行第四条指令时，将输入映像寄存器 X001 的内容取出取“反”并与操作器的内容相“与”，最后结果存放在操作器中。执行第五条指令时，将操作器中的内容送入 Y000 的输出映像寄存器。

在程序运行过程中产生的输出 Y000 并没有立即送到输出端子进行输出，而是存放在输出映像寄存器 Y000 中。当执行到第六条指令时，表示程序执行结束，进入输出刷新阶段。CPU 将各输出映像寄存器的内容传送给输出寄存器并锁存起来，送往输出端子驱动外部对象。输出刷新结束，PLC 又重复上述执行过程，循环往复。直到停机或 PLC 由运行（RUN）切换到停止（STOP）工作状态为止。

（2）扫描周期及 PLC 的两种工作状态　PLC 有两种基本的工作状态，即运行（RUN）状态与停止（STOP）状态，运行状态是执行应用程序的状态。停止状态一般用于程序的编制与修改。图 3-15 给出了运行和停止两种状态 PLC 不同的扫描过程。由图可知，在这两个不同的工作状态中，扫描过程所要完成的任务是不尽相同的。

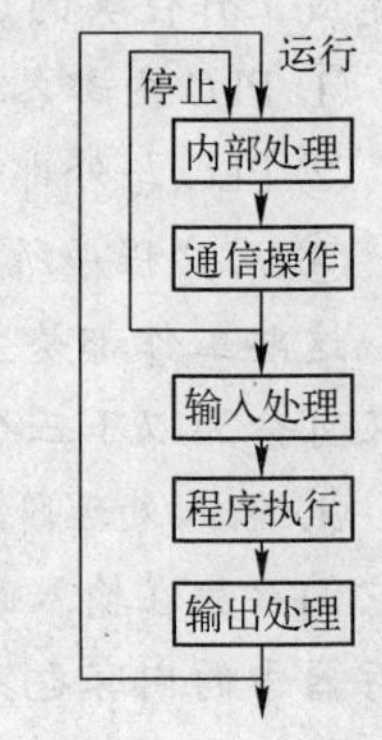

图 3-15 扫描过程

PLC 在 RUN 工作状态时，执行一次图 3-15 所示的扫描操作所需的时间称为扫描周期，其典型值为 1 ~ 100 ms。指令执行所需的时间与用户程序的长短，指令的种类和 CPU 执行速度有很大关系，PLC 厂家一般给出每执行 1 K（1 K = 1024）条基本逻辑指令所需的时间（以 ms 为单位），某些厂家在说明书中还给出了执行各种指令所需的时间。一般说来，一个扫描过程中，执行指令的时间占了绝大部分。

(3) 输入输出滞后时间　PLC 由于其内部结构及工作方式等原因，它在工作的时候会存在输入输出滞后的情况。输入输出滞后时间又称为系统响应时间，是指 PLC 外部输入信号发生变化的时刻至它控制的有关外部输出信号发生变化的时刻之间的时间间隔。它由输入电路的滤波时间、输出模块的滞后时间和因扫描工作方式产生的滞后时间三部分所组成。

输入模块的 RC 滤波电路用来滤除由输入端引入的干扰噪声，消除因外接输入触点动作时产生抖动引起的不良影响。滤波时间常数决定了输入滤波时间的长短，其典型值为 10 ms 左右。

输出模块的滞后时间与输出所用的开关元件的类型有关：若是继电器型输出电路，负载被接通时的滞后时间约为 1 ms，负载由导通到断开时的最大滞后时间为 10 ms；晶体管型输出电路的滞后时间一般在 1 ms 左右，因此开关频率高。

由扫描工作方式引起的滞后时间最长可以达两个多扫描周期。PLC 总的相应延时一般只有几十毫秒，对于一般的系统是无关紧要的。但是对于那些要求响应时间小于扫描周期的控制系统或窄脉冲，则不能满足要求。对于响应时间小于扫描周期的控制系统，可使用智能 I/O 单元（如快速响应 I/O 模块）或专门的指令（如中断指令等）；对于窄脉冲可以通过设置脉冲捕捉功能，将输入信号的状态变化锁存并一直保持到下一个扫描周期的输入阶段，让 CPU 读到为止。

因此，影响输入/输出滞后时间的主要因素有：输入滤波器的惯性；输出继电器的惯性；程序执行的时间；程序设计不当的附加影响等。对于用户来说，选择一个合理的 PLC，合理的编制程序是缩短响应的关键。

相关知识点——PLC 系统与继电器接触器系统的差别

PLC 系统和继电器接触器系统在系统逻辑控制上的不同。继电器接触器控制系统指以电磁开关为主体的低压电器元件，用导线依一定的规律将它们连接起来得到的控制系统。而 PLC 是计算机，在它的接口上接有各种元器件，而各种元器件之间的逻辑关系是通过程序来表达的，是基于程序逻辑的。

从工业应用来看，这两者之间在运行时序问题上，也有着根本的不同。继电器所有触点的动作是和它的线圈通电或断电同时发生的。但在 PLC 中，由于指令的分时扫描执行，同一个器件的线圈工作和它的各个触点的动作并不同时发生。这就是所谓的继电器接触器系统的并行工作方式和 PLC 的串行工作方式的差别。

图 3-16 所示的梯形图程序叫作“定时点灭电路”。程序中使用了一个时间继电器 T5 及一个输出继电器 Y005，X005 接收电路的启动开关信号。电路的功能是：Y005 接通 0.5 s，断开 0.5 s，反复交替进行，形成周期为 1 的振荡器。这个电路的功能是以 PLC 为基础才能实现的，若将图中的器件换为继电器和接触器，电路是不可能工作的。有兴趣的读者可自己分析。

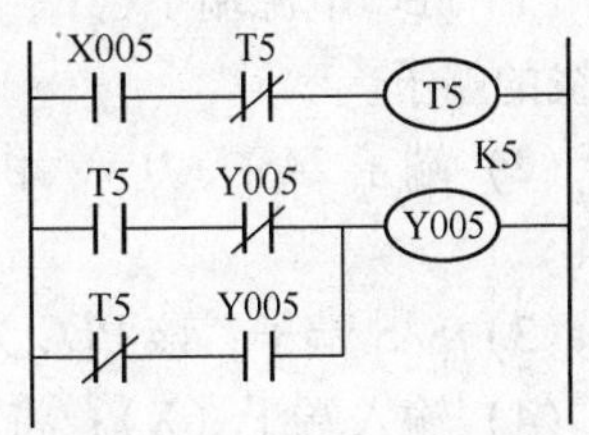

图 3-16　定时点灭电路

训练项目三　三菱 FX_{3U} 系列 PLC 硬件接线

一、项目内容

图 3-1 所示的三相异步电动机全压启动单向运转控制电路的 PLC 控制端口电路如图 3-3 所示，要求完成该 PLC 端口电路的接线。

二、实施思路

观察：观察 FX_{3U}-32MR/ES PLC 的外形；

熟悉：熟悉 PLC 工作电源电压、输入输出端子配置及排列情况等；

理解：理解 FX_{3U}-32MR/ES 接线要求，及图 3-1 和图 3-3 对应设备的作用与电路表达方法；

实施：对照图 3-3 和 FX_{3U}-32MR/ES 的外形图完成接线，并进行调试；

思考：分析接线过程中出现问题的原因，提出解决方法。

三、实施过程

1. 熟悉 FX_{3U}-32MR/ES PLC 端子排列

如图 3-17 为 FX_{3U}-32MR/ES PLC 的端子排列图。

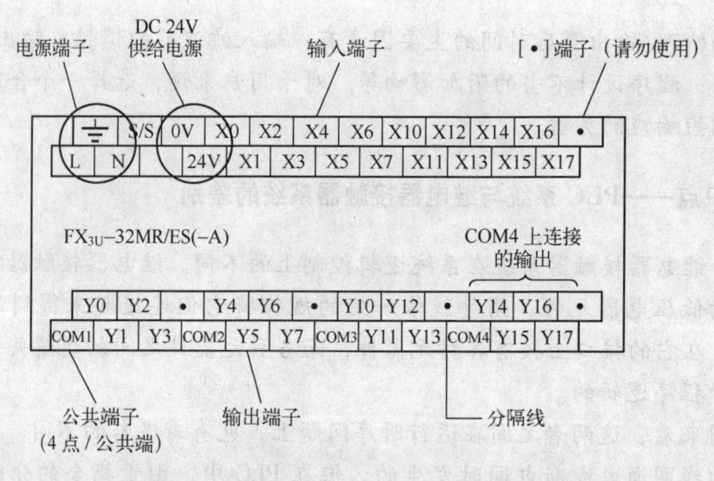

图 3-17　FX_{3U}-32MR/ES PLC 的端子排列图

（1）PLC 电源端子（L、N、⏚）：L、N 为外接工频 AC 220 V 的交流电源端子；⏚为接 PE 线的端子。

（2）端子 24+、0 V：供外部传感器用的 DC24V 电源端子，它由 PLC 内部电源模块提供。

（3）S/S 端子：该 PLC 为 AC 电源型，漏型输入，因此 S/S 与 24 V 连接。

（4）输入端子（X）：将输入元件（如按钮、转换开关、行程开关、继电器触点、传感器等）连接到对应的输入端子。

（5）输出端子（Y）：将 PLC 要驱动的负载（如接触器线圈、电磁阀线圈、指示灯等）连接到对应的输出端子。COM1 ~ COM4 为输出的公共端，每 4 个输出为一组。

2. 了解 FX_{3U} -32MR/ES PLC 的接线要求

根据所选用的 PLC 型号，参阅 PLC 相应的用户手册，确定该 PLC 的工作电源类型及电压等级、输入接线方法；再根据 PLC 的控制对象的额定电压选择相应的电源。

拓展知识点——FX_{3U} 系列输入输出电路接线

1. 输入电路的接线

1）DC 输入型的输入电路接线。当 PLC 为 AC 电源型，漏型输入时，S/S 与 24 V 连接，源型输入时，S/S 与 0 V 连接；当 PLC 为 DC 电源型，漏型输入时，S/S 与"+"连接；源型输入时，S/S 与"-"连接。

漏型输入接线：AC 电源型的"0 V"或 DC 电源型的"-"为公共端，当 DC 输入信号从（X）端子流出电流然后输入时，称为漏型输入。当连接到晶体管输出型的传感器输出时，可以使用 NPN 集电极开路型晶体管输出。PLC 为 AC 电源型的 DC 漏型输入接线如图 3-18a 所示，在输入（X）端子和 0 V 端子之间连接无电压触点，NPN 集电极开路型晶体管输出导通时，输入（X）为 ON 状态。此时，显示输入用的 LED 灯亮。

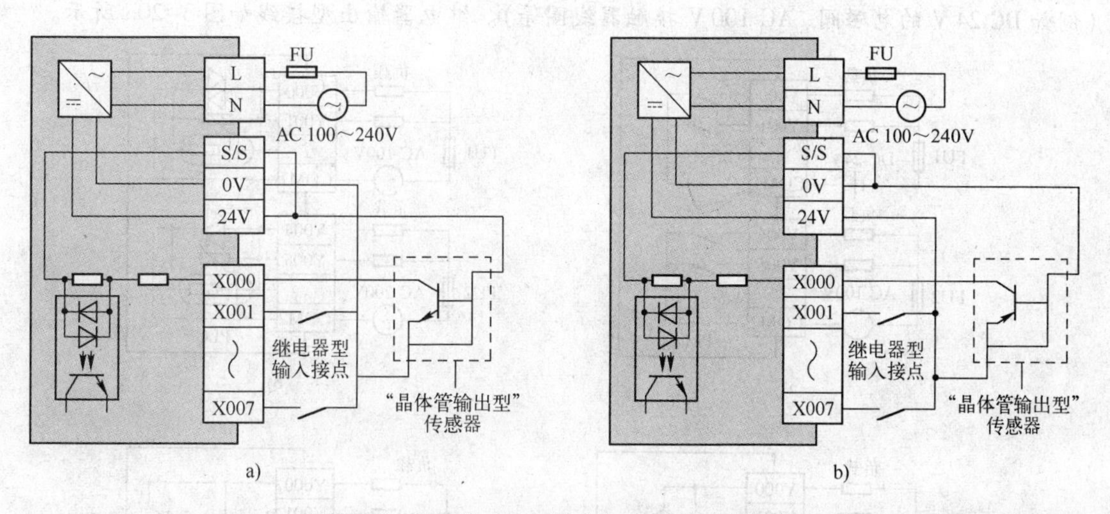

图 3-18　PLC 为 AC 电源型的 DC 输入电路接线
a）漏型输入接线　b）源型输入接线

源型输入接线：AC 电源型的"24 V"或 DC 电源型的"+"为公共端，当 DC 输入信号是电流流向输入（X）端子的输入时，称为源型输入。当连接到晶体管输出型的传感器输出时，可以使用 PNP 集电极开路型晶体管输出。PLC 为 AC 电源型的 DC 源型输入接线如图 3-18b 所示，在输入（X）端子和 24 V 端子之间连接无电压触点，PNP 集电极开路型晶体管输出导通时，输入（X）为 ON 状态。此时，显示输入用的 LED 灯亮。

2）AC 输入型的输入电路接线。在输入端子和 COM 端子间加 AC 100 V ~ 120 V 的电压后，输入接通。此时，显示输入的 LED 灯亮。PLC 为 AC 电源型的 AC 输入接线如图 3-19 所示。

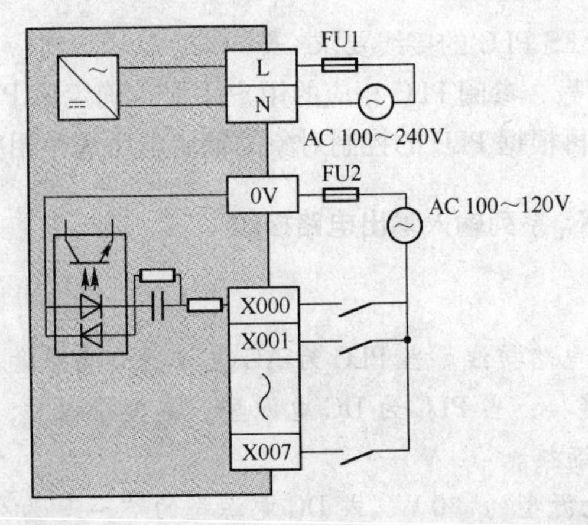

图 3-19　PLC 为 AC 电源型的 AC 输入电路接线

2. 输出电路的接线

1）继电器输出型。继电器输出型包括 1 点、4 点、8 点共 1 个公共端输出型的产品，因此可以以各公共端为单位驱动不同的回路电压系统的负载，且可以是直流，也可以是交流，(例如 DC 24 V 的电磁阀、AC 100 V 接触器线圈等)。继电器输出型接线如图 3-20a 所示。

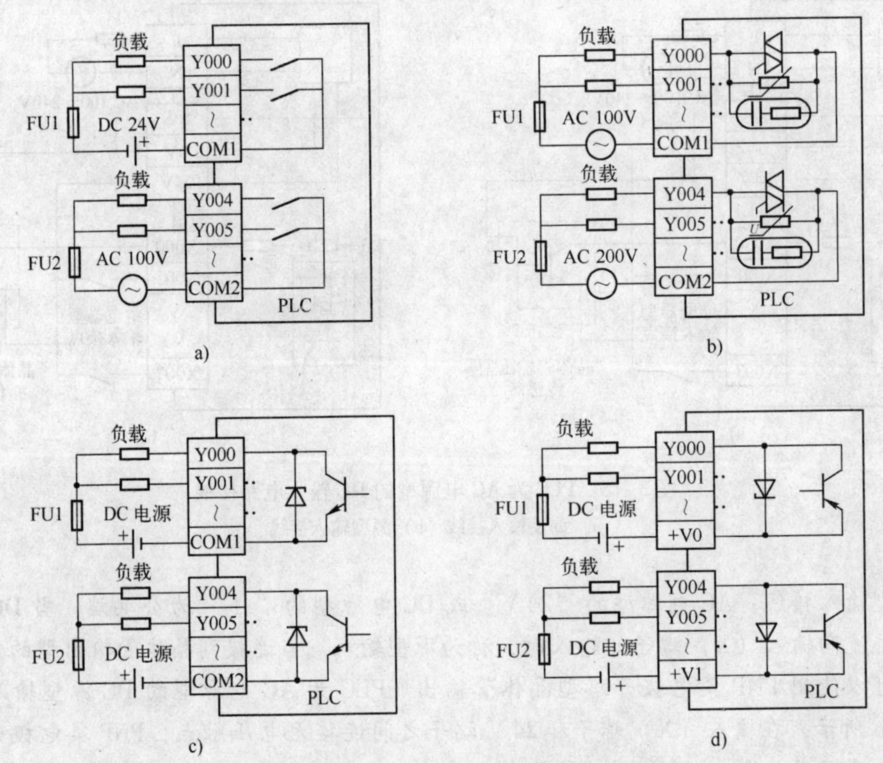

图 3-20　输出电路的接线

a）继电器输出型接线图　b）晶闸管输出型接线图

c）晶体管漏型输出型接线图　d）晶体管源型输出型接线图

2）晶闸管输出型。晶闸管输出型包括 4 点、8 点共 1 个公共端输出型的产品。因此可以以各公共端为单位，驱动不同的回路电压系统（例如 AC 100、AC 220 V 等）的负载。其接线如图 3-20b 所示。

3）晶体管输出型。晶体管输出型分漏型输出接线和源型输出接线两种。负载电流流到输出（Y）端子，这样的输出称为漏型输出。负载电流从输出（Y）端子流出，这样的输出称为源型输出。

晶体管漏型输出型：COM□（编号）端子上连接负载电源的负极，COM□端子之间内部未连接。其接线如图 3-20c 所示。

晶体管源型输出型：+V□（编号）端子上连接负载电源的正极，+V□端子之间内部未连接。其接线如图 3-20d 所示。

图 3-3 选用的 PLC 为 FX_{3U}-32MR/ES，该 PLC 的工作电源为 AC 100 V ~ 200 V，继电器输出，漏型。接线图中输入信号有 4 个，输出信号有 1 个，PLC 所驱动的对象是接触器线圈，其额定电压均为 AC 220 V。

3. 完成 PLC 输入输出接线

首先检查电源类型、电压等级是否与 PLC 的工作电源匹配。确认电源无误的情况下，断开电源，按国家电气安装接线标准，按图 3-3 完成 PLC 的供电电源、按钮、热继电器、接触器等电器元件与 PLC 对应端口的连接，接线应牢固。

4. 输入输出接线调试

（1）输入接线调试　接通 PLC 电源，检查所有的输入信号能否可靠地被 PLC 接收，本项目选用的 PLC 输入端子是漏型，则在输入（X）端子和 0 V 端子之间连接无电压触点，导通时，对应的输入（X）为 ON 状态。此时，PLC 面板上显示输入用的 LED 灯亮。如按下按钮 SB1（若 SB1 接 PLC 的 X1 端口），PLC 面板的 X1 指示灯被点亮；断开时，X1 指示灯熄灭，说明按钮 SB1 接线正确，动作可靠。按此方法依次检查其他输入信号，确保输入接线正确，信号动作正常。

（2）输出接线调试　PLC 置“RUN”状态，进行相应的操作，如按下按钮或模拟过载等情况下，观察 PLC 面板 OUT 区的“0”指示灯和接触器 KM 的工作情况。如果动作结果符合要求，说明接线正确，否则查找原因并处理。

不论在何种状态下，检查时，首先判断是否要断开或接通电源，注意安全使用相关电工工具。

按要求确定实施方案，将实施方案或结果、出现异常的原因分析和处理方法记录在表 3-1 中。

表 3-1　实施过程、实施方案或结果、出现异常的原因和处理方法记录表

序号	实施过程	实施要求	实施方案或结果	异常原因分析及处理方法
1	PLC 认知	1. 写出 PLC 的型号及含义		
		2. 熟悉 PLC 端子的排列		
		3. 写出 PLC 的电源电压及输入的接线方法		
		4. 确定接触器线圈的工作电压，写出 PLC 输出的接线方法		
2	PLC 端口接线	选择合适的工具按所给出的 PLC 端口图接线		

（续）

序号	实施过程	实施要求	实施方案或结果	异常原因分析及处理方法
3	接线调试	1. 总结输入信号是否正常的测试方法，举例说明操作过程和显示结果		
		2. 分别记录在没有任何操作的情况下、按下启动按钮 SB2、按下停止按钮 SB1，或模拟热继电器 FR 动作时，PLC 面板指示灯 Y000 和接触器 KM 的工作状况，并分析是否正确，若出错，分析并写出原因及处理方法		

任务三　GX Works2 编程软件的使用

一、任务内容

图 3-1 所示的三相笼型异步电动机全压启动单向运转 PLC 控制的梯形图程序如图 3-8b 所示。要求使用 GX Works2 编程软件完成该梯形图程序的编写、传送、运行和监控等操作。

二、任务分析

使用 GX Works2 编程软件调试图 3-8b 所示梯形图程序，首先必须了解 GX Works 2 编程软件的运行环境、主要功能和软件的基本操作；然后掌握梯形图的编写、编辑方法；最后进行程序的传送、运行和调试等。

相关知识点

1. GX Works2 编程软件的运行环境

三菱公司的 GX Works2 编程软件，是三菱电机新一代 PLC 软件，具有简单工程（Simple Project）和结构化工程（Structured Project）两种编程方式，支持梯形图、指令表、SFC、ST 及结构化梯形图等编程语言，可实现程序编辑、参数设定、网络设定、程序监控、调试及在线更改、智能功能模块设置等功能，适用于 Q、QnU、L、FX 等系列 PLC，兼容 GX Developer 软件，支持三菱电机工控产品 iQ Platform 综合管理软件 iQ Works，具有系统标签功能，可实现 PLC 数据与 HMI、运动控制器的数据共享等。可在 Windows XP、Windows Vista、Windows 7 等以上版本运行。计算机配置要求：CPU 为奔腾 133 MHz 或更高，内存需 32 MB 或更高，分辨率为 800 ×600 点，16 色或更高。

PLC 和计算机有相应的接口单元，它们之间的通信主要通过 RS－232 或 RS－422 接口进行。如果 PLC 和计算机的通信接口都是标准的 RS－232 接口，则可以直接使用适配电缆 RS－232C AB 进行连接，实现通信。若 PLC 上的通信接口是 RS－422 时，则必须在 PLC 与计算机之间加一个 RS－232/RS－422 转换器，如用 SC－09 电缆进行连接，此时连接电缆的 9 个引脚端连接到计算机串口上，另一端连接在 PLC 的 RS－422 编程口上。对于带 USB 接口的计算机，也可使用 USB－8C09－FX 编程电缆，通过安装驱动软件，将相应的 USB 接口虚拟成 RS－232C 串口，即可与 SC－09 电缆一样使用。SC－09 编程电缆通用于三菱 A 系列和 FX 系列 PLC，支持所有通信协议，用于计算机和 PLC 的编程通信和各种上位机监控软件，该电缆的 RS－232 接口和 RS－422 接口均有内置保护电路，支持带电插拔。

2. GX Works2 编程软件的主要功能

在 GX Works2 编程软件中，可通过梯形图、语句表及 SFC 符号来创建顺控指令程序，建立注释数据及设置寄存器数据；在编辑过程中使用的编辑器具有简单语法检查功能；可以实现计算机与 PLC 进行通信、文件传送操作、离线或在线调试等功能，如通过编程软件可以监控有关元件的状态，可以进行强制操作等。

3. GX Works2 编程软件的基本操作

(1) 工程的创建与打开

1) 新建工程。双击应用程序 GX Works2 编程软件图标，进入如图 3-21 所示的 GX Works2 编程软件的运行环境。在“工程”菜单中选择“新建工程 (N)”，分别单击工程类型、PLC 系列、PLC 类型及程序语言的下拉列表，选择所用的编程类型、PLC 系列、PLC 类型及程序语言，然后单击“确定”按钮，即进入图 3-22 所示的编程界面。

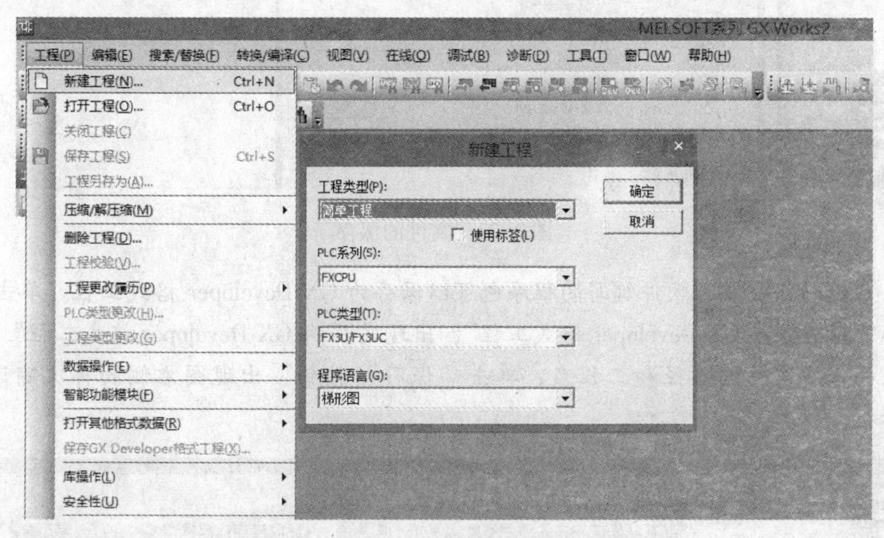

图 3-21　新建工程

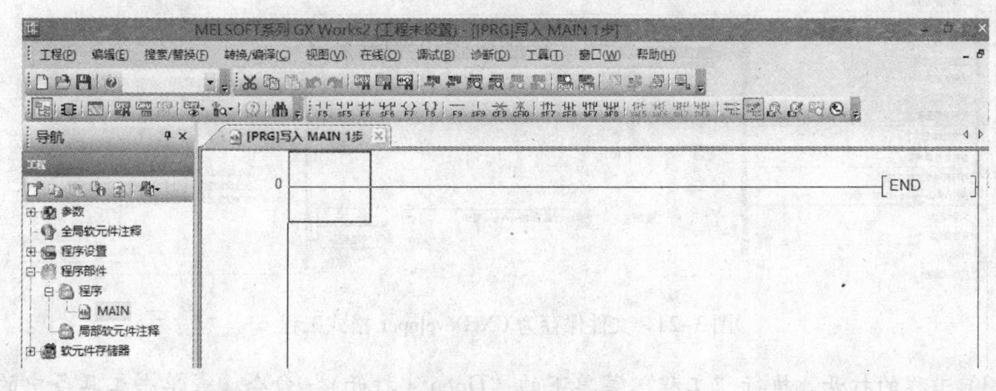

图 3-22　编程界面

2) 工程的保存与关闭。在图 3-22 的界面下即可进行编程，编程结束，执行工程菜单下的“Save (保存)”命令。出现图 3-23 所示的“另存工程为”对话框，选择相应的保存文件的路径和工程名，再单击“保存”按钮，若该工程为新建工程，出现右边的对话框，选择“是”，新建工程成功。关闭文件只需单击图3-22右上角的“×”。

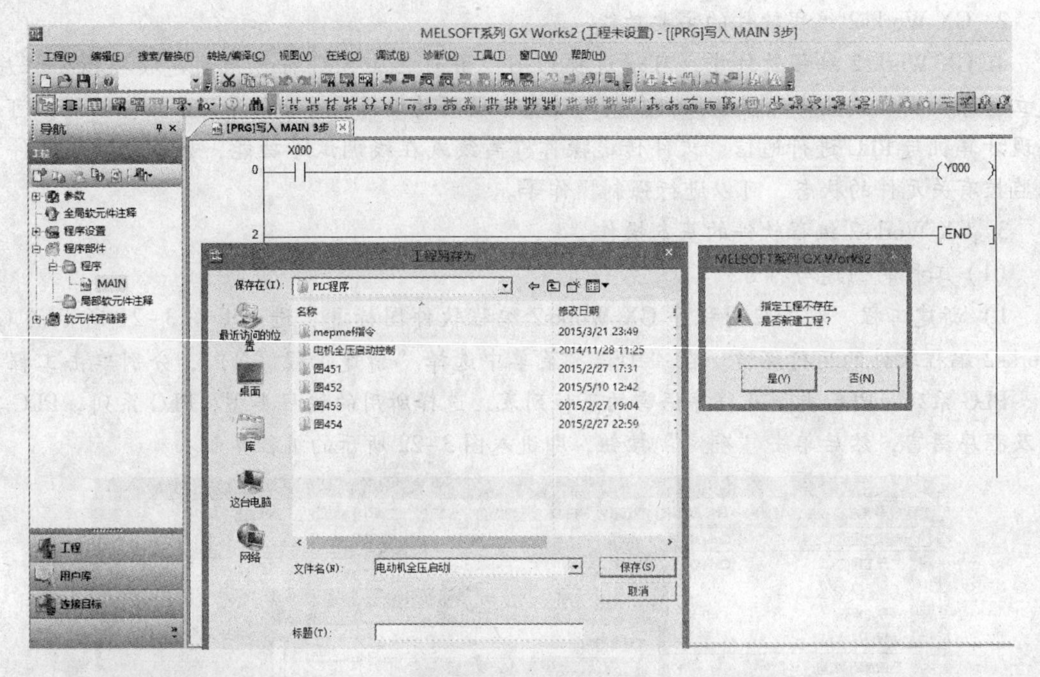

图3-23　文件的保存

运用GX Works2编程软件编写的程序也可以保存为GX Developer格式工程。单击图3-24工程菜单下的“保存GX Developer格式工程”，出现“保存GX Developer格式工程”对话框，选择相应的保存文件的路径和工程名，单击“保存”按钮，出现图右侧的再次确认保存格式的对话框。

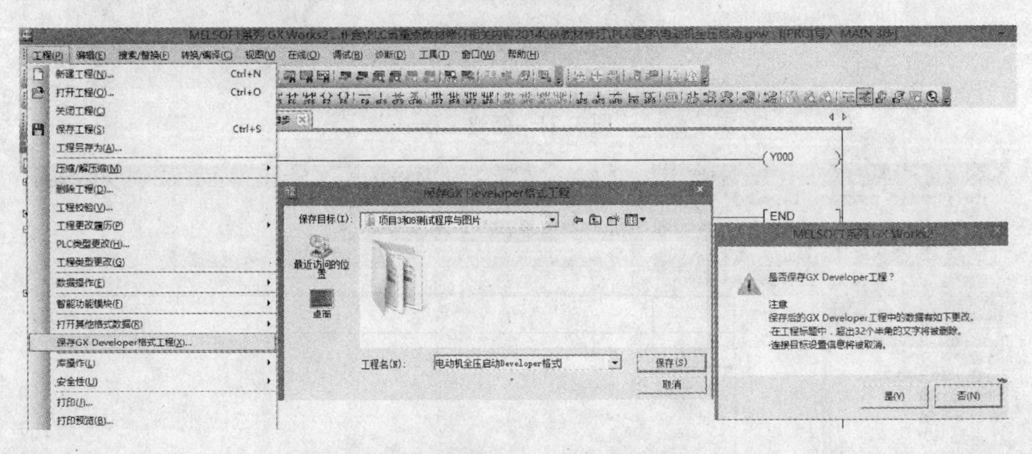

图3-24　文件保存为GX Developer格式工程

3）工程的打开。执行“工程”菜单下的“Open（打开）”命令，或单击工具条中的按钮，可进入图3-25所示的“打开工程”对话框，选择要打开的文件，单击“打开”按钮，则编程界面显示所要打开的程序。

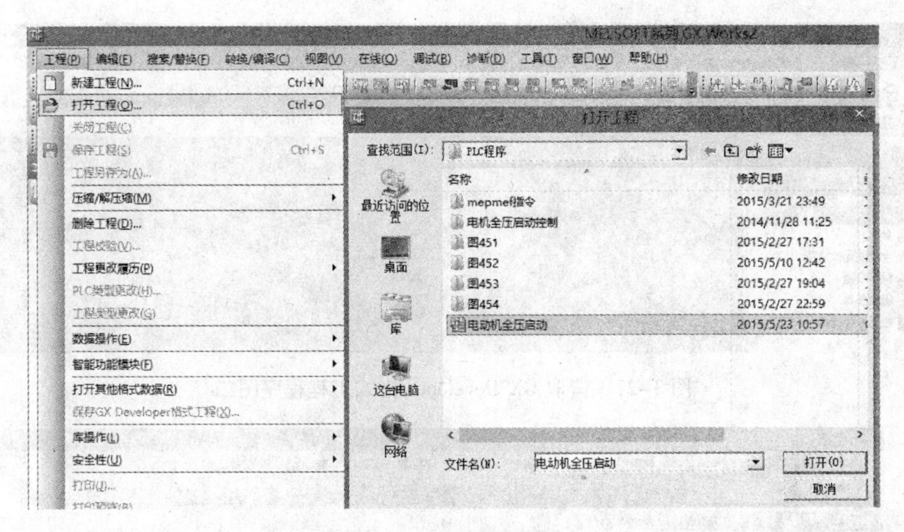

图 3-25 打开工程文件

4）其他格式工程的导入。如图 3-26 所示，执行“工程”菜单下的“打开其他格式数据”命令，单击“打开其他格式工程”，即弹出“打开其他格式工程”对话框。在该对话框的下拉菜单中，找到需读取工程文件所在的文件夹，选中需读取工程的“GPPW”文件，单击“打开”按钮，则出现图 3-26 右下方的“是否读取其他工程”对话框，选择“是”按钮，出现已完成提示框，单击“确定”按钮，出现如图 3-27 所示的界面，此时并没有程序显示。在该界面下再逐级点开“导航功能区”中“程序设置”前的“+”，双击最后的可执行程序“MAIN”，如图 3-28 所示在程序显示区显示所需读取的梯形图程序。

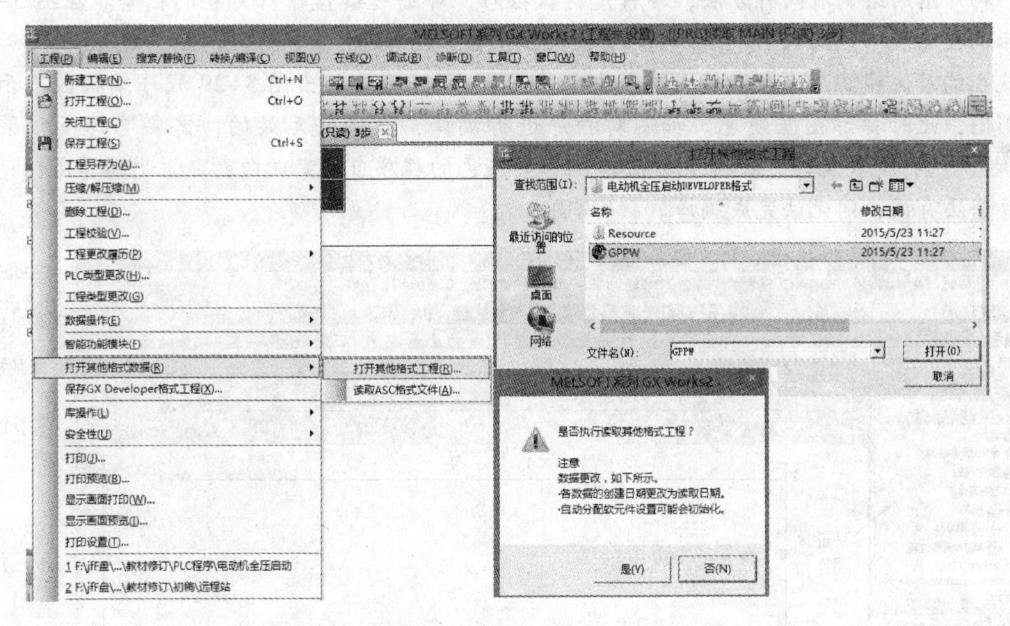

图 3-26 读取 GX Developer 格式工程程序图一

（2）梯形图程序的编制　GX Works 2 编程软件提供了多种编程语言。其中梯形图是常用的编程语言。下面以梯形图编程语言为例说明程序的编制方法。

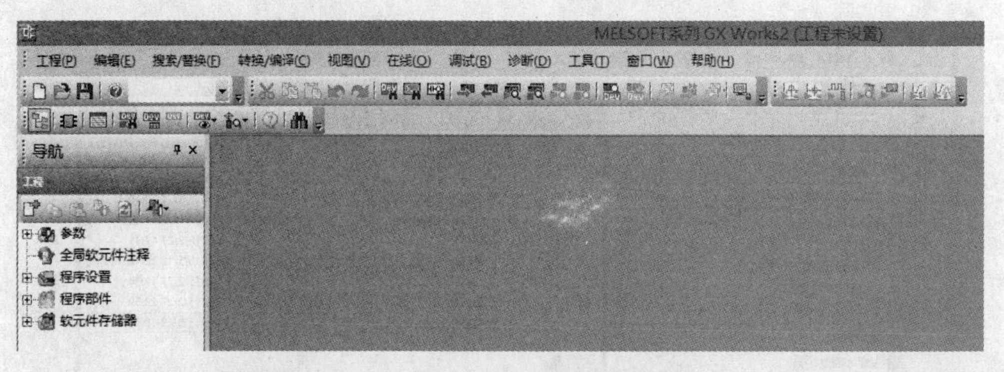

图 3-27 读取 GX Developer 格式工程程序图二

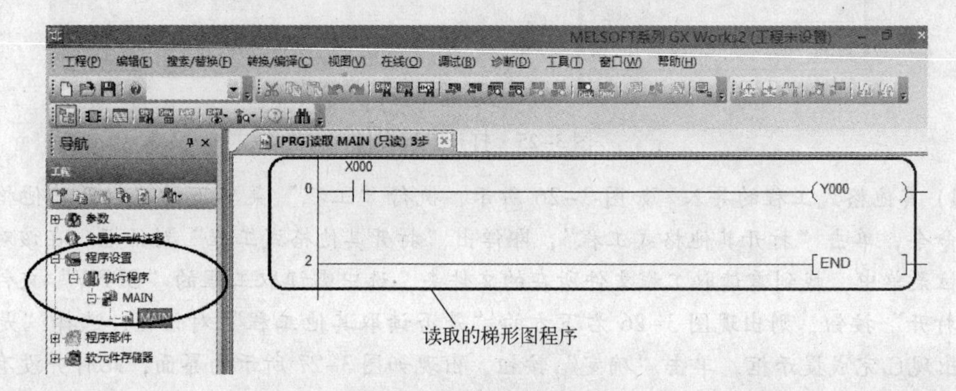

图 3-28 读取 GX Developer 格式工程的程序图三

梯形图的绘制有两种方法，一种是键盘操作，即通过键盘输入完整的指令。在图 3-29 所示的程序区中，输入 L→D→空格（【Space】键）→X→0→【Enter】键，则 X0 的常开触点就在编写区域显示出来；用同样方法输入 OUT Y0，即绘制出图 3-29 程序编辑区所示的梯形图，此时梯形图呈灰色。如不对程序进行编译，程序是无效的，需要选择下拉菜单“变换”进行变换编译，或按下功能键 F4。若灰色的程序自动变成白色，说明编译成功；若程序语法有误，则无法完成编译。

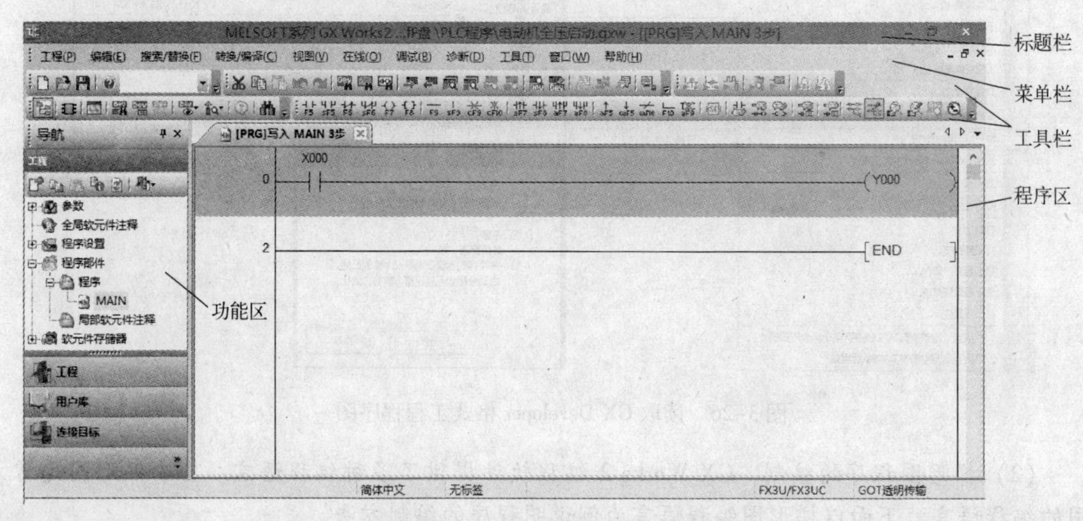

图 3-29 梯形图编辑器界面

梯形图的另一种编法是用鼠标和键盘操作，即用鼠标选择工具栏中的相应的图形符号或按下键盘对应的功能键，再键入其软元件号，输入完毕按【Enter】键或单击“确定”按钮即可。如图 3-30 所示，将光标移到第一行最左边，用鼠标单击工具栏，或按下功能键 F5，则出现梯形图输入对话框中，输入 X0，再按【Enter】键或单击“确定”按钮，即显示图 3-29 中所示的 X0 常开触点；依次完成所有指令的输入，最后得到所需的梯形图，此时梯形图也呈灰色。

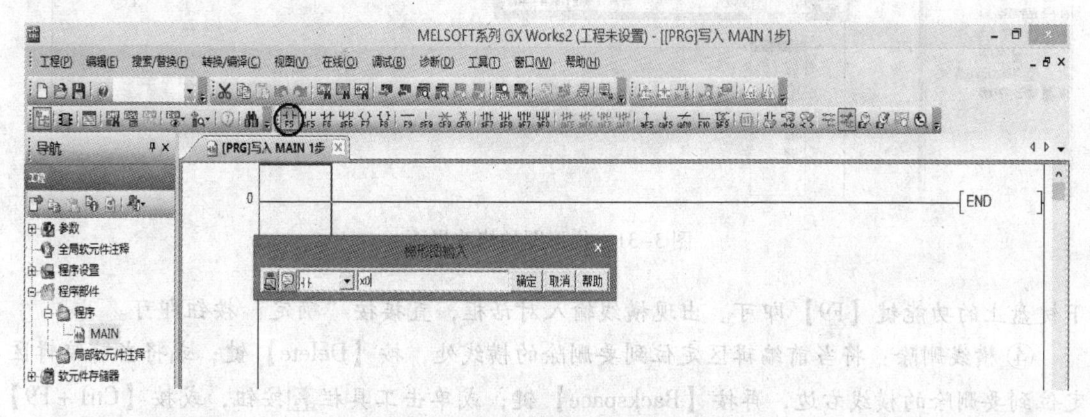

图 3-30　用鼠标和键盘编辑梯形图的界面

(3) 梯形图程序编辑操作

1) 删除、插入。删除、插入操作可以是一个图形符号，也可以是一行，还可以是一列（END 指令不能被删除），其操作有以下几种方法：

① 将当前编辑区定位到要删除/插入的图形处右击，再在弹出的快捷菜单中选择需要的操作。

② 将当前编辑区定位到要删除/插入的图形处，再执行编辑菜单中相应的命令。

③ 将当前编辑区定位到要删除的图形处，然后按键盘上的【Delete】键即可。

④ 若要删除某一段程序时，可拖动鼠标选中该段程序，然后按键盘上的【Delete】键，或执行“Edit（编辑）”菜单下的“Line delete（删除行）”命令。

⑤ 按键盘上的【Insert】键，使屏幕右下角显示“插入”，然后将光标移到要插入的图形处，输入要插入的指令即可。

2) 修改。若发现梯形图有错误，可进行修改操作，如将图 3-29 中的 X0 常开触点改为常闭触点。在修改状态下，双击 X0 常开触点，出现如图 3-31 对话框，并打开对话框触点的下拉菜单，选择相应的常闭触点，然后单击“确定”按钮即可。

3) 删除、绘制连线。若要图 3-29 中的常开触点 X0 除驱动 Y0 输出外，还需驱动 Y1 输出。则需在 X0 的右侧添加竖线。连线的添加与删除操作如下：

① 竖线添加：光标置 X0 右侧，单击工具栏按钮或按【Shift + F9】组合键，出现竖线输入对话框，直接按“确定”按钮即可。

② 竖线删除：将当前编辑区置于要删除的竖线右上侧，单击工具栏中的按钮，或按【Ctrl + F10】组合键均可删除竖线。

③ 横线添加：将当前编辑区定位到要添加横线处，然后单击工具栏中的按钮，或按

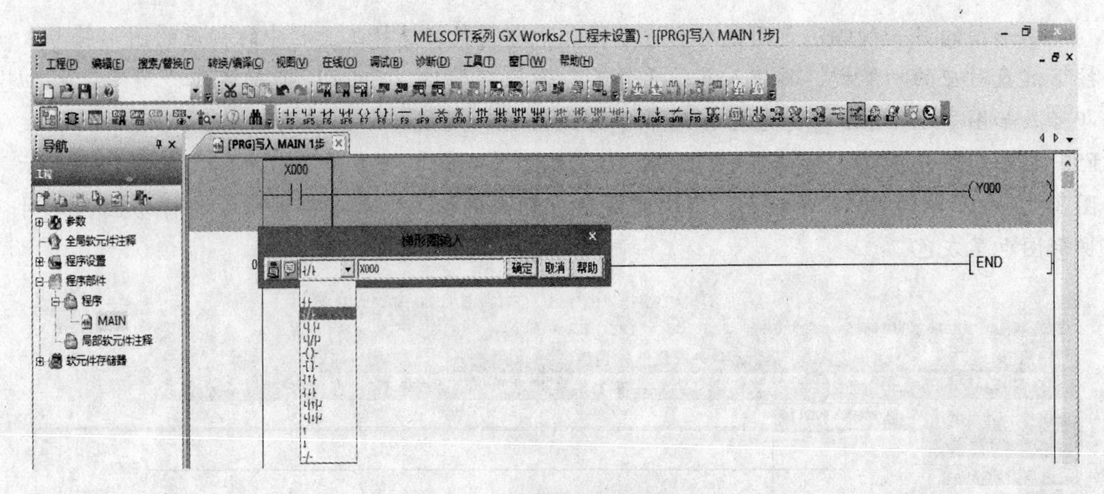

图 3-31　梯形图的修改界面

下键盘上的功能键【F9】即可。出现横线输入对话框，直接按“确定”按钮即可。

④ 横线删除：将当前编辑区定位到要删除的横线处，按【Delete】键；或将当前编辑区定位到要删除的横线右边，再按【Backspace】键；或单击工具栏按钮，或按【Ctrl + F9】组合键均可删除横线。

4）复制、粘贴。拖动鼠标，选中需要复制的区域，鼠标右键执行复制命令或编辑菜单中的复制命令，再将当前编辑区定位到要粘贴的区域，执行粘贴命令即可。复制、粘贴可大大提高结构一致的梯形图绘制效率。

（4）PLC 程序的传输　PLC 程序的新建、打开或修改等可以在离线工作方式下进行，但 PLC 程序的上传或下载必须在联机工作方式（在线方式）下进行，即 PLC 与计算机必须可靠通信。

单击图 3-32 左下方“导航”功能区的最后一个“连接目标”按钮，“导航”功能区显

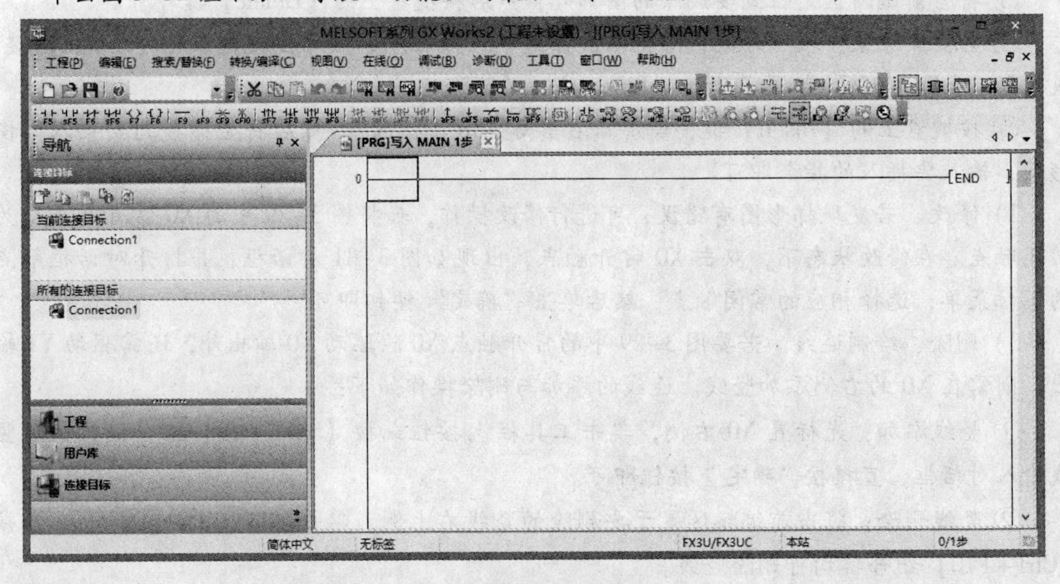

图 3-32　PLC 与计算机通信连接设置图一

示如图所示的“连接目标”选项。双击“当前连接目标处”的“Connection1"，则出现如图3-33所示的“连接目标设置”对话框。该对话框的设置步骤为：①双击Serial USB图标，在“计算机侧I/F串行详细设置”对话框中选择相应的接口，如图3-33中选用USB接口，然后单击“确定”按钮；②双击No specification图标，在“本站详细设置”对话框中设置通信检查时间和通信次数，然后单击“确定”按钮；③单击“通信测试”按钮，若设置正确，则出现“已经成功与FX_{3U}/FX_{3UC}CPU连接”的对话框，再按“确定”按钮，此时表明计算机与PLC通信设置正确，两者可以正常通信。否则，需查找问题所在，如检查PLC电源有没有接通或电缆连接是否正确等，直至通信测试显示连接成功为止；④通信测试连接成功后，单击“确定”按钮，回到工程主画面。

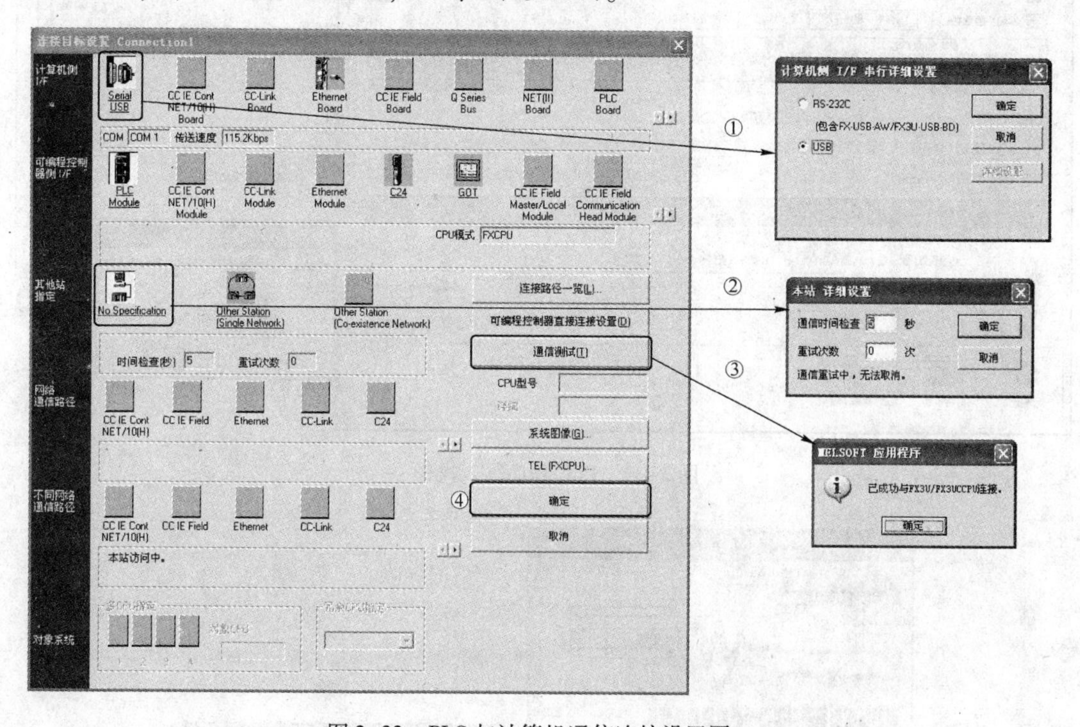

图3-33　PLC与计算机通信连接设置图二

计算机与PLC通信设置完成后，从“在线”下拉菜单选择“PLC写入”或“PLC读取”选项。若选择“PLC写入”选项，则弹出如图3-34中的“在线数据操作”对话框；按需要选择要写入的内容，如图选择“参数+程序”，然后单击“执行”按钮；出现“PLC写入”画面和“是否执行PLC写入”的对话框，单击对话框“是”按钮，即进行PLC程序写入。当写入结束后，出现如图3-35所示PLC写入结束的画面和“是否执行远程运行”的对话框，单击对话框中的“是”按钮，程序写入到PLC的操作结束。

“PLC读取”操作是指计算机读取PLC内程序，读取PLC程序的操作过程与PLC程序写入的操作过程类似，此处不再赘述。

（5）程序的运行、调试与监控

1）程序的运行。编制的程序上传到PLC后，将PLC的运行模式置于RUN（运行）状态，PLC按所输入的程序运行。若模式选择开关置于STOP（停止）端，PLC停止运行。

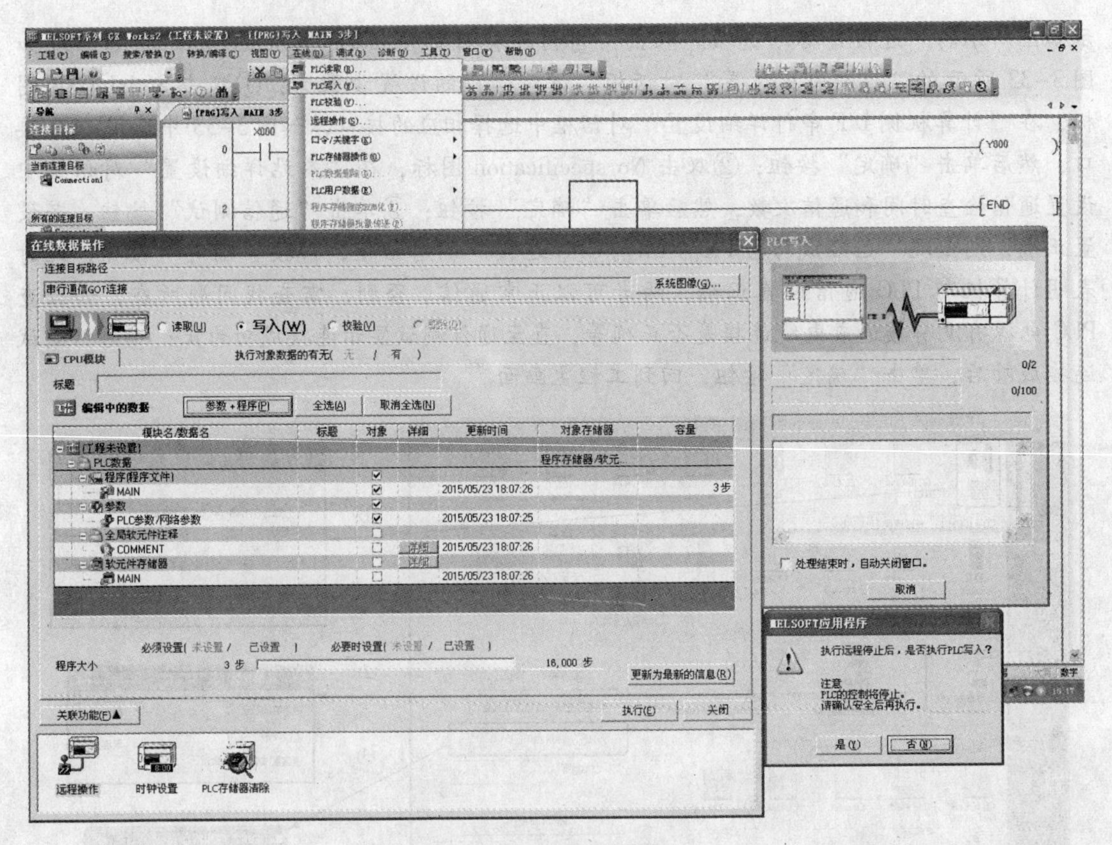

图 3-34　PLC 程序写入操作一

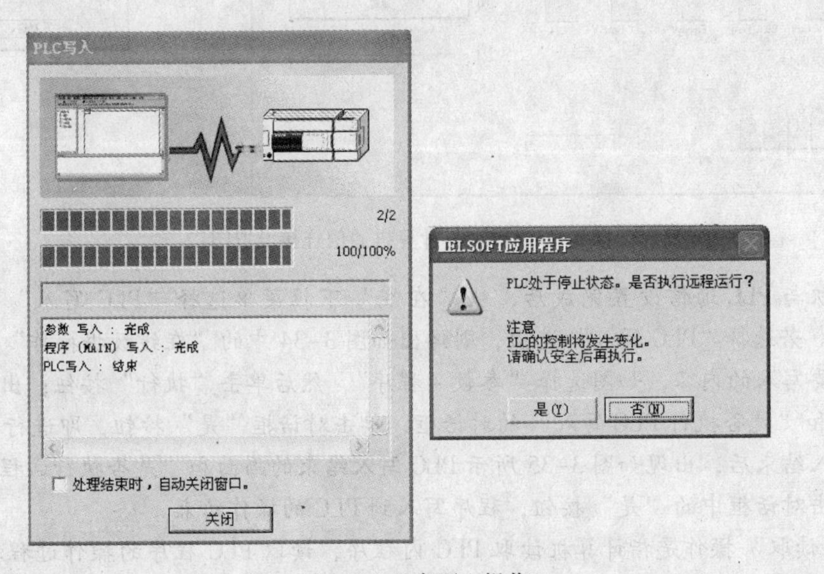

图 3-35　PLC 程序写入操作二

2）程序的调试与监控。当 PLC 运行后，在 GX Works2 运行环境中，可以监控各软元件的状态和强制执行输出等功能。在“在线”菜单里，选择“监视模式”或按下快捷键【F3】，则程序实时运行的监控画面如图 3-36 所示，图中呈黑色方框显示的软元件触点和线圈分别表示 ON 状态，若工作在 OFF 状态，则无任何显示。程序中各软元件的运行状态的监控画面如图 3-37 所示，该图软元件的显示格式可通过右侧的“显示格式”对话框进行设置。

图 3-36　PLC 监控运行画面

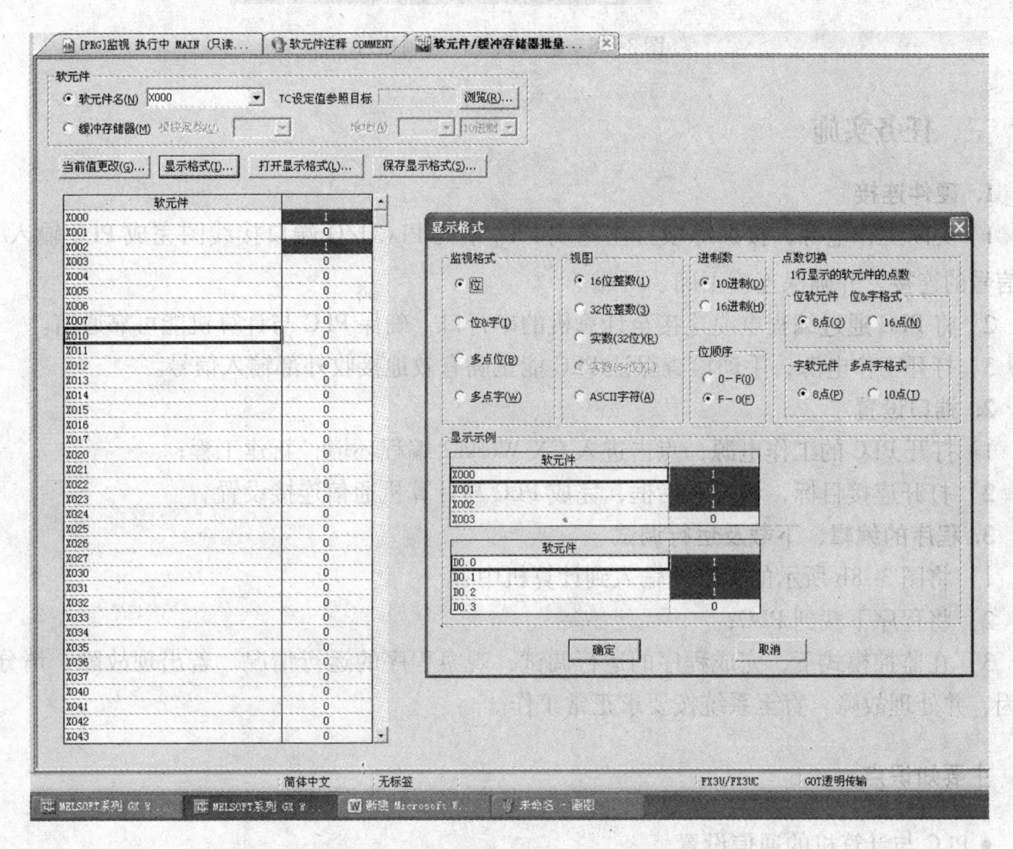

图 3-37　软元件的运行状态的监控画面

3）软元件强制执行。为了维修、测试设备等工作的方便，GX Works2 还提供了强制执行输入软元件为“ON”或为“OFF”的功能。如图 3-38 所示，强制执行输入软元件 X0 和 X2 为“ON”，则程序运行后，输出软元件 Y0 输出状态为“ON”。

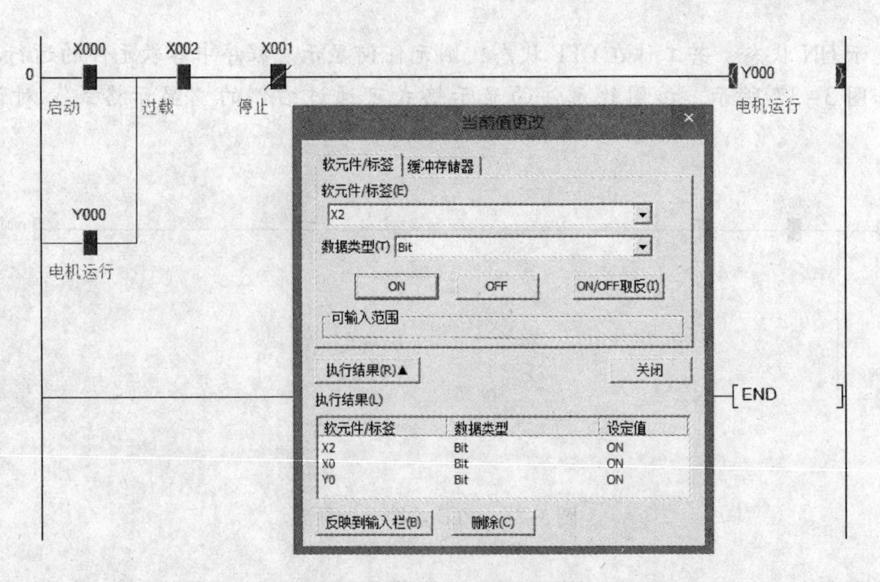

图 3-38　输入软元件强制执行

三、任务实施

1. 硬件连接

1）关闭工作电源，按训练项目三完成 FX_{3U}系列 PLC I/O 端口接线图完成 PLC 输入/输出信号的连接，并确保连接正确、可靠。

2）将 PLC 通过编程电缆连接至计算机的串行口，确保 PLC 与计算机能可靠通信。

3）打开工作电源，手动检查保证 PLC 能正确有效地接收外部输入信号。

2. 端口设置

1）打开 PLC 的工作电源，点击进入 GX Works2 编程环境，新建工程；

2）打开连接目标，设置对话框，完成 PLC 与计算机通信连接设置。

3. 程序的编辑、下载及运行调试

1）将图 3-8b 所示的梯形图输入到计算机中；

2）将程序下载到 PLC；

3）在监控模式下，完成程序的运行调试，观察程序的运行情况。若出现故障，请分析原因，并处理故障，直至系统按要求正常工作。

主要知识点：

- PLC 与计算机的通信设置
- GX Works2 编程软件的应用
- PLC 程序的运行与调试

思考与练习

1. PLC 具有哪些特点？

2. PLC 的应用领域及发展趋势是怎样的？

3. PLC 控制与继电器控制比较，有何异同？

4. PLC 的硬件指的是哪些部件？它们的作用是什么？

5. PLC 的软件是指什么？其编程语言常用的有哪几种？各有何特点？

6. PLC 的工作方式是什么？与计算机工作方式有何区别？何为 PLC 的扫描周期？

7. 简述 PLC 的工作过程。

8. 在一个扫描周期中，如果在程序执行期间输入状态发生变化，输入映像寄存器的状态是否也随之变化？为什么？

9. PLC 为什么会产生响应滞后现象？如何提高 I/O 响应速度？

项目四　电动机基本控制电路的 PLC 控制

【项目内容简介】

本项目通过用 PLC 实现电动机基本控制的四个任务，介绍三菱 FX_{3U} 系列 PLC 的软元件及 29 条基本指令的功能与使用方法。通过对具体的控制任务分析和实施，介绍 PLC 控制系统的输入输出端口分配方法、继电器控制电路转换编程法、梯形图的编写规则及 PLC 控制程序的运行调试方法等。要求熟悉几种典型控制电路的编写方法，能根据具体的控制任务，应用基本指令编写简单的控制程序，并完成调试。

【知识目标】

1. 掌握 FX 系列 PLC 的软元件；
2. 掌握基本指令的功能及使用方法；
3. 掌握 PLC 端口配置及 PLC 的外部接线图的设计与连接方法；
4. 掌握梯形图的编写规则；
5. 熟悉典型控制电路的编程方法。

【能力目标】

1. 会解释 FX 系列 PLC 软元件、基本指令的功能及使用方法；
2. 能读懂运用 FX 系列 PLC 基本指令编写的简单程序；
3. 能根据具体的任务，进行 PLC 端口配置、并设计 PLC 输入输出接口电路；
4. 能根据提供的 PLC 及端口分配表，完成 PLC 输入输出接口电路的连接及程序的运行调试。

任务一　三相异步电动机单向连续带点动的 PLC 控制

一、任务内容

三相异步电动机单向连续带点动控制的继电器接触器控制电路如图 4-1 所示，该电路的功能为：电动机既能正常单向启停控制，又能点动控制。现要求用 PLC 实现该电路的控制。

二、任务分析

1. 控制要求

如图 4-1 所示电路，电动机的控制通过操作按钮 SB1、SB2、SB3 完成，该电路的控制

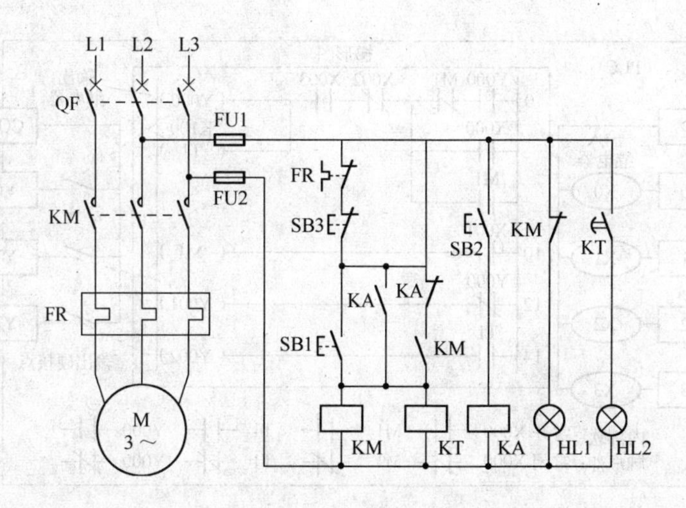

图 4-1　三相异步电动机单向连续带点动的继电器接触器控制电路图

要求如下：

（1）合上断路器 QF，在没有按下任何按钮时，接触器 KM 常闭触点闭合，指示灯 HL1 亮。

（2）按下按钮 SB1，接触器 KM 线圈得电，电动机 M 启动并正常运行，指示灯 HL1 熄灭，10s 后，指示灯 HL2 亮；

（3）按下停止按钮 SB3，或电动机出现过载，热继电器 FR 动作，接触器 KM 线圈断电，电动机停止运行，同时指示灯 HL1 亮。

（4）按下按钮 SB2，电动机启动；松开按钮 SB2，电动机立即停止，即控制电动机点动运行。

系统由继电器控制改为 PLC 控制，其实质是由 PLC 控制程序取代继电器控制电路。因此，系统主电路不变，接触器 KM 线圈、状态指示灯则由 PLC 程序控制。

2. PLC 信号分析

根据以上分析，在图 4-1 中控制电动机工作状态的信号来自于器件 SB1、SB2、SB3 和 FR，这些器件需连接到 PLC 的输入端口，作为 PLC 的输入信号。器件所连接的端口编号即为该器件对应的输入点地址。

接触器 KM 及指示灯 HL1、HL2 均为被控器件，由 PLC 的输出模块驱动控制。这些被控器件需连接到 PLC 的输出端口，它们所连接的端口编号即为该器件对应的输出点地址。

中间继电器 KA 和时间继电器 KT 没有直接去驱动电动机或指示灯，只是进行中间逻辑运算，或保存中间运算结果，间接控制被控器件，因此它们可用 PLC 内部器件代替。

由此可知，与 PLC 端口连接的只有 PLC 的输入信号和输出信号。假设本任务中 SB1、SB2、SB3、FR 分别连接到 X0、X1、X2、X3；KM、HL1、HL2 分别连接到 Y0、Y1、Y2，连接示意图如图 4-2 所示。

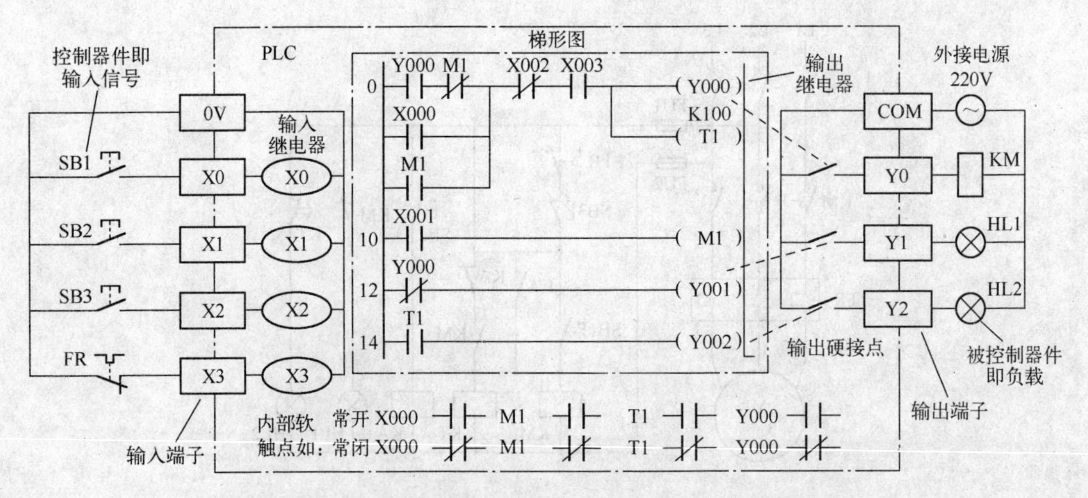

图 4-2　三相异步电动机单向连续带点动 PLC 控制系统示意图

相关知识点——PLC 软元件

1. PLC 的输入输出继电器

PLC 在设计时，考虑到便于电气技术人员容易学习与接受，将 PLC 存放数据的存储单元用继电器来命名。如存放输入输出信号状态的存储单元，就命名为输入继电器和输出继电器。

输入继电器是 PLC 接收外部输入开关信号的窗口，在 PLC 控制系统中，外部信号的状态被存储在 PLC 的输入映像寄存器内，即输入继电器内。

与物理继电器类似，PLC 的输入继电器也由线圈和触点组成。如 PLC 控制系统示意图 4-2 所示，当外部输入开关（如 SB1）接通时，对应的输入继电器（X0）的线圈被驱动，该输入映像寄存器为 ON（也称为“1”状态），其触点动作即常开触点闭合、常闭触点断开；否则该输入映像寄存器为 OFF（也称为“0”状态），触点不动作。由此可见，PLC 的输入继电器只能由外部信号驱动而不能由用户程序驱动。需要注意的是 PLC 的输入继电器不是真正的物理继电器，而是作为计算机的存储单元，被称为软继电器，可无限次地读取其存储的信号的状态，故其常开和常闭触点在梯形图中可以无限次被使用。

输出继电器是 PLC 向外部负载发送信号的窗口。PLC 在输出驱动信号时，先将输出信号的状态存储在 PLC 的输出映像寄存器内，即输出继电器内。当系统满足一定的条件能驱动某被控对象时，对应的输出继电器为 ON（“1”状态），并通过输出端子向外发送信号，驱动相应的被控对象，使系统按要求动作。与输入继电器类似，输出继电器为软继电器，其常开和常闭触点在梯形图中可以无限次被使用。图 4-2 为继电器型输出的 PLC，对于继电器输出型，输出模块中每一个硬件继电器有且仅有一对常开触点，当输出继电器（如 Y0）为 ON 时，该常开触点闭合，使外部负载工作（接触器 KM 线圈得电，电动机 M 运行）。

为了便于调用输入输出继电器，需要对 I/O 软元件进行编号，即合理分配地址。FX 系列 PLC 软元件的编号分为两部分，第一部分用一个字母代表功能，如输入继电器用“X”表示，输出继电器用“Y”表示，第二部分用数字表示该类软元件的地址，输入、输出继电器的地址为八进制。

输入与输出继电器的地址号是指基本单元的固有地址号和扩展单元分配的地址号。其分配的地址范围如表4-1所示。

表4-1　输入输出继电器地址分配表

型号	$FX_{3U}-16M$	$FX_{3U}-32M$	$FX_{3U}-48M$	$FX_{3U}-64M$	$FX_{3U}-80M$	$FX_{3U}-128M$	扩展时
输入继电器	X000 ~ X007 共8点	X000 ~ X017 共16点	X000 ~ X027 共24点	X000 ~ X037 共32点	X000 ~ X047 共40点	X000 ~ X077 共64点	X000 ~ X367 共248点
输出继电器	Y000 ~ Y007 共8点	Y000 ~ Y017 共16点	Y000 ~ Y027 共24点	Y000 ~ Y037 共32点	Y000 ~ Y047 共40点	Y000 ~ Y077 共64点	Y000 ~ Y367 共248点

2. 内部元件分配

虽然已经对I/O地址进行了分配，但在图4-1中，还有诸如中间继电器、时间继电器等元件，PLC也是通过存储单元来存放和调用这些控制数据的。同样，为方便应用，将PLC存放数据的存储单元用继电器来命名。按存储数据的性质，这些数据存储器的命名，除上述的输入继电器、输出继电器外，还定义有辅助继电器、状态继电器、定时器、计数器、数据寄存器、变址寄存器等。通常，这些继电器称作编程元件，用户在编程时必须了解这些编程元件的符号、编号、功能与使用方法。

有了这样的定义，图4-1中的时间继电器KT就可以用PLC内部的定时器T替代；中间继电器KA用PLC内部的辅助继电器M替代。

下面，分别对PLC的内部元件地址及功能作进一步的介绍。

(1) 辅助继电器 (M)　在继电器接触器控制电路中，经常用中间继电器进行信号中转，可起到扩充输入信号或接触器辅助触点数量的作用，也可以用中间继电器存放中间逻辑运算结果，以简化控制电路。同样在PLC内部有很多辅助继电器 (M)，辅助继电器和PLC外部无任何直接联系，它的线圈只能由PLC内部程序控制。它的常开和常闭两种触点只能在PLC内部编程时使用，且可以无限次自由使用，但不能直接驱动外部负载，外部负载只能由输出继电器触点驱动。这些辅助继电器的作用相当于继电器控制电路中的中间继电器，专供PLC内部编程使用，如图4-2中辅助继电器M1。

FX_{3U}系列PLC的辅助继电器有一般用辅助继电器、停电保持辅助继电器和特殊辅助继电器。辅助继电器的元件序号采用十进制编号。

1) 一般用辅助继电器。FX_{3U}系列PLC可以作为一般用的辅助继电器为M0 ~ M499，共500个。如果PLC运行时电源突然中断，输出继电器和M0 ~ M499将全部变为OFF。若电源再次接通，除了因外部输入信号变为ON以外，其余的仍保持OFF状态。这些辅助继电器也可以通过参数更改保持/非保持的设定。

2) 停电保持辅助继电器。FX_{3U}系列PLC停电保持辅助继电器为M500 ~ M7679，其中M500 ~ M1023，通过参数可以更改保持/非保持的设定；M1024 ~ M7679为固定保持用。PLC在运行中若发生断电，输入继电器和通用辅助继电器全部成为断开状态，上电后，这些状态不能恢复。某些控制系统要求记忆电源中断瞬时的状态，重新通电后需再现其状态，M500 ~ M7679可以用于这种场合。

3) 特殊辅助继电器。FX_{3U}内有512个特殊辅助继电器，地址编号为M8000 ~ M8511，它们用来表示 PLC 的某些状态，提供时钟脉冲和标志（如进位、借位标志等），设定 PLC 的运行方式，或者用于步进顺序控制，禁止中断、设定计数器的计数方式等。特殊辅助继电器通常分为两大类：

① 只能利用其触点的特殊辅助继电器。此类辅助继电器的线圈由 PLC 的系统程序来驱动。用户程序只可使用其触点，如 M8000、M8002 等。

M8000：运行监视。当 PLC 执行用户程序时，M8000 为 ON；停止执行时，M8000 为 OFF。

M8002：初始化脉冲。仅在 PLC 运行开始瞬间接通一个扫描周期。M8002 的常开触点常用于某些元件的复位和清零，也可作为启动条件。

M8005：锂电池电压降低。锂电池电压下降至规定值时变为 ON，可以用它的触点驱动输出继电器和外部指示灯，提醒工作人员更换锂电池。

M8011～M8014 分别是 10 ms，100 ms、1 s 和 1 min 时钟脉冲。

② 线圈驱动型特殊辅助继电器。这类辅助继电器由用户程序驱动其线圈，使 PLC 执行特定的操作，如：M8033、M8034 等。

M8033 的线圈“通电”时，PLC 由 RUN 进入 STOP 状态后，映像寄存器与数据寄存器中的内容保持不变。

M8034 的线圈“通电”时，PLC 的全部输出被禁止。

M8039 的线圈“通电”时，PLC 以 D8039 中指定的扫描时间工作。

其余的特殊辅助继电器的功能在这里就不一一列举，读者可查 FX_{3U} 的编程手册和用户手册。

(2) 定时器（T）　在图 4-1 所示的继电器接触器控制系统中，时间继电器 KT 起延时控制作用。在 PLC 控制系统中，软元件定时器可以起延时控制作用。和时间继电器一样，定时器也由线圈和触点组成，当定时器线圈被驱动设定时间后，其常开触点延时闭合，常闭触点延时断开。定时器的常开和常闭两种触点可以无限次自由使用，但只能在 PLC 内部编程时使用，不能直接驱动外部负载。图 4-2 中当启动按钮 SB1 接通后，输入继电器 X0 为 ON，定时器 T1 开始计时，当连续计时满 10 s 后，T1 的常开触点闭合，因此输出继电器 Y2 为 ON，于是对应的外部负载 HL2 亮。

FX_{3U} 系列 PLC 给用户提供了 512 个定时器，其编号为 T0～T511。其中通用定时器 502 个，累计型定时器 10 个。和时间继电器一样，定时器可设定时间。每个定时器有一个设定定时时间的设定值寄存器（一个字长），一个对标准时钟脉冲进行计数的计数器（一个字长），一个用来存储其输出触点状态的映像寄存器（位寄存器）。这 3 个存储单元使用同一个元件号。设定值可以用常数 K 进行设定，也可以用数据寄存器（D）的内容来设定。FX_{3U} 内的定时器根据时钟累积计时，时钟脉冲有 1 ms，10 ms、100 ms 3 挡，当所计时间到达设定值时，输出触点动作。

① 通用定时器。T0～T199 为 100 ms 定时器，共 200 个，定时时间范围为 0.1～3276.7 s，其中 T192 ～T199 为中断服务程序专用的定时器。T200～T245 为 10 ms 定时器，共 46 点，定时范围为 0.01～327.67 s。T256～T511 为 1 ms 定时器，共 256 点，定时范围为 0.001～32.767 s。

图 4-3a 是通用定时器的工作原理图。当驱动输入 X0 接通时，定时器 T10 的当前值计

数器对 100 ms 的时钟脉冲进行累积计数。当该值与设定值 K20 相等时，定时器的输出触点就闭合，即输出触点是其线圈被驱动后的 $20\times0.1=2$ s 时动作。若 X0 的常开触点断开后，定时器 T10 被复位，其常开触点断开，常闭触点闭合，当前值计数器恢复为零。

通用定时器没有保持功能，在输入电路断开或停电时复位（清零）。

② 累计型定时器 T246 ~ T255。累计型定时器有两种。一种是 T246 ~ T249（共 4 个）为 1 ms 累计定时器，定时范围为 0.001 ~ 32.767 s；另一种是 T250 ~ T255（共 6 个）为 100 ms 累计定时器。每点设定值范围为 0.1 ~ 3276.7 s。图 4-3b 是累计型定时器的工作原理。当定时器的驱动输入 X1 接通时，T251 的当前值计数器开始累积 100 ms 的时钟脉冲的个数，当该值与设定值 K355 相等时，定时器的输出触点 T251 接通。当输入 X1 断开或系统停电时，当前值可保持，输入 X1 再接通或复电时，计数在原有值的基础上继续进行。当累积时间为 $t_1+t_2=35.5$ s 时，输出触点动作。当输入 X2 接通时，计数器复位，输出触点也复位。

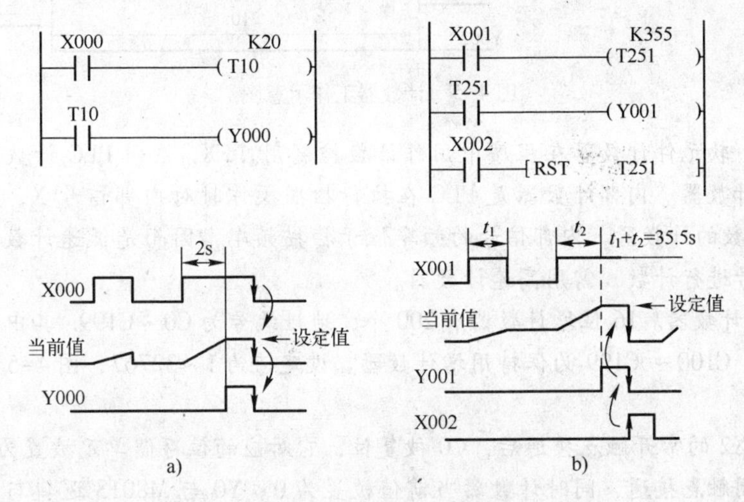

图 4-3　定时器工作原理

a）通用定时器　b）累计型定时器

从以上定时器的工作过程可知，定时器属于通电延时型。如果要完成断电延时的控制功能，可利用它的常闭触点进行控制。如图 4-4 所示。若输入 X1 接通，Y0 线圈通电产生输出，并通过 Y0 触点自锁。当 Xl 断开时，线圈 Y0 不立即停止输出，而是经过 T1 延时 20s 后停止输出。

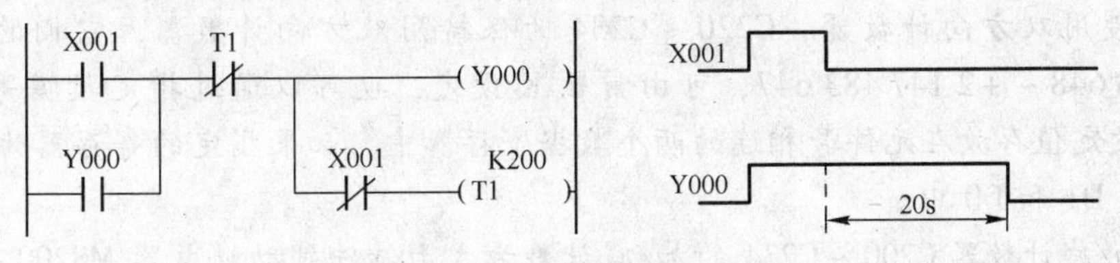

图 4-4　延时停止输出定时器

（3）计数器（C）　图 4-1 所示的控制电路中，当电动机启动并连续运行 10s 后红灯 HL2 才亮，该电路用了时间继电器实现。在 PLC 控制系统中，该功能还可以采用计数器实现，如图 4-5 所示，在电动机运行即 Y0 为 ON 时，计数器 C0 对振荡周期为 1 s 的辅助继电器 M8013 计数，当计数器计数值到 11 时，延时正好 10 s，计数器 C0 的常开触点闭合，Y2

为 ON，红灯 HL2 亮。X2 为停止按钮的信号，可以对计数器复位，当 X2 为 ON 时，计数器 C0 停止计数，其常开触点断开，其当前值也变为 0，此时 Y2 断开，红灯 HL2 熄灭。

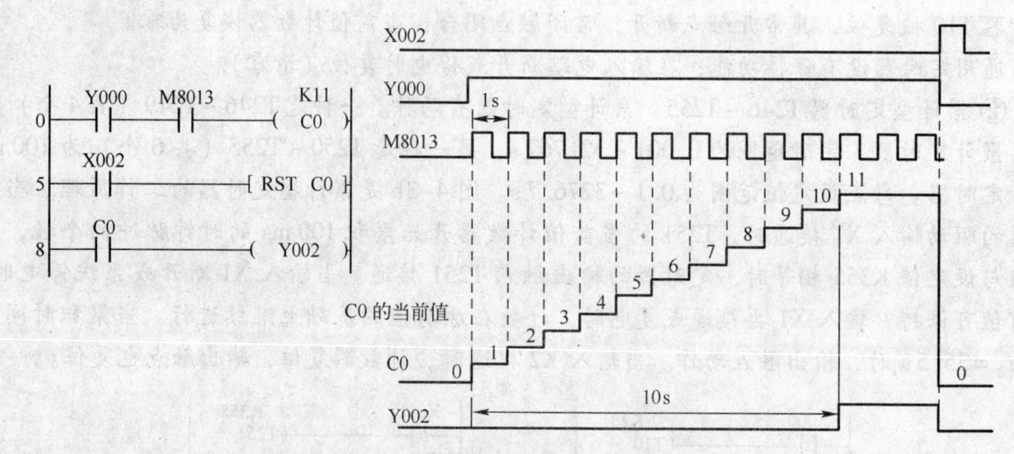

图 4-5　计数器工作示意图

由此可知，软元件计数器在程序中用作计数控制用。FX_{3U} 系列 PLC 计数器可分为内部计数器及外部计数器。内部计数器是 PLC 在执行扫描操作时对内部信号 X、Y 以及 M、S、T、C 等进行计数的计数器。内部信号的频率低于扫描频率，因而是低速计数器。对于高于扫描频率的信号进行计数，需用高速计数器。

① 16 位增计数器。16 位增计数器有 200 个，地址编号为 C0 ~ C199. 其中 C0 ~ C99 为一般用增计数器，C100 ~ C199 为保持用增计数器。设定值为 1 ~32767，图 4-5 给出了加计数器的工作过程。

图 4-5 中 X2 的常开触点接通后，C0 被复位，它对应的位存储单元被置为 0，它的常开触点断开，常闭触点接通，同时计数器当前值被置为 0。Y0 与 M8013 逻辑与的结果作为计数输入信号，当计数器的复位输入电路断开，计数输入上升沿到来时，计数器的当前值加 1，在 11 个计数脉冲之后，C0 的当前值等于设定值 11，它对应的位存储单元的内容被置 1，其常开触点接通，常闭触点断开。再来计数脉冲时，当前值不变，直到复位信号到来，计数器被复位，当前值变为 0。除了可由常数 K 来设定计数器的设定值外，还可以通过指定数据寄存器 D 来设定。这时设定值等于指定的数据寄存器中的数据。

② 32 位加/减计数器。32 位加/减计数器共有 35 个，编号为C200 ~ C234。其中C200 ~ C219 为一般用双方向计数器，C220 ~ C234 为保持用双方向计数器，它们的设定值为 -2 147 483 648 ~ +2 147 483 647，可由常数 K 设定，也可以通过指定数据寄存器来设定。32 位设定值存放在元件号相连的两个数据寄存器中。如果指定的寄存器为 D0，则设定值存放在 D1 和 D0 中。

32 位加/减计数器 C200 ~ C234 的加/减计数方式由特殊辅助继电器 M8200 ~ M8234 设定。特殊辅助继电器为 ON 时，对应的计数器为减计数；反之为加计数。图 4-6 中 C200 的设定值为 -5，当 X12 输入断开，M8200 线圈断开时，对应的计数器 C200 进行加计数。当当前值计数到 5 时，X12 输入接通，M8200 线圈通电，对应的计数器 C200 进行减计数。当当前值 < -5 时．计数器的输出触点为 OFF。但计数当前值仍然在变化，当当前值计数到 -8 时，X12 输入又断开，M8200 线圈断电，对应的计数器 C200 又进行加计数。当当前值

计数到 -5 时，计数器的输出触点为 ON，故 Y1 也变为 ON。当复位输入 X13 的常开触点闭合时，C200 被复位，其常开触点断开，常闭触点闭合，故 Y1 也变为 OFF。

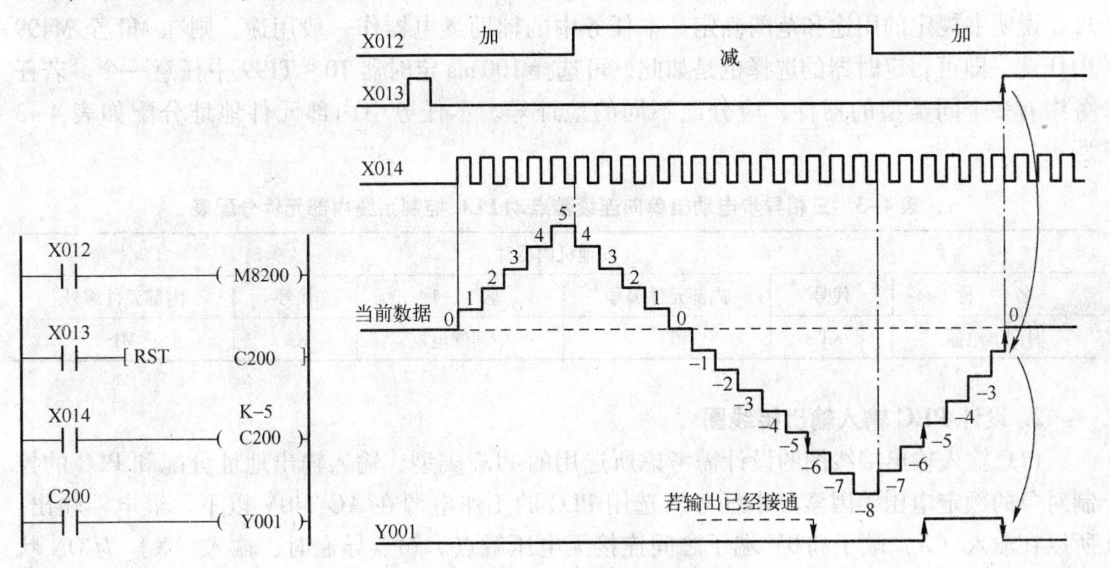

图 4-6　32 位增减双方向计数器的工作过程

保持用双方向计数器在电源中断时，计数器停止计数，并保持计数当前值不变。电源再次接通后，计数器在当前值的基础上继续计数，因此保持用双方向计数器可累计计数。在复位信号到来时，保持用双方向计数器当前值被置“0”。

三、任务实施

1. 选择 PLC，并分配软元件地址

本任务中控制器件 SB1、SB2、SB3、FR 作为 PLC 的输入信号，用 PLC 的输入继电器表示；被控制器件接触器 KM 及指示灯 HL1、HL2 作为 PLC 的输出控制对象，用 PLC 输出继电器表示。由此可知，本任务中输入信号有 4 个，输出信号有 3 个，PLC 输出所驱动的对象是接触器线圈和指示灯，它们的额定电压均为 AC 220 V，因此选用三菱 FX_{3U} -16MR/ES 的 PLC 可以满足任务要求。

作为输入、输出用的控制器件、被控制器件分别与 PLC 的输入、输出端口连接，这些器件连接到 PLC 的端口地址可以任意选择，原则上两个不同的器件不能连接同一个端口地址。本任务中输入输出信号的地址分配如表 4-2 所示。

表 4-2　三相异步电动机单向连续带点动 PLC 控制输入输出地址分配表

输入信号			输出信号		
名　称	代号	输入点编号	名　称	代号	输出点编号
连续运转启动按钮（常开触点）	SB1	X0	接触器	KM	Y0
点动按钮（常开触点）	SB2	X1	停止指示灯	HL1	Y1
停止按钮（常开触点）	SB3	X2	运行指示灯	HL2	Y2
热继电器（常闭触点）	FR	X3			

图 4-1 中作为保存中间计算结果用的中间继电器、时间继电器等元件可用 PLC 的内部软元件辅助继电器 M 和定时器 T 替代。它们的地址可根据具体的任务要求，按所选用的 PLC 说明书规定的用途和范围确定。本任务中的辅助继电器作一般用途，则在 M0 至 M499 中任选一即可；定时器的选择也是如此，可选择 100 ms 定时器 T0 ~ T199 中任意一个。若任务中有多个同类型的器件，应分配不同的地址号。本任务中内部元件地址分配如表 4-3 所示。

表 4-3　三相异步电动机单向连续带点动 PLC 控制系统内部元件分配表

其他机内器件					
名　称	代号	内部元件编号	名　称	代号	内部元件编号
时间继电器	KT	T1	中间继电器	KA	M1

2. 设计 PLC 输入输出接线图

PLC 输入输出接线图的设计需考虑所选用的 PLC 类型、输入输出地址分配和 PLC 的控制对象的额定电压等因素。本任务所选用 PLC 的工作电源在 AC 240V 以下，继电器输出。所以在输入（X）端子和 0V 端子之间连接无电压触点。触点导通时，输入（X）为 ON 状态。根据表 4-2 所示的输入输出地址分配表，三相异步电动机单向连续带点动 PLC 控制输入输出端口接线图如图 4-7 所示。

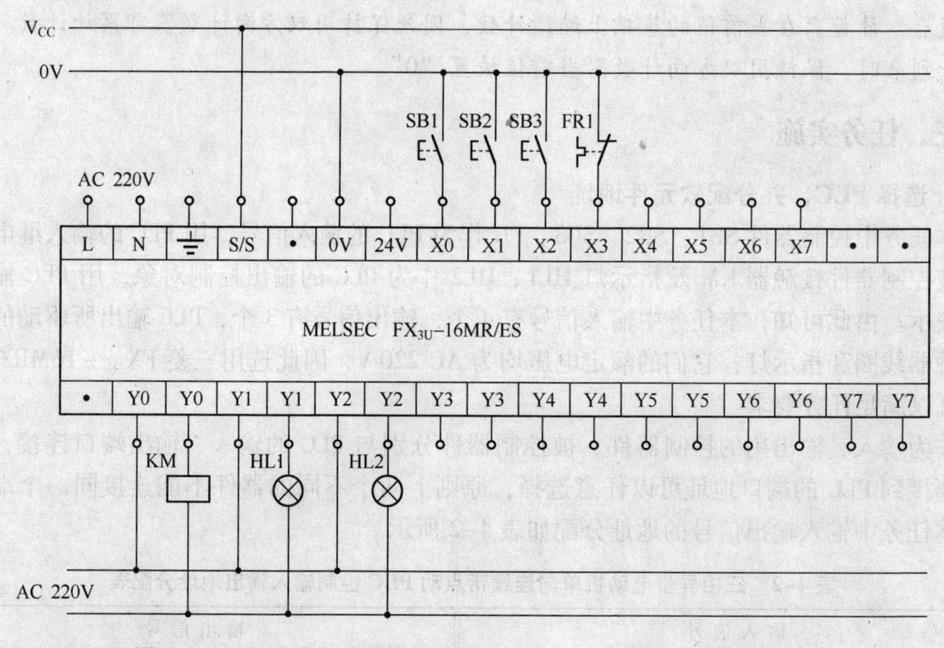

图 4-7　三相异步电动机单向连续带点动 PLC 控制 I/O 端口接线图

3. 控制程序设计

PLC 控制系统是基于程序逻辑的，通过执行控制程序来实现的。在实际应用过程中，梯形图和指令表是 FX_{3U}系列 PLC 的主要编程语言。

根据表 4-2 和表 4-3 所示 PLC 软元件的地址分配表，图 4-1 电动机单向连续带点动的继电接触器控制电路图可用继电接触器转换法得到如图 4-8a 所示的 PLC 控制梯形图。

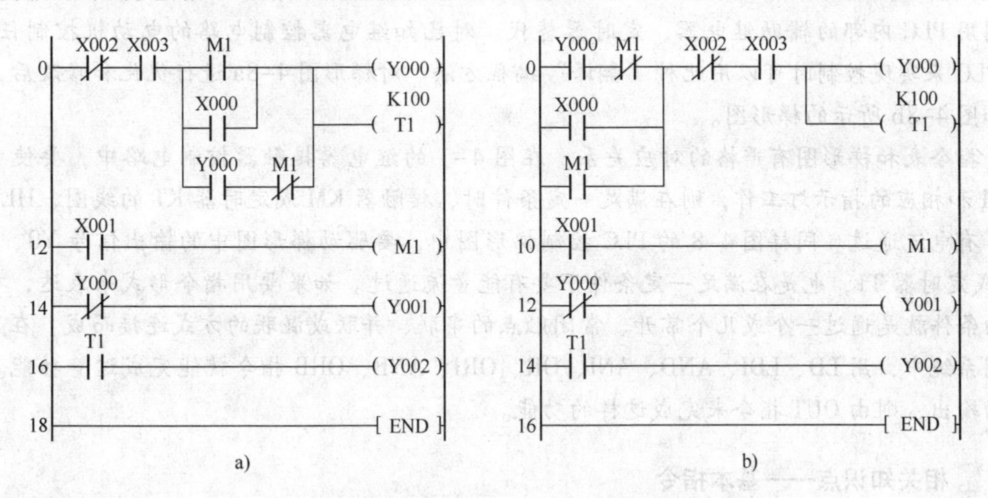

图 4-8　三相异步电动机单向连续带点动 PLC 控制梯形图

相关知识点——继电器控制电路转换 PLC 程序设计法

继电器控制电路转换法就是根据所给出的继电器控制电路原理图，用 PLC 对应的符号和功能相当的器件，把原来的继电器控制电路直接“翻译”成梯形图程序的设计方法。该方法的关键是抓住继电器控制电路和 PLC 梯形图之间一一对应关系，即控制功能、逻辑功能的对应及继电器硬件元件和 PLC 软元件的对应。继电器控制电路转换法的一般步骤如下：

1）分析现有设备的继电器控制电路，弄清电路的工作原理及设备的动作情况。现有设备的继电器控制电路是设计 PLC 控制程序的基础。首先找出主电路和控制电路的关键器件；再对主电路识图分析，弄清主电路中的每一个元件在电路中的作用和功能；然后对控制电路进行识图分析，逐一分析控制电路中每一个元件在电路中的作用和功能，并弄清各控制的逻辑关系。

2）确定 PLC 的输入信号和输出信号，画出 PLC 的端口接线图。继电器控制电路中的按钮、行程开关、接近开关、控制开关和传感器等为 PLC 的输入信号，它们的触点接在 PLC 的输入端，用 PLC 的输入继电器代替，并进行地址分配；继电器电路图中如接触器线圈、电磁阀、指示灯和数码管等为 PLC 的被控器件，由 PLC 的输出模块驱动控制。这些被控器件需连接到 PLC 的输出端口，用 PLC 的输出继电器代替，并进行地址分配。根据分配的输入继电器和输出继电器的地址、被控对象的工作电压、所选用 PLC 的类型和工作电源电压等画出 PLC 的 I/O 端口接线图。

3）确定 PLC 梯形图中的其他软元件。将继电器控制电路中的中间继电器、时间继电器和计数器等分别用 PLC 内部的辅助继电器、定时器和计数器等替代，并进行编号。

4）根据上述对应关系画出 PLC 梯形图。根据以上分析的继电器控制电路图中的硬元件和 PLC 梯形图中的软元件之间的对应关系，直接画出 PLC 控制的梯形图。

5）根据梯形图的编程规则，进一步优化梯形图。

图 4-1 所示的继电接触器控制电路中，按钮和热继电器分别用 PLC 对应的输入继电器

替代；接触器线圈和指示灯分别用 PLC 对应的输出继电器替代；中间继电器、时间继电器分别用 PLC 内部的辅助继电器、定时器替代。对已知继电器控制电路的电动机控制任务，用 PLC 来实现控制时可以用此种“翻译”编程方法。对梯形图 4-8a 进行优化和修改后，得到如图 4-8b 所示的梯形图。

指令表和梯形图有严格的对应关系。在图 4-1 的继电器接触器控制电路中，要使电动机 M 和相应的指示灯工作，则在满足一定条件时，接触器 KM 或定时器 KT 的线圈、HL1 或 HL2 有电流通过。同样图 4-8 的 PLC 控制梯形图中，要驱动梯形图中的输出信号 Y0、Y1、Y2 或定时器 T1，也是在满足一定条件下要有能量流通过。如果要用指令形式来表达，要满足的条件就是通过一个或几个常开、常闭触点的串联、并联或混联的方式连接而成。在 PLC 控制系统中，用 LD、LDI、AND、ANI、OR、ORI、ANB、ORB 指令就能完成这一功能。要驱动输出，则由 OUT 指令来完成这样的功能。

相关知识点——基本指令

FX_{3U} 系列 PLC 有 29 条基本逻辑指令，基本逻辑指令助记符及功能见附录。本任务涉及的基本指令有 LD、LDI、OUT、ANI、AND、OR、ORI、ANB 和 ORB 指令。

1. 逻辑取及线圈驱动指令（LD/LDI/OUT）

LD 为取指令，用于与母线连接的常开触点，或触点组开始的常开触点。LDI 为取反指令，用于与母线连接的常闭触点，或触点组开始的常闭触点。OUT 为线圈驱动指令，用于驱动 PLC 内部软元件线圈的输出指令。

1）用法示例。LD、LDI 和 OUT 指令的应用与梯形图表示如图 4-9 所示。

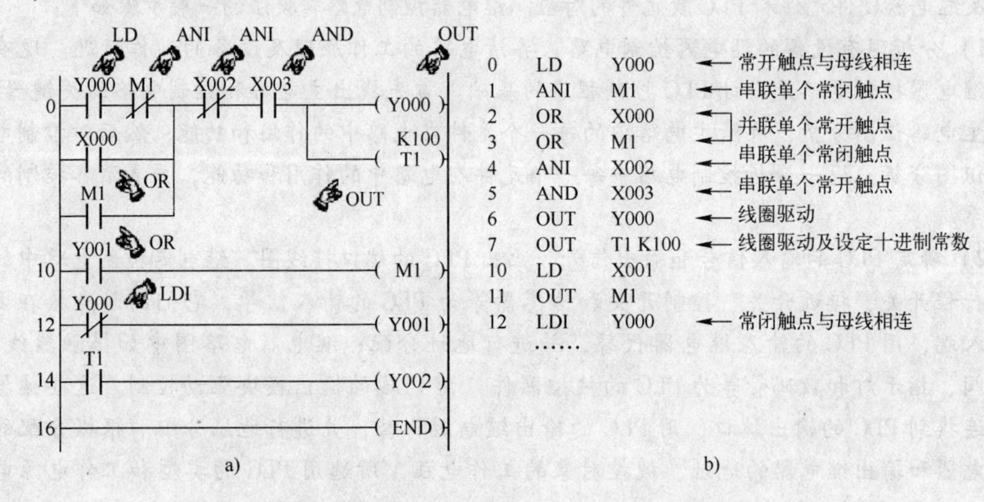

图 4-9　LD、OUT 等基本指令的应用与梯形图表示

2）指令说明及使用注意事项如下：

① LD、LDI 指令可用于将触点与左母线连接。也可以与后面介绍的 ANB、ORB 指令配合使用于分支起点处。

② LD 是常开触点连接到左母线上，LDI 是常闭触点连接到左母线上。

③ OUT 指令是对输出继电器 Y、辅助继电器 M、状态继电器 S、定时器 T、计数器 C 的

线圈进行驱动的指令，但不能用于输入继电器。OUT 指令可多次并联使用。

④ 对于定时器的定时线圈或计数器的计数线圈，必须在 OUT 指令后设定常数。

2. 触点串联指令（AND/ANI）

AND 为与指令，用于串联单个常开触点。ANI 为与非指令，用于串联单个常闭触点。

1）用法示例。AND 和 ANI 指令的应用与梯形图表示如图 4-9 所示。

2）指令说明及使用注意事项如下：

① AND、ANI 指令为单个触点的串联连接指令。AND 用于串联单个常开触点。ANI 用于串联单个常闭触点。串联触点的数量不受限制，即可重复使用 AND、ANI 指令。

② OUT 指令后，可以通过触点对其他线圈使用 OUT 指令，称之为纵接输出或连续输出，如图 4-10，只要顺序正确可多次重复 AND、ANI 指令。

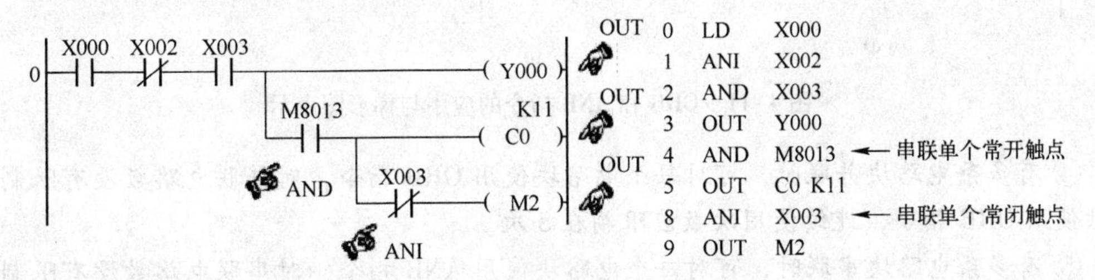

图 4-10 连续输出电路

3. 触点并联指令（OR/ORI）

OR 为或指令，用于并联单个常开触点。ORI 为或非指令，用于并联单个常闭触点。

1）用法示例。OR 和 ORI 指令的应用与梯形图表示如图 4-9 所示。

2）指令说明及使用注意事项：

① OR、ORI 指令是单个触点的并联连接指令。OR 并联单个常开触点，ORI 并联单个常闭触点。

② 与 LD、LDI 指令触点并联的触点要使用 OR 或 ORI 指令，并联触点的个数没有限制，即可重复使用 OR、ORI 指令。

③ 若两个以上触点的串联支路与其他回路并联时，应采用后面介绍的电路块或（ORB）指令。

4. 电路块的并联与串联指令（ORB/ANB）

ORB 为块或指令，用于电路块的并联连接。ANB 为块与指令，用于电路块的串联连接。

1）用法示例。直接将电动机单向连续带点动的继电器接触器控制“翻译”成 PLC 控制的梯形图，如图 4-8a 中除使用了 LD、AND 等指令外，还用到了电路块的连接指令。

ORB 和 ANB 指令的应用与梯形图表示如图 4-11 所示。

2）指令说明及使用注意事项如下：

① ORB 指令和 ANB 指令是不带软组件地址号的指令。

② 由两个或两个以上触点连接而成的电路称为电路块。ORB 指令是并联电路块的指令，而 ANB 指令是串联电路块的指令。

③ 电路块的分支开始用 LD 或 LDI 指令表示，分支结束用 ORB 指令或 ANB 指令表示。

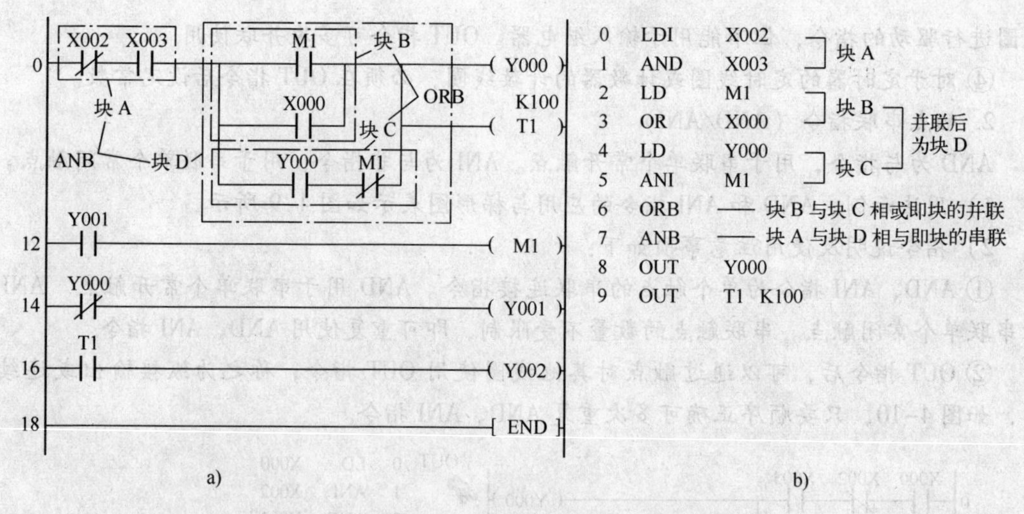

图4-11 ORB和ANB指令的应用与梯形图表示

④ 有多条电路块并联时，可对每个电路块使用ORB指令，对并联电路数没有限制，若成批使用ORB指令，连续使用次数应限制在8次。

⑤ 有多条电路块串联时，可对每个电路块使用ANB指令，对串联电路数没有限制，若成批使用ANB指令，连续使用次数也应限制在8次。

根据LD、LDI、OUT、ANI、AND、OR、ANB和ORB指令使用规则，对照三相异步电动机单向连续带点动优化设计后的图4-8b梯形图，将梯形图程序转换为指令程序，得到的指令程序如下：

```
0    LD    Y000
1    ANI   M1
2    OR    X000
3    OR    M1
4    ANI   X002
5    AND   X003
6    OUT   Y000
7    OUT   T1     K100
10   LD    X001
11   OUT   M1
12   LDI   Y000
13   OUT   Y001
14   LD    T1
15   OUT   Y002
16   END
```

相关知识点——梯形图的设计要点与处理方法

（1）梯形图中的每一逻辑行以左母线为起点，右母线为终点（允许省略右母线）从左往右绘制。与左母线相连的是PLC软元件的触点，而与右母线相连的是PLC软元件的线圈或功能指令。必须注意，与继电器控制电路不同，梯形图中元件的触点不能接在线圈的右边，并且线圈与左母线必须经过触点连接，而不能直接相连，如图 4-12 所示。

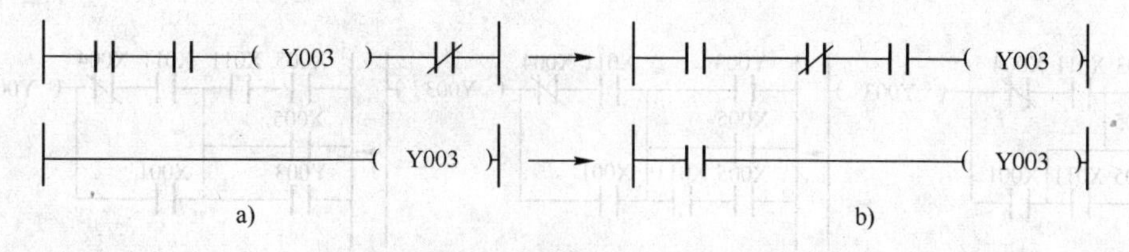

图 4-12　注意事项（1）的说明

a）不正确的梯形图　b）正确的梯形图

（2）在梯形图中没有实际的电流流动，所谓的“能流”只能从左到右、从上到下单向“流动”。因此，如图 4-13a 所示的桥式电路即触点在垂直线上的电路是不可编程的，必须按逻辑功能作等效变换。图 4-13b 为图 4-13a 变换后的梯形图。

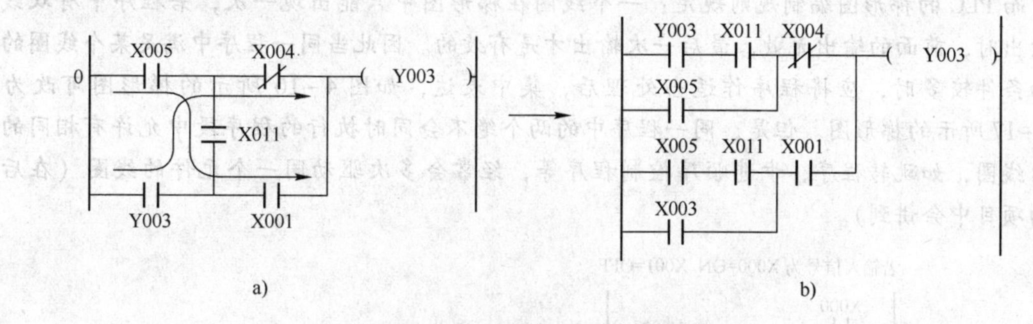

图 4-13　注意事项（2）的说明

a）桥式梯形图不正确　b）正确梯形图

（3）多个电路块并联时，应将触点最多的支路放在梯形图的最上面，如图 4-14a 所示；有多个并联回路串联时，应将触点最多的并联回路安排在梯形图的左边，如图 4-14b 所示。这样可以使梯形图简洁明了，指令语句减少，程序的步数也减少，以节省内存空间和缩短扫描周期。

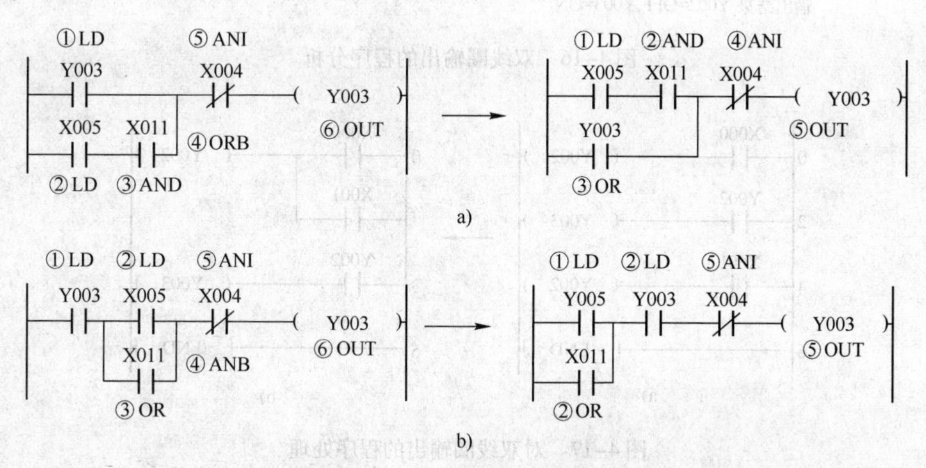

图 4-14　注意事项（3）的说明

a）串联触点多的电路块写在上面　b）并联电路多的尽量靠近左侧母线

（4）不包含触点的分支应放在垂直线上，不可水平设置，如图 4-15 所示，以便于识别触点的组合和对输出线圈的控制路径。

Y003 X011 X004
Y003
X005
X005 X011 X001
a)
Y003
X011 X004
Y003
X005
X005 X011
X001
b)
X005 X011 X011 X004
Y003
X005
Y003
X001
c)

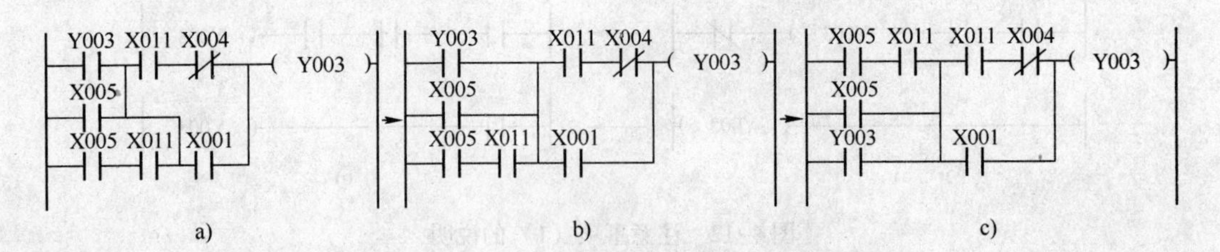

图 4-15　注意事项（4）的说明

a）不正确梯形图　b）不合理梯形图　c）正确梯形图

（5）在同一个梯形图中，如果同一元件的线圈被使用两次或两次以上，称为双线圈输出。而 PLC 的梯形图编制规则规定：一个线圈在梯形图中只能出现一次，若程序中有双线圈输出时，前面的输出无效，最后一次输出才是有效的。因此当同一程序中满足某个线圈的驱动条件较多时，应将程序作适当处理后，集中表达，如图 4-16 所示的梯形图可改为图 4-17 所示的梯形图。但是，同一程序中的两个绝不会同时执行的程序段中允许有相同的输出线圈，如跳转程序、步进顺序控制程序等，经常会多次驱动同一个元件的线圈（在后续的项目中会讲到）。

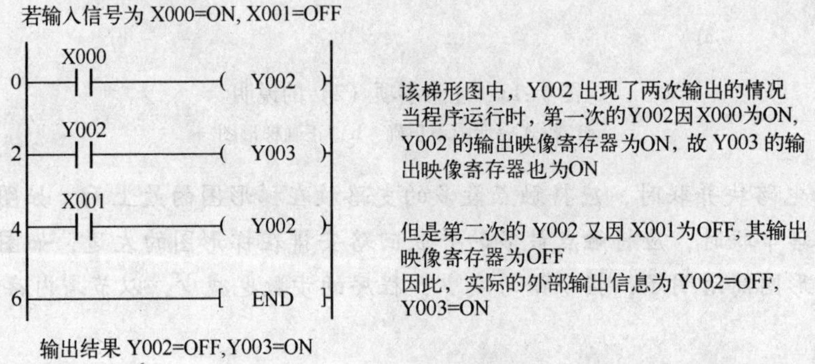

若输入信号为 X000=ON, X001=OFF
0
X000
Y002
2
Y002
Y003
4
X001
Y002
6
END
该梯形图中，Y002 出现了两次输出的情况
当程序运行时，第一次的Y002因X000为ON,
Y002 的输出映像寄存器为ON，故 Y003 的输出映像寄存器也为ON
但是第二次的 Y002 又因 X001为OFF, 其输出映像寄存器为OFF
因此，实际的外部输出信息为 Y002=OFF,
Y003=ON
输出结果 Y002=OFF,Y003=ON

图 4-16　双线圈输出的程序分析

0
X000
Y002
2
Y002
Y003
4
X001
Y002
6
END
a)
0
X000
Y002
X001
3
Y002
Y003
5
END
b)

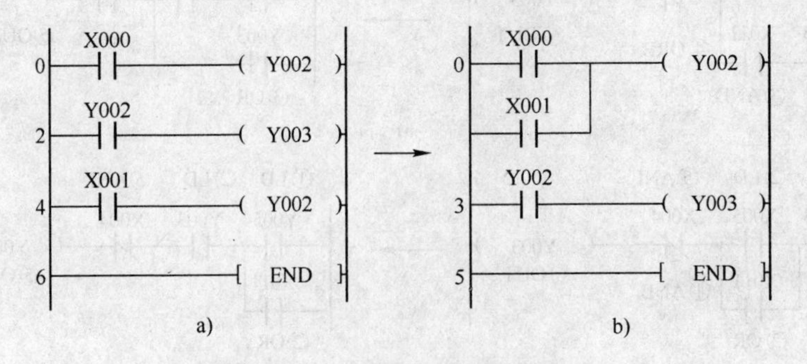

图 4-17　对双线圈输出的程序处理

a）不正确的梯形图　b）正确的梯形图

（6）PLC 的运行是按照从上到下、从左到右的顺序执行，因此在编程时应注意编程的顺序。如图 4-18 所示的梯形图，a 图和 b 图的执行结果不同。

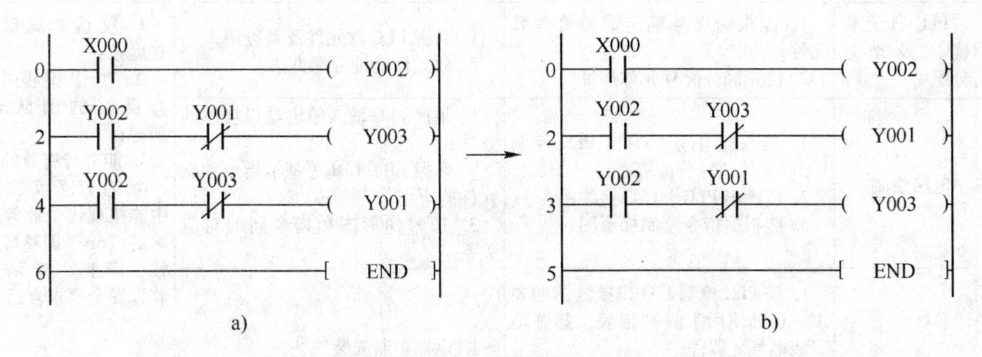

图 4-18　程序顺序不同时的运行情况

a）当 X0 为 ON 时，Y003 为 ON，Y001 为 OFF　b）当 X0 为 ON 时，Y001 为 ON，Y003 为 OFF

（7）在梯形图中，若多个线圈都受某一触点或多个触点的组合电路控制，为简化梯形图，可对该组合电路设置一个辅助继电器或用后续的主控指令编程。

（8）根据继电器控制电路设计梯形图时，在继电器控制电路中若有多个线圈交织在一起，则在 PLC 控制的梯形图中应将它们分离开来。

（9）在继电器电路中，起停止作用的元器件如停止按钮、热继电器等一般使用其常闭触点。而采用 PLC 控制的梯形图中，常开/常闭触点的选用取决于该元器件与 PLC 输入端口连接的硬触点类型。若 PLC 输入电路中连接的硬触点是常开触点，则梯形图中对应的软触点应使用常闭触点；反之，若 PLC 输入电路中连接的硬触点是常闭触点，则梯形图中对应的软触点应使用常开触点。在工程实际中，必须遵循安全可靠的原则，也就是停止按钮一旦断线，系统应无法启动，因此建议起停止作用的按钮或保护器件均使用其常闭触点。

4. 运行并调试程序

（1）在断电状态下，按图 4-7 完成三相异步电动机单向连续带点动的 PLC 输入输出接线。

（2）在断电状态下，使用编程电缆连接计算机与 PLC。

（3）接通电源，确认 PLC 输入信号动作正常、可靠。

（4）设置计算机和 PLC 通信端口和参数，确保通信可靠。

（5）打开 PLC 的 GX - Works2 软件，将图 4-8b 所示的梯形图程序输入到计算机，并将梯形图程序下载到 PLC 中。

（6）运行并调试程序，观察程序的运行情况。若出现故障，请分析原因，并处理故障，直至系统按要求正常工作。

5. 任务实施要求

任务实施的技能、知识要求和素养要求见表 4-4，后续任务的实施均应参照此要求进行。

表 4-4 任务实施的技能知识要求和素养要求

序号	实训内容	技 能 要 求	知 识 要 求	素养要求
1	PLC 软元件确定及地址分配	1. 能根据任务确定需要哪些软元件； 2. 能正确分配软元件地址	1. 掌握 PLC 软元件及其应用； 2. 软元件地址分配方法	1. 能认真观察、独立思考； 2. 工作积极主动、有良好的团队合作精神； 3. 能进行有效的沟通 4. 在任务实施过程中能按现代企业管理要求的“6S”即整理、整顿、清扫、清洁、素养、安全要求自己
2	电路绘制	1. 能根据任务，列出 PLC 控制 I/O口元件地址分配表； 2. 能画出 PLC I/O 口接线图； 3. 能根据指令绘制梯形图	1. 掌握 PLC 输入输出端口接线的方法； 2. 掌握 LD、LDI 等基本指令和软元件的应用； 3. 理解梯形图和指令间的对应关系	
3	安装与接线	1. 按 PLC 控制 I/O 口接线图的要求，正确使用工具和仪表，熟练地安装电气元器件； 2. 元件在配电板上布置要合理、整齐，安装要准确、紧固； 3. 接线要求美观、接点紧固、接头露铜合适、不能反圈和压绝缘层	1. 电器控制安装工艺； 2. 电气接线工艺	
4	程序输入并下载	1. 能使用编程软件，会输入和编辑程序； 2. 能选择合适的电缆连接 PLC 与计算机，会完成两者的通信设置； 3. 会完成程序的上传或下载，按照被控设备的动作要求进行模拟调试，达到设计要求	1. 掌握 GX - Works2 软件的使用方法； 2. 掌握 PLC 与计算机的连接方法及通信参数设置； 3. 会编辑梯形图或指令程序	
5	运行调试	1. 电源电压等级选用正确； 2. 会检查输入信号是否正常； 3. 能读懂程序； 4. 会利用监控画面协助调试； 5. 能分析故障可能的原因，提出解决方法并排除故障	1. 掌握 PLC 电路的供电方式； 2. 理解程序设计的思路； 3. 掌握调试步骤	
6	工具、仪表使用	1. 能根据测量要求正确选用电工仪表； 2. 能对电工仪表进行调整和校正； 3. 能使用电工仪表对电压、电流、电阻等进行测量	1. 了解电工仪表的工作原理，明确其用途； 2. 掌握电工仪表或工具的使用方法	
7	安全文明生产	1. 检查时，能判断是否要断开或接通电源； 2. 电路正确、完好，不能短路； 3. 在保证人身和设备安全的前提下，正确操作	国家颁布的安全生产标准或企业安全生产的有关规定	

主要知识点：

- FX 系列 PLC 软元件的分类、编号、功能及使用方法
- PLC I/O 点及内部软元件的分配
- 逻辑取及线圈驱动指令、单个触点或电路块的串并联指令助记符、功能及使用注意事项
- LD、LDI、OUT、AND、ANI、OR、ORI、ANB、ORB 指令与梯形图之间的对应关系

任务二　三相异步电动机Y-△减压启动的 PLC 控制

一、任务内容

图 4-19 为三相异步电动机Y-△减压启动的电气控制原理图。该电路在电动机启动时三相异步电动机的定子绕组采用Y形联结，减压启动；正常运行时，定子绕组采用△形联结，全电压运行。现要求用 PLC 实现该电动机Y-△减压启动控制。

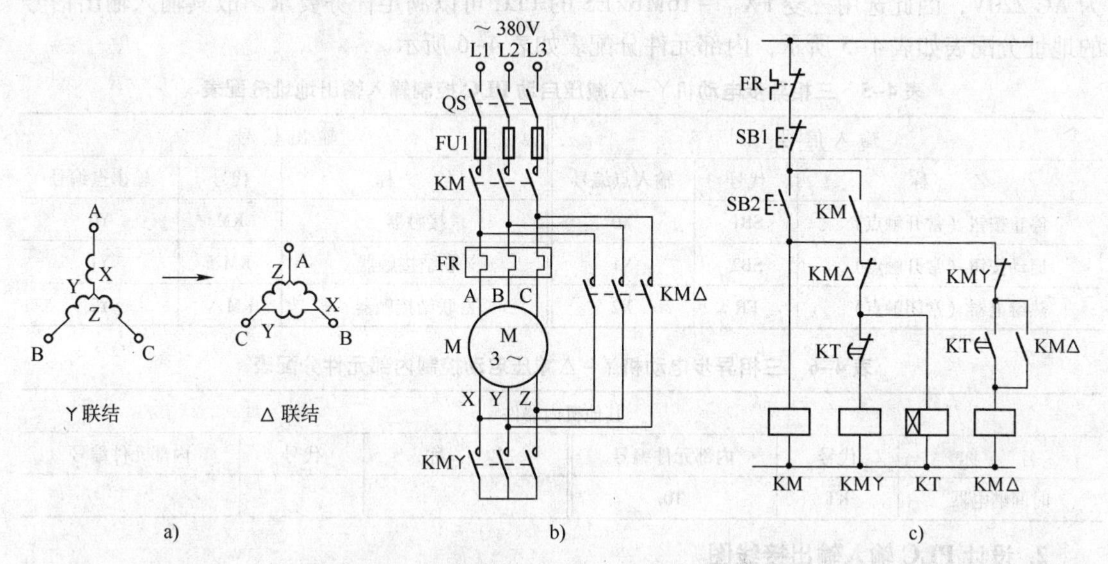

图 4-19　三相异步电动机Y-△减压启动控制图
a) Y-△转换绕组联结图　b) Y-△转换主电路　c) Y-△转换控制电路

二、任务分析

1. 控制要求

如图 4-19 所示电路，电动机Y-△减压启动控制通过操作按钮 SB1、SB2 完成，该电路的控制要求如下：

按下按钮 SB2，接触器 KM 得电并自锁，接触器 KMY和时间继电器 KT 的线圈也同时通电，接触器 KM 和 KMY的主触点闭合，电动机的定子绕组为Y形联结，以 220 V 电压启动；10 s 后，KMY线圈断电，Y形启动过程结束；同时接触器 KM△线圈通电，接触器 KM△的主触点闭合，电动机的定子绕组为△形联结，以 380V 额定电压投入运行。按下停止按钮 SB1 或热继电器 FR 动作，电动机均停止运行。为保证接触器 KMY和 KM△线圈不得同时通电，在控制电路中设置了互琐环节。

2. PLC 控制信号分析

根据以上分析，在图 4-19 中控制电动机工作状态的信号来自于主令电器 SB1、SB2 和保护电器 FR，它们作为 PLC 的输入信号；接触器 KM、KMY和 KM△为被控器件，由 PLC 的输出模块驱动控制，作为 PLC 的输出信号；时间继电器 KT 只是进行中间逻辑运算，间接控制被控器件，用 PLC 内部的定时器替代。

三、任务实施

1. 选择 PLC，并分配软元件地址

前面的分析可知，本任务中 SB1、SB2、FR 作为 PLC 的输入信号，接触器 KM、KMY和 KM△作为 PLC 的输出控制对象，分别用 PLC 的输入继电器和输出继电器表示。图 4-19 中作为中间逻辑运算用的时间继电器用 PLC 的定时器 KT 表示。由此可知，本任务中输入信号有 3 个，输出信号有 3 个，且 PLC 输出所驱动的对象均为接触器线圈，它们的额定电压均为 AC 220V，因此选用三菱 FX_{3U} -16MR/ES 的 PLC 可以满足任务要求。故其输入输出信号的地址分配表如表 4-5 所示，内部元件分配表如表 4-6 所示。

表 4-5　三相异步电动机Y-△减压启动 PLC 控制输入输出地址分配表

输入信号			输出信号		
名　称	代号	输入点编号	名　称	代号	输出点编号
停止按钮（常开触点）	SB1	X0	接触器	KM	Y0
启动按钮（常开触点）	SB2	X1	Y联结接触器	KMY	Y1
热继电器（常闭触点）	FR	X2	△联结接触器	KM△	Y2

表 4-6　三相异步电动机Y-△减压启动控制内部元件分配表

其他机内器件					
名　称	代号	内部元件编号	名　称	代号	内部元件编号
时间继电器	KT	T0			

2. 设计 PLC 输入输出接线图

根据所选用的 PLC 类型、表 4-5 所示的输入输出地址分配表及 PLC 的控制对象的额定电压等，三相异步电动机Y-△减压启动 PLC 控制端口接线图如图 4-20 所示。

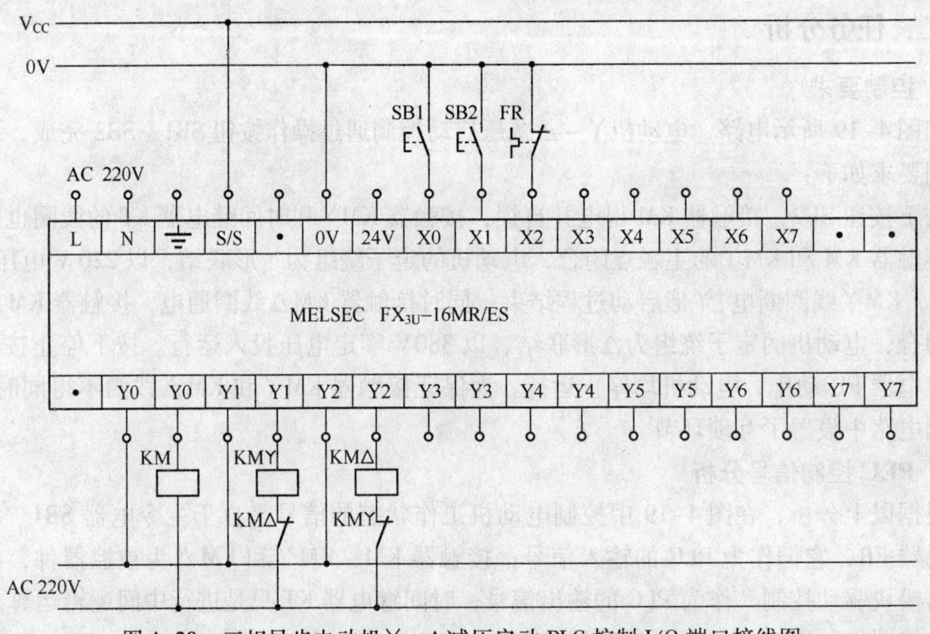

图 4-20　三相异步电动机Y-△减压启动 PLC 控制 I/O 端口接线图

3. 控制程序设计

根据表 4-5 所示的 PLC 输入输出地址分配表，图 4-19 电动机Y-△减压启动控制电路图可直接“翻译”成 PLC 控制的梯形图，经优化和修改后，得到如图 4-21 所示的梯形图。

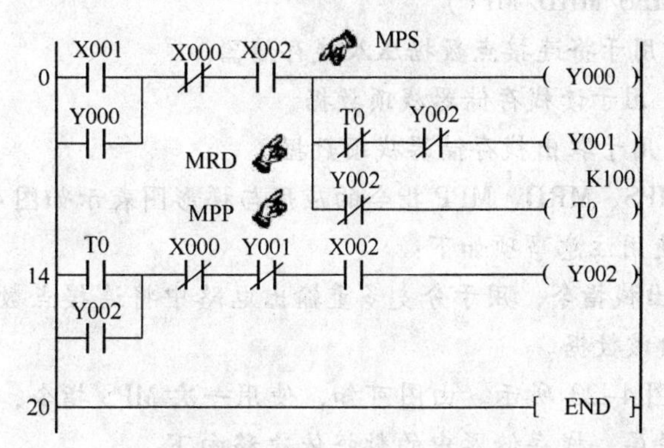

图 4-21　三相异步电动机Y-△减压启动 PLC 控制梯形图

根据图 4-21 所示梯形图编写指令表时，对于第一梯级中，具有公共控制条件下的多重输出电路，则需要用到 MPS、MRD、MPP 等栈指令来完成这样的功能。

由图 4-21 可知，所有输出同时受触点 X0 和 X2 控制。对于这种情况，在 PLC 控制系统中，可采用主控触点来实现控制，该主控触点是控制一组电路的总开关。根据这一设计思路，得到的梯形图如图 4-22 所示，图中用两个起停止作用的元件 SB1（X0）和 FR（X2）串联来控制主控触点。

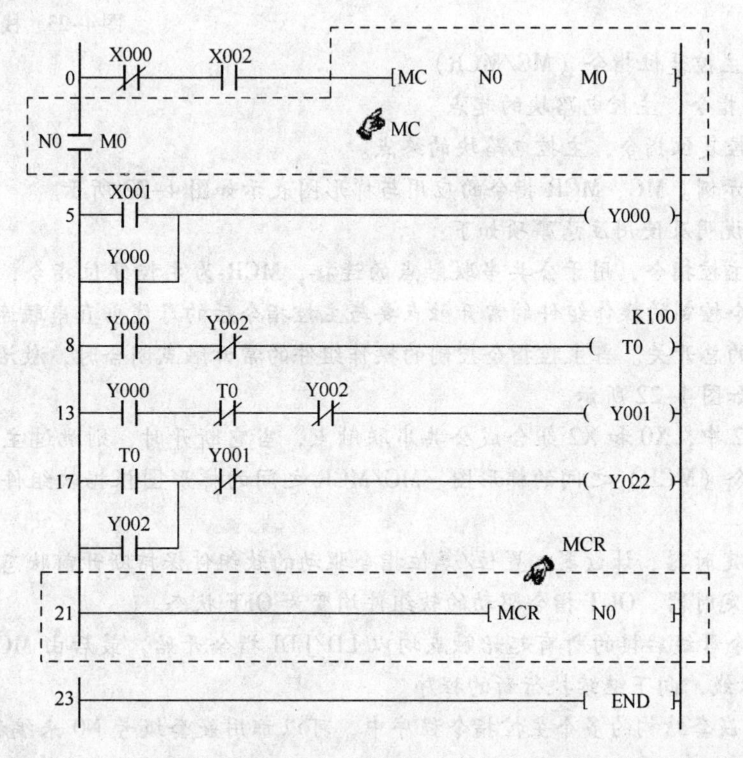

图 4-22　采用主控触点编制的三相异步电动机Y-△减压启动控制梯形图

相关知识点——基本指令

1. 栈操作指令（MPS/MRD/MPP）

MPS：进栈指令，用于将连接点数据压入栈存储器。

MRD：读栈指令，用于读栈存储器栈顶数据。

MPP：出栈指令，用于取出栈存储器栈顶数据。

（1）用法示例。MPS、MRD、MPP 指令的应用与梯形图表示如图 4-21 所示。

（2）指令说明及使用注意事项如下：

1）进栈、读栈、出栈指令，用于分支多重输出电路中将连接点数据先存储，便于连接后面电路时读出或取出该数据。

2）栈指令操作如图 4-23 所示。由图可知，使用一次 MPS 指令，便将此刻的中间运算结果送入栈存储器的顶层，栈存储器中的数据依次移向下一层。MRD 指令是读出栈存储器顶层的最新数据，此时堆栈内的数据不移动。可对分支多重输出电路多次使用，但分支多重输出电路不能超过 24 行。使用 MPP 指令，栈存储器顶层的数据被读出，各数据顺次向上一层移动。读出的数据从堆栈内消失。

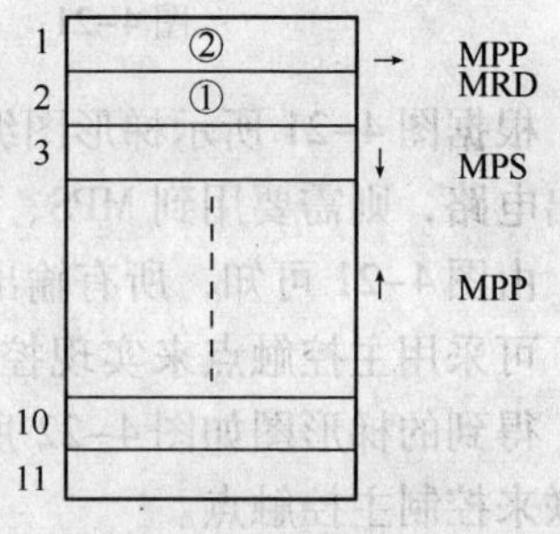

图 4-23　栈存储器

3）MPS、MRD、MPP 指令都是不带软组件的指令。

4）MPS 和 MPP 必须成对使用，而且连续使用应少于 11 次。

2. 主控和主控复位指令（MC/MCR）

MC：主控指令，主控电路块的起点。

MCR：主控复位指令，主控电路块的终点。

（1）用法示例。MC、MCR 指令的应用与梯形图表示如图 4-22 所示。

（2）指令说明及使用注意事项如下：

1）MC 为主控指令，用于公共串联触点的连接，MCR 为主控复位指令，即 MC 的复位指令。主控指令控制的操作组件的常开触点要与主控指令后的母线垂直串联连接，是控制一组梯形图电路的总开关。当主控指令控制的操作组件的常开触点闭合时，激活所控制的一组梯形图电路，如图 4-22 所示。

2）图 4-22 中，X0 和 X2 组合成公共串联触点，当它断开时，则跳过主控指令（MC）和主控复位指令（MCR）之间的梯形图。MC/MCR 之间的梯形图根据软组件性质不同有以下两种状态。

① 累计型定时器、计数器、置位/复位指令驱动的软组件保持断开前状态不变。

② 通用型定时器、OUT 指令驱动的软组件均变为 OFF 状态。

3）MC 指令母线后接的所有起始触点均以 LD/LDI 指令开始，最后由 MCR 指令返回到 MC 指令后的母线，向下继续执行新的程序。

4）在没有嵌套结构的多个主控指令程序中，可以都用嵌套级号 N0 来编程，N0 的使用次数不受限制。

5）通过更改 Ni 的地址号，可以多次使用 MC 指令，形成多个嵌套级，嵌套级 Ni 的编号由小到大。返回时通过 MCR 指令，从大的嵌套级开始逐级返回，顺序不能颠倒。如图 4-24 所示。

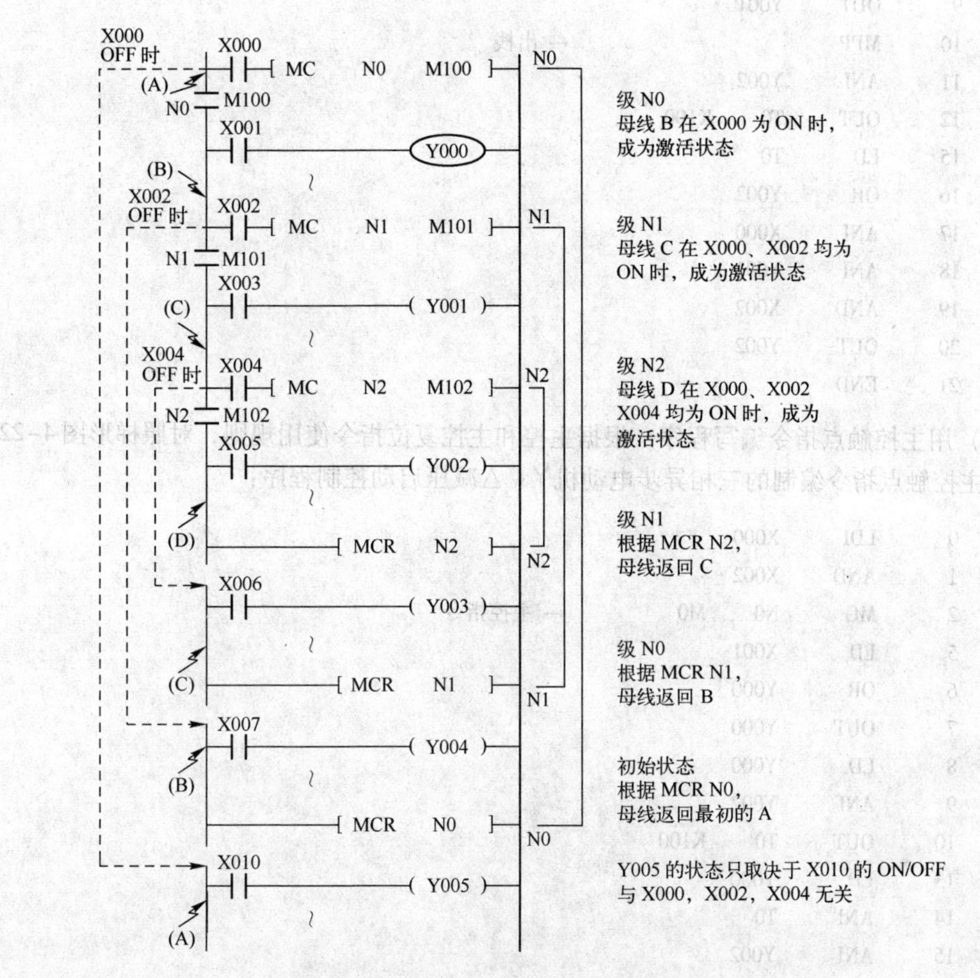

图 4-24　主控指令 MC/MCR 嵌套的编程应用

6）MC 指令和 MCR 指令应成对使用。根据栈操作指令和主控指令的使用规则，对照采用栈操作指令设计的图 4-21 所示的梯形图和主控指令设计的图 4-22 所示的梯形图，将它们分别转换为相应的指令程序。

（1）用栈指令编写程序　根据栈指令使用规则，对照梯形图 4-21，得到用栈指令编制的三相异步电动机Y－△减压启动控制程序：

0	LD	X001	
1	OR	Y000	
2	ANI	X000	
3	AND	X002	
4	MPS		← 入栈
5	OUT	Y000	
6	MRD		← 读栈

```
7     ANI    T0
8     ANI    Y002
9     OUT    Y001
10    MPP                  ← 出栈
11    ANI    Y002
12    OUT    T0     K100
15    LD     T0
16    OR     Y002
17    ANI    X000
18    ANI    Y001
19    AND    X002
20    OUT    Y002
21    END
```

（2）用主控触点指令编写程序　根据主控和主控复位指令使用规则，对照梯形图4-22，得到用主控触点指令编制的三相异步电动机Y-△减压启动控制程序：

```
0     LDI    X000
1     AND    X002
2     MC     N0     M0     ← 主控指令
5     LD     X001
6     OR     Y000
7     OUT    Y000
8     LD     Y000
9     ANI    Y002
10    OUT    T0     K100
13    LD     Y000
14    ANI    T0
15    ANI    Y002
16    OUT    Y001
17    LD     T0
18    OR     Y002
19    ANI    Y001
20    OUT    Y002
21    MCR    N0            ← 主控指令复位
23    END
```

4. 运行并调试程序

（1）在断电状态下，按图4-20完成三相异步电动机Y-△减压启动控制PLC输入输出接线。

（2）完成计算机和PLC之间连接，并设置计算机和PLC通信端口和参数，确保通信可靠。

（3）确认PLC输入信号SB1、SB2和FR动作正常、可靠。

（4）打开PLC的GX-Works2软件，将图4-21或图4-22所示的梯形图输入到计算机，并下载到 PLC 中。

(5) 运行并调试程序，观察程序的运行情况。若出现故障，请分析原因，并处理故障，直至系统按要求正常工作。

主要知识点

- 栈操作与主控触点指令助记符、功能及使用注意事项
- 栈操作与主控触点指令与梯形图之间的对应关系

任务三　三相异步电动机正反转的 PLC 控制

一、任务内容

对于三相异步电动机而言，只要改变三相异步电动机定子绕组上任意两相之间的电源相序就可以改变电动机转向。图 4-25 为三相异步电动机正反转电气控制原理图，该电路中接入到电动机的电源相序由接触器 KM1 和 KM2 控制。现要求用 PLC 来实现该电动机正反转控制。

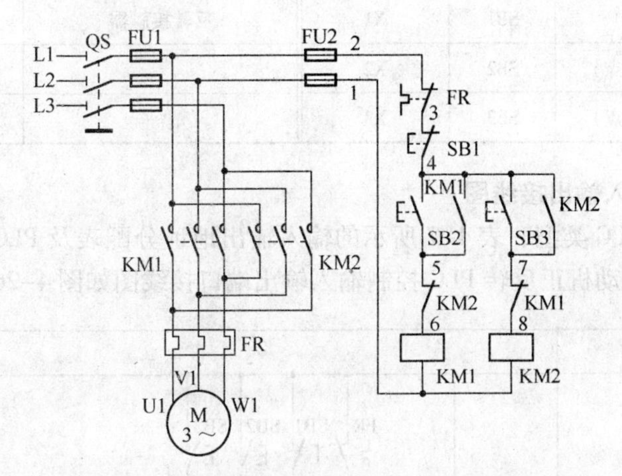

图 4-25　三相异步电动机正反转电气控制原理图

二、任务分析

1. 控制要求

图 4-25 中，QS 为电源刀开关，当接触器 KM1 的主触点闭合时，三相异步电动机正转运行；接触器 KM2 的主触点闭合时，三相异步电动机反转运行。具体的控制要求如下：

按下按钮 SB2，接触器 KM1 线圈得电并自锁，主电路中 KM1 主触点闭合，电动机正转运行；在电动机正转运行情况下要进行反转操作，则必须先按下停止按钮 SB1，使接触器 KM1 线圈失电，然后再按下 SB3，使接触器 KM2 线圈得电并自锁，主电路中 KM2 主触点闭合，电动机反转。反之亦然。

不论电动机在正转运行或反转运行时，按下停止按钮 SB1 或热继电器 FR 动作，电动机

均停止运行。为保证接触器 KM1 和 KM2 线圈不得同时通电，必须设置互琐环节。

2. PLC 控制信号分析

根据以上分析，在图 4-25 中控制电动机工作状态的信号来自于主令电器 SB1、SB2、SB3 和保护电器 FR，它们作为 PLC 的输入信号；接触器 KM1 和 KM2 为被控器件，由 PLC 的输出模块驱动控制，因此它们作为 PLC 的输出信号。

三、任务实施

1. 选择 PLC，并分配软元件地址

根据上文的分析可知，本任务中输入信号有 4 个，输出信号有 2 个，且 PLC 输出所驱动的对象均为接触器线圈，它们的额定电压均为 AC 220V，因此选用三菱 FX_{3U} -16MR/ES 的 PLC 可以满足任务要求。PLC 的 I/O 地址分配如表 4-7 所示。

表 4-7　三相异步电动机正反转 PLC 控制输入输出地址分配表

输入信号			输出信号		
名　称	代号	输入点编号	名　称	代号	输出点编号
热继电器（常闭触点）	FR	X0	正转接触器	KM1	Y1
停止按钮（常开触点）	SB1	X1	反转接触器	KM2	Y2
正转启动按钮（常开触点）	SB2	X2			
反转启动按钮（常开触点）	SB3	X3			

2. 设计 PLC 输入输出接线图

根据所选用的 PLC 类型、表 4-7 所示的输入输出地址分配表及 PLC 的控制对象的额定电压等，三相异步电动机正反转 PLC 控制输入输出端口接线图如图 4-26 所示。

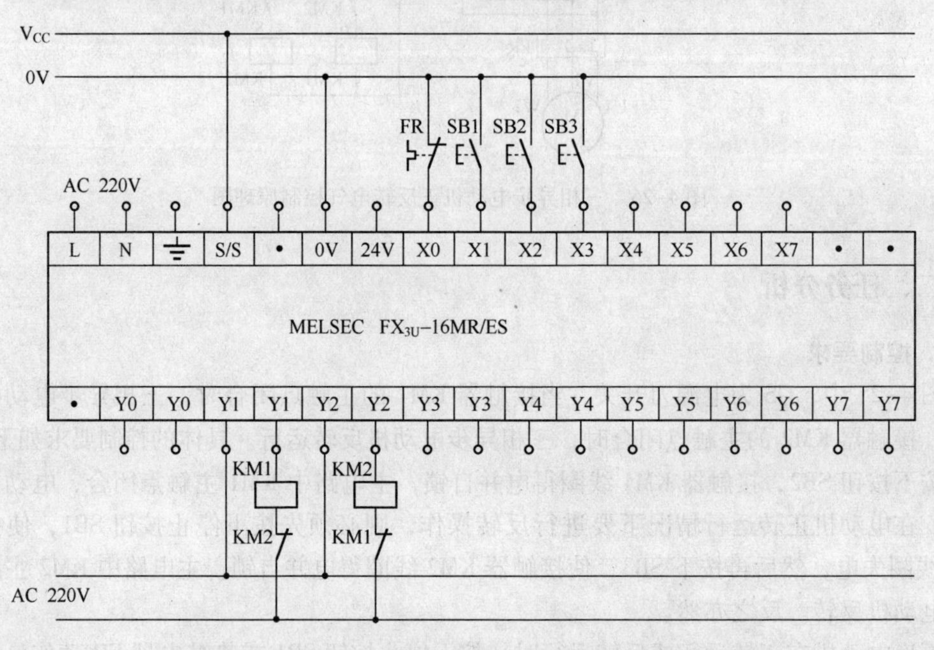

图 4-26　三相异步电动机正反转 PLC 控制 I/O 端口接线图

3. 控制程序设计

将图4-25三相异步电动机正反转继电器接触器控制电路改成PLC控制，可用继电器控制电路转换法得到PLC控制的梯形图，经优化和修改后，得到如图4-27所示的梯形图和指令程序。图中正转或反转接触器线圈（Y1、Y2）采用继电器控制电路中的启保停电路方式进行控制。

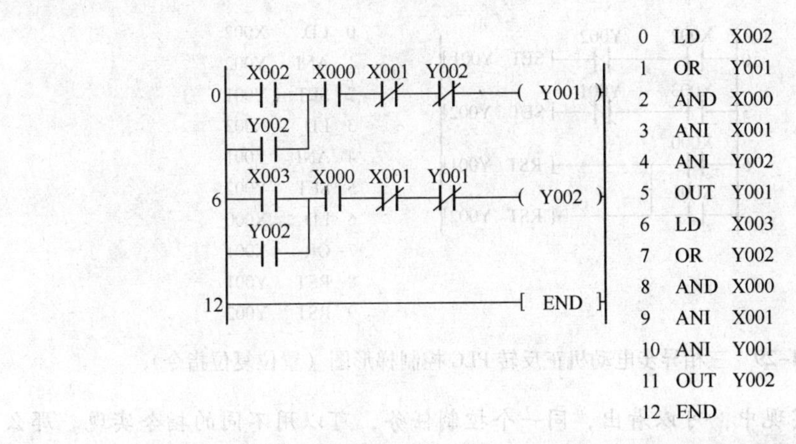

图4-27 三相异步电动机正反转PLC控制启保停电路方式编程

程序设计的首要原则是实现控制要求，图4-27能完全满足控制要求，但在实际应用中，还希望在满足控制要求的前提下，尽可能使程序短少精练，以节省内存和提高程序运行速度。根据三菱FX_{3U}系列PLC提供的指令，上述程序可以用其他方法设计，下面先来了解置位、复位指令。

相关知识点——置位、复位指令（SET、RST）

（1）用法示例。SET、RST指令的应用与梯形图表示如图4-28所示。

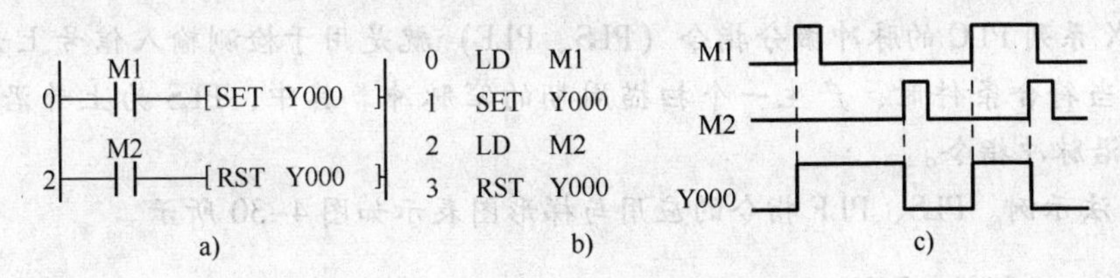

图4-28 SET与RST指令使用说明

a）梯形图 b）指令语句表 c）时序图

（2）指令说明及使用注意事项：

1）SET为置位指令，使线圈接通保持（置1）；RST为复位指令，使线圈断开复位（置0）。最后执行者有效。

2）对数据寄存器D、变址寄存器V、Z的内容清零，既可以用RST指令，也可以用常数K0经传送指令清零，效果相同。RST指令也可以用于积算定时器T246～T255和计数器C的当前值的复位（清零）和触点复位。

3）SET与RST的条件可为n个触点的组合。

图 4-27 中，电动机 M 满足正转或反转启动的条件时，正转或反转接触器线圈（Y1、Y2）就得电并保持，即相当于继电器控制电路中的自锁功能；而当其断电的条件满足时就断电，且该状态也能保持；当通电和断电的条件同时满足时，断电优先。置位、复位指令能很好地实现这一功能，用置位、复位指令修改的梯形图和指令程序如图 4-29 所示，可以看出，该程序精练很多。

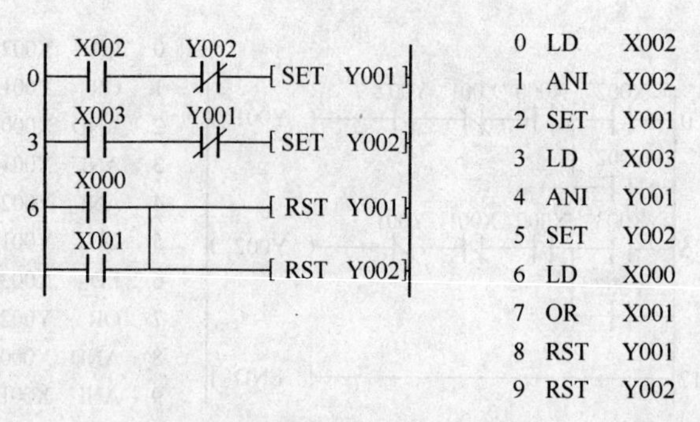

图 4-29　三相异步电动机正反转 PLC 控制梯形图（置位复位指令）

从上面的任务实现中，可以看出，同一个控制任务，可以用不同的指令实现。那么，要编写出好程序，首先必须要熟悉指令。下面再介绍一些常用基本指令。

相关知识点——基本指令

1. 脉冲微分指令（PLS/PLF）

PLS 为上升沿脉冲指令，上升沿微分输出。PLF 为下降沿脉冲指令，下降沿微分输出。

图 4-29 中，采用置位或复位指令是使 Y1、Y2 得电或断电，并使元件能自保持为 ON 或 OFF 状态。也就是说，被置位或复位的条件只要短时接通，则该元件的动作状态（ON 或 OFF）就能保持不变。因此，在许多实际的工程中，往往只需要这种短时接通的脉冲即可。三菱 FX 系列 PLC 提供了产生这种短时接通的窄脉冲信号指令。

三菱 FX 系列 PLC 的脉冲微分指令（PLS、PLF）就是用于检测输入信号上升沿和下降沿的指令，当符合条件时，产生一个扫描周期的窄脉冲。其中，PLS 为上升沿脉冲指令，PLF 为下降沿脉冲指令。

（1）用法示例。PLS、PLF 指令的应用与梯形图表示如图 4-30 所示。

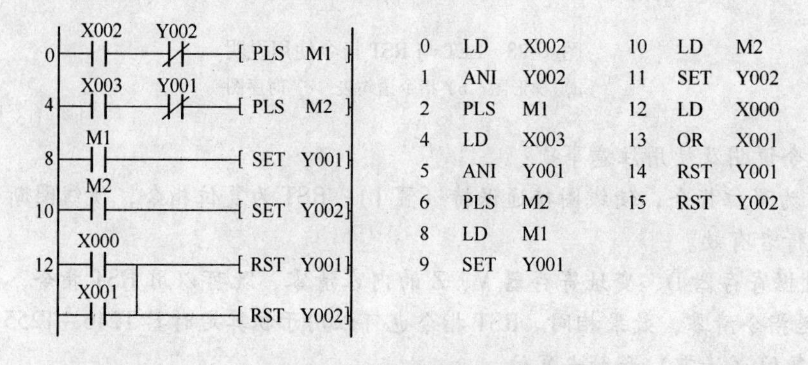

图 4-30　图 4-29 修改后的梯形图

图 4-29 和图 4-30 所示的程序具有同样的功能。

(2) 指令说明及使用注意事项如下:

1) PLS、PLF 为脉冲微分输出指令。PLS 指令使操作组件在输入信号上升沿时产生一个扫描周期的脉冲输出。PLF 指令则使操作组件在输入信号下降沿时产生一个扫描周期的脉冲输出。

2) 在图 4-31c 程序的时序图中可以看出，PLS、PLF 指令可以将输入组件脉宽较宽的输入信号变成脉宽等于 PLC 一个扫描周期的触发脉冲信号，这相当于对输入信号进行了微分。

3) PLS 和 PLF 指令的操作元件为输出继电器 Y 和辅助继电器 M，但不包含特殊辅助继电器。

4) PLS 和 PLF 指令使用说明如图 4-31 所示。

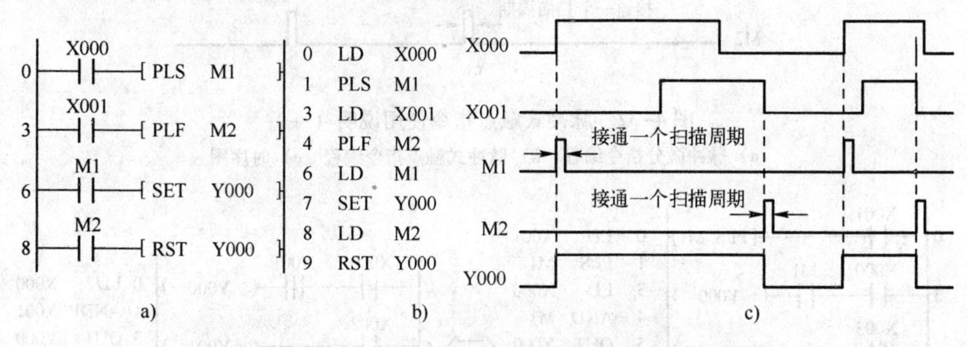

图 4-31 PLS 与 PLF 指令使用说明

a) 梯形图 b) 指令语句表 c) 时序图

2. 脉冲式触点指令 (LDP/ANDP/ORP/LDF/ANDF/ORF)

三菱 FX 系列 PLC 的脉冲微分指令 (PLS、PLF) 可在输入信号上升沿或下降沿产生一个扫描周期的脉冲。三菱 FX_{3U} 系列 PLC 除脉冲微分指令外，还提供了一系列脉冲式触点指令，它们也是用于检测输入信号上升沿或下降沿的指令，当符合条件时，产生一个扫描周期的脉冲。如图 4-32 所示的程序，LDP 和 LDF 指令与 PLS 和 PLF 指令具有同样的效果。如图 4-33 所示的程序，若需其他信号与该输入信号的上升沿或下降沿脉冲串联或并联连接时，则脉冲式触点指令表达更为方便。脉冲式触点指令共有 6 条，它们是 LDP、ANDP、ORP、LDF、ANDF 和 ORF 指令。

LDP 为取上升沿脉冲，上升沿检测运算开始。LDF 为取下降沿脉冲，下降沿检测运算开始。ANDP 为与上升沿脉冲，上升沿检测串联连接。ANDF 为与下降沿脉冲，下降沿检测串联连接。ORP 为或上升沿脉冲，上升沿检测并联连接。ORF 为或下降沿脉冲，下降沿检测并联连接。

(1) 用法示例。脉冲式触点指令的应用与梯形图表示如图 4-32 和图 4-33 所示。

(2) 指令说明及使用注意事项如下:

1) LDP、ANDP、ORP 指令是进行上升沿检测的触点指令，仅在指定位软元件由 OFF→ON 上升沿变化时，使驱动的线圈接通 1 个扫描周期。

2) LDF、ANDF、ORF 指令是进行下降沿检测的触点指令，仅在指定位软元件由 ON→OFF 下降沿变化时，使驱动的线圈接通 1 个扫描周期。

3) 利用脉冲式触点指令驱动线圈和用脉冲微分指令驱动线圈，如图 4-32 所示，具有同样的动作效果。

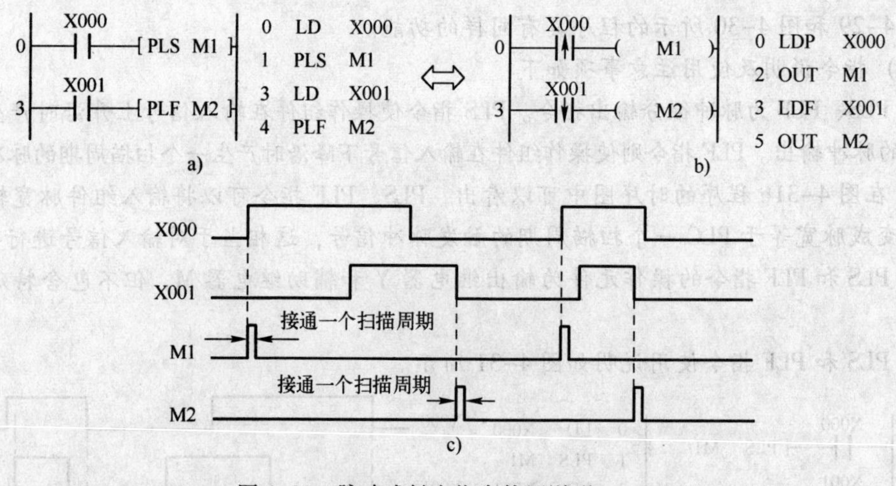

图 4-32　脉冲式触点指令使用说明（一）

a）脉冲微分指令编程　b）脉冲式触点指令编程　c）时序图

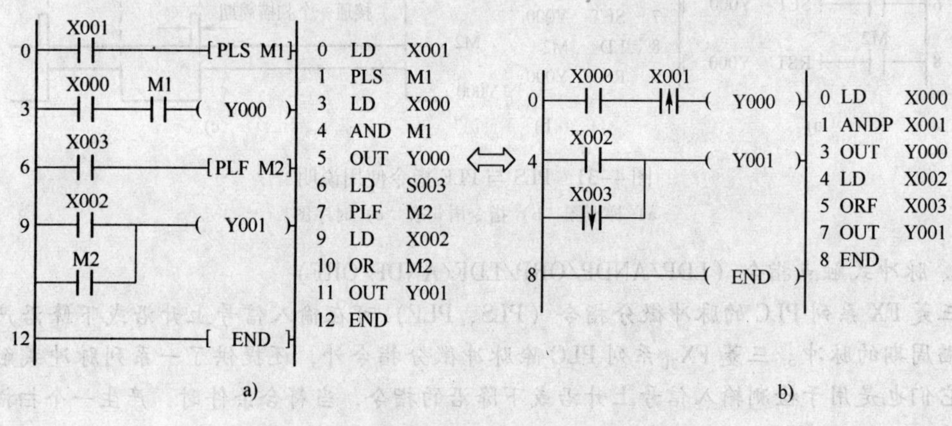

图 4-33　脉冲式触点指令使用说明（二）

a）脉冲微分指令编程　b）脉冲式触点指令编程

3. 运算结果脉冲化指令（MEP/MEF）

MEP/MEF 指令是在到 MEP/MEF 指令为止的运算结果，由 OFF→ON/ON→OFF 时变为导通状态。MEP/MEF 指令与 PLS/PLF 等脉冲指令类似，将宽脉冲变成窄脉冲，适用于如程序初始化等需要短时接通的场合。

（1）用法示例。运算结果脉冲化指令的应用与梯形图表示如图 4-34 所示。

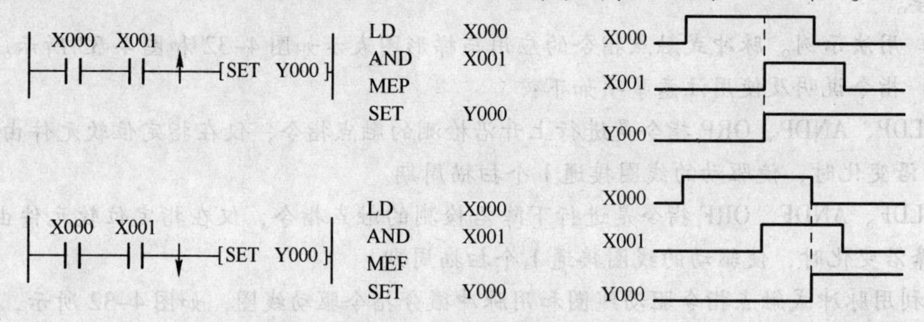

图 4-34　运算结果脉冲化指令使用说明（一）

（2）指令说明及使用注意事项如下：

1）MEP：在到 MEP 指令为止的运算结果，从 OFF→ON 上升沿变化时，导通 1 个扫描周期。

2）MEF：在到 MEF 指令为止的运算结果，从 ON→OFF 下降沿变化时，导通 1 个扫描周期。

3）该指令无对象软元件，不能用于 OR 或 LD 位置。

4）该指令在串联了多个触点的情况下，非常容易实现脉冲化。

5）如图 4-35 所示，MEP/MEF 指令与 PLS/PLF 可以实现同样的功能，但是表达更简洁，不需要辅助继电器作为中间运算结果。

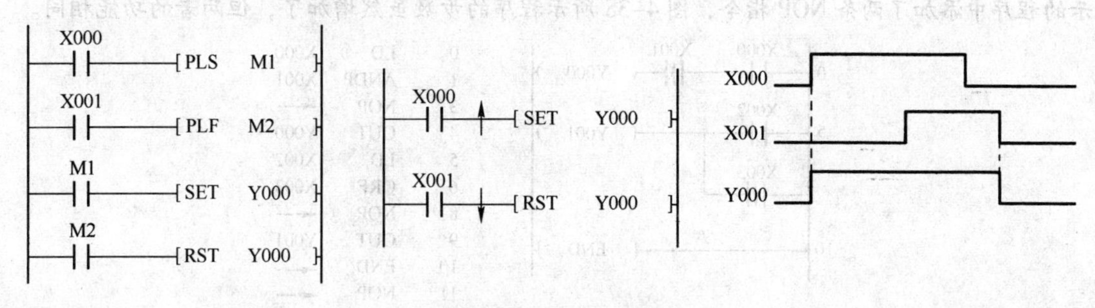

图 4-35　运算结果脉冲化指令使用说明（二）

4. 取反指令（INV）

INV 为取反指令，运算结果取反操作。

（1）用法示例。INV 指令的应用与梯形图表示如图 4-36 所示。

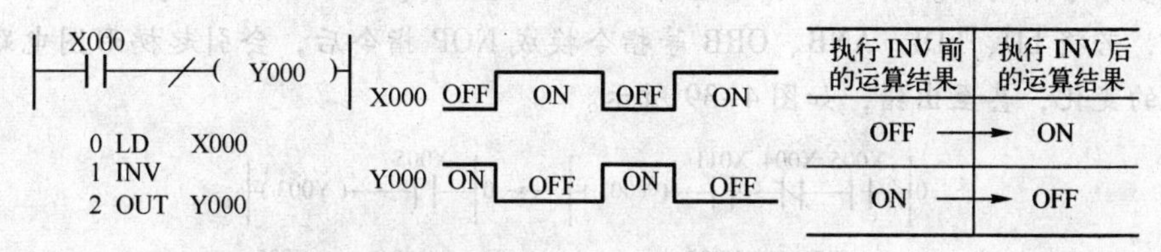

图 4-36　取反 INV 指令的编程应用

（2）指令说明及使用注意事项如下：

1）INV 指令是将执行 INV 指令前的运算结果取反，如图 4-36 所示不需要指定软元件的地址号。

2）使用 INV 指令编程时，可以在 AND 或 ANI，ANDP 或 ANDF 指令的位置后编程，也可以在 ORB、ANB 指令回路中编程，但不能像 OR、ORI、ORP、ORF 指令那样单独并联使用，也不能像 LD、LDI、LDI、LDF 那样与母线单独连接，如图 4-37 所示。

$$Y000=\overline{X000\cdot\overline{\overline{(X001\cdot X002)}+\overline{(X003\cdot X004)}}+\overline{X005}}$$

5. 空操作指令（NOP）和程序结束指令（END）

NOP 为空操作指令，表示该步无操作。END 为结束指令，该指令后面的程序不再执行，并进行输入输出处理及返回到 0 步。

0	LD	X000	8	INV	
1	LD	X001	9	LD	X005
2	AND	X002	10	INV	
3	INV		11	ORB	
4	LD	X003	12	AND	
5	AND	X004	13	INV	
6	INV		14	OUT	Y000
7	ORB				

图 4-37　INV 指令在 ORB、ANB 指令的复杂回路中的编程

（1）用法示例。NOP、END 指令的应用与梯形图表示如图 4-38 所示。该图在图 4-33b 所示的程序中添加了两条 NOP 指令，图 4-38 所示程序的步数虽然增加了，但两者的功能相同。

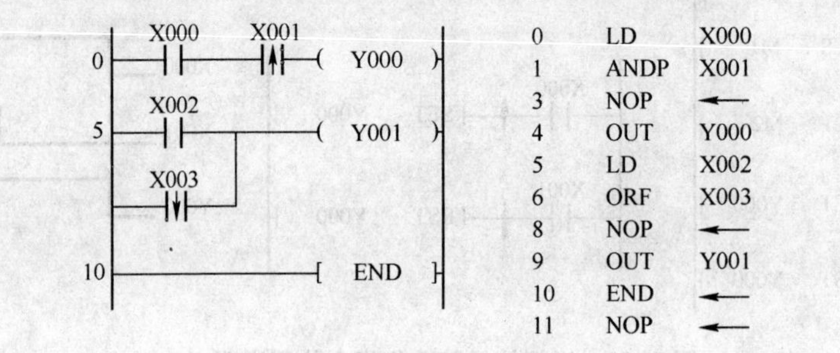

图 4-38　NOP、END 指令的使用说明

（2）指令说明及使用注意事项如下：

1）空操作指令就是使该步无操作。在程序中加入空操作指令，在变更程序或增加指令时可以使步序号不变化。用 NOP 指令也可以替换一些已写入的指令，以修改梯形图或程序。但要注意，若将 LD、LDI、ANB、ORB 等指令换成 NOP 指令后，会引起梯形图电路的构成发生很大的变化，甚至出错，如图 4-39 所示。

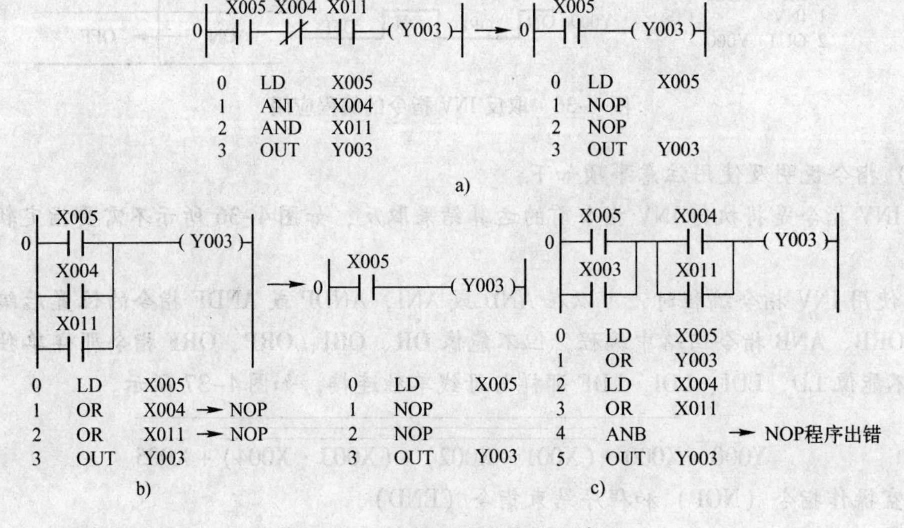

图 4-39　用 NOP 指令修改电路图

a）ANI、AND 改为 NOP 指令后相当于触点被短路　b）OR 改为 NOP 后相当于触点开路

c）ANB 改为 NOP 指令后，电路被断开，程序出错

2）当执行程序全部清零操作时，所有指令均变成 NOP。

3）END 为程序结束指令。PLC 总是按照指令进行输入处理、执行程序到 END 指令结束，进入输出处理，如此循环工作。若在程序中不写入 END 指令，则 PLC 从用户程序的第 0 步扫描到程序存储器的最后一步。若在程序中写入 END 指令，则 END 以后的程序步不再扫描执行，而是直接进行输出处理，如图 4-40 所示。也就是说，使用 END 指令可以缩短扫描周期。

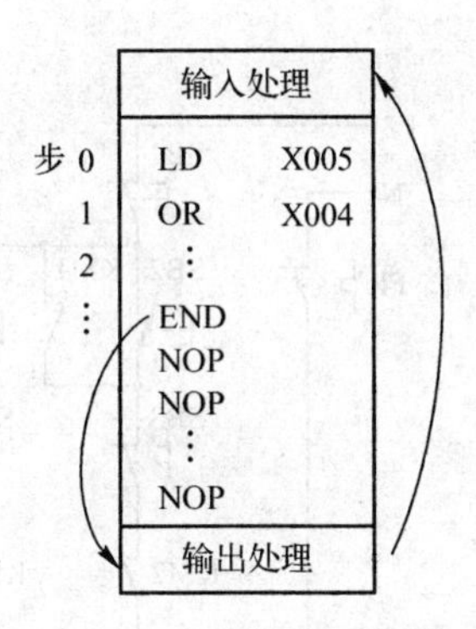

图 4-40　END 指令执行过程

4）END 指令还有一个用途是可以对较长的程序分段调试。调试时，可将程序分段后插入 END 指令，从而依次对各程序段的运算进行检查。然后在确认前面电路块动作正确无误之后依次删除 END 指令。

4. 运行并调试程序

（1）在断电状态下，按图 4-26 完成三相异步电动机正反转 PLC 控制输入输出接线。

（2）完成计算机和 PLC 之间连接，并设置计算机和 PLC 通信端口和参数，确保通信可靠。

（3）确认 PLC 输入信号 SB1、SB2、SB3 和 FR 动作正常、可靠。

（4）打开 PLC 的 GX - Works2 软件，将图 4-29 所示的梯形图输入到计算机，并下载到 PLC 中。

（5）运行并调试程序，观察程序的运行情况。若出现故障，请分析原因，并处理故障，直至系统按要求正常工作。

主要知识点：

- 置位复位指令及其他基本指令的助记符、功能及使用注意事项
- 置位复位指令及其他基本指令与梯形图之间的对应关系

训练项目四　三相异步电动机正反转带Y-△减压启动的 PLC 控制

一、项目内容

图 4-41 所示的三相异步电动机正反转带Y-△减压启动主电路和控制电路，该电动机不论正转还是反转运行，启动时电动机的定子绕组先采用Y联结，减压启动；正常运行时，

定子绕组采用△联结，全电压运行。现要求用 PLC 实现该电动机正反转带Y－△减压启动的控制功能。

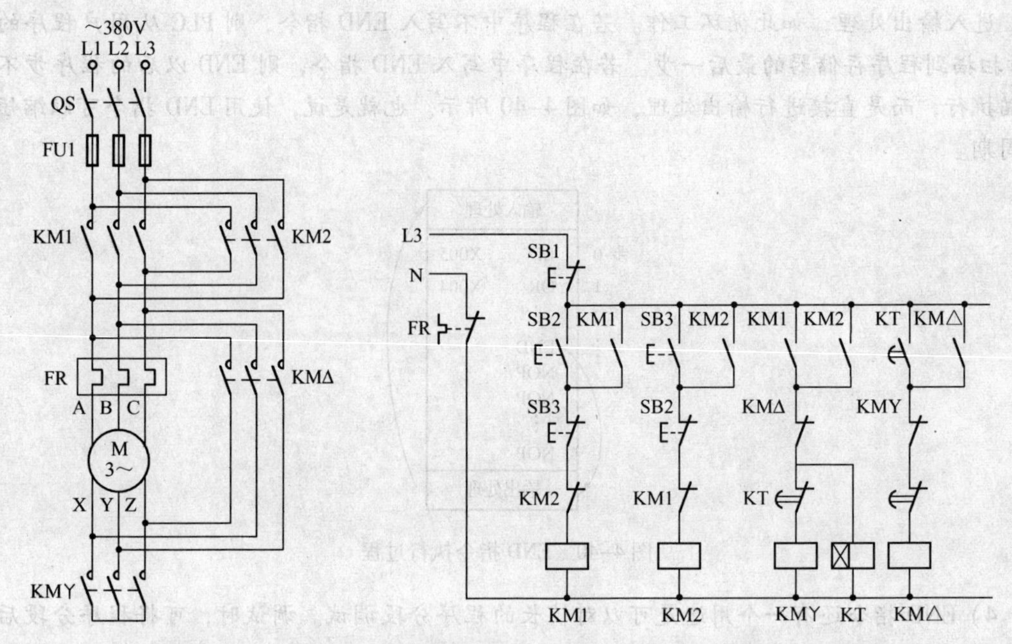

图 4-41　三相异步电动机正反转带Y－△减压启动主电路和控制电路

二、实施思路

观察：三相异步电动机正反转带Y－△减压启动控制与单向Y－△减压启动控制的相同点和不同点；

分析：分析哪些环节应作修改，思考需要拓展的知识点和获取渠道；

理解：提出修改方案，完成相应环节的修改，如 PLC 输入输出端口分配、程序设计等；

实施：完成 PLC 输入输出端口电路的连接、程序的运行与调试；

思考：分析调试过程中出现问题的原因，提出解决方法。

三、实施过程

1. 选择 PLC，并分配软元件地址

分析项目内容，确定本训练项目的 PLC 输入输出信号，选择合适的 PLC，并分配软元件地址。

2. 设计 PLC 输入输出接线图

根据所选用的 PLC 类型、输入输出地址分配表、PLC 的控制对象的额定电压等，设计三相异步电动机正反转带Y－△减压启动控制的 PLC 输入输出端口接线图。

3. 控制程序设计

分析三相异步电动机正反转带Y－△减压启动的控制要求，编写 PLC 控制程序。

需要注意的是，PLC 的梯形图与继电器控制电路图在表示方法和分析方法上有很多相似之处，但并不是完全一样的。图 4-41 的继电器接触器控制电路中作过载保护用的热继电器 FR 常闭触点允许直接与右母线相连，但在 PLC 的编程环境中，与右母线相连的必须是 PLC 软元件的线圈或功能指令，否则无法完成程序的编制。也就是说梯形图在设计绘制时也有一定的规则，在编辑梯形图时必须引起注意。

4. 完成 PLC 输入输出接线

首先检查电源类型、电压等级是否与 PLC 的工作电源匹配。在确认电源无误的情况下，按国家电气安装接线标准，根据所设计的输入输出端口接线图完成 PLC 的供电电源、按钮、热继电器、接触器等电气元件与 PLC 对应端口的连接，接线应牢固。

接通 PLC 电源，检查所有的输入信号能否可靠地被 PLC 接收，若所选用的 PLC 输入端子是漏型，则在输入（X）端子和 0 V 端子之间连接无电压触点。导通时，对应的输入（X）为 ON 状态。此时，PLC 面板上显示输入用的 LED 灯亮。如按下按钮 SB1（若 SB1 接 PLC 的 X0 端口），PLC 面板“IN”区，编号为“0”的 LED 灯被点亮；断开时，该指示灯熄灭，说明按钮 SB1 接线正确，动作可靠。按此方法依次检查其他输入信号，确保输入接线正确，信号动作正常。

5. 连接 PLC 与计算机

在计算机的通信端口与 PLC 编程口之间选用合适的编程电缆进行连接，连接时请断开计算机和 PLC 电源。连接完毕后，接通计算机和 PLC 电源。打开 PLC 的 GX - Works2 软件，设置通信端口和通信参数，确保计算机和 PLC 通信正常。

6. 编写程序并下载

打开 PLC 的 GX - Works2 软件，创建新工程，选择所用 PLC 类型，在编程界面中输入所编写三相异步电动机正反转带Y - △减压启动 PLC 控制的梯形图或指令程序，然后将程序下载到 PLC 中。

7. 运行调试

（1）模拟运行调试　在 PLC 运行监控模式下，在没有任何操作之前，观察 PLC 面板上有关输入继电器的状态。正常情况下，如在输入（X）端子和 0 V 端子之间接入的是电器元件的常闭触点（假设热继电器 FR 的常闭触点接入 PLC 的 X3 端口），则 PLC 面板上“IN”区，编号为“3”的 LED 灯（X3）应处于点亮状态；或通过监控窗口，观察该输入继电器（X3）的常开触点处于闭合状态；在输入（X）端子和 0 V 端子之间接入的是常开触点，则 PLC 面板上对应输入继电器的指示灯是处于熄灭状态，或监控窗口对应输入继电器的常开触点处于断开状态。否则，接线或器件动作有误，需查找问题所在。

在没有任何操作的情况下，观察监控电动机的状态，此时电动机应不运行，所有输出继电器没有输出。否则，说明运行不正确，需查找原因并处理。

按下相应的启动按钮，观察 PLC 面板上相关输出继电器的工作情况；观察监控窗口输出继电器的工作情况及定时器的工作情况。如果动作结果符合控制要求，说明运行正确，否则查找原因并处理。

在运行状态下，按下停止按钮，或模拟热继电器动作，观察 PLC 面板上输出继电器指示灯的情况；观察监控窗口对应的输出继电器的工作情况，及定时器当前值是否清零等。如果动作结果符合控制要求，说明运行正确，否则查找原因并处理。

（2）带电动机运行调试　模拟调试运行正确，说明输入输出端口接线和编写的程序正确。在完成模拟调试的情况下，断开电源，并按图 4-41 左侧的主电路完成三相异步电动机主电路的连接，接线按国标要求完成，保证牢固、安全、完好、美观。

接通主电路和 PLC 电路电源，运行 PLC 程序，按下相应的启动按钮，观察电动机的工作情况。若与理论分析相符，说明运行正确；否则，说明电路有误，检查电路。

在运行状态下，按下相应的停止按钮，或模拟电动机过载保护，即热继电器动作，此时电动机应停止工作；否则，电路有误，检查电路。

不论在何种状态下，检查时，首先判断是否要断开或接通电源，注意安全使用相关电工工具。

按要求确定实施方案，将实施方案或结果、出现异常的原因分析和处理方法记录在表4-8中。

表4-8 实施过程、实施方案或结果、出现异常的原因和处理方法记录表

序号	实施过程	实施要求	实施方案或结果	异常原因分析及处理方法
1	电路绘制	1. 列出PLC控制I/O口元件地址分配表		
		2. 写出PLC类型及相关参数		
		3. 画出PLC的I/O口接线图		
2	编写程序并下载	1. 编写梯形图和指令程序		
		2. 写出PLC与计算机的连接方法，以及通信参数设置		
3	运行调试	1. 总结输入信号是否正常的测试方法，举例说明操作过程和显示结果		
		2. 详细记录每一步操作过程中，输入、输出信号状态的变化，并分析是否正确，若出错，分析并写出原因及处理方法		
		3. 举例说明调试过程中某监控画面处于什么运行状态		

任务四 三台三相异步电动机顺序启停的PLC控制

一、任务内容

某系统有3台电动机M1、M2和M3，按一定的顺序进行工作，其动作顺序为：要求控制开关SA1闭合后，电动机M1启动，5 s后电动机M2启动，电动机M2启动5 s后电动机M3启动，每台电动机各运行10 s后自动停止，当电动机M3运行10 s停止后电动机M1又开始运行，如此重复循环。电动机M1、M2和M3分别由接触器KM1、KM2、KM3控制，接触器额定电压为AC 380 V，线圈工作电压为AC 220 V，不考虑过载及其他保护。

二、任务分析

1. 控制流程

根据3台电动机的控制要求可知，这3台电动机按时间的顺序启动和停止，则3台电动机工作时序图如图4-42所示。

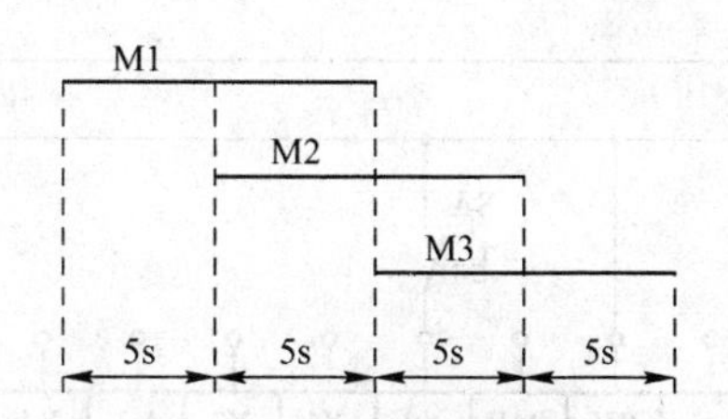

图 4-42　三台电动机顺序启停运转控制时序图

要求控制开关 SA1 闭合后，控制电动机 M1 工作的接触器 KM1 得电，5 s 后控制电动机 M2 工作的接触器 KM2 得电，再过 5 s 后控制电动机 M3 工作的接触器 KM3 得电；KM1、KM2、KM3 的得电时间都是 10 s。

2. PLC 控制信号分析

根据以上分析，本任务中控制 3 台电动机工作的信号只有 1 个，来自于主令电器 SA1，它作为 PLC 的输入信号；接触器 KM1、KM2、KM3 为被控器件，由 PLC 的输出模块驱动控制，因此它们作为 PLC 的输出信号。

三、任务实施

1. 选择 PLC，并分配软元件地址

根据上文的分析可知，本任务中输入信号有 1 个，输出信号有 3 个，且 PLC 输出所驱动的对象均为接触器线圈，它们的额定电压均为 AC 220V，因此选用三菱 FX_{3U} -16MR/ES 的 PLC 可以满足任务要求。故其 PLC I/O 地址分配如表 4-9 所示。

表 4-9　三台电动机顺序启停 PLC 控制输入输出地址分配表

输入信号			输出信号		
名　　称	代号	输入点编号	名　　称	代号	输出点编号
启动按钮（常开触点）	SA1	X0	M1 接触器	KM1	Y1
			M2 接触器	KM2	Y2
			M3 接触器	KM3	Y3

2. PLC 输入输出接线图设计

本任务所选用 PLC 的工作电源为 AC240V 以下，继电器输出。根据表 4-9 所示的 PLC 输入输出地址分配表，三台电动机顺序启停 PLC 控制端口接线图如图 4-43 所示。

3. 控制程序设计

由时序图 4-42 可以看出，M1、M2 和 M3 的启动和停止都按时间顺序进行，可采用多个定时器完成 3 台电动机的启停。定时器的使用有 2 种方法，即按分别计时的方法或按累计计时的方法依次控制三台电动机的启动和停止。

1）分别计时电路。图 4-44a 所示的时序图是采用分别计时的方法，即定时器 T0 计时时间到 T1 开始计时，T1 计时时间到 T2 开始计时，T2 计时时间到 T3 开始计时，定时器 T0、T1、T2 和 T3 计时时间均为 5 s。其对应的梯形图如图 4-44b 所示，定时器 T0 计时到，其常开触点闭合启动电动机 M2。同理，定时器 T1 计时到其常开触点闭合，启动电动机 M3。T1、T2、T3 计时到又分别作为电动机 M1、M2 和 M3 的停止条件。

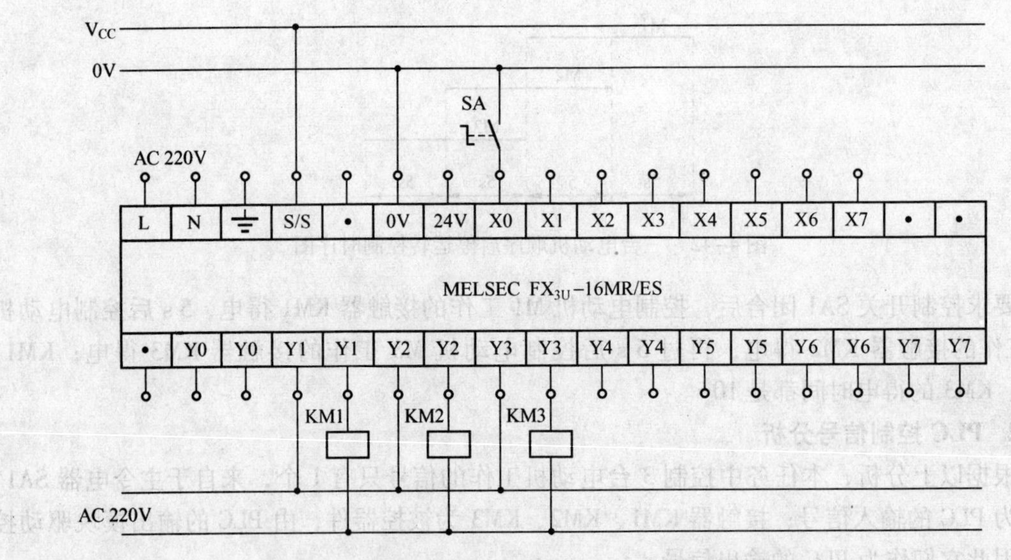

图 4-43　三台电动机顺序启停 PLC 控制 I/O 端口接线图

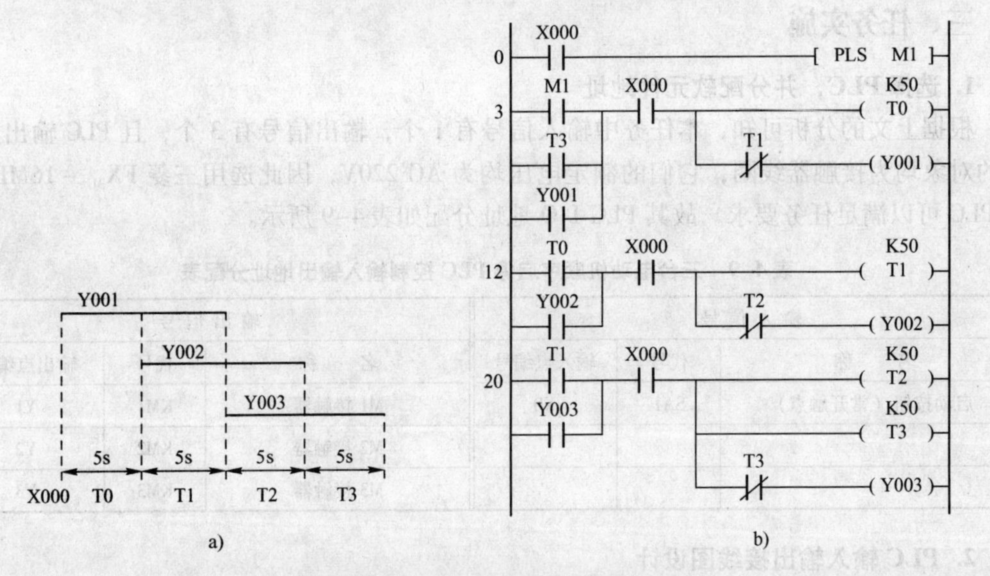

图 4-44　分别计时电路的时序图和梯形图

a）分别计时电路的时序图　b）分别计时电路的梯形图

2）累计计时电路。图 4-45a 所示的时序图是采用累计计时的方法，即定时器 T0、T1 同时计时，但它们的计时时间不同。T1、T2 和 T3 都分别以电动机 M1、M2、M3 的启动时刻开始计时，它们的计时时间都为各电动机的运行时间。与其对应的梯形图如图 4-45b 所示，其中定时器 T0 计时 5 s，T1、T2 和 T3 均累计计时 10 s。T0 计时结束后其常开触点闭合启动电动机 M2，T1 计时结束后其常开触点闭合启动电动机 M3，T1、T2、T3 计时时间到又作为电动机 M1、M2 和 M3 的停止条件，故梯形图中将 T1、T2、T3 的常闭触点串接在各自的输出线圈回路中。

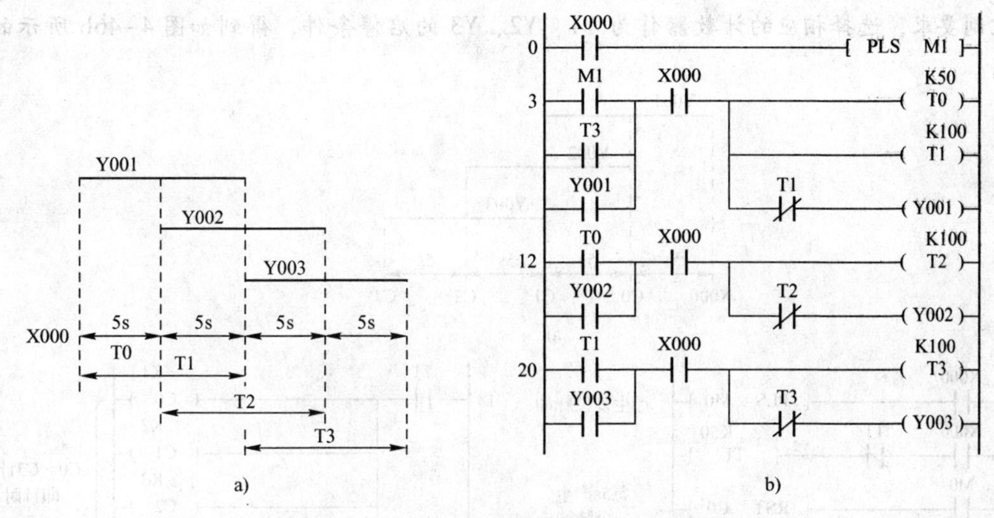

图 4-45　累计计时电路的时序图和梯形图

a）累计计时电路的时序图　b）累计计时的梯形图

相关知识点——典型电路的编程

1. 计时电路

（1）分别计时电路。图 4-44a 所示的时序图，定时器 T0 计时时间到后 T1 开始计时，T1 计时时间到后 T2 开始计时，T2 计时时间到后 T3 开始计时。这种计时方式是以前一个定时器的计时终点作为下一个定时器的计时起点，再利用这些定时器的计时到，作为关键点控制相应的被控对象的启停。

（2）累计计时电路。图 4-45a 所示的时序图采用累计计时的方法，即定时器 T0、T1 同时计时，但它们的计时时间不同。这种计时方式是以几个定时器同时计时，但计时时间不同，即计时的终点不同，再利用这些定时器的计时时间到，作为关键点控制相应的被控对象的启停。

2. 长延时电路

FX_{3U} 系列 PLC 定时器的延时都有一个最大值，如 100 ms 定时器的最大定时时间范围为 3276.7 s。若工程中所需的延时时间大于选定定时器的最大值，则可采取多个定时器串级使用进行延时，或采用定时器和计数器配合使用。

（1）多个定时器串级。由图 4-44 的分别计时电路程序可知，多个定时器配合可以实现扩展延时时间，延时的方法为，先启动第一个定时器，延时结束时，用第一个定时器的常开触点启动第二个定时器，再使用第二个定时器启动第三个，如此下去，用最后一个定时器的常开触点控制被控对象。最终的延时时间为各定时器的设定值之和。

（2）定时器与计数器配合。由图 4-46a 所示时序图可以看出，Y1、Y2 和 Y3 的控制逻辑和间隔 5 s 一个的“时间点”有关，每个时间点都有电动机启停。由于间隔的时间相同，所以“时间点”的建立可借助振荡电路及计数器。振荡电路的振荡周期为 5 s，C0、C1、C2 和 C3 的计数设定值依次为 1、2、3 和 4，则以控制开关 SA 接通时开始算起，计数器 C0、C1、C2 和 C3 的计数当前值达到设定值时，依次的计时时间为 5 s、10 s、15 s 和 20 s。再根据控制要求，选择相应的计数器作为 Y1、Y2、Y3 的启停条件，得到如图 4-46b 所示的梯形图。

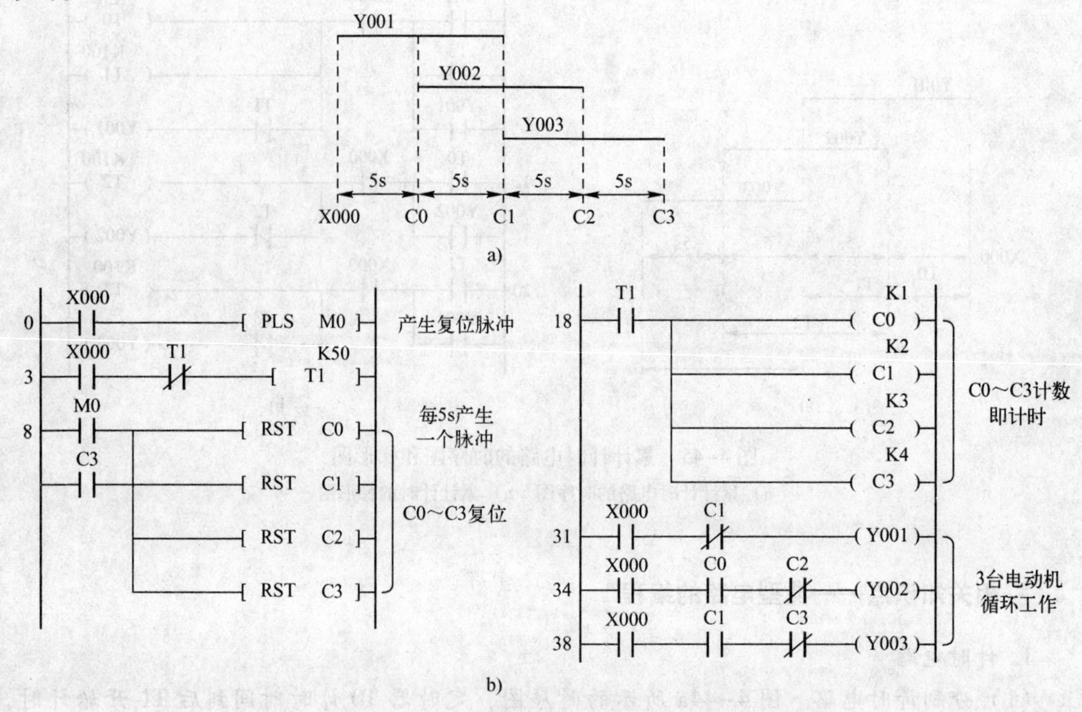

图 4-46　定时器与计数器配合使用时的时序图和梯形图

a）时序图　b）梯形图

分析该方案的程序可知，定时器和计数器配合可以实现扩展延时时间，其延时时间为相应的定时器设定值乘以计数器的设定值。

3. 大容量计数电路

FX_{3U} 系列 PLC 的 16 位计数器的最大值计数次数为 32767。若工程中所需的计数次数大于计数器的最大值，则可选用 32 位计数器，也可以采用多个计数器串级使用计数，或采用两个计数器配合使用。

（1）多个计数器相加串级。在采用多个计数器的串级相加计数电路中，计数器的计数脉冲来自同一个信号，第一个计数器的计数条件只有脉冲信号，后续计数器的计数条件为前一个计数器的常开触点和计数脉冲串联。即先用计数脉冲启动第一个计数器，第一个计数器的计数次数达到设定值后，其常开触点闭合；第一个计数器的常开触点和计数脉冲串联启动第二个计数器，再用第二个计数器的常开触点和计数脉冲串联启动第三个，如此下去，用最后一个计数器的常开触点控制被控对象。最终的计数次数为各计数器的设定值之和。如图 4-47 梯形图中，Y1 有输出的条件是 X1 通断次数为 50 + 100 = 150 次。

（2）多个计数器相乘串级。在采用多个计数器的串级相乘计数电路中，第一个计数器的计数脉冲信号来自任务中的计数信号，后续计数器的计数脉冲为前一个计数器的脉冲信号。即先用计数脉冲信号启动第一个计数器，第一个计数器的计数次数达到设定值后，启动第二个计数器，同时该计数器复位，重新开始计数；当第二个计数器的计数次数达到设定值后，启动第三个计数器，同时该计数器复位重新计数，如此下去，用最后一个计数器的常开触点控制被控对象。最终的计数次数为各计数器的设定值之积。在如图 4-48 的梯形图中，X1 每发出 50 个脉冲后，C0 计数器产生一个脉冲，C0 的脉冲信号作为 C1 的计数脉冲，当 C1 计数达 100 次后，Y1 有输出。因此 Y1 有输出的条件是 X1 通断次数为 50×100＝5000 次。

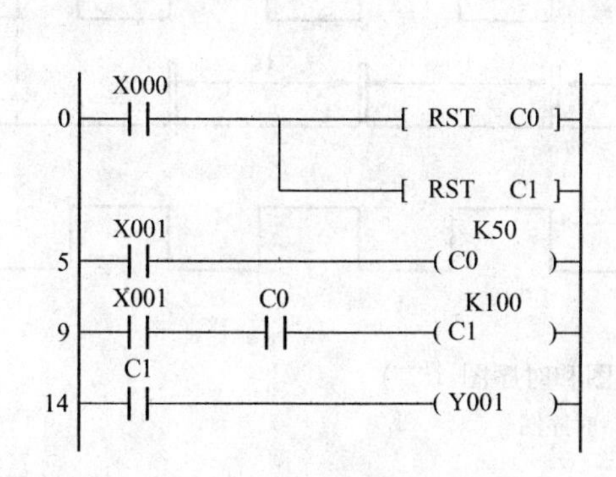

图 4-47　两个计数器相加串级

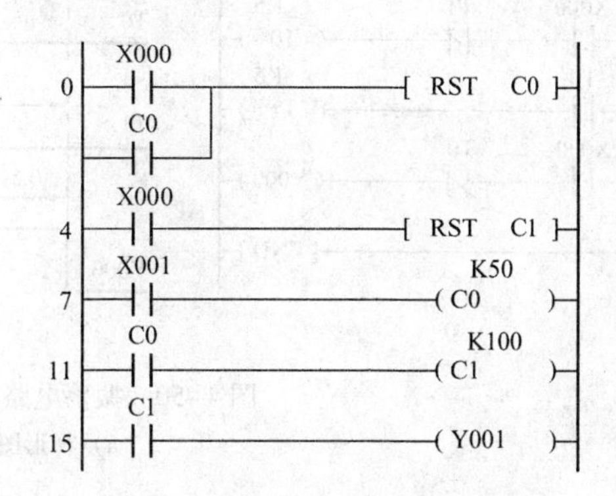

图 4-48　两个计数器相乘串级

4. 振荡电路

振荡电路可以通过两个定时器配合产生特定的通断时序脉冲，可以作为脉冲源或闪烁信号用于提醒或报警电路中。

（1）定时器组成的振荡电路一。如图 4-49 所示，改变 T0 和 T1 的设定值，可以改变输出 Y0 的占空比。

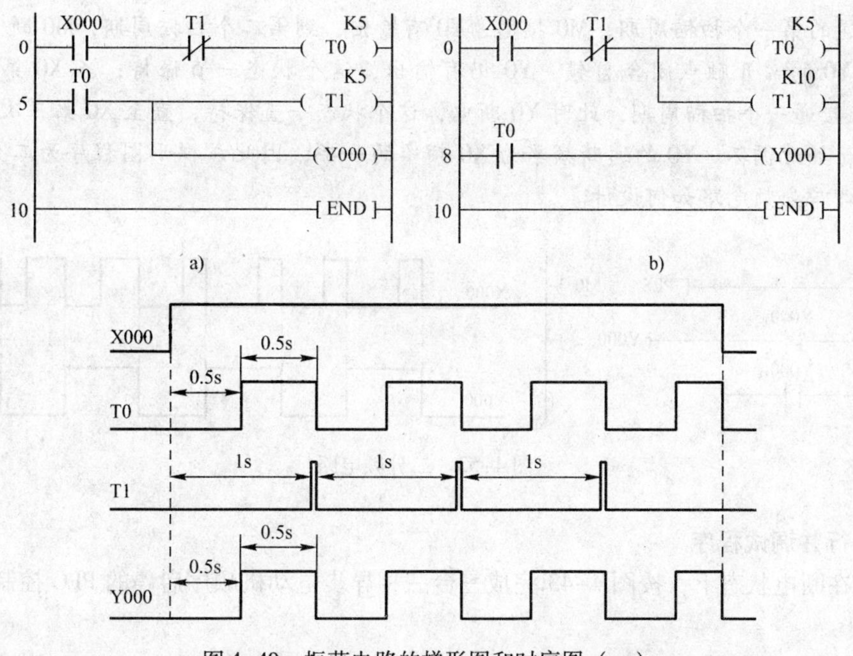

图 4-49　振荡电路的梯形图和时序图（一）

a）T0、T1 分别计时　b）T0 、T1 累计计时

（2）定时器组成的振荡电路二。如图4-50所示，与振荡电路一的运行结果相反。

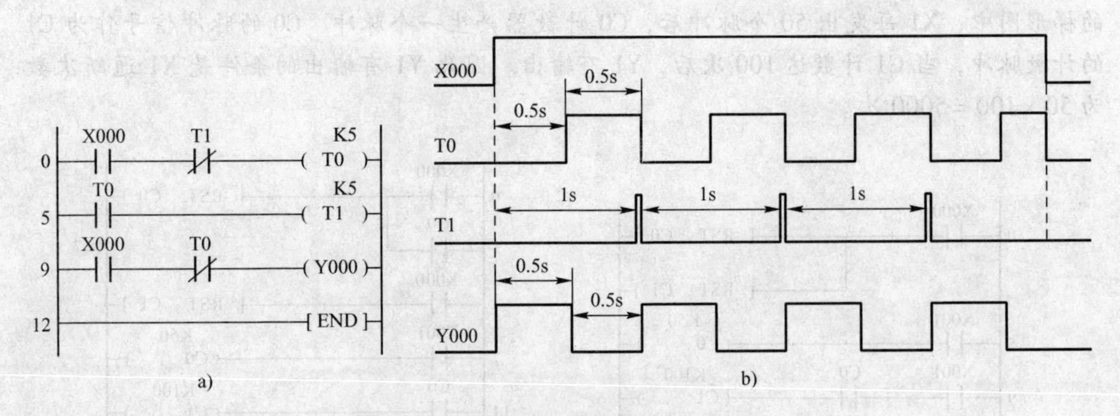

图4-50　振荡电路梯形图和时序图（二）
a）梯形图　b）时序图

（3）利用M8013产生的振荡电路。如图4-51所示，M8013为1s的时钟脉冲，接通0.5s和断开0.5s，因此Y0输出的脉冲宽度为0.5s。

图4-51　M8013产生的振荡电路

（4）分频电路。用PLC可以实现对输入信号进行分频。图4-52为二分频电路。在X0第一次接通的第一个扫描周期，M0接通，Y0有输出，到第二个扫描周期，M0断开，M0常闭触点和Y0的常开触点闭合自锁，Y0仍有输出，这个状态一直保持；当X0第二次接通时，M0又接通一个扫描周期，此时Y0断电，这个状态一直保持，直至X0第三次接通，Y0又有输出，如此循环。Y0的通断频率为X0频率的一半，因此该梯形图程序为二分频程序。请读者思考四分频电路如何设计。

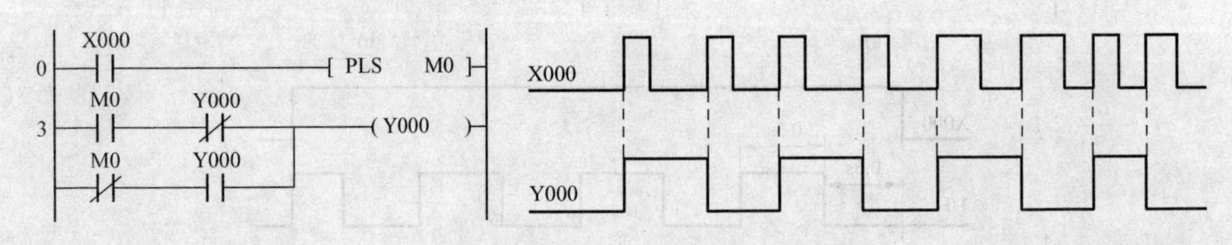

图4-52　二分频电路

4. 运行并调试程序

（1）在断电状态下，按图4-43完成三台三相异步电动机顺序启停的PLC控制输入输出接线。

（2）完成计算机和PLC之间连接，并设置计算机和PLC通信端口和参数，确保通信可靠。

（3）确认PLC输入信号SB1、SB2、SB3和FR动作正常、可靠。

（4）打开 PLC 的 GX－Works2 软件，将图 4-44 或 4－45 所示的梯形图输入到计算机，并下载到 PLC 中。

（5）运行并调试程序，观察程序的运行情况。若出现故障，请分析原因并处理故障，直至系统按要求正常工作。

拓展知识点——高速计数器

1. 高速计数器与普通计数器的主要差别

（1）PLC 中高速计数器都设有专用的输入端子及控制端子。一般是在输入端设置一些带有特殊功能的端子，它们既可完成普通端子的功能，又能接收高频信号。为了满足控制准确性的需要，计数器的计数、启动、复位及数值控制功能都需采取中断方式工作。

（2）计数范围较大，计数频率较高。一般高速计数器均为 32 位加减计数器。最高计数频率一般可达到 100 kHz。

（3）工作设置较灵活。高速计数器除了具有普通计数器通过软件完成启动、复位、使用特殊辅助继电器改变计数方向等功能外，还可通过机外信号实现对其工作状态的控制，如启动、复位、改变计数方向等。

（4）使用专用的工作指令。高速计数器除了普通计数器的这一工作方式外，还具有专门的控制指令，可以不通过本身的触点，以中断工作方式直接完成对其他器件的控制。

2. FX_{3U}系列 PLC 高速计数器

FX_{3U}系列 PLC 中 C235～C255 为高速计数器，分为单相单计数、单相双计数和双相双计数 3 类。输入端 X0～X7 可用于高速计数器输入中断、脉冲捕捉等。有的高速计数器要同时使用多个输入端，而这些输入端又不可被多个高速计数器重复使用，因此，实际应用中最多只能有 6 个高速计数器同时工作。

FX_{3U}系列 PLC 的 21 个高速计数器按计数方式分类如下。

单相单计数：C235～C245，11 个；

单相双计数：C246～C250，5 个；

双相双计数：C251～C255，5 个。

下面介绍各分类高速计数器的使用方法。

（1）单相单计数高速计数器。C235～C245 为单相单计数高速计数器。作增计数时，当计数值达到设定值时，触点动作并保持；作减计数时，当前值减到小于设定值则复位。其计数方向取决于对应的计数方向标志继电器 M8235～M8245。

如图 4-53 所示，C235 在 X12 为 ON 时，对输入 X0 由 OFF 变为 ON 时计数；X11 为 ON 时，C235 被复位，当前值变为 0，输出触点也复位。当 C235 从当前值增加到 123 时，其输出触点被置位；当前值由 123 减少到 122 时被复位。

（2）单相带启动/复位端子高速计数器。单相带启动/复位端的高速计数器编号为 C241～C245，共 5 个，这些计数器较单相无启动/复位端的高速计数器增加了外部启动、复位控制端子。图 4-54 给出了这类计数器的使用情况。

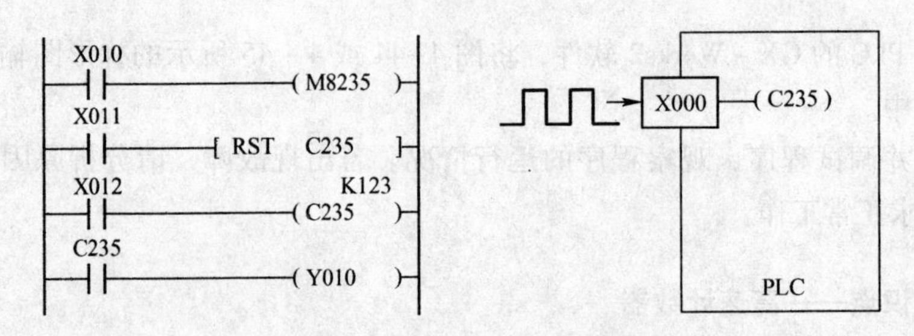

图 4-53　单相单计数高速计数器

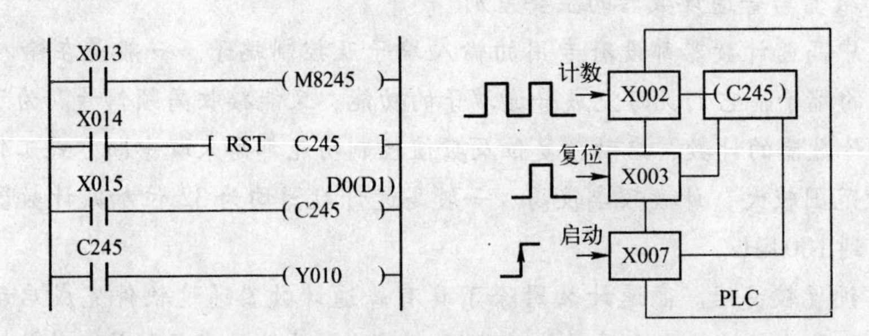

图 4-54　单相带启动/复位端的高速计数器

（3）单相双计数。C246～C250 为单相双计数高速计数器，共 5 个。其中 C247 和 C248 增加了外部复位端子，C249 和 C250 增加了外启动/复位端子。单相双计数高速计数器有两个外部计数输入端子，一个是输入增计数脉冲的端子，另一个是输入减计数脉冲的端子。图 4-55 是高速计数器 C246 和 C250 的梯形图和信号连接情况。

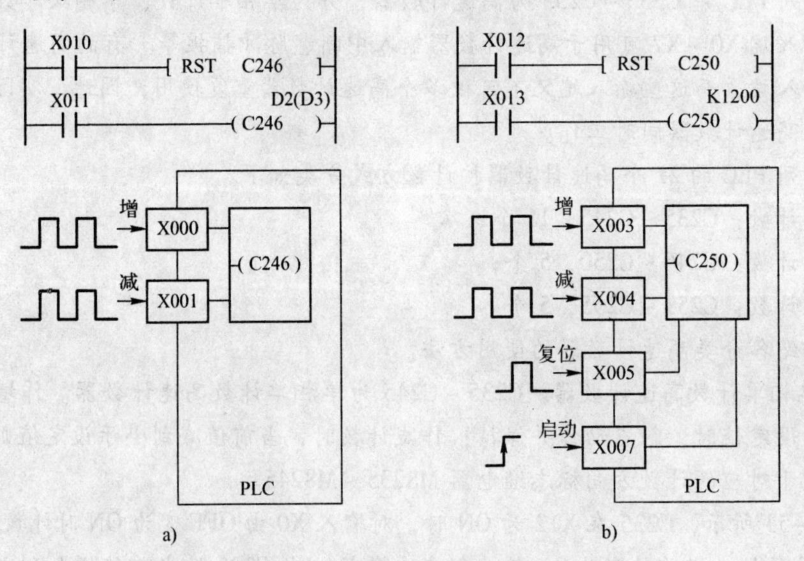

图 4-55　单相双输入型高速计数器

a）单相双计数　b）带外启动/复位的单相双计数

（4）双相双计数。双相双计数高速计数器的编号为 C251～C255，共 5 个。双相双计数高速计数器的两个脉冲输入端子是同时工作的，外计数方向的控制方式由两相脉冲间的相位决定。如图 4-56 所示，当 A 相信号为“1”时，B 相信号在该期间为上升沿时为增计数，反之，B 相信号在该期间为下降沿时是减计数。其余功能与单相两输入型相同。需要说明的是，带有外计数方向控制端的高速计数器也配有编号相对应的特殊辅助继电器，只是它们没有控制功能，只有指示功能。相对应的特殊辅助继电器的状态会随着计数方向的变化而变化。

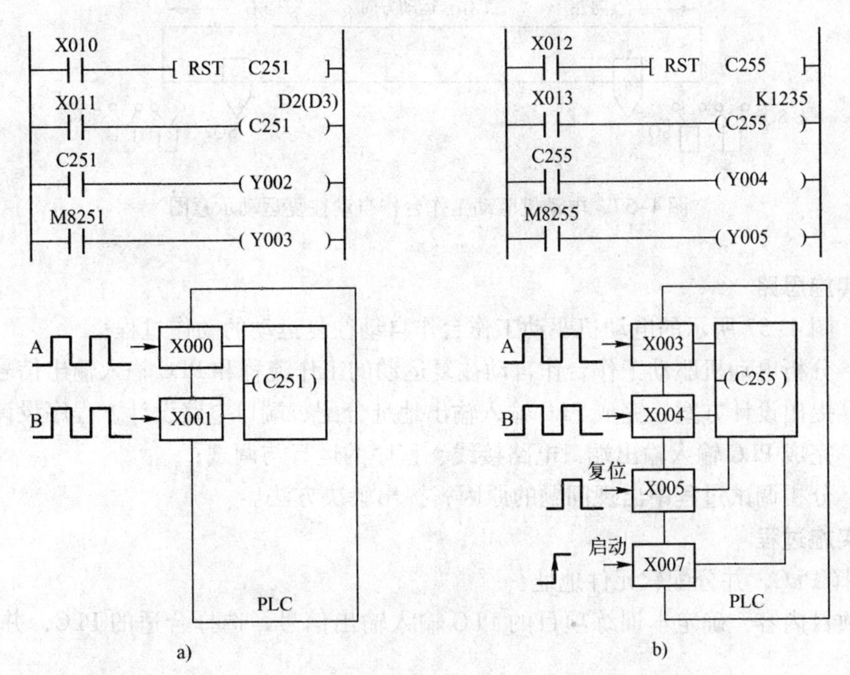

图 4-56　双相双计数高速计数器

a）双相双计数　b）带外启动/复位的双相双计数

（5）高速计数器的响应频率。由于高速计数器是采取中断方式工作的，会受到机器中断处理能力的限制。使用高速计数器，特别是一次使用多个高速计数器时，应该注意高速计数器的频率总和。

频率总和是指同时在 PLC 输入端口上出现的所有信号的最大频率总和。因而，安排高速计数器的工作频率时需考虑以下的几个问题：

① 各输入端的响应速度；

② 被选用的计数器及其工作方式。

在伺服控制系统中经常使用高速计数器，更多关于高速计数器的使用方法请参考 FX_{3U} 系列 PLC 用户手册和编程手册。

主要知识点：

- 典型电路的编程

训练项目五　工作台自动往复运动 PLC 控制的实现

一、项目内容

用 PLC 控制电动机驱动工作台作自动往复运动，运行示意图如图 4-57 所示。当按下启动按钮 SB1 后，工作台往右运行，碰到限位开关 SQ2 后往左运行，自动往复；按下停止按钮 SB2 后，工作台停在 SQ1 位置。SQ3 和 SQ4 分别为左、右极限限位开关。SQ1、SQ2 采用电感式接近开关。

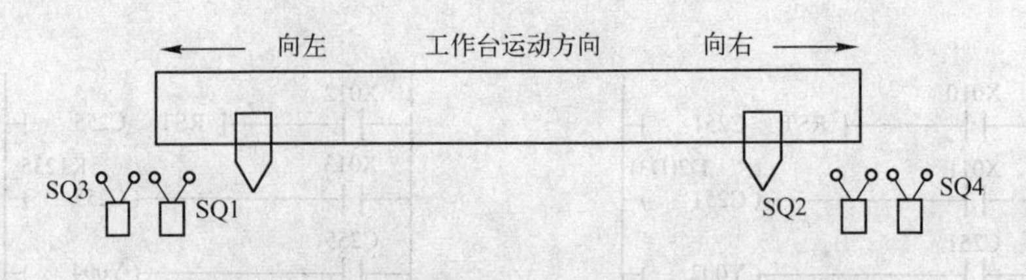

图 4-57 电动机驱动工作台作自动往复运动示意图

二、实施思路

观察：图 4-57 所示的电动机驱动工作台作自动往复运动的动作过程；

分析：分析电动机驱动工作台作自动往复运动的工作流程和 PLC 输入输出信号；

理解：提出设计方案，完成 PLC 输入输出地址分配、端口电路设计、程序设计等；

实施：完成 PLC 输入输出端口电路接线、程序的运行与调试；

思考：分析调试过程中出现问题的原因，提出解决方法。

三、实施过程

1. 选择 PLC，并分配软元件地址

分析项目内容，确定本训练项目的 PLC 输入输出信号，选择合适的 PLC，并分配软元件地址。

2. 设计 PLC 输入输出接线图

根据所选用的 PLC 类型、输入输出地址分配表、PLC 的控制对象的额定电压等，设计电动机驱动工作台作自动往复运动的 PLC 端口接线图。

3. 控制程序设计

分析电动机驱动工作台作自动往复运动的控制要求和动作流程，编写 PLC 控制程序。

4. 完成 PLC 输入输出接线

(1) 检查并确认供电电源类型、电压等级等与 PLC 的工作电源匹配，并在断开电源的情况下，按国家电气安装接线标准，根据 PLC 输入输出端口接线图完成电源、按钮、限位开关、接近开关、热继电器、接触器等与 PLC 的连接，接线应牢固。

(2) 接通 PLC 电源，检查并确认所有输入信号的地址与所设计的 PLC 输入输出地址分配表吻合，并能可靠地被 PLC 接收，输入信号状态显示正确。

5. 连接 PLC 与计算机

断电情况下，使用编程电缆连接计算机与 PLC。连接完毕后，接通计算机和 PLC 电源。打开 PLC 的 GX - Works2 软件，设置通信端口和通信参数，确保计算机和 PLC 通信正常。

6. 编写程序并下载

编写电动机驱动工作台作自动往复运动 PLC 控制的梯形图或指令程序，然后将程序下载到 PLC 中。

7. 运行调试

(1) 模拟运行调试　在没有任何操作的情况下，观察监控电动机运行状态。此时，电动机不运行，监控窗口对应的输出继电器应没有输出。否则，说明运行不正确，需查找原因并处理。

分别间隔一定时间，依次按下启动按钮 SB1、模拟接通限位开关 SQ2、模拟接通限位开SQ1，分别观察 PLC 面板上相关输出继电器指示灯、监控窗口输出继电器的工作情况；观察动作结果，如果符合控制要求，说明运行正确，否则查找原因并处理。

在向右运行状态下，按下停止按钮 SB2，观察 PLC 面板上输出继电器指示灯、监控窗口对应的输出继电器的工作情况。如果动作结果符合控制要求，说明运行正确，否则查找原因并处理。再在向左运行状态下，按下停止按钮 SB2，观察动作情况。

在向右或向左运行状态下，分别模拟热继电器 FR 动作或模拟左、右极限限位开关 SQ3 和 SQ4 动作，观察 PLC 面板上输出继电器指示灯、监控窗口对应的输出继电器的工作情况。如果动作结果符合控制要求，说明运行正确，否则查找原因并处理。

(2) 带电动机运行调试　模拟调试运行正确，说明输入输出端口接线和编写的程序正确。在完成模拟调试的情况下，断开电源，按图 4-25 左侧的主电路完成电动机主电路的连接，接线按国标要求完成，保证牢固、安全、完好、美观。

接通电源，PLC 程序置“运行”状态，重复模拟调试过程，观察电动机的各种工作情况下是否都符合控制要求。若有误，检查电路，并分析原因。

不论在何种状态下，检查时，首先判断是否要断开或接通电源，注意安全使用相关电工工具。

按要求确定实施方案，将实施方案或结果、出现异常的原因分析和处理方法记录在表 4-10 中。

表 4-10　实施过程、实施方案或结果、出现异常的原因和处理方法记录表

序号	实施过程	实施要求	实施方案或结果	异常原因分析及处理方法
1	电路绘制	1. 列出 PLC 控制 I/O 口元件地址分配表		
		2. 写出 PLC 类型及相关参数		
		3. 画出 PLC I/O 口接线图		
2	编写程序并下载	1. 编写梯形图和指令程序		
		2. 写出 PLC 与计算机的连接方法，及通信参数设置		
3	运行调试	1. 输入信号的测试，若出错，请分析原因并改正		
		2. 按下启动按钮 SB1，观察输出信号状态的变化，并分析是否正确，若出错，分析并写出原因及处理方法		
		3. 正常运行时，分别碰到限位开关 SQ1 和 SQ2 时，观察输出信号状态的变化，并分析是否正确，若出错，分析并写出原因及处理方法		

（续）

序号	实施过程	实施要求	实施方案或结果	异常原因分析及处理方法
3	运行调试	4. 向右运行时，按下停止按钮 SB2 时，观察输出信号状态的变化，并分析是否正确，若出错，分析并写出原因及处理方法		
		5. 向左运行时，按下停止按钮 SB2 时，观察输出信号状态的变化，并分析是否正确，若出错，分析并写出原因及处理方法		
		6. 在向右或向左运行状态下，分别模拟热继电器 FR 动作或模拟左、右极限限位开关 SQ3 和 SQ4 动作，观察输出信号状态的变化		
		7. 举例说明调试过程中某监控画面处于什么运行状态		

思考与练习

1. 写出如图 4-58 所示梯形图的指令程序。
2. 根据图 4-59 所示的指令程序，画出梯形图。

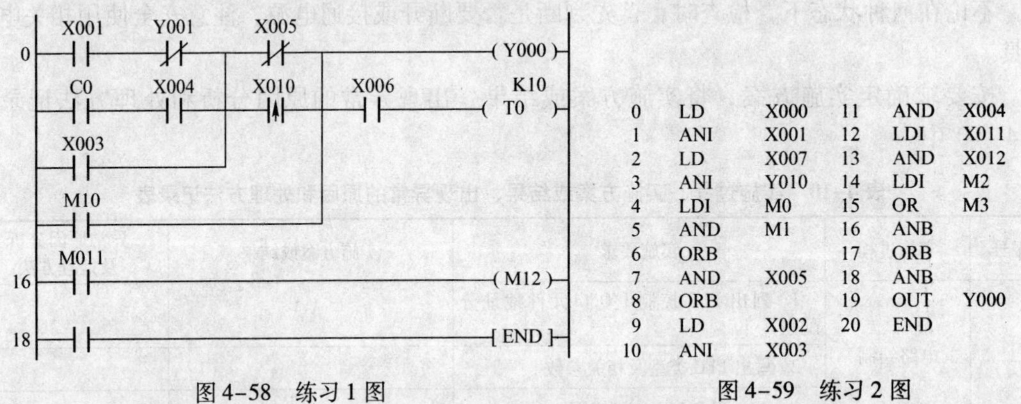

步	指令	元件	步	指令	元件
0	LD	X000	11	AND	X004
1	ANI	X001	12	LDI	X011
2	LD	X007	13	AND	X012
3	ANI	Y010	14	LDI	M2
4	LDI	M0	15	OR	M3
5	AND	M1	16	ANB	
6	ORB		17	ORB	
7	AND	X005	18	ANB	
8	ORB		19	OUT	Y000
9	LD	X002	20	END	
10	ANI	X003			

图 4-58　练习 1 图　　　　图 4-59　练习 2 图

3. 写出如图 4-60 所示梯形图的指令程序。

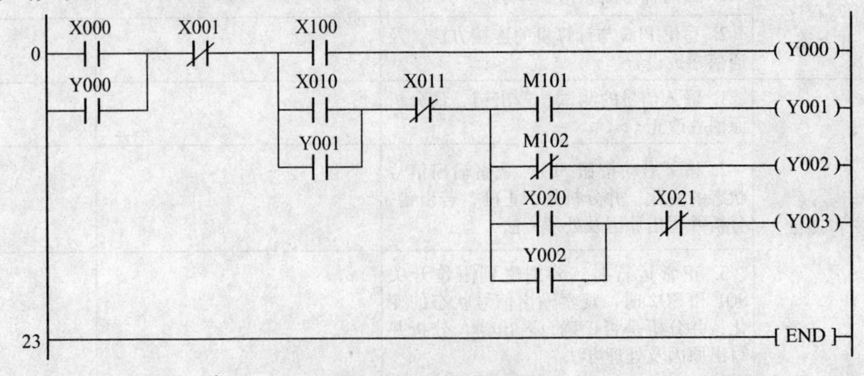

图 4-60　练习 3 图

4. 根据如图 4-61 所示的指令程序，画出梯形图。

0	LD	X000	12	ANB	
1	MPS		13	OUT	Y004
2	LD	X001	14	MPP	
3	OR	X002	15	AND	X007
4	ANB		16	OUT	Y002
5	OUT	Y000	17	LD	X010
6	MRD		18	OR	X011
7	LD	X003	19	ANB	
8	AND	X004	20	ANI	X012
9	LD	X005	21	OUT	Y003
10	AND	X006	22	END	
11	ORB				

图 4-61　练习 4 图

5. 根据如图 4-62 所示梯形图，分析并画出 Y0 的波形。

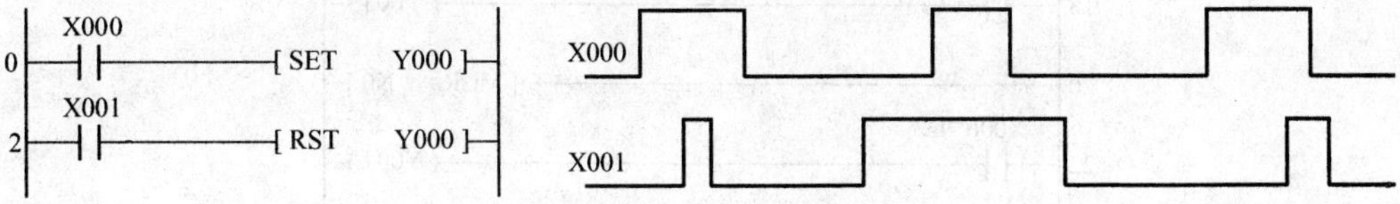

图 4-62　练习 5 图

6. 根据如图 4-63 所示梯形图，分析并画出 M1、M2、Y0 的波形。

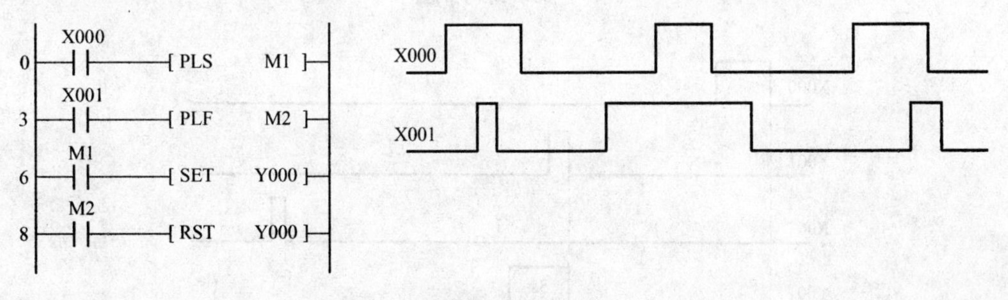

图 4-63　练习 6 图

7. 修改如图 4-64 所示梯形图并写出语句表。

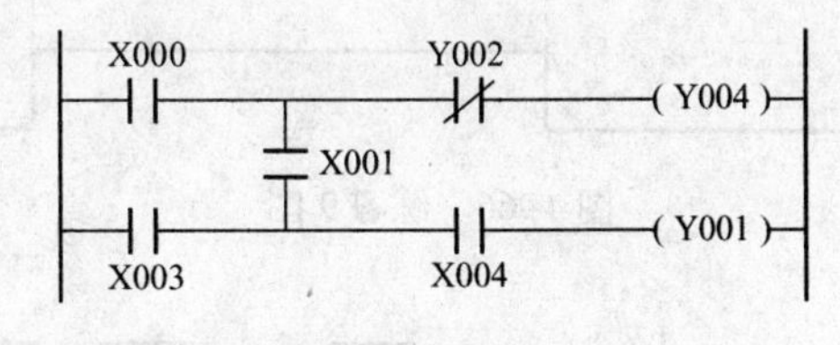

图 4-64　练习 7 图

8. 写出如图 4-65 所示梯形图的指令程序。并分别分析 Y001、Y002、Y003、Y004 要有输出各自需满足什么条件。

9. 设计满足如图 4-66 所示输入输出关系的梯形图和指令程序。

10. 分析如图 4-67 所示为几分频电路梯形图。补充 M0、M1 时序图，并在此基础上完成输出继电器 Y0 相对输入继电器 X0 的 4 分频电路梯形图设计。

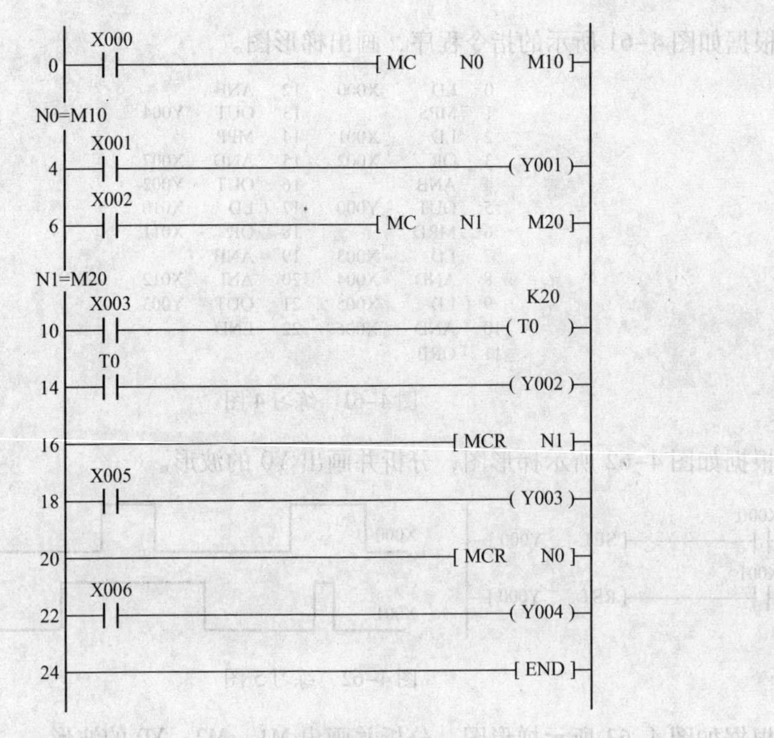

图 4-65　练习 8 图

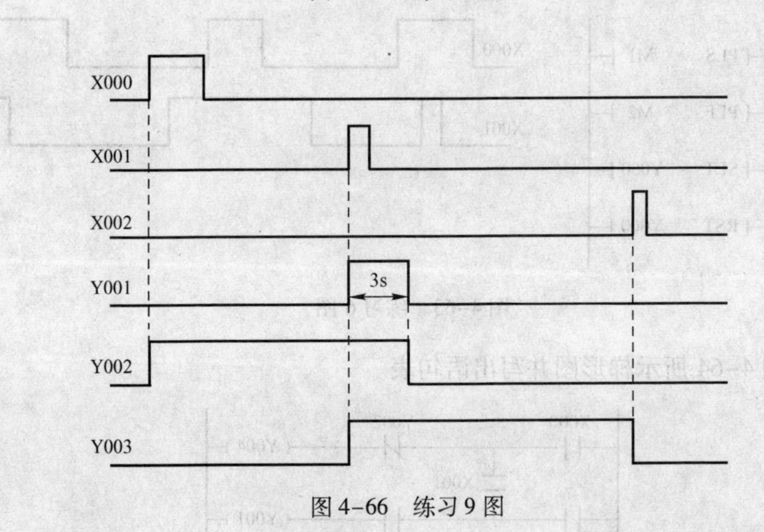

图 4-66　练习 9 图

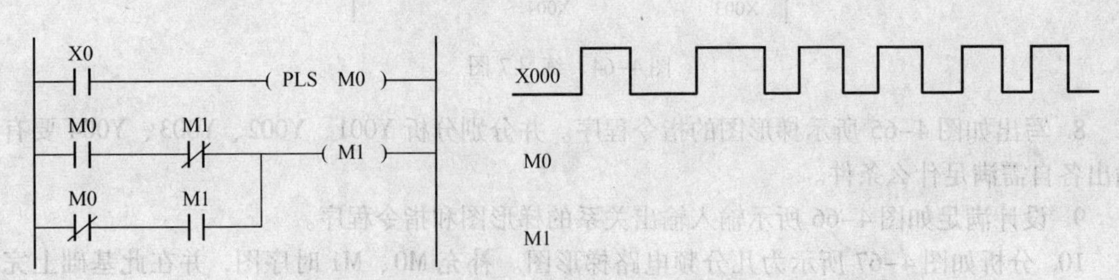

图 4-67　练习 10 图

11. 如图 4-68 所示梯形图，在 X0 接通并保持一定时间，请分析 Y0 的工作状态，在 X0 断开后，Y0 的状态又如何？

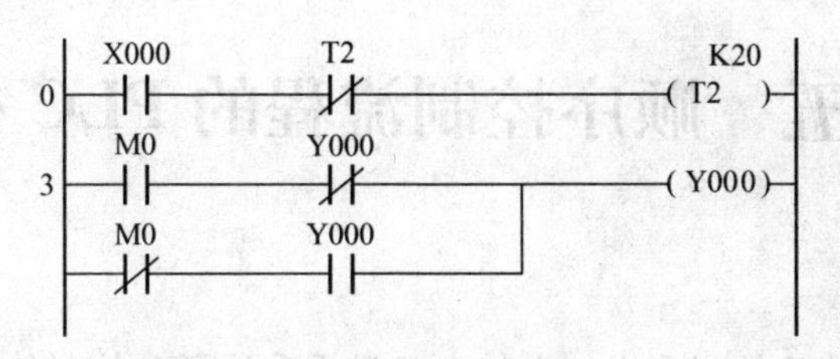

图 4-68　练习 11 图

12. 根据如图 4-69 所示的梯形图，画出 T0、T1、C0、Y1 的波形。

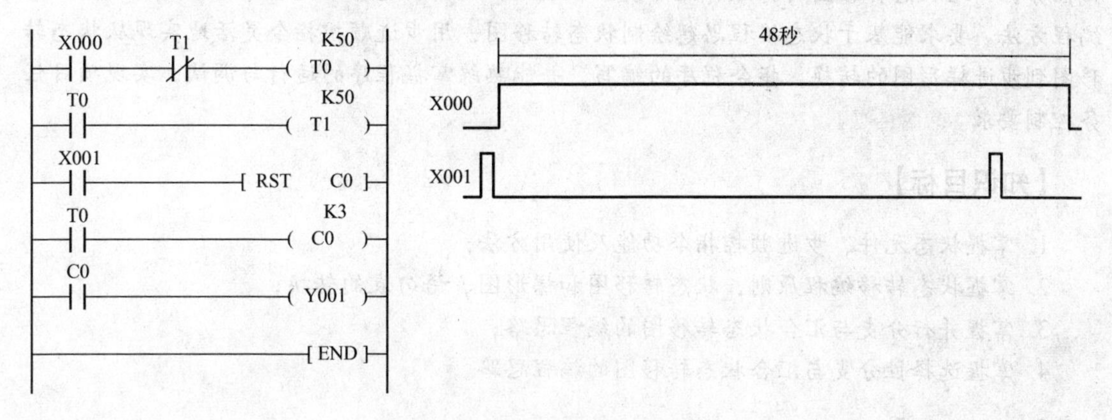

图 4-69　练习 12 图

13. 根据图 4-70 所示的电路图，（1）分析其工作原理；（2）将该图的控制电路改用 PLC 控制，要求 1）画出 PLC 的 I/O 端口连接图；2）画出相应的梯形图。

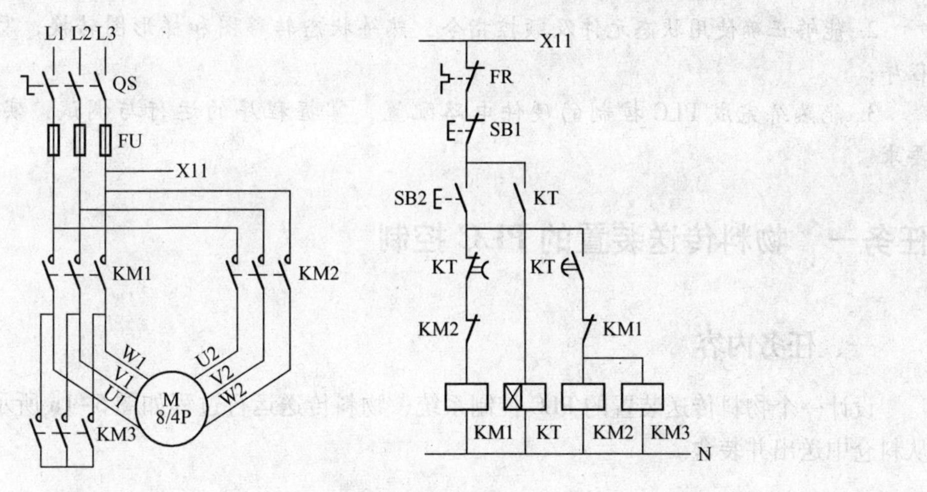

图 4-70　练习 13 图

项目五　顺序控制流程的 PLC 控制

【项目内容简介】

本项目针对顺序动作的控制要求，介绍专门用于系统顺序控制的步进顺控指令及其编程方法——顺序功能图法（Sequential Function Chat，SFC），也称状态转移图法。通过三个项目任务，介绍状态转移图的特点、设计步骤和单流程结构、选择分支和并行分支结构的状态编程方法。要求能基于状态编程思想绘制状态转移图，用步进顺控指令灵活地实现从状态转移图到步进梯形图的转换，指令程序的编写，并能熟练掌握程序的运行与调试，实现项目任务控制要求。

【知识目标】

1. 掌握状态元件、步进顺控指令功能及使用方法；
2. 掌握状态转移编程原则，状态转移图和梯形图、语句表的转换；
3. 掌握并行分支与汇合状态转移图的编程思路；
4. 掌握选择性分支与汇合状态转移图的编程思路。

【能力目标】

1. 能够针对顺序动作的控制要求，基于状态编程思想分析出顺序控制任务，画出状态转移图；

2. 能够正确使用状态元件及顺控指令，熟练状态转移图和梯形图转换，写出相应指令程序；

3. 能熟练完成 PLC 控制的硬件电路配置，掌握程序的运行与调试，实现任务控制要求。

任务一　物料传送装置的 PLC 控制

一、任务内容

设计一个物料传送装置的 PLC 控制系统，物料传送运行过程如图 5-1a 所示，完成物料从料仓中送出并装盒。

二、任务分析

物料传送动作流程为：A 缸伸出→B 缸伸出→A 缸缩回→B 缸缩回。采用气动控制，气动原理图如图 5-1b 所示。工作时，按下启动按钮，气缸 A 将工件推出料仓到指定位置 1SQ2 处，然后气缸 B 将其推送到 2SQ2 处。必须等气缸 A 的活塞杆回缩到尾端

1SQ1 处的时候，气缸 B 的活塞杆才能返回，最后停在 2SQ1 处。气缸 A、B 的活塞杆伸出到指定位置通过传感器来检测，气缸 A、B 的活塞杆退回到指定位置通过行程开关来检测。

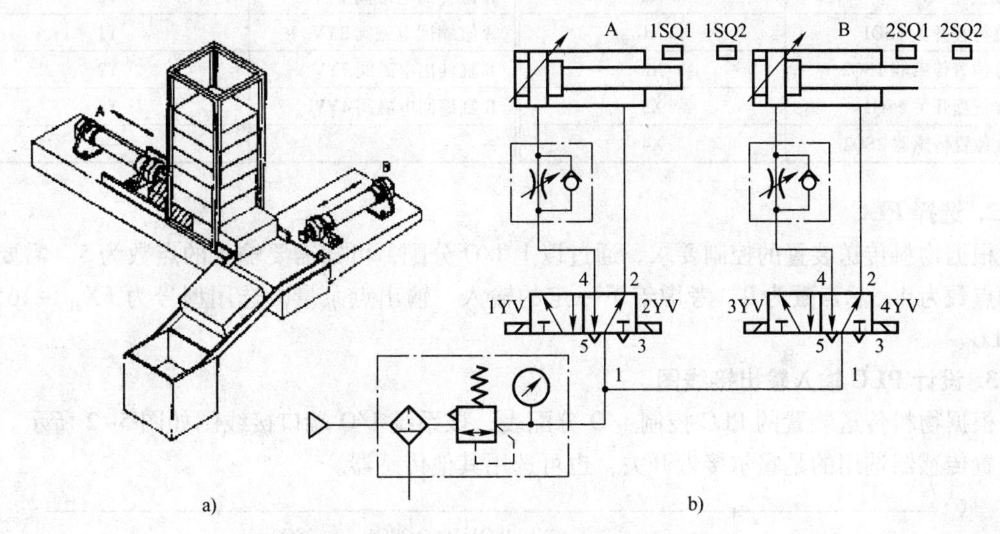

图 5-1　物料传送装置示意图与气动原理图

a）物料传送装置示意图　b）气动原理图

各电磁阀的动作状态如表 5-1 所示，“ + ”表示电磁阀线圈得电，“ - ”表示电磁阀线圈断电。

表 5-1　各电磁阀的动作状态表

电磁阀 缸动作	1YV	2YV	3YV	4YV	动 作 条 件
A 缸伸出	+	-	-	-	SB1
A 缸缩回	-	+	-	-	1SQ1
B 缸伸出	-	-	+	-	1SQ2
B 缸缩回	-	-	-	+	1SQ1

三、任务实施

1. 确定所需 PLC 软元件，并分配地址

根据系统控制要求，该装置连接到 PLC 的输入信号有启动按钮 SB1、A 缸活塞的行程限位装置 1SQ1、1SQ2，B 缸活塞的行程限位装置 2SQ1、2SQ2，其中位置 1SQ1 和 2SQ1 用行程开关检测，位置 1SQ2 和 2SQ2 用位置传感器检测；连接到 PLC 的输出信号有 A 缸伸出与缩回电磁阀 1YV、2YV，B 缸伸出与缩回电磁阀 3YV、4YV。输入/输出信号连接到 PLC 的元件号的定义如表 5-2 所示。

表 5-2　物料传送装置 PLC 控制输入输出点分配表

输入信号		输出信号	
名　称	输入点编号	名　称	输出点编号
启动按钮 SB1	X0	A 缸伸出电磁阀 1YV	Y0
A 缸行程开关 1SQ1	X1	A 缸缩回电磁阀 2YV	Y1
A 缸位置传感器 1SQ2	X2	B 缸伸出电磁阀 3YV	Y2
B 缸行程开关 2SQ1	X3	B 缸缩回电磁阀 4YV	Y3
B 缸位置传感器 2SQ2	X4	—	—

2. 选择 PLC

根据物料传送装置的控制要求，通过以上 I/O 分配，可知需要输入的点数为 5，需要输出的点数为 4，总点数为 9，考虑给予一定的输入、输出点余量，选用型号为 FX_{3U} -16MR 的 PLC。

3. 设计 PLC 输入输出接线图

根据物料传送装置的 PLC 控制 I/O 分配表，该系统 I/O 端口接线图如图 5-2 所示。图中位置传感器选用的是霍尔接近开关，也可选用其他传感器。

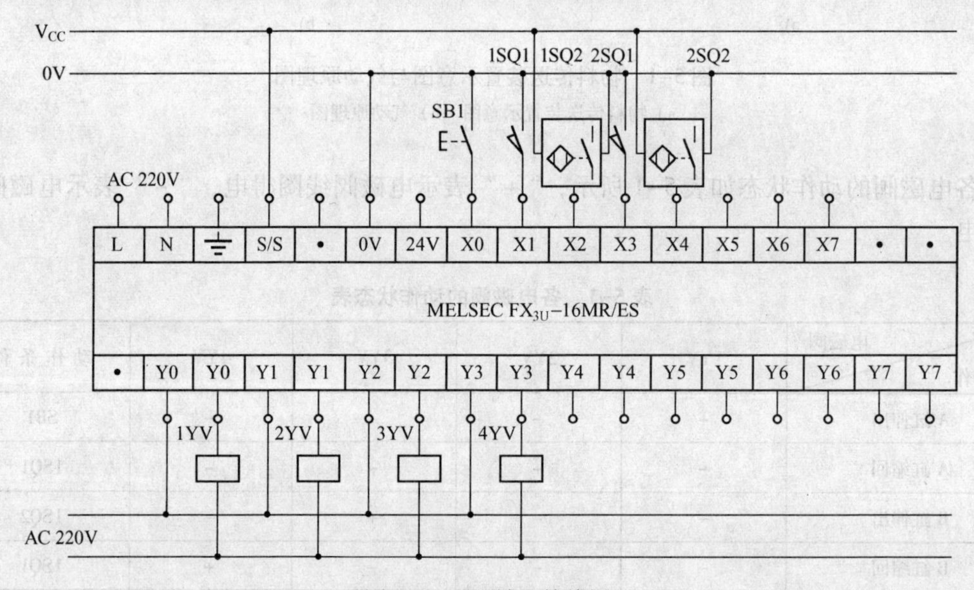

图 5-2　I/O 端口接线图

4. 工作流程图

根据物料传送控制的工作流程，我们可以将这个控制过程分解为若干个工序，弄清各个工序的工作细节（工序成立的条件、转移的条件和转移的方向），工作流程可得到一定的分解。如果我们将各个工序看成是一种工作状态，将各个工作状态，根据总的控制顺序要求联系起来，就形成了工作流程图。物料传送控制工作流程图如图 5-3 所示。

根据物料传送控制工作流程图，可得到这样一种构思：

（1）将复杂的任务或过程分解成若干个工序（工作状态）。无论多么复杂的过程均能分解为小的工序，这有利于程序的结构化设计。

（2）相对某一个具体的工序来说，控制任务实现了细化，给局部程序的编制带来了

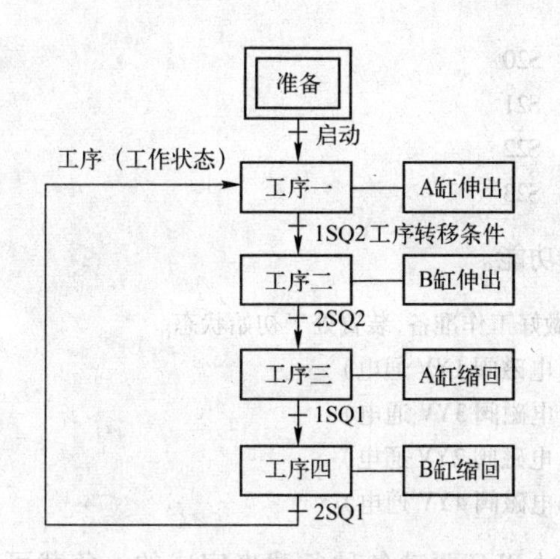

图 5-3　物料传送控制工作流程图

方便。

(3) 整体程序是局部程序的综合，只要弄清各工序成立的条件、工序转移的条件和转移的方向，就可进行状态转移图的设计。

(4) 工作流程图很容易理解，可读性很强，能清晰地反映全部控制动作过程。

直观的工作流程图，有利于复杂逻辑关系的分解与综合，以工作流程图进行控制程序的设计构思，就是状态转移图的雏形。

相关知识点——FX_{3U} 系列 PLC 的状态元件

要实现物料传送装置控制要求，对于上述状态转移图中的各个工序（状态）需要用 PLC 的状态继电器来实现。在 PLC 的编程元件中有一类为状态继电器（S），它就是构成状态转移图的基本元素。各状态继电器可用来表示工作流程图中每一个工作状态。FX_{3U} 系列 PLC 的状态继电器的分类、编号、数量及用途如表 5-3 所示。

表 5-3　FX_{3U} 系列 PLC 的状态继电器的分类、编号、数量及用途

类　别	FX_{3U} 系列	用　途
初始状态	S0～S9，10 点	用于 SFC 的初始状态
一般状态	S10～S499，490 点	用于 SFC 的中间状态
停电保持状态	S500～S899，400 点	用于停电保持状态
停电保持专用状态	S1000～S4095，3096 点	停电保持特性可以通过参数变更
信号报警状态	S900～S999，100 点	用作报警元件

5. 状态转移图

状态转移图设计步骤可分为任务分解、理解每个状态功能、找出每个状态的转移条件及转移方向、设置初始状态这 4 个阶段。

(1) 任务分解。将物料传送的整个工作过程按工作顺序进行分解，每个工序对应一个状态，并分配状态元件如下：

初始状态　　　　S0

A 缸伸出状态　　S20
B 缸伸出状态　　S21
A 缸缩回状态　　S22
B 缸缩回状态　　S23

（2）理解每个状态的功能。

S0	PLC 上电做好工作准备,装置处于初始状态
S20	A 缸伸出(电磁阀 1YV 通电)
S21	B 缸伸出(电磁阀 3YV 通电)
S22	A 缸缩回(电磁阀 2YV 通电)
S23	B 缸缩回(电磁阀 4YV 通电)

各个状态的功能是通过 PLC 驱动各种负载来完成的。负载可由状态元件直接驱动，也可由与其他软元件触点的逻辑组合驱动。

（3）找出每个状态的转移条件和转移方向。状态转移条件即在什么条件将下一个状态“激活”。状态转移图就是由状态、状态转移条件和转移方向构成的流程图，弄清转移条件是必要的。

根据控制要求分析可得，物料传送控制状态转移条件如下：

S0	转移条件	X0、X1、X3	A 缸在初始位置,并按下启动按钮
S20	转移条件	X2	A 缸伸出到位置传感器 1SQ2
S21	转移条件	X4	B 缸伸出到位置传感器 2SQ2
S22	转移条件	X1	A 缸缩回到行程开关 1SQ1
S23	转移条件	X3	B 缸缩回到行程开关 2SQ1

状态转移条件可以是单一的，也可以由多个元件的串、并联组合。

（4）设置初始状态。初始状态可由其他状态驱动，但运行开始必须用其他方法预先做好驱动，否则状态流程不能向下进行。一般用系统的初始条件，若无初始条件，可用 M8002（特殊功能辅助继电器，PLC 从 STOP 到 RUN 切换时的初始脉冲）进行驱动。

经过上述 4 步，可得物料传送控制的状态转移图，如图 5-4 所示。

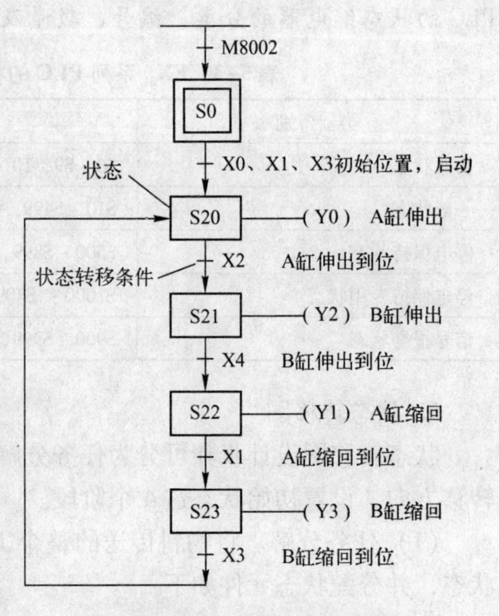

图 5-4　物料传送的状态转移图

在状态转移图中，若对应的状态是开启的（即“激活状态”），则状态的负载驱动和转移才有可能发生。若对应的状态是关闭的，则负载驱动和状态转移就不能发生。因此，除初始状态外，其他所有状态只有在其前一个状态处于激活且转移条件成立时才能开启。同时，下一个状态一旦被“激活”，上一个状态就自动关闭。这样，状态转移图的分析就变得条理十分清楚，无需考虑状态间的复杂连锁关系。另外，这也方便程序的阅读理解，使程序的试运行、调试、故障检查与排除变得非常容易，这就是运用状态编程思想解决顺序控制问题的优点。

可见，状态转移图比较形象、直观且可读性好，清晰地反映了控制的全过程。而且，它将一个复杂的控制过程，分解成若干个状态，起到了化繁为简的作用，也符合结构化程序设计的特点。

相关知识点——步进顺控指令

为满足顺序控制，即按照生产工艺的流程顺序，在各个输入信号及内部编程元件的作用下，使各个执行机构自动有序地运行，三菱 FX 系列 PLC，在基本逻辑指令之外还增加了两条简单的步进顺控指令，同时辅以状态继电器，状态转移图来编制顺序控制程序。这两条步进顺控指令为：

（1）步进接点指令（STL 指令，梯形图符号为［STL］）。STL 指令用于激活某个“状态”，该指令下的电路被处理，即该状态的负载可以被驱动。

（2）步进返回指令（RET 指令，梯形图符号为［RET］）。RET 指令用于状态流程结束。状态转移程序的结尾必须使用 RET 指令。

6. 单流程步进梯形图

单流程状态转移图是状态转移图中最基本的结构流程，由按顺序排列、依次有效的状态序列组成，每个状态的后面只跟一个转移条件，每个转移条件后面也只连接一个状态，图 5-4 所示的状态转移图就是一个单流程的结构图。

在梯形图中使用步进接点指令和步进返回指令，可以把状态转移图转换成相应的步进梯形图和指令表。如图 5-5 所示。

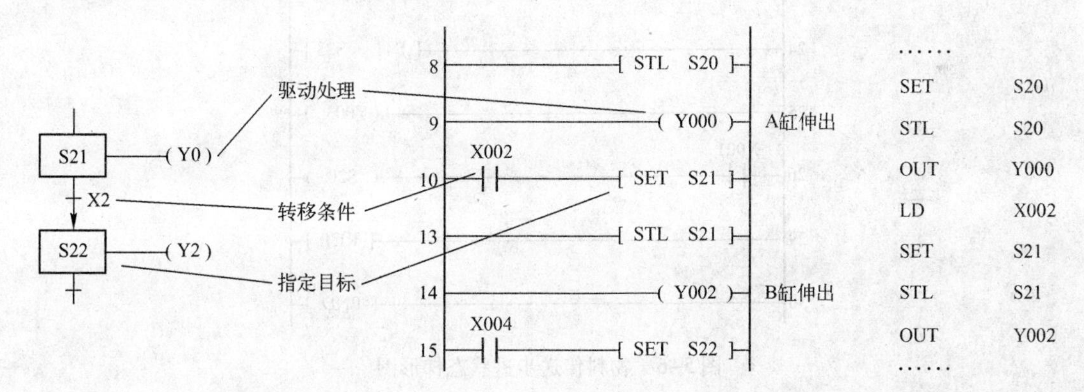

图 5-5　步进接点指令构成的状态转移图和步进梯形图的对应关系

STL 指令用于激活某个“状态”，活动步的电路被处理，即该步的负载线圈可以被驱动。当该步后面的转移条件被满足时，就执行转移，即后续步对应的状态继电器被 SET 或 OUT 指令置位，后续步变为活动步，同时原活动步对应的状态继电器被系统程序自动复位，原活动步对应的 STL 触点断开，其后面的负载线圈复位（SET 指令驱动的除外）。

所以 STL 触点驱动的电路块具有 3 个功能（要素）：

1）对负载驱动处理；

2）指定转移条件；

3）指定转换目标。

7. 物料传送控制程序设计

（1）物料传送控制步进梯形图，如图 5-6 所示。

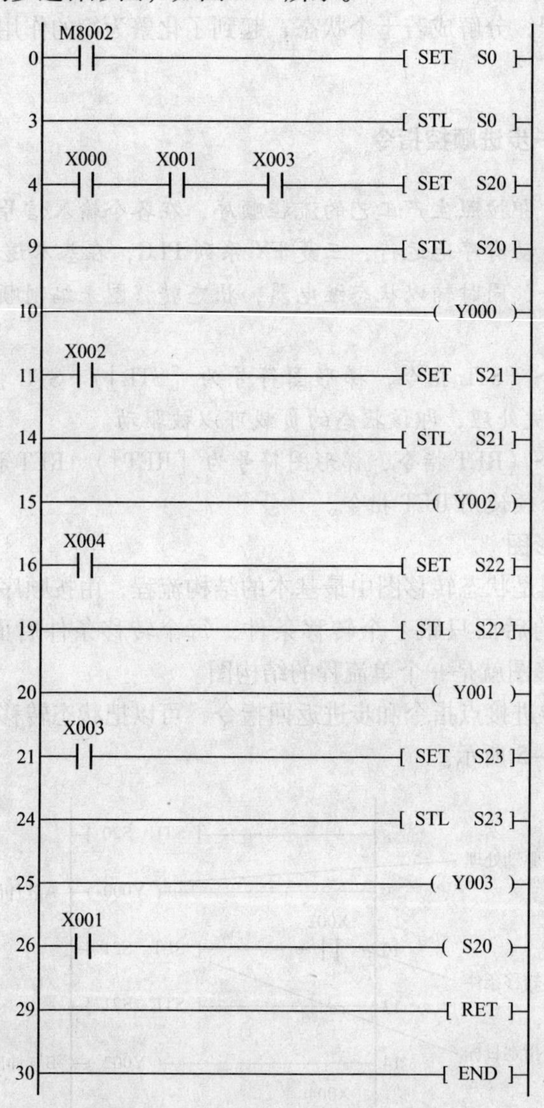

图 5-6　物料传送步进状态梯形图

（2）物料传送控制指令表如下：

0	LD	M8002	15	OUT	Y002
1	SET	S0	16	LD	X004
3	STL	S0	17	SET	S22
4	LD	X000	19	STL	S22
5	AND	X001	20	OUT	Y001
6	AND	X003	21	LD	X003
7	SET	S20	22	SET	S23

9	STL	S20	24	STL	S23
10	OUT	Y000	25	OUT	Y003
11	LD	X002	26	LD	X001
12	SET	S21	27	OUT	S20
14	STL	S21	29	RET	
			30	END	

（3）步进顺控的编程原则为：先进行负载驱动处理，然后进行状态转移处理。具体如下：

……

SET	S20	用 SET 指令指定某一状态
STL	S20	用 STL 指令激活该状态
OUT	Y000	进行该状态下的负载驱动处理
LD	X002	用 LD 指令装载转移条件
SET	S21	进行转移处理,指定下一个状态

……

（4）编程要点及注意事项如下：

① 状态编程顺序为先进行驱动，再进行转移，不能颠倒。

② 对状态处理，编程时必须使用步进接点指令 STL。

③ 程序的最后必须使用步进返回指令 RET，返回主母线。

④ 驱动负载使用 OUT 指令。当同一负载需要连续多个状态驱动，可使用多重输出，也可使用 SET 指令将负载置位，等到负载不需驱动时用 RET 指令将其复位。在状态编程中，不同时“激活”的“双线圈”是允许的。另外相邻状态使用的 T、C 元件，编号不能相同。

⑤ 负载的驱动、状态转移条件可能为多个元件的逻辑组合，视具体情况，按串、并联关系处理，不能遗漏。

⑥ 若为顺序不连续转移（单流程跳转），不能使用 SET 指令进行状态转移，应该用 OUT 指令进行状态转移，如图 5-7 所示。

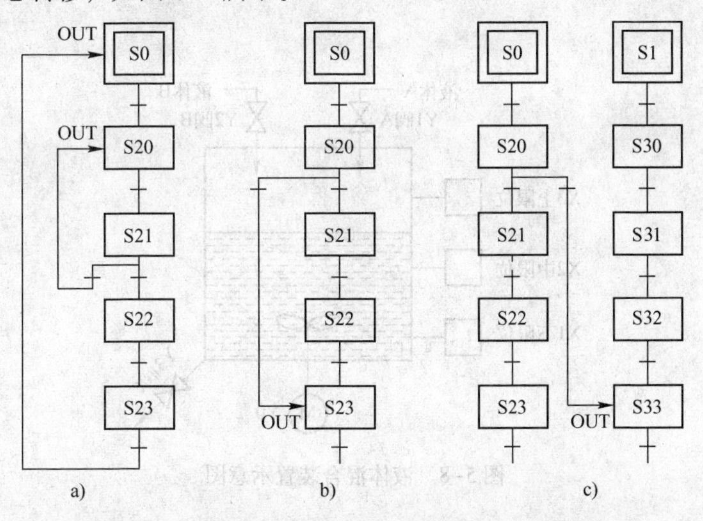

图 5-7 顺序不连续转移（单流程跳转）的状态转移图

a）向前跳转 b）向后跳转 c）流程间跳转

⑦ 在 STL 与 RET 指令之间不能使用 MC、MCR 指令。

⑧ 初始状态可由其他状态驱动，但运行开始必须用其他方法预先做好驱动，否则状态流程不可能向下进行。一般用系统的初始条件，若无初始条件，可用 M8002（PLC 从 STOP→RUN 切换时的初始脉冲）进行驱动。

⑨ 若需在停电恢复后原状态运行时，可使用 S500→S4095 停电保持状态。

主要知识点：

- PLC 的状态元件 S 及其分类、编号及用途
- 状态转移图（SFC 图）的概念和绘制要素
- 步进顺控指令：STL 指令、RET 指令的功能和使用
- 将状态转移图转换为步进梯形图
- 步进顺控编程原则、要点及注意事项

训练项目六　液体混合的 PLC 控制

一、项目内容

液体混合装置示意如图 5-8 所示，上限位、下限位和中限位液位传感器被液体淹没时为 ON。阀 A、阀 B 和阀 C 为电磁阀，线圈得电时打开，线圈失电时关闭。开始时容器是空的，各阀门均关闭，各传感器均为 OFF。按下启动按钮后，打开阀 A，液体 A 流入容器，中限位开关变为 ON 时，关闭阀 A，打开阀 B，液体 B 流入容器。当液面到达上限位开关时，关闭阀 B，搅拌电动机 M 开始运行，搅动液体，6 s 后停止搅动，打开阀 C，放出混合液，当液面降至下限位开关之后再过 2 s，容器放空，关闭阀 C，打开阀 A，又开始下一周期的操作。按下停止按钮，在当前工作周期的操作结束后，才停止操作（停止在初始状态）。

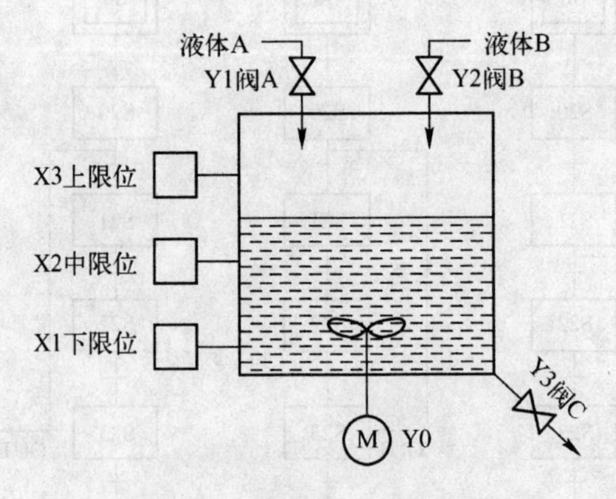

图 5-8　液体混合装置示意图

该系统的顺序控制过程为：初始状态→进液体 A→进液体 B→搅拌→放混合液。

二、实施思路

观察：根据示意图，了解液体混合过程；

分析：根据液体混合的整个工作过程按动作顺序进行任务分解；

理解：进行 PLC 输入输出端口分配，根据状态编程思想，设计状态转移图，利用步进指令，设计步进梯形图，并写出指令表；

实施：完成 PLC 输入输出端口电路的连接、程序的运行与调试；

思考：分析调试过程中出现问题的原因，提出解决方法。

三、实施过程

1. 确定所需 PLC 软元件并分配地址

分析项目内容，确定本训练项目所需的 PLC 软元件，并分配地址。如表 5-4 所示。

表 5-4　液体混合的 PLC 控制 I/O 分配表

输入信号		输出信号	
名　称	输入点编号	名　称	输出点编号
启动按钮	X0	搅拌电动机 M	Y0
下限位开关	X1	阀 A	Y1
中限位开关	X2	阀 B	Y2
上限位开关	X3	阀 C	Y3
停止按钮	X4	—	—

2. 设计 PLC 输入输出接线图

根据所选用的 PLC 类型、输入输出地址分配表、PLC 的控制对象的额定电压等设计的 PLC 输入输出端口接线图。

3. 控制程序设计

设计状态转移图，利用步进指令，转换为步进梯形图，编写 PLC 控制程序。

4. 完成 PLC 输入输出接线

接通 PLC 电源，检查所有的输入信号能否可靠地被 PLC 接收，若所选用的 PLC 输入端子是漏型，则在输入（X）端子和 0 V 端子之间连接无电压触点，导通时对应的输入（X）为 ON 状态。此时，PLC 面板上显示输入用的 LED 灯亮。如按下按钮 SB1（若 SB1 接 PLC 的 X3 端口），PLC 面板“IN”区，编号为“3”的 LED 灯被点亮；断开时，该指示灯熄灭，说明按钮 SB1 接线正确，动作可靠。按此方法依次检查其他输入信号，确保输入接线正确，信号动作正常。

5. 连接 PLC 与计算机

连接计算机的 USB 端口与 PLC 编程口，在连接时请断开计算机和 PLC 电源。连接完毕后，接通计算机和 PLC 电源。打开 PLC 的 GX Works2 软件，设置通信端口和通信参数，确保计算机和 PLC 通信正常。

6. 编写程序并下载

打开 PLC 的 GX Works2 软件，创建新工程，选择所用 PLC 类型，在编程界面中输入所编写的图 5-9 所示的液体混合控制 PLC 梯形图或指令程序，然后将程序下载到 PLC 中。

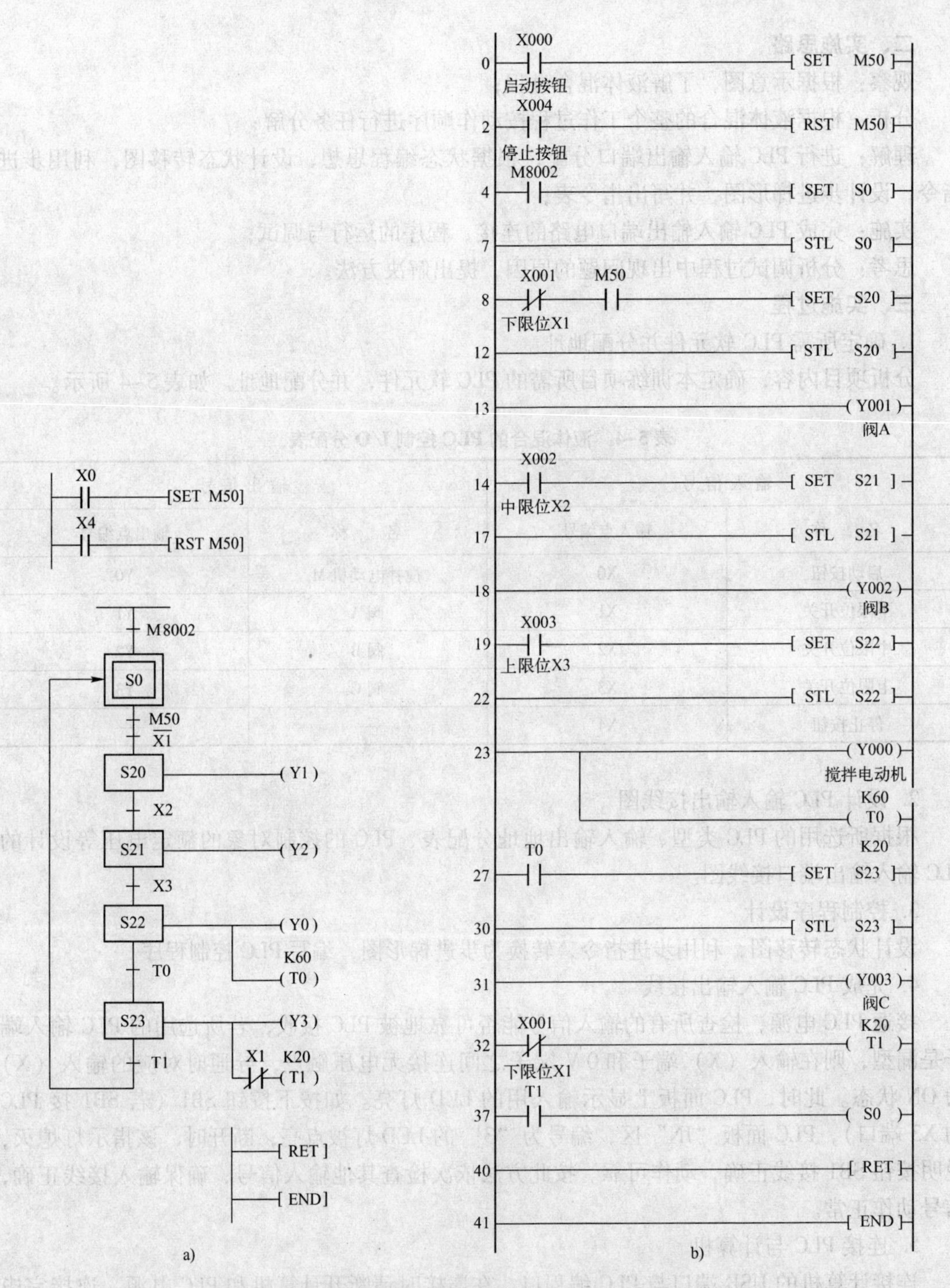

图5-9 液体混合装置控制系统的状态转移图和步进梯形图

a）状态转移图 b）步进梯形图

7. 运行调试

按要求确定实施方案，将实施方案或结果出现异常的原因分析和处理方法记录在表5-5中。

表 5-5 实施过程、实施方案或结果、出现异常的原因和处理方法记录表

序号	实施过程	实施要求	实施方案或结果	异常原因分析及处理方法
1	电路绘制	1. 列出 PLC 控制 I/O 口元件地址分配表		
		2. 写出 PLC 类型及相关参数		
		3. 画出 PLC I/O 口接线图		
2	编写程序并下载	1. 编写梯形图和指令程序		
		2. 写出 PLC 与计算机的连接方法，及通信参数设置		
3	运行调试	1. 总结输入信号是否正常的测试方法，举例说明操作过程和显示结果		
		2. 详细记录每一步操作过程中，输入、输出信号状态的变化，并分析是否正确，若出错，分析并写出原因及处理方法		
		3. 举例说明某监控画面处于什么运行状态		
4	拓展	如何实现三种液体混合的 PLC 控制		

任务二 大、小球分拣系统的 PLC 控制

一、任务内容

图 5-10 为大、小球分拣系统的传送装置示意图。该系统的主要功能是将大球放在大容器中，小球放在小容器中，机械手动作顺序为下降、吸球、上升、右行、下降、释放、上

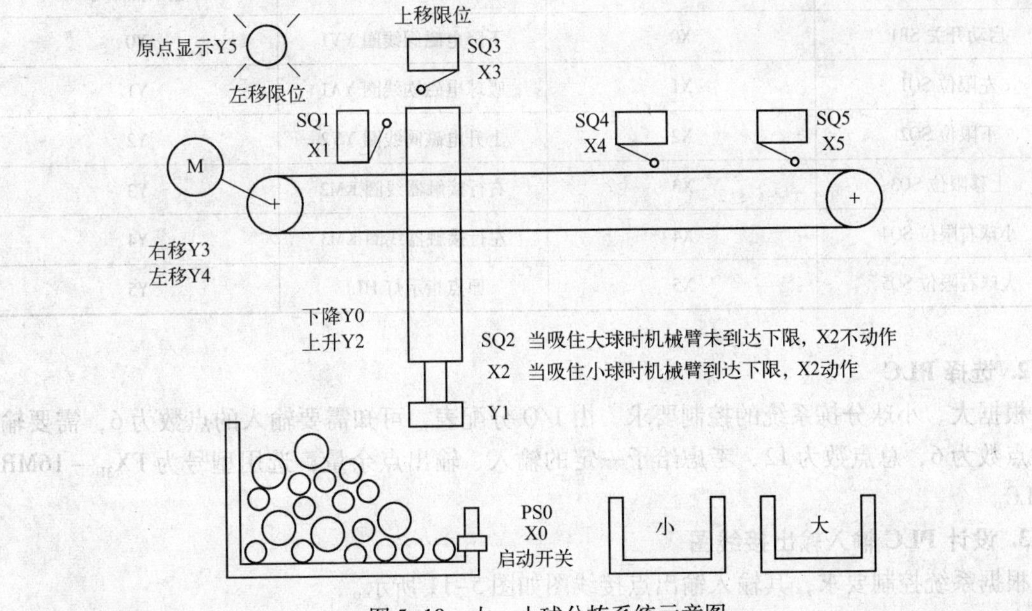

图 5-10 大、小球分拣系统示意图

升、左行。为保证安全操作，要求机械臂必须在原点状态时（即初始位置：左移到左限位装置 SQ1 处，上升到上限位装置 SQ3 处，磁铁在松开状态）才能启动运行。要求每次启动运行后，在完成一个工作周期后机械臂回到原点并停止。

二、任务分析

根据示意图所示，左上点为原点，机械臂下降（当碰铁压着的是大球时，限位开关 SQ2 断开，而压着的是小球时 SQ2 接通，以此可判断是大球还是小球）。左、右移分别由 Y4、Y3 控制，上升、下降分别由 Y2、Y0 控制，将球吸住由 Y1 控制。动作顺序如下：

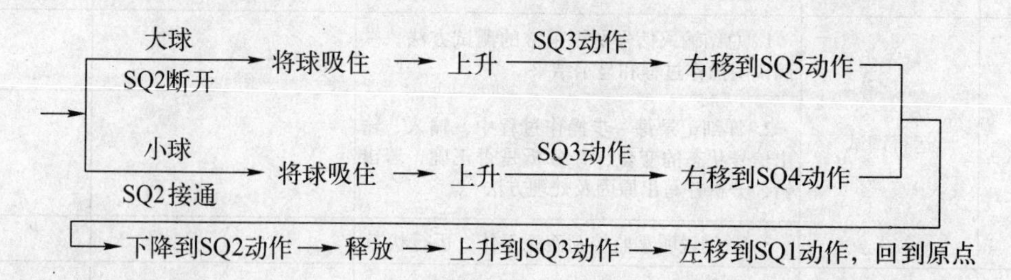

从动作顺序上来看，对应大、小球有两条分支，SQ2 的状态是分支点。

三、任务实施

1. 确定所需 PLC 软元件，并分配地址

大、小球分拣系统 PLC 控制 I/O 分配表如表 5-6 所示。

表 5-6　大、小球分拣系统 PLC 控制 I/O 分配表

输入信号		输出信号	
名　称	输入点编号	名　称	输出点编号
启动开关 SB1	X0	下降电磁阀线圈 YV1	Y0
左限位 SQ1	X1	吸球电磁铁线圈 YA1	Y1
下限位 SQ2	X2	上升电磁阀线圈 YV2	Y2
上移限位 SQ3	X3	右行接触器线圈 KM2	Y3
小球右限位 SQ4	X4	左行接触器线圈 KM3	Y4
大球右限位 SQ5	X5	原点指示灯 HL1	Y5

2. 选择 PLC

根据大、小球分拣系统的控制要求，由 I/O 分配表，可知需要输入的点数为 6，需要输出的点数为 6，总点数为 12，考虑给予一定的输入、输出点余量，选用型号为 $FX_{3U}-16MR$ 的 PLC。

3. 设计 PLC 输入输出接线图

根据系统控制要求，其输入输出点接线图如图 5-11 所示。

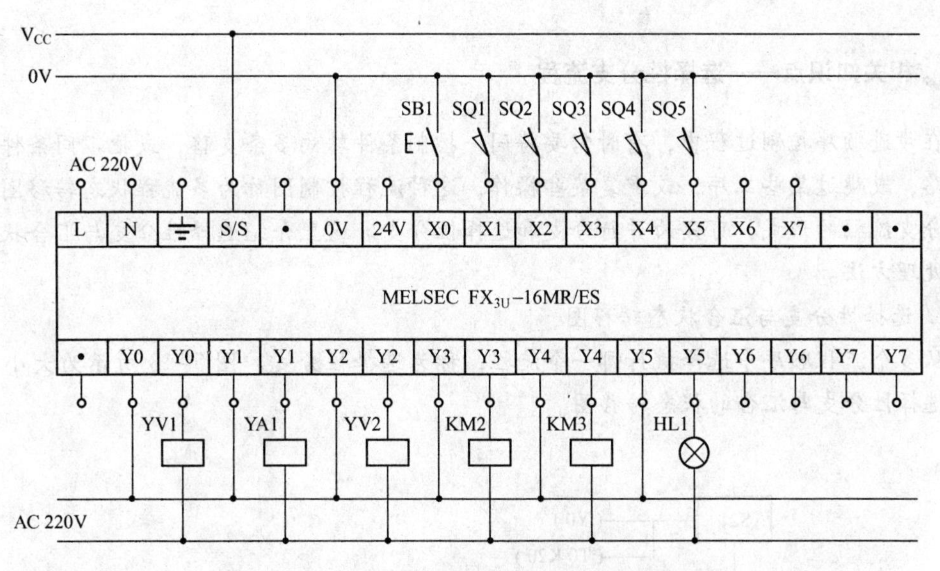

图 5-11　大、小球分拣系统输入输出点接线图

4. 状态转移图

根据工艺要求，该控制流程可根据 SQ2 的状态（即碰铁压到的是大球还是小球）有两个分支，此处应为分支点，且属于选择性分支。分支在机械臂下降之后根据 SQ2 的通断，分别将球吸住、上升、右行到 SQ4 或 SQ5 处下降，此处应为汇合点。然后再释放、上升、左移到原点。其状态转移图如图 5-12 所示。

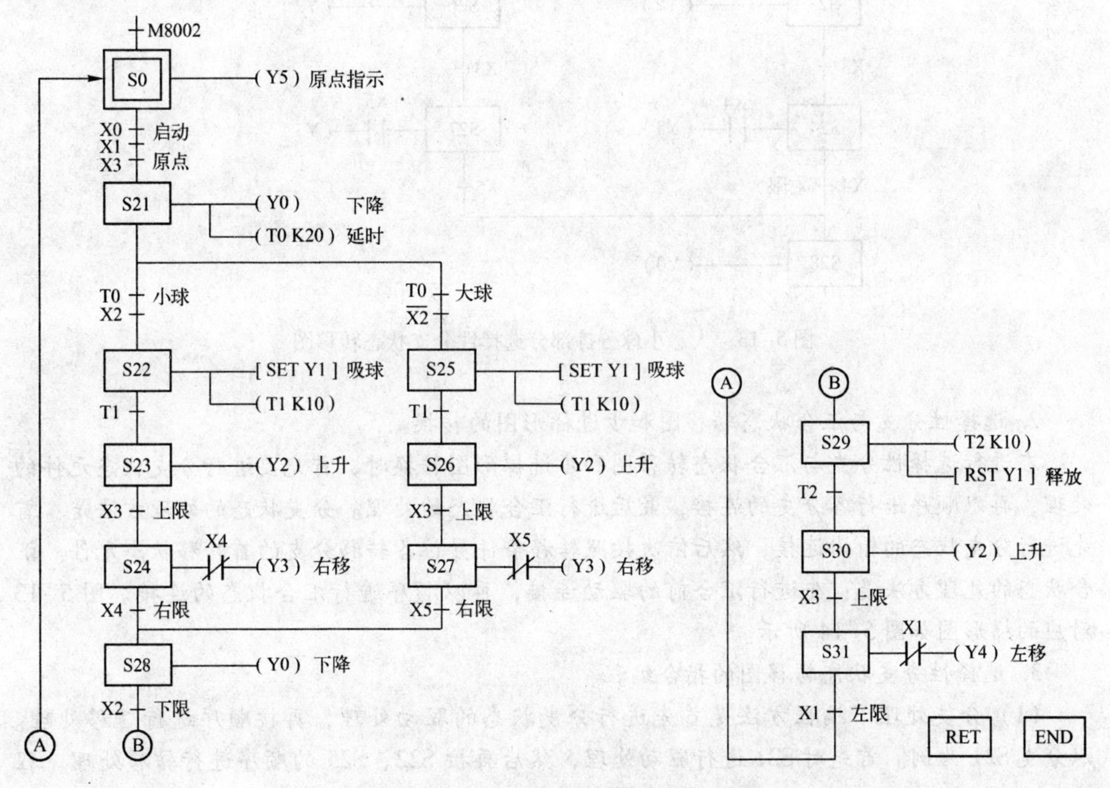

图 5-12　大、小球分拣系统状态转移图

相关知识点——选择性分支流程

在步进顺序控制过程中，有时需要将同一控制条件转向多条支路，或把不同条件转向同一支路，或跳过某些工序，或重复某些操作，这种流程控制图称为多流程状态转移图。根据转向分支流程的形式，可分为并行分支和选择性分支。这里介绍选择性分支与汇合状态转移图的处理方法。

1. 选择性分支与汇合状态转移图

从多个流程顺序中选择执行哪一个流程，称为选择性分支。图 5-13 所示为大小球分拣部分选择性分支与汇合的状态转移图。

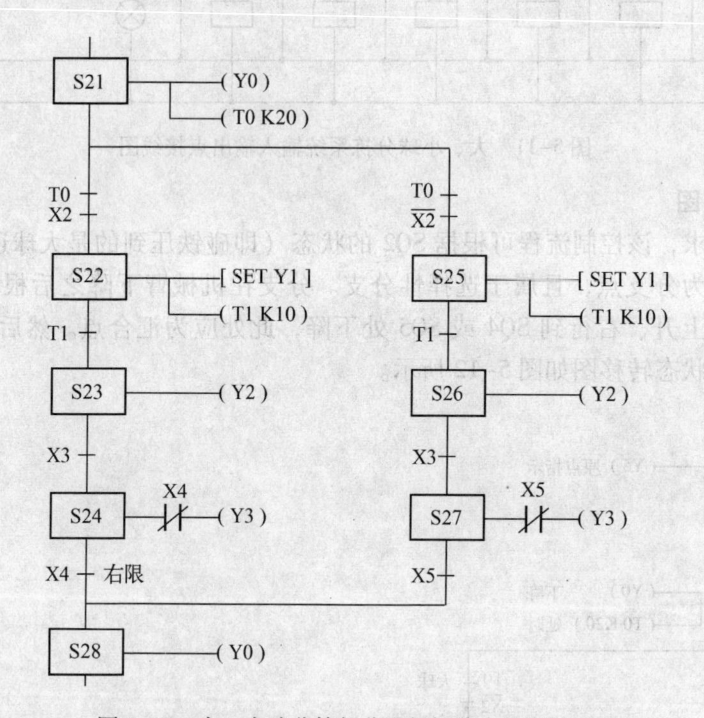

图 5-13　大、小球分拣部分选择性分支状态转移图

2. 选择性分支与汇合状态转移图和步进梯形图的转换

在进行选择性分支与汇合状态转移图和步进梯形图转换时，首先要进行分支状态元件的处理，再以顺序进行各分支的连接，最后进行汇合状态的处理。分支状态的处理方法是：首先进行分支状态的输出连接，然后依次按照转移条件置位各转移分支的首转移状态元件。汇合状态的处理方法是：先进行汇合前的驱动连接，再以顺序进行汇合状态的连接。图 5-13 对应的梯形图如图 5-14 所示。

3. 选择性分支状态转移图的指令编程

(1) 分支处理　编程方法是首先进行分支状态的驱动处理，再按顺序进行转移处理。以分支 S21 为例。首先对 S21 进行驱动处理，然后再按 S22、S25 的顺序进行转移处理。程序如下：

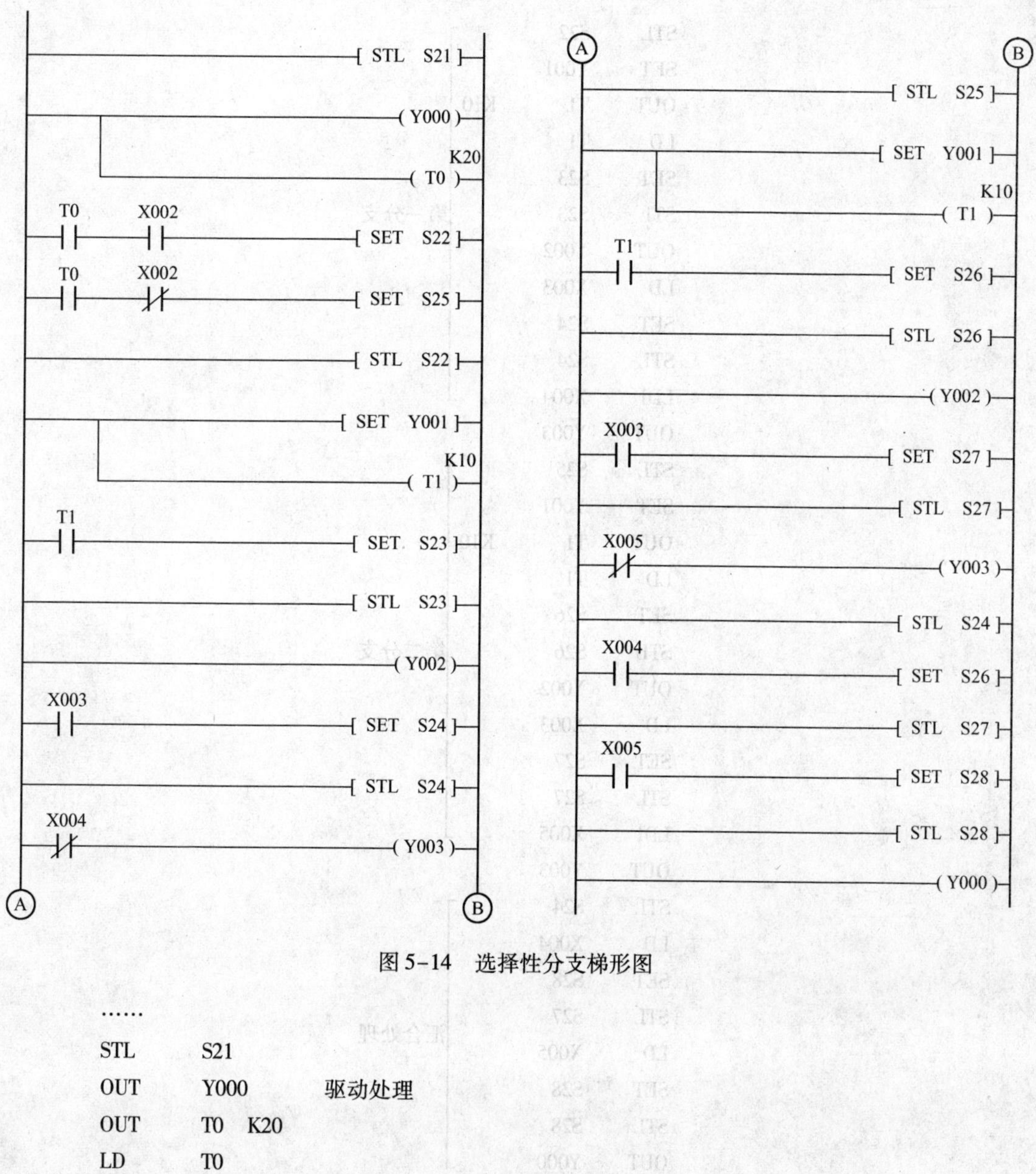

图 5-14　选择性分支梯形图

```
……
STL     S21
OUT     Y000          驱动处理
OUT     T0   K20
LD      T0
AND     X002
SET     S22           向第一分支转移
LD      T0
ANI     X002
SET     S25           向第二分支转移
……
```

（2）并行汇合处理　编程方法是首先进行汇合前状态的驱动处理，然后按顺序进行汇合状态的转移处理，以汇合状态 S28 为例。按照并行汇合的编程方法，应先进行汇合前的输出处理，即按分支顺序对 S24、S27 进行输出处理，然后依次进行从 S24（第一分支）、S27（第二分支）向 S28 的转移。程序如下：

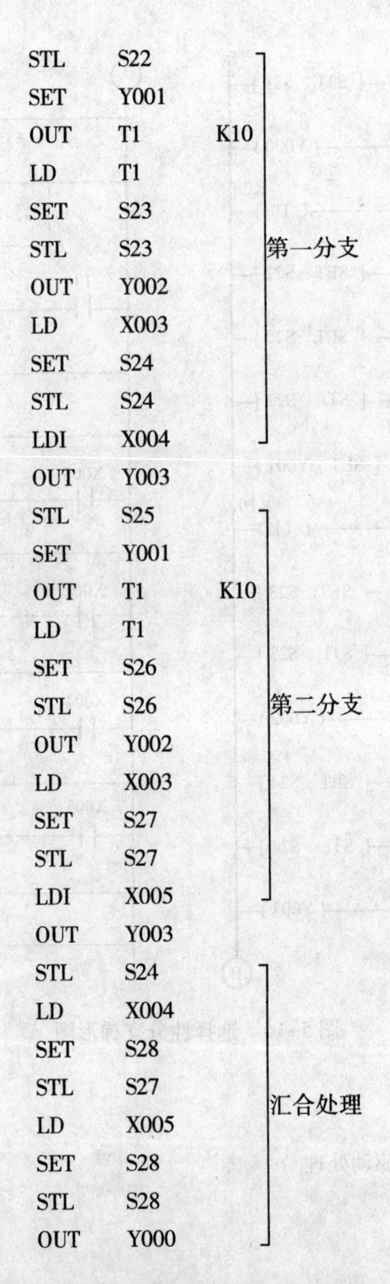

STL	S22		第一分支
SET	Y001		
OUT	T1	K10	
LD	T1		
SET	S23		
STL	S23		
OUT	Y002		
LD	X003		
SET	S24		
STL	S24		
LDI	X004		
OUT	Y003		
STL	S25		第二分支
SET	Y001		
OUT	T1	K10	
LD	T1		
SET	S26		
STL	S26		
OUT	Y002		
LD	X003		
SET	S27		
STL	S27		
LDI	X005		
OUT	Y003		
STL	S24		汇合处理
LD	X004		
SET	S28		
STL	S27		
LD	X005		
SET	S28		
STL	S28		
OUT	Y000		

5. 大、小球分拣系统完整的步进梯形图和指令程序设计

0	LD	M8002
1	SET	S0
3	STL	S0
4	OUT	Y005
5	LD	X000
6	AND	X001
7	AND	X003

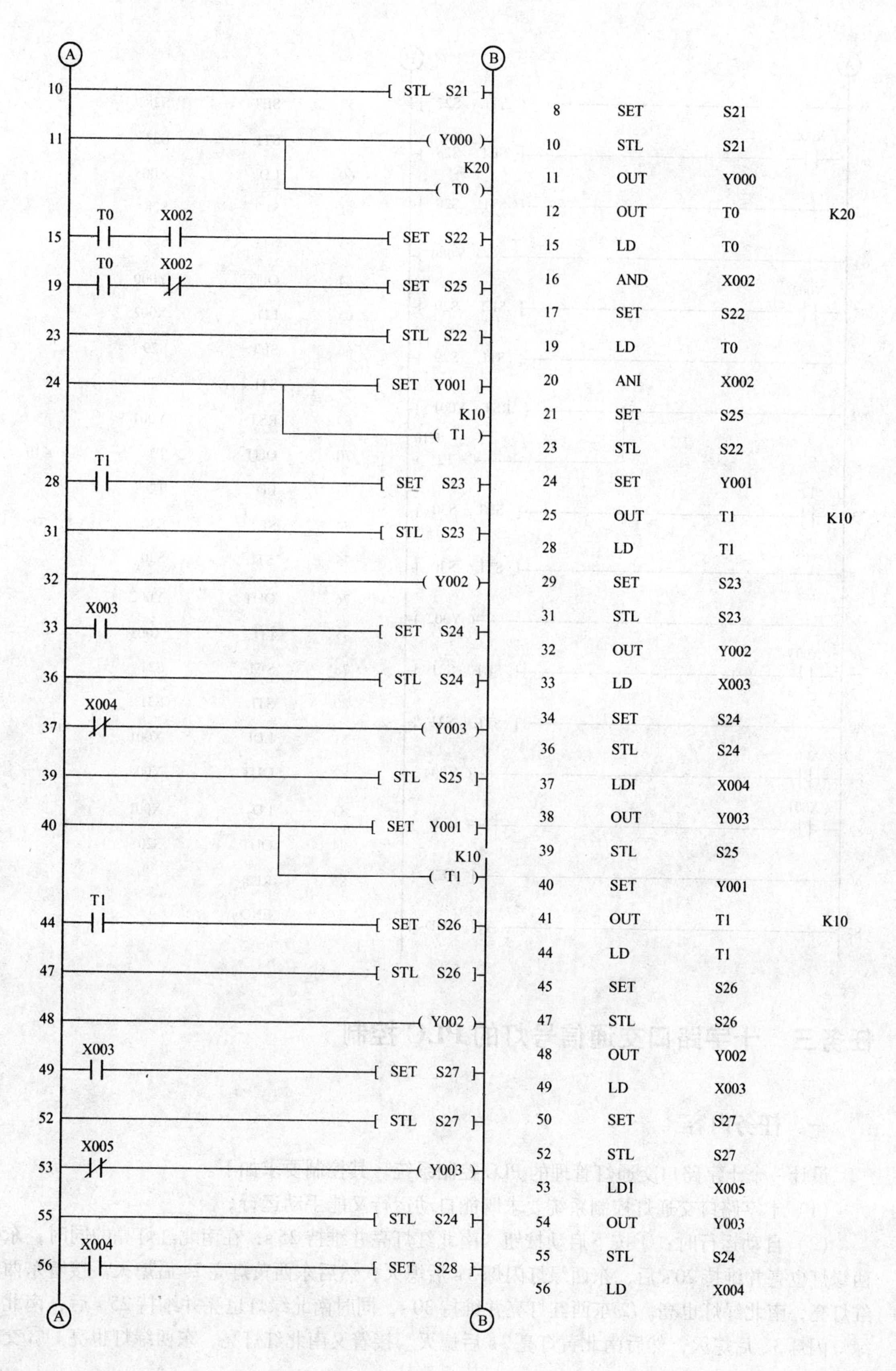

8	SET	S21	
10	STL	S21	
11	OUT	Y000	
12	OUT	T0	K20
15	LD	T0	
16	AND	X002	
17	SET	S22	
19	LD	T0	
20	ANI	X002	
21	SET	S25	
23	STL	S22	
24	SET	Y001	
25	OUT	T1	K10
28	LD	T1	
29	SET	S23	
31	STL	S23	
32	OUT	Y002	
33	LD	X003	
34	SET	S24	
36	STL	S24	
37	LDI	X004	
38	OUT	Y003	
39	STL	S25	
40	SET	Y001	
41	OUT	T1	K10
44	LD	T1	
45	SET	S26	
47	STL	S26	
48	OUT	Y002	
49	LD	X003	
50	SET	S27	
52	STL	S27	
53	LDI	X005	
54	OUT	Y003	
55	STL	S24	
56	LD	X004	

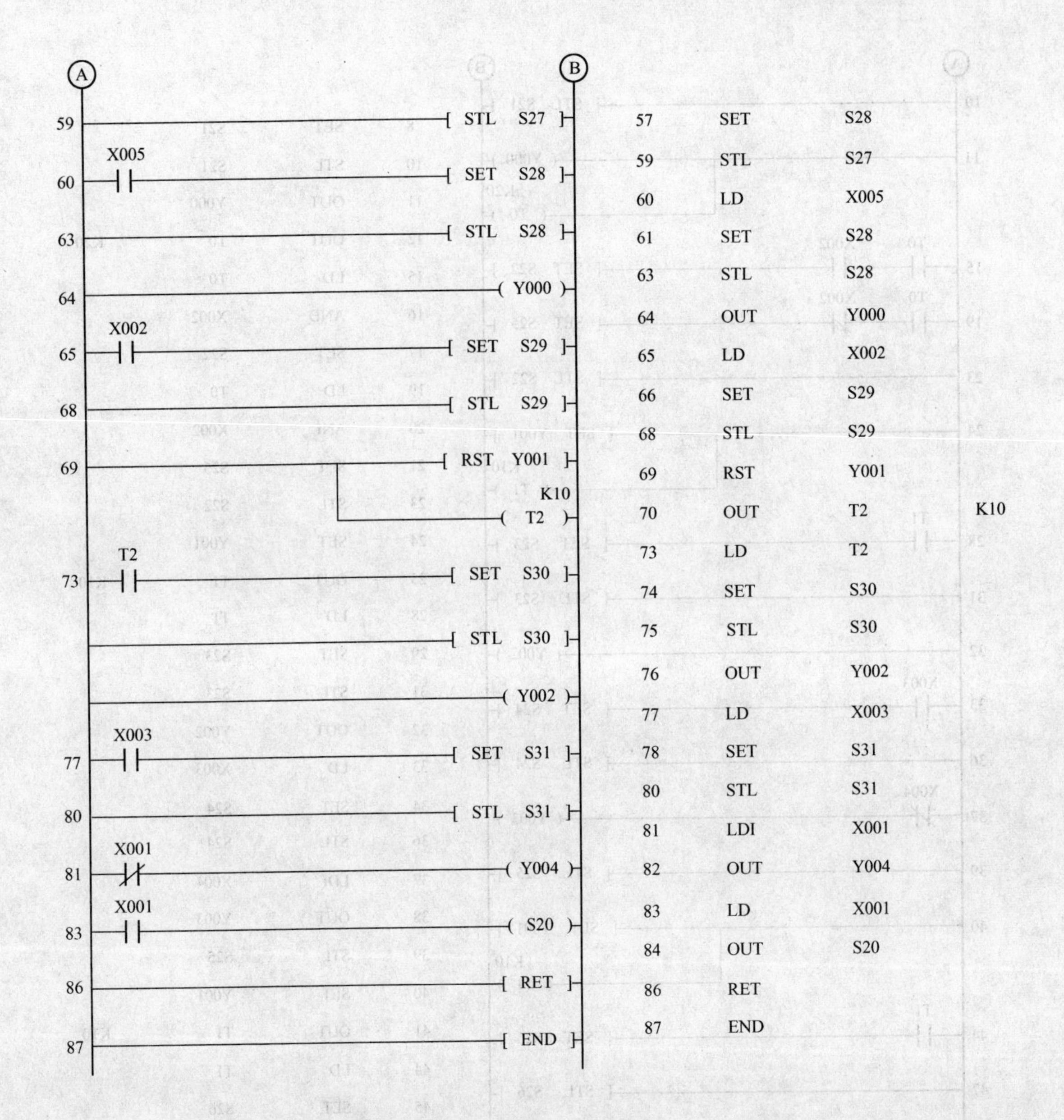

任务三　十字路口交通信号灯的 PLC 控制

一、任务内容

设计一个十字路口交通灯管理的 PLC 控制系统。其控制要求如下。

（1）十字路口交通灯控制系统要求既能自动运行又能手动运行。

（2）自动运行时：①按下启动按钮，南北红灯亮并维持 25 s；在南北红灯亮的同时，东西绿灯也亮并维持 20 s 后，东西绿灯闪烁 3 s 后熄灭，然后东西黄灯亮 2s 后熄灭。接着东西红灯亮，南北绿灯也亮。②东西红灯亮并维持 30 s，同时南北绿灯也亮并维持 25 s 后，南北绿灯闪烁 3 s 后熄灭，然后南北黄灯亮 2 s 后熄灭。接着又南北红灯亮，东西绿灯也亮。③交通信号灯按以上方式周而复始地工作。

（3）手动运行时：两方向的黄灯同时闪动，周期是 1 s。

二、任务分析

自动运行时，按下启动按钮，信号灯系统按图 5-15 所示要求开始工作（绿灯闪烁的周期为 1 s），按下停止按钮，所有信号灯都熄灭。从动作顺序上来看，东西向和南北向的交通灯变化的总时间必须是相同的，且同时进行。

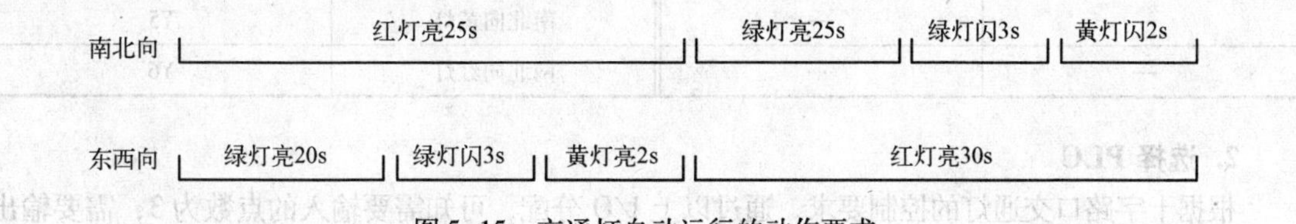

图 5-15　交通灯自动运行的动作要求

交通灯变化时序图如图 5-16 所示。

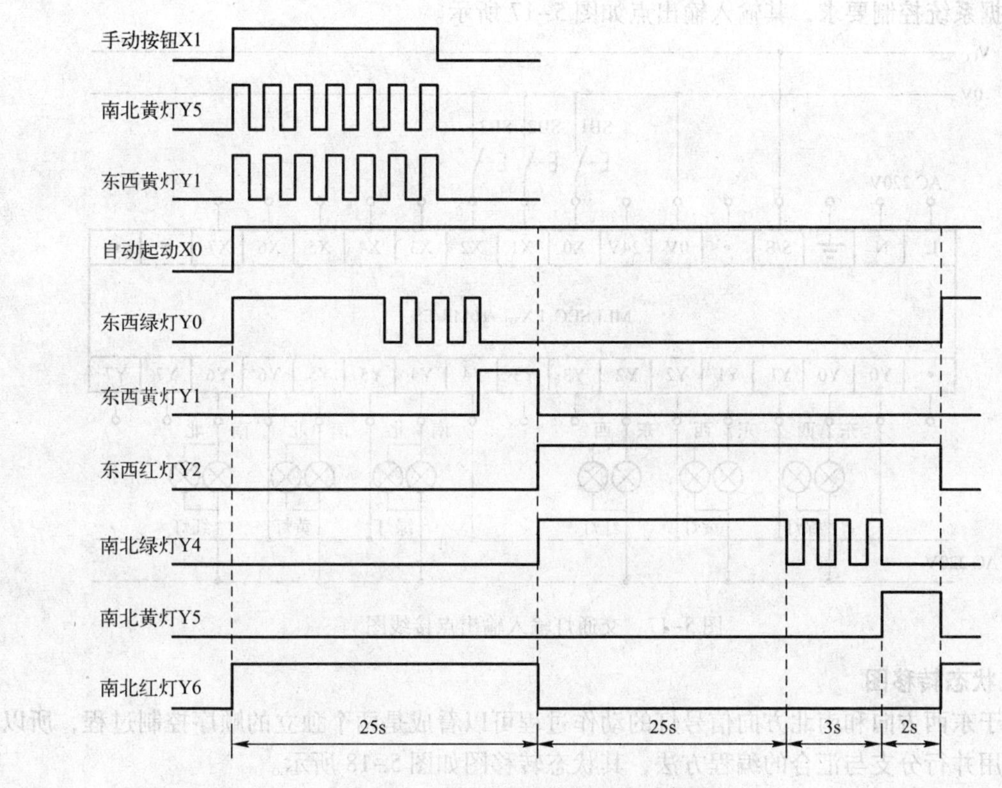

图 5-16　交通灯控制系统时序图

三、任务实施

1. 确定所需 PLC 软元件，并分配地址

十字路口交通灯的 PLC 控制的 I/O 分配如表 5-7 所示。

表 5-7　十字路口交通灯的 PLC 控制 I/O 分配表

输入信号		输出信号	
名　　称	输入点编号	名　　称	输出点编号
自动运行启动按钮 SB1	X0	东西向绿灯	Y0
手动开关 SB2	X1	东西向黄灯	Y1
停止按钮 SB3	X2	东西向红灯	Y2
—	—	南北向绿灯	Y4
—	—	南北向黄灯	Y5
—	—	南北向红灯	Y6

2. 选择 PLC

根据十字路口交通灯的控制要求，通过以上 I/O 分配，可知需要输入的点数为 3，需要输出的点数为 6，总点数为 9，考虑给予一定的输入、输出点余量，选用型号为 FX_{3U} -16MR 的 PLC。

3. 设计 PLC 输入输出接线图

根据系统控制要求，其输入输出点如图 5-17 所示。

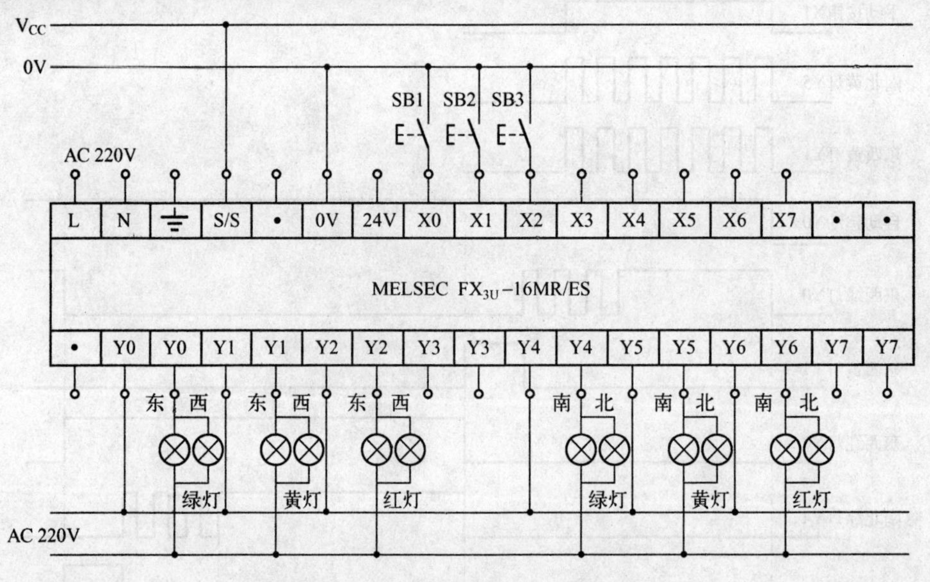

图 5-17　交通灯输入输出点接线图

4. 状态转移图

由于东西方向和南北方向信号灯的动作过程可以看成是两个独立的顺序控制过程，所以可以采用并行分支与汇合的编程方法，其状态转移图如图 5-18 所示。

相关知识点——并行分支流程

1. 并行分支状态转移图的特点

多个流程分支可同时执行的分支流程称为并行分支。如十字路口交通灯（图 5-18），东西向和南北向的交通灯工作同时执行，执行总时间一致，东西向和南北向两条分支就是并行分支。

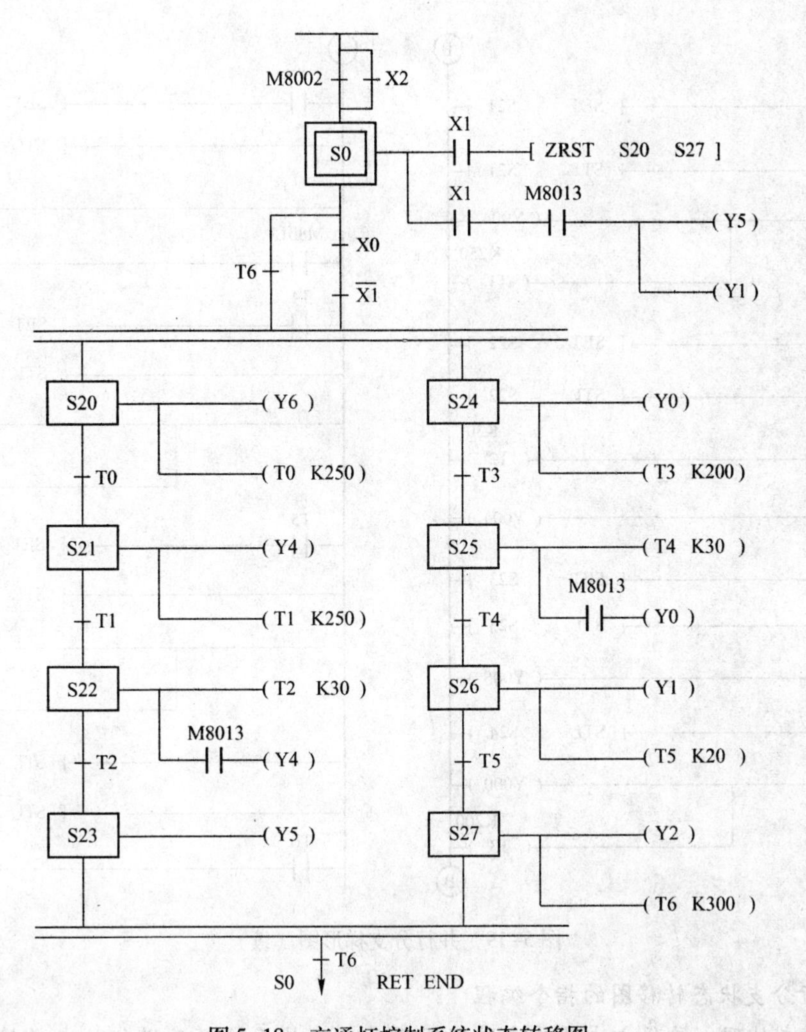

图 5-18 交通灯控制系统状态转移图

2. 并行分支与汇合状态转移图和步进梯形图的转换

在进行并行分支与汇合状态转移图和步进梯形图转换时，首先要进行分支状态元件的处理，再按顺序进行各分支的连接，最后进行汇合状态的处理。图 5-18 对应的梯形图如图 5-19 所示。

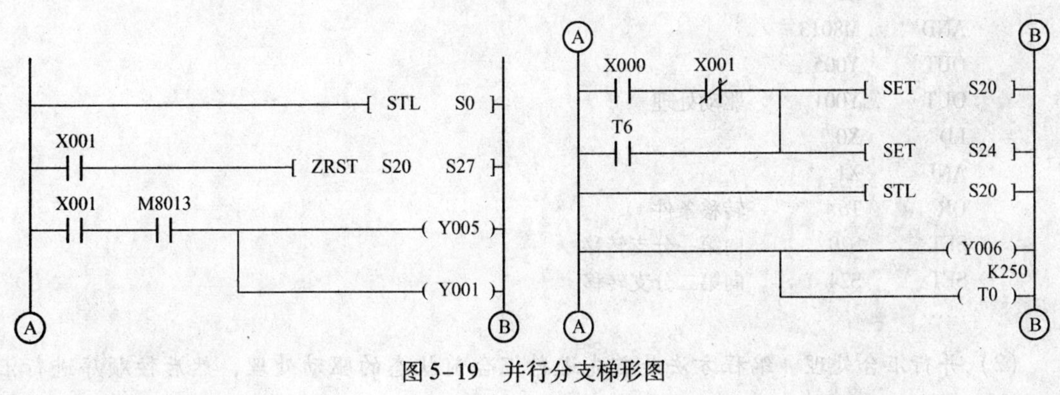

图 5-19 并行分支梯形图

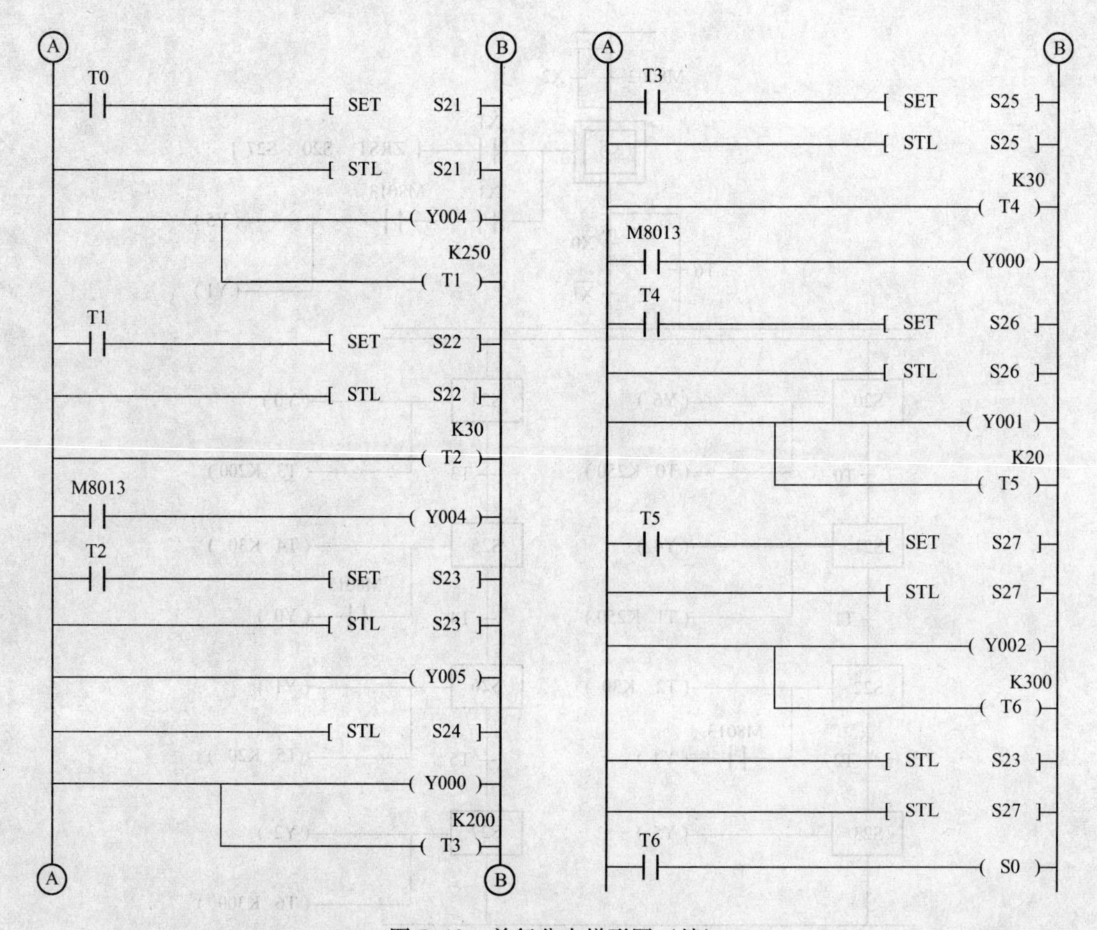

图5-19 并行分支梯形图（续）

3. 并行分支状态转移图的指令编程

(1) 分支处理 编程方法是首先进行驱动处理，然后按顺序进行状态转移处理。以分支S0为例。先对S0进行驱动处理，然后按S20、S24的顺序进行转移处理。程序如下：

```
……
STL     S0
LD      X1
ZRST    S20   S27
LD      X1
AND     M8013
OUT     Y005
OUT     Y001          驱动处理
LD      X0
ANI     X1
OR      T6            转移条件
SET     S20           向第一分支转移
SET     S24           向第二分支转移
……
```

(2) 并行汇合处理 编程方法是首先进行汇合前状态的驱动处理，然后按顺序进行汇合状态的转移处理，以汇合状态 S0 为例。按照并行汇合的编程方法，应先进行汇合前的输出处理，即按分支顺序对 S20、S21、S22、S23、S24、S25、S26、S27 进行输出处理，然后依次进行从 S23、S27 到 S0 的转移。程序如下：

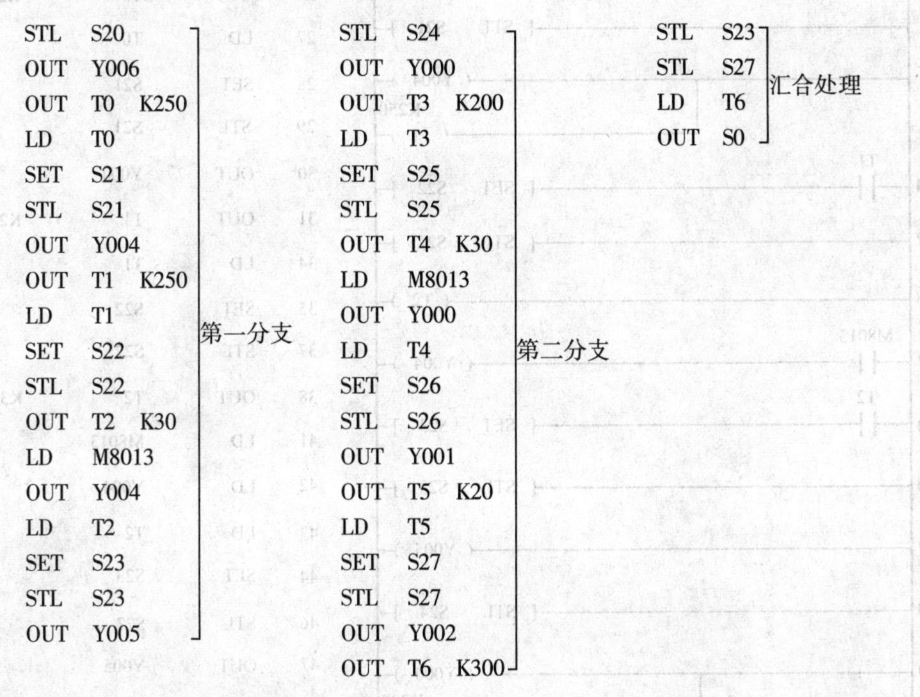

第一分支			第二分支			汇合处理	
STL	S20		STL	S24		STL	S23
OUT	Y006		OUT	Y000		STL	S27
OUT	T0	K250	OUT	T3	K200	LD	T6
LD	T0		LD	T3		OUT	S0
SET	S21		SET	S25			
STL	S21		STL	S25			
OUT	Y004		OUT	T4	K30		
OUT	T1	K250	LD	M8013			
LD	T1		OUT	Y000			
SET	S22		LD	T4			
STL	S22		SET	S26			
OUT	T2	K30	STL	S26			
LD	M8013		OUT	Y001			
OUT	Y004		OUT	T5	K20		
LD	T2		LD	T5			
SET	S23		SET	S27			
STL	S23		STL	S27			
OUT	Y005		OUT	Y002			
			OUT	T6	K300		

5. 完整的步进梯形图和指令程序设计

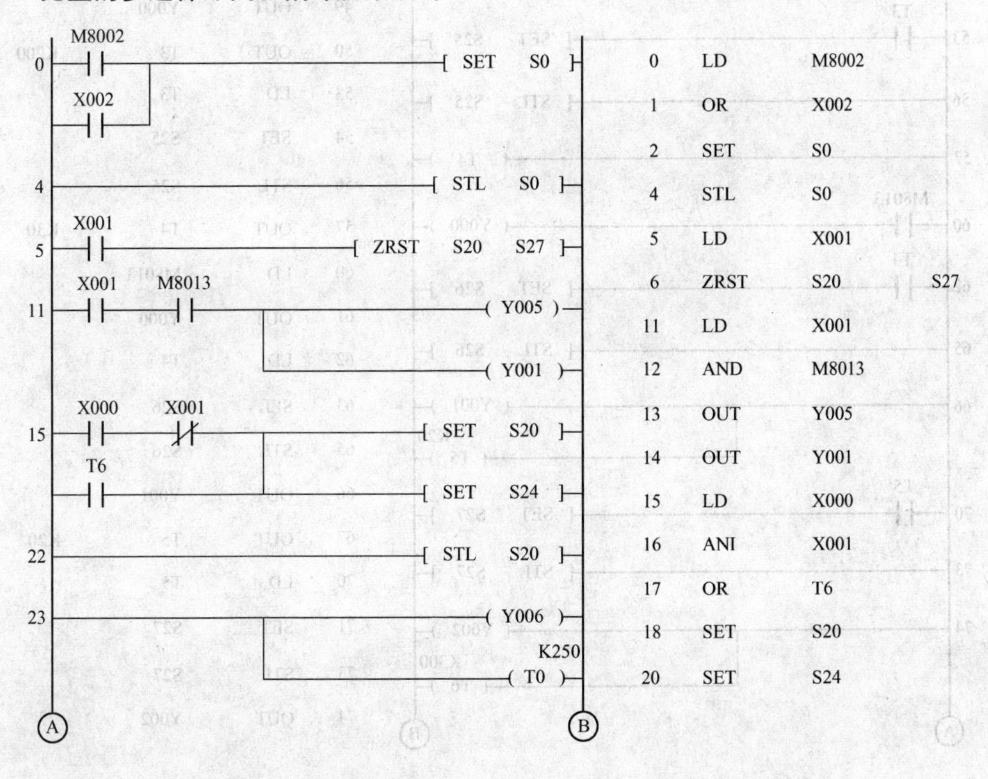

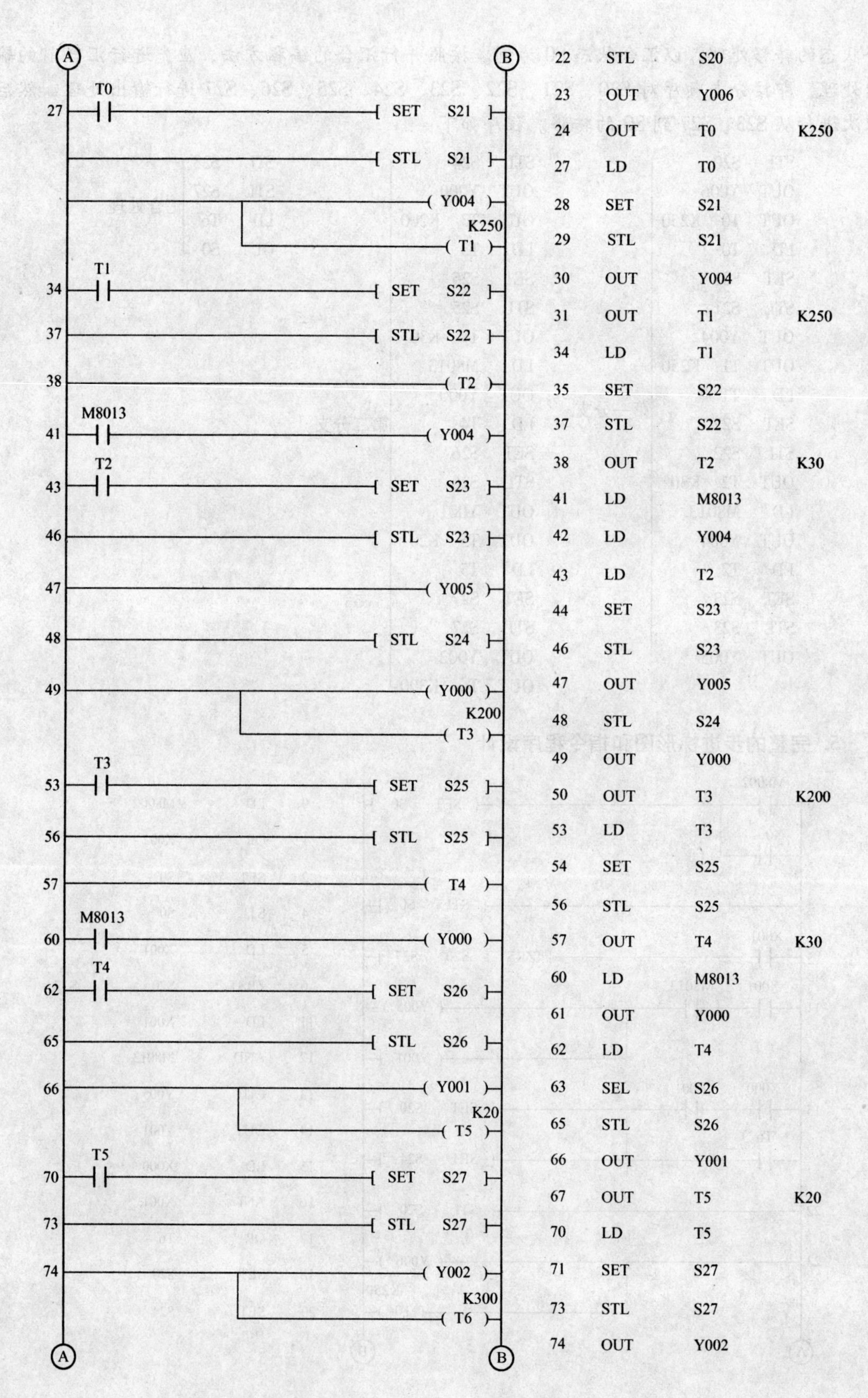
22 STL S20
23 OUT Y006
24 OUT T0 K250
27 LD T0
28 SET S21
29 STL S21
30 OUT Y004
31 OUT T1 K250
34 LD T1
35 SET S22
37 STL S22
38 OUT T2 K30
41 LD M8013
42 LD Y004
43 LD T2
44 SET S23
46 STL S23
47 OUT Y005
48 STL S24
49 OUT Y000
50 OUT T3 K200
53 LD T3
54 SET S25
56 STL S25
57 OUT T4 K30
60 LD M8013
61 OUT Y000
62 LD T4
63 SEL S26
65 STL S26
66 OUT Y001
67 OUT T5 K20
70 LD T5
71 SET S27
73 STL S27
74 OUT Y002

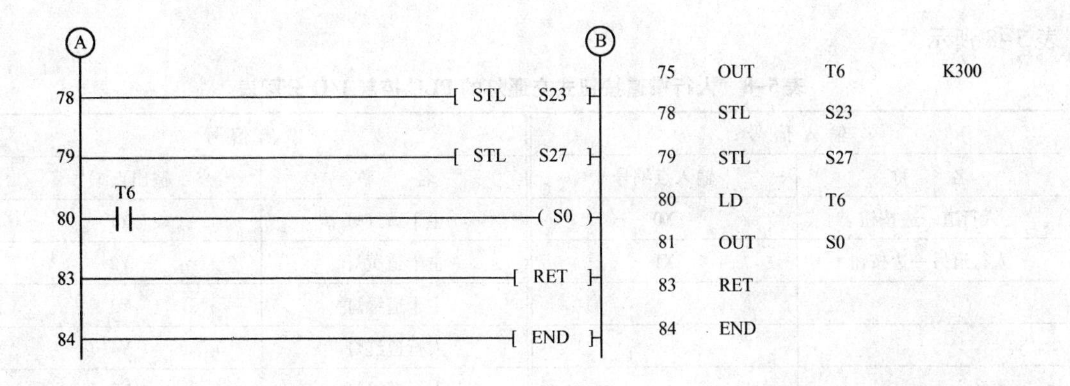

训练项目七　人行横道按钮式交通灯的 PLC 控制

一、项目内容

人行横道按钮式交通灯示意图如图 5-20 所示。正常情况下，汽车通行，即 Y3 绿灯亮、Y5 红灯亮；当行人想过马路时，则按下按钮 X0（或 X1），过 30 s 后，主干道交通灯从绿→黄→红进行变化（其中黄灯亮 10 s），当主干道红灯亮 5 s 后，人行道从红灯亮转成绿灯亮，15 s 以后，人行道绿灯开始闪耀，闪耀 2 次后转入人行道红灯亮，主干道绿灯亮，人行道红灯亮 5 s 后，返回初始状态。

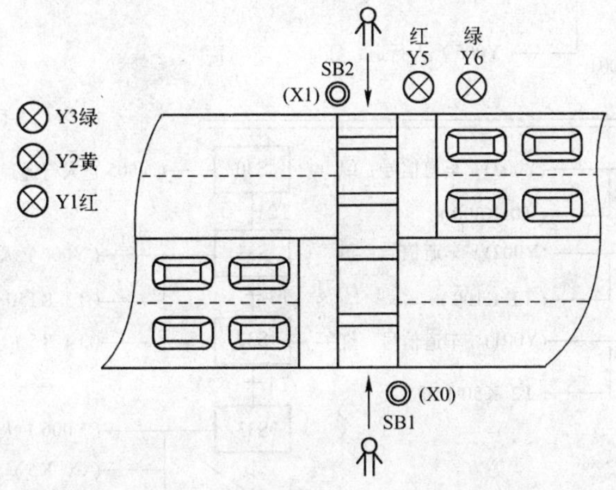

图 5-20　人行横道按钮式交通灯示意图

二、实施思路

观察：根据示意图，了解人行横道按钮式交通灯控制动作过程；

分析：根据人行横道按钮式交通灯控制动作过程进行任务分解；

理解：进行 PLC 输入输出端口分配，根据状态编程思想，设计状态转移图，利用步进指令，设计步进梯形图，并写出指令表；

实施：完成 PLC 输入输出端口电路的连接、程序的运行与调试；

思考：分析调试过程中出现问题的原因，提出解决方法。

三、实施过程

1. 确定所需 PLC 软元件并分配地址

分析项目内容，确定本训练项目所需的 PLC 软元件，并分配地址。其 I/O 分配表如

表 5-8 所示。

表 5-8 人行横道按钮式交通灯的 PLC 控制 I/O 分配表

输入信号		输出信号	
名　称	输入点编号	名　称	输出点编号
人行道一边按钮	X0	主干道红灯	Y1
人行道另一边按钮	X1	主干道黄灯	Y2
		主干道绿灯	Y3
		人行道红灯	Y4
		人行道绿灯	Y5

2. 设计 PLC 输入输出接线图

根据所选用的 PLC 类型、输入输出地址分配表、PLC 控制对象的额定电压等，设计本项目内容 PLC 输入输出端口接线图。

3. 控制程序设计

设计状态转移图，利用步进指令，转换为步进梯形图，编写 PLC 控制程序，如图 5-21 所示。

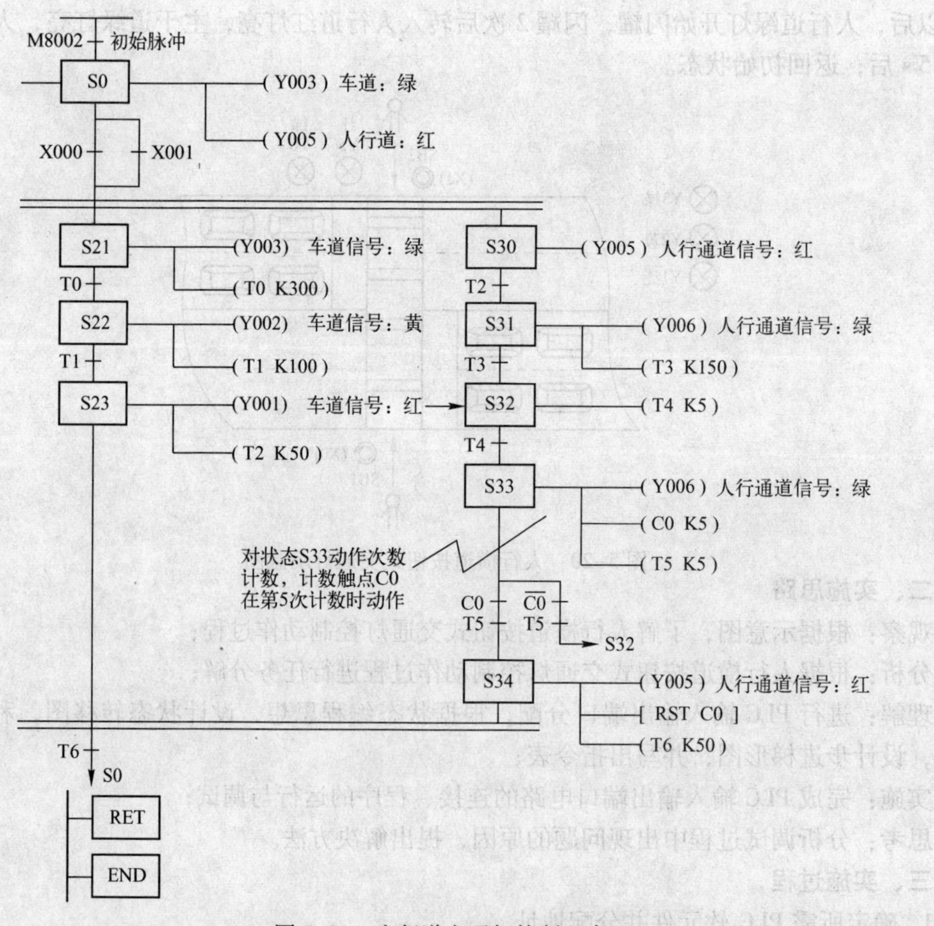

图 5-21 人行道交通灯控制程序

4. 完成PLC输入输出接线

接通PLC电源，检查所有的输入信号能否可靠地被PLC接收，若所选用的PLC输入端子是漏型，则在输入（X）端子和0V端子之间连接无电压触点或导通时，对应的输入（X）为ON状态。此时，PLC面板上显示输入用的LED灯亮。如按下按钮SB1（若SB1接PLC的X0端口），PLC面板“IN”区，编号为“0”的LED灯被点亮；断开时，该指示灯熄灭，说明按钮SB1接线正确，动作可靠。按此方法依次检查其他输入信号，确保输入接线正确，信号动作正常。

5. 连接PLC与计算机

连接计算机的USB端口与PLC编程口，连接时请断开计算机和PLC电源。连接完毕后，接通计算机和PLC电源。打开PLC的GX－Works2软件，设置通信端口和通信参数，确保计算机和PLC通信正常。

6. 编写程序并下载

打开PLC的GX－Works2软件，创建新工程，选择所用PLC类型，在编程界面中输入所编写的人行道交通灯控制的PLC梯形图或指令程序，然后将程序下载到PLC中。

7. 运行调试

按要求确定实施方案，将实施方案或结果、出现异常的原因分析和处理方法记录在表5-9中。

表5-9　实施过程、实施方案或结果、出现异常的原因和处理方法记录表

序　号	实施过程	实施要求	实施方案或结果	异常原因分析及处理方法
1	电路绘制	1. 列出PLC控制I/O口元件地址分配表		
		2. 写出PLC类型及相关参数		
		3. 画出PLC I/O口接线图		
2	程序编写并下载	1. 编写梯形图和指令程序		
		2. 写出PLC与计算机的连接方法，及通信参数设置		
3	运行调试	1. 总结输入信号是否正常的测试方法，举例说明操作过程和显示结果		
		2. 详细记录每一步操作过程中，输入、输出信号状态的变化，并分析是否正确，若出错，分析并写出原因及处理方法		
		3. 举例说明某监控画面处于什么运行状态		
4	拓展	同时考虑十字路口主干道交通灯和人行横道红绿灯控制，并考虑如何实现		

思考与练习

1. 说明状态编程思想的特点及适用场合。
2. 根据图 5-22 所示的状态转移图写出其梯形图与指令表程序。
3. 根据图 5-23 所示的状态转移图写出其梯形图与指令表程序。

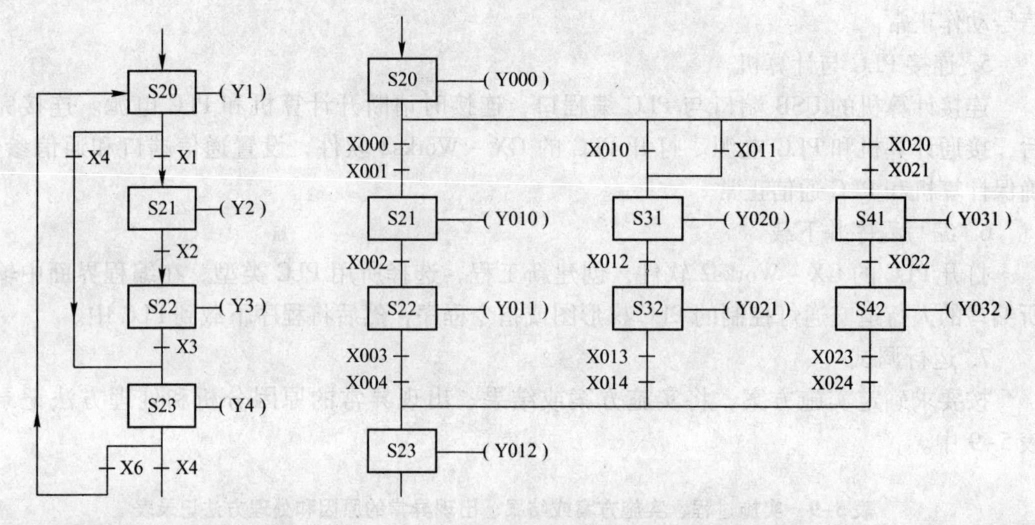

图 5-22　第 2 题状态转移图　　图 5-23　第 3 题状态转移图

4. 根据图 5-24 所示的状态转移图写出其梯形图与指令表程序。

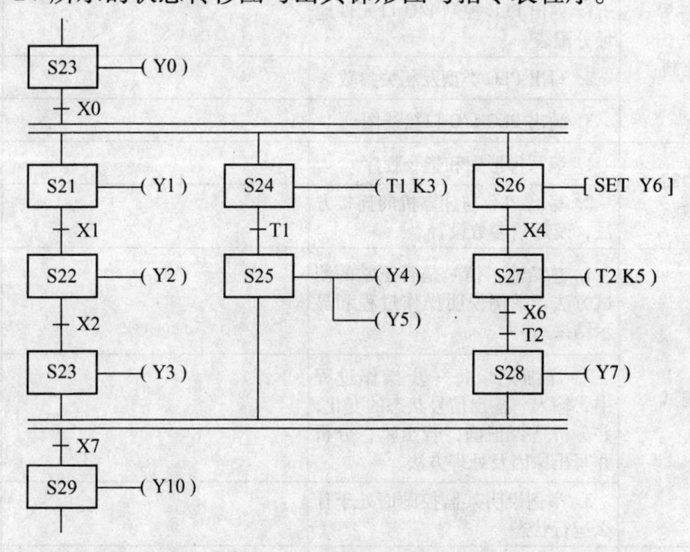

图 5-24　第 4 题 SFC 图

5. 有一小车运行过程如图 5-25 所示。小车原位在后退终端，当小车压下后退限位开关 SQ1 后，按下启动按钮 SB，小车前进。当运行至料斗下方时，前进限位开关 SQ2 动作，小车停止，此时打开料斗给小车加料，延时 8 s 后关闭料斗。小车后退返回，返回到卸料区时，后退限位开关 SQ1 动作，小车停止并打开小车底门卸料，6 s 后结束，完成一次动作。如此循环。请用状态编程思路设计其状态转移图。

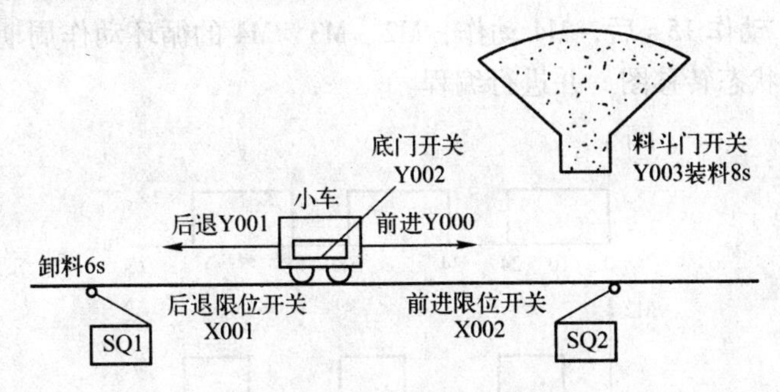

图 5-25 小车运动过程示意图

6. 3 盏彩灯 HL1、HL2、HL3 按一定顺序定时闪烁，其示意图如图 5-26 所示。PLC 投入运行后，按下启动按钮，HL1 ~ HL3 按下列顺序定时闪烁：HL1 亮 1 s、灭 1 s→HL2 亮 1 s、灭 1 s→HL3 亮 1 s、灭 1 s→HL1、HL2、HL3 全灭 1 s→HL1、HL2、HL3 全亮 1 s，HL1 亮……重复上述过程。PLC 停止运行时，彩灯的自动闪烁也停止。试用步进指令进行控制。

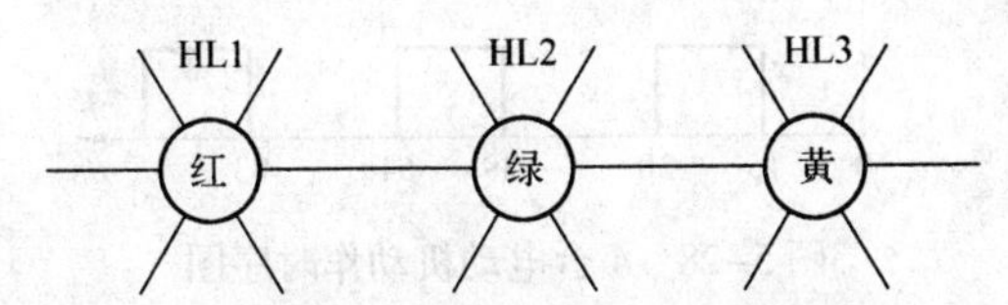

图 5-26 彩灯顺序闪烁示意图

7. 有一状态转移图如图 5-27 所示，请绘出状态梯形图并对其编程。

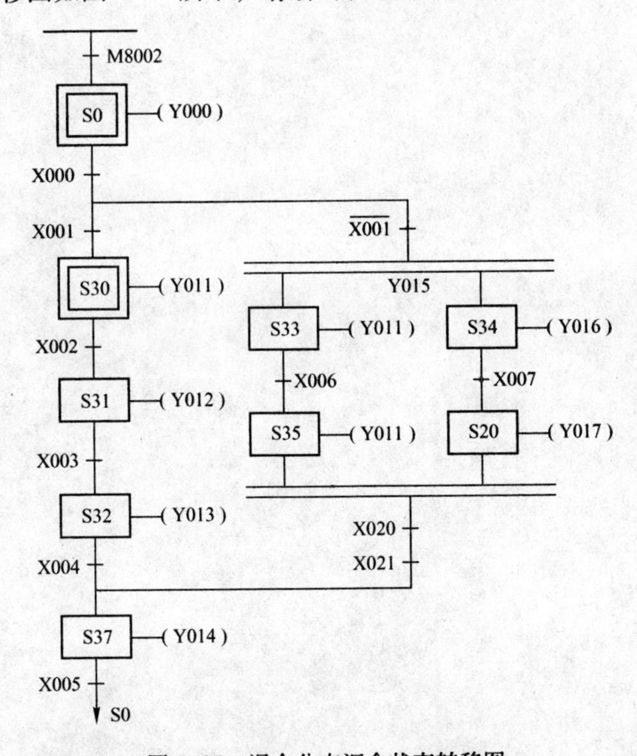

图 5-27 混合分支汇合状态转移图

8. 4 台电动机动作时序如图 5-28 所示。M1 的循环动作周期为 34 s，M1 动作 10 s 后 M2、M3 启动，M1 动作 15 s 后，M4 动作，M2、M3、M4 的循环动作周期都为 34 s，用步进顺控指令，设计其状态转移图，并进行编程。

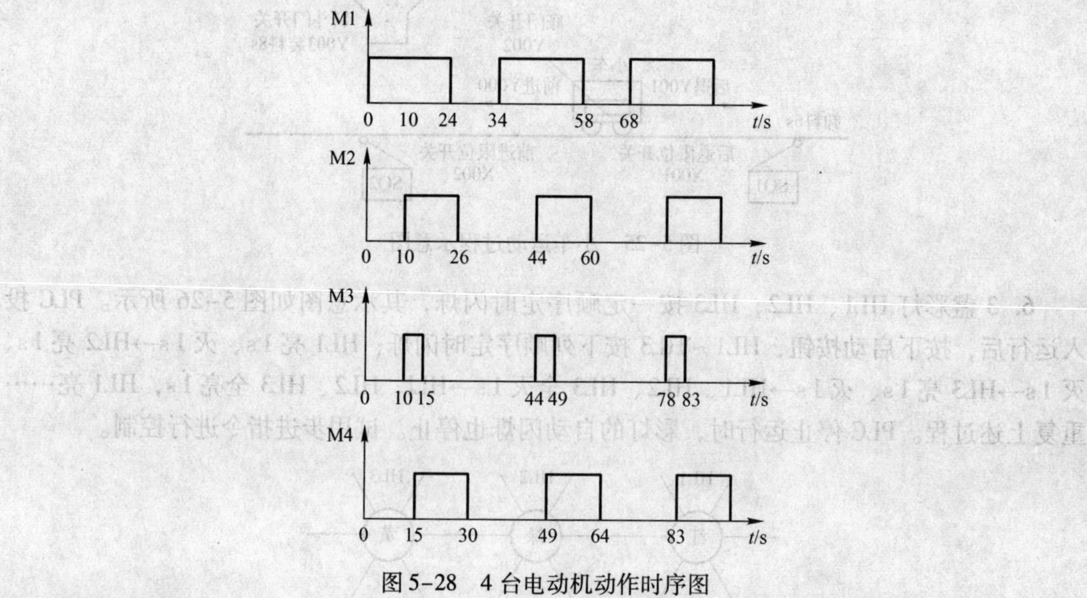

图 5-28　4 台电动机动作时序图

项目六 功能指令任务的 PLC 控制

【项目内容简介】

本项目介绍 FX_{3U} 系列 PLC 功能指令（Functional Instruction）或称为应用指令（Applied Instruction），通过自动售货机的 PLC 控制、喷泉的 PLC 控制等 3 个任务的设计，介绍功能指令的基本规则及部分常用功能指令的应用，要求掌握数据的传送、运算、变换及程序流程控制等功能指令的应用，实现项目任务控制要求。

【知识目标】

1. 了解 FX_{3U} 系列 PLC 的各类功能指令；
2. 掌握部分程序流程功能指令的使用规则及应用；
2. 掌握传送比较功能指令的使用规则及应用；
3. 掌握四则运算逻辑功能指令的使用规则及应用；
4. 掌握 7 段数码管显示功能指令的使用规则及应用。

【能力目标】

1. 能针对控制要求与机械装置的动作情况，正确应用功能指令，完成控制要求；
2. 能根据控制要求完成程序的编写、运行与调试。

任务一 物料传送装置手动自动运行的 PLC 控制

一、任务内容

在工业控制中经常会遇到手动和自动两种控制方式的切换。要求本书项目五任务一中物料传送装置在自动运行方式下按要求循环工作，在手动方式下 A、B 缸可单独运动，用转换开关实现手动和自动运行方式的切换。

二、任务分析

手动和自动两种方式的转换在很多情况下可以用跳转指令来实现。图 6-1 即为采用 CJ 指令完成的手动和自动控制切换程序，当 X5 为 OFF 时，执行手动程序，X5 为 ON 时，执行自动程序。

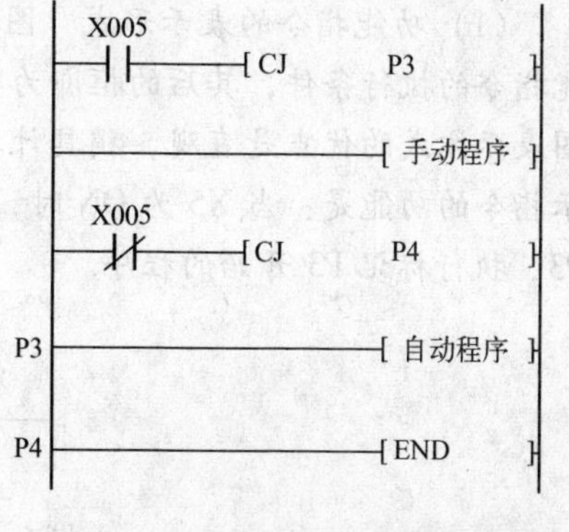

图 6-1 手动/自动流程图

三、任务实施

1. 选择 PLC

根据控制要求，该装置连接到 PLC 的输入信号在项目五任务一的基础上增加手动和自动操作方式的选择开关 SA1，缸 A 伸出、缩回控制按钮 SB2、SB3，缸 B 伸出、缩回控制按钮 SB4、SB5，输出信号不变，需要总点数为 14，选用 PLC 型号不变，为 FX_{3U} - 16MR。

2. PLC I/O 地址分配

在项目五任务一的基础上增加选择开关 SA1、按钮 SB2、SB3、SB4、SB5 的软元件地址，本任务输入/输出信号连接到 PLC 的元件号的定义如表 6-1 所示。

表 6-1　物料传送装置 PLC 控制输入输出点分配表

输入信号		输出信号	
名　称	输入点编号	名　称	输出点编号
启动按钮 SB1	X0	A 缸伸出电磁阀 1YV	Y0
A 缸行程开关 1SQ1	X1	A 缸缩回电磁阀 2YV	Y1
A 缸位置传感器 1SQ2	X2	B 缸伸出电磁阀 3YV	Y2
B 缸行程开关 2SQ1	X3	B 缸缩回电磁阀 4YV	Y3
B 缸位置传感器 2SQ2	X4	—	—
手动/自动转换开关 SA1	X5	—	—
缸 A 伸出点动按钮 SB2	X6	—	—
缸 A 缩回点动按钮 SB3	X7	—	—
缸 B 伸出点动按钮 SB4	X10	—	—
缸 B 缩回点动按钮 SB5	X11	—	—

3. 设计 PLC 输入输出接线图

系统 I/O 端口接线图可参考图 5-2，输入端增加按钮和开关即可，这里不再重复。

4. 控制程序设计

根据任务分析，实现物料传送装置的手动和自动控制，需要用到程序流程类功能指令。

相关知识点——功能指令的使用要素、含义及分类

（1）功能指令的表示形式　图 6-2 所示是功能指令的梯形图示例。X5 的常开触点是功能指令的执行条件，其后的框即为功能框。功能框中分栏表示指令的名称、操作数。这种框图表示方式的优点是直观，稍具计算机程序知识的人员马上可悟出指令的功能。图 6-2 所示指令的功能是：当 X5 为 ON 时，执行条件跳转指令 CJ　P3，跳转到指令的目标标记位置 P3，执行标记 P3 开始的程序。

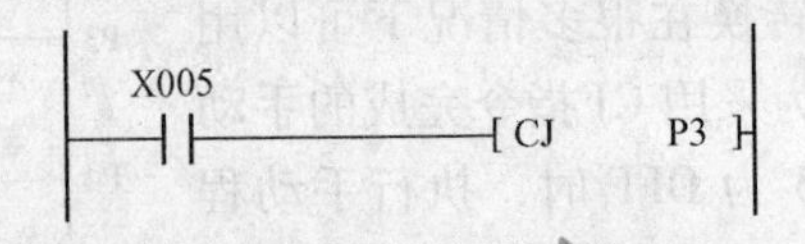

图 6-2　功能指令的梯形图表示形式

（2）功能指令的含义　使用功能指令需要注意指令的要素以及各要素的含义。现以加法指令为例加以说明。图 6-3 所示为加法指令（ADD）的指令格式和相关要素，表 6-2 所示为加法指令要素说明。

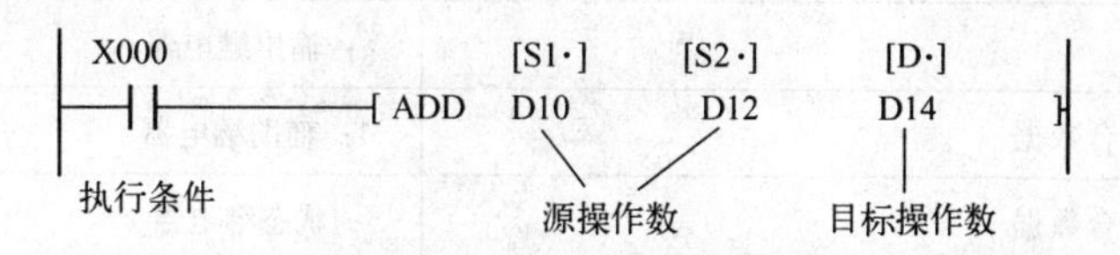

图 6-3　加法指令指令格式及要素

表 6-2　加法指令要素

指令名称	助记符②	指令代码①	操作数范围⑤			程序步⑥
			S1(·)	S2(·)	D(·)	
加法	(D)ADD③ ADD(P)④	FNC 20 (16/32)	K，H KnX、KnY、KnM、KnS T、C、D、V、Z		KnY、KnM、KnS T、C、D、V、Z	ADD、ADDP…7 步 DADD、DADDP…13 步

表 6-2 的标注①～⑥说明如下：

① 为指令代码。每条功能指令都有一固定的编号，FX_{3U} 功能指令代号从 FNC00～FNC295。例如 FNC00 代表 CJ，FNC01 代表 CALL，……，FNC295 代表扩展文件寄存器的初始化。

② 为助记符。功能指令的助记符是该条指令的英文缩写词。如加法指令 Addition instruction，简写为 ADD；交替输出指令 Alternate output 简化为 ALT。采用这种方式，便于了解指令功能，容易记忆和掌握指令。

③ 为数据长度指示。功能指令中大多数涉及数据运算和操作，而数据的表示以字长表示有 16 位和 32 位之分。因此有（D）表示为 32 位数据操作指令，无（D）则表示为 16 位数据操作指令。

④ 为脉冲/连续执行指令标志。功能指令中若带有（P），则为脉冲执行指令，即当条件满足时仅执行一个扫描周期。若指令中没有（P）则为连续执行指令。脉冲执行指令在数据处理中是很有用的。例如加法指令，在脉冲形式指令执行时，加数和被加数做一次加法运算，而连续形式指令执行时，每一个扫描周期都要相加一次。

⑤ 为操作数。操作数即为功能指令所涉及的参数（或称数据），操作数按功能分为源操作数、目标操作数和其他操作数；按组成形式分为位元件、字元件和常数。源操作数是指功能指令执行后，不改变其内容的操作数，用［S］表示。目标操作数是指功能指令执行后，将其内容改变的操作数，用［D］表示。既不是源操作数，又不是目标操作数的操作数，称为其他操作数，用 m、n 表示。其他操作数往往是常数，或者是对源、目标操作数进行补充说明的有关参数。在一条指令中，源操作数、目标操作数及其他操作数都可能不止一个，也可以一个都没有。某种操作数有多个时，可加数码予以区别，如［S1］、［S2］。操作数若是间接操作数，即通过变址取得数据，则在功能指令操作数旁加有一点“·”，例如［S1·］、［S2·］、［D1·］、［D2·］等。功能指令操作数含义如表 6-3 所示。

表 6–3 功能指令操作数（软元件）含义

字元件	位元件
K：十进制整数	X：输入继电器
H：十六进制整数	Y：输出继电器
KnX：输入继电器位组合数据	M：辅助继电器
KnY：输出继电器位组合数据	S：状态继电器
KnM：辅助继电器位组合数据	—
KnS：状态继电器位组合数据	—
T：定时器的当前值	—
C：计数器的当前值	—
D：数据寄存器（文件寄存器）	—
V、Z：变址寄存器	—
R：扩展寄存器	—

1）位元件。操作数可使用 PLC 内部的各种位元件，例如 X、Y、M、S 等。这些软元件在 PLC 内部反映的是“位”的变化，主要用于开关量信息的传递、变换及逻辑处理，称为“位元件”。

2）字元件。在 PLC 内部，由于功能指令的引入，需处理大量的数据信息，需设置大量的用于存储数值数据的软元件，比如各种数据存储器等。另外，一定量的位元件组合在一起也可用作数据的存储，定时器 T、计数器 C 的当前值寄存器也可用于数据的存储。上述这些能处理数值数据的软元件统称为“字元件”。

需要的时候，字元件也可以用位元件进行组合使用，以 KnX、KnY、KnM、KnS 等形式表示，称为“位组合元件”。在 FX 系列 PLC 中，是使用 4 位 BCD 码表示 1 位十进制数据。这样对于位元件来讲，4 位一个组合，表示一个十进制数。所以在功能指令中，常用 4 个位元件为一个基本单元组合成一组，以这种位组合数据形式表达一个数，例如：

K1X0 表示 X0 ~ X3，4 个输入继电器的组合。

K2X0 表示 X0 ~ X7，8 个输入继电器的组合。

K3Y0 表示 Y0 ~ Y7、Y10 ~ Y13，12 个输出继电器的组合。

K4M0 表示 M0 ~ M15，16 个辅助继电器的组合。

字元件有：数据寄存器 D、定时器 T 当前值寄存器、计数器 C 当前值寄存器、变址寄存器 V/Z、指针 P/I 等。

3）双字元件。一般数据寄存器为 16 位，在处理 32 位数据时，将使用一对数据寄存器组合。例如将数据寄存器 D0 指定为 32 位指令的操作数时，则（D1，D0）32 位数据参与操作，其中 D1 为高 16 位，D0 为低 16 位。T、C 的当前值寄存器也可作为一般寄存器处理，其方法与数据寄存器相同。需要注意的是，计数器 C200 ~ C255 为 32 位数据寄存器，使用过程中不能当作 16 位数据进行操作。

表6-2中的⑥为程序步长。程序步数为执行该指令所需的步数。功能指令的功能号和指令助记符占一个程序步，每个操作数占2个或4个程序步（16位操作数是2个程序步，32位操作数是4个程序步）。因此，一般16位指令为7个程序步，32位指令为13个程序步。

（3）功能指令的分类　FX_{3U}系列PLC功能指令有26类。

如包括CJ（条件跳转）、CALL（子程序调用）、EI（中断允许）、DI（中断禁止）等的程序流程类指令；包括CMP（比较）、ZCP（区间比较）、MOV（传送）等的传送与比较指令；包括ADD（二进制加法）、SUB（二进制减法）等的算术与逻辑运算指令；包括ROR（循环右移）、ROL（循环左移）、SFTR（位右移）、SFTL（位左移）等的循环移位指令；包括ZRST（批次复位）、DECO（译码）等的数据处理指令。其他功能指令详见附录D中FX_{3U}系列PLC的功能指令一览表。

相关知识点——编程元件

1. 数据寄存器（D）

一般在复杂的PLC控制系统中需要大量的工作参数和数据，这些参数和数据就存储在数据寄存器中。FX_{3U}系列PLC的数据寄存器的长度为双字节（16位）。我们也可以把两个寄存器合并起来存放一个4字节（32位）的数据。

（1）通用数据寄存器D0～D199　通用寄存器的内容在PLC运行状态，只要不改写，原有数据不会丢失。当PLC由运行（RUN）到停止（STOP）时，该类数据寄存器的数据均为零。当特殊辅助继电器M8033置“1”，PLC由RUN转为STOP时，数据可以保持。

（2）断电保持数据寄存器D200～D7999　数据寄存器D200～D511（共312点）有断电保持功能，根据设定的参数，可改为通用数据寄存器。D512～D7999的断电保持功能不能用参数更改，可用RST和ZRST指令清除它们的内容。根据设定的参数，可以将D1000以后的数据寄存器以500点为单位作为文件寄存器。

（3）特殊数据寄存器D8000～D8511　特殊数据寄存器D8000～D8511共512点，用来监控PLC的运行状态。如电池电压、扫描时间、正在动作的状态的编号等。

2. 变址寄存器（V/Z）

变址寄存器通常用来修改元件的地址编号，V和Z都是16位寄存器，可进行数据的读与写。将V与Z合并使用，可进行32位操作，其中Z为低16位，V为高16位。

FX_{3U}系列PLC的变址寄存器有16个点，V0～V7和Z0～Z7。当V0=8，Z1=20时，指令MOV　D5V0　D10Z1，则数据寄存器的元件号D5V0实际上相当于D13（5+8=13），D10Z1则相当于D30（10+20=30）。

3. 指针（P/I）

（1）分支用指针（P）　指针（P/I）包括分支用的指针P0～P4095（共4096点）和中断用的指针IXXX（共15点）。P0～P4095用来指示跳转指令（CJ）的跳转目标和子程序调用指令（CALL）调用的子程序的入口地址。图6-4a中X10常开触点接通时，执行条件跳转指令 CJ　P0，跳转到指令的标号位置 P0，执行标号 P0 开始的程序。图 6-4b 中，X11 常开触点接通时，执行子程序调用指令 CALL　P1，跳转到标号 P1 处，执行从 P1 开始的子程序，当执行到子程序中的 SRET（子程序返回）指令时返回主程序，从 CALL　P1 下面一条指令开始执行。

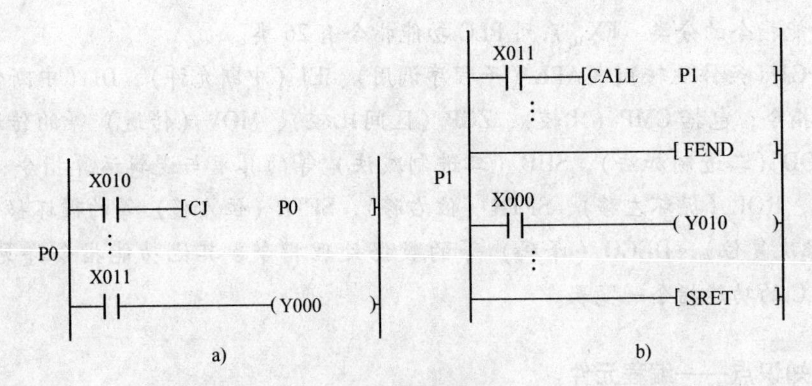

图 6-4　指针说明

a）跳转指令　b）子程序调用指令

（2）中断用指针（I）　中断用指针用来指明某一中断源的中断程序入口标号。当中断发生时，CPU 从标号开始的中断程序执行。当执行到 IRET（中断返回）指令时返回主程序。FX_{3U} 系列 PLC 的中断源有 6 个输入中断，3 个定时器中断，6 个计数器中断，中断指针格式如下：

输入中断：

I □ 0 □

0：下降沿中断

1：上升沿中断

输入号为0～5，每个输入只能用一次

例如 I001 为输入端子 X0 从 OFF 变为 ON 时，执行由该指针作为标号后面的中断程序，并由 IRET 指令返回。

定时器中断：

I □ □ □

10～99ms

定时器中断号（6～8）

例如 I610 即为每隔 10 ms 就执行标号 I610 后面的中断程序一次，并由 IRET 指令返回。

计数器中断：

I 0 □ 0

计数器中断号（1～6）

计数器中断用于 PLC 内置的高速计数器，根据高速计数器的计数当前值与计数设定值的关系来确定是否执行相应的中断服务子程序。

相关知识点——程序流程功能指令

程序流程类功能指令共有10条，如表6-4所示。这些指令同计算机课程中的跳转、中断、子程序、循环指令功能类似。在程序设计时若选用这类控制指令，可使程序结构化、简单明了，能充分体现程序设计者的编程思想，达到最佳控制效果。

表6-4　程序流程指令集

FNC NO.	指令助记符	指令名称	FNC NO.	指令助记符	指令名称
00	CJ	条件跳转	05	DI	禁止中断（关中断）
01	CALL	子程序调用	06	FEND	主程序结束
02	SRET	子程序返回	07	WDT	看门狗定时器
03	IRET	中断返回	08	FOR	重复循环开始
04	EI	允许中断（开中断）	09	NEXT	重复循环结束

1. 条件跳转指令

(1) 指令格式。该条指令的助记符、指令代码、操作数范围、程序步如表6-5所示。

表6-5　指令要素

指令名称	助记符	指令代码（位数）	操作数范围	程序步
			D(·)	
条件跳转	CJ CJ(P)	FNC 00 (16)	P0～P4095 P63为END，不作跳转标记	CJ、CJP… 3步

(2) 指令功能及说明　图6-5所示为条件跳转指令在梯形图中的具体应用格式。跳转指令执行的意义是在满足跳转条件之后的各个扫描周期中，PLC将不再扫描执行跳转指令与跳转指针P之间的程序，即跳到以指针P为入口的程序段中执行。直到跳转的条件不再满足，跳转停止进行。

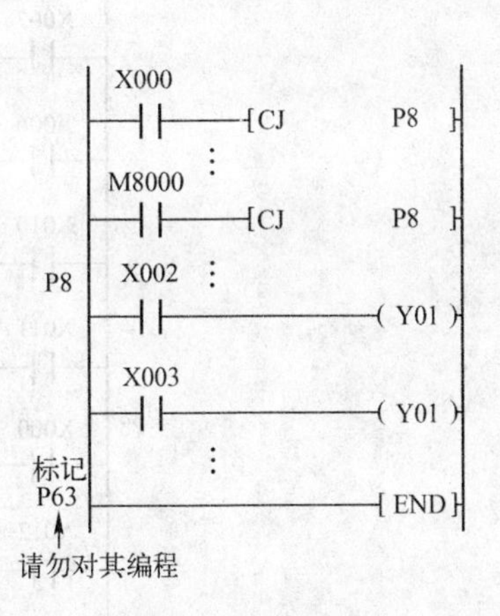

图6-5　条件跳转指令的基本应用

1）如图6-5所示，若X0为ON，程序跳转到标号P8处，X0为OFF，则顺序执行程序，这称为有条件转移。若执行条件使用M8000，则称之为无条件跳转。

2）一个标号只能出现一次，多于一次则会出错，两条跳转指令可以使用同一标号。

3）编程时，标号占一行。指针P63表示向END步跳转，此时请勿对P63编程。

4）跳转程序段中元器件在跳转执行中的工作状态。表6-6给出了图6-6中跳转发生前后各个输入状态发生变化对程序执行结果的影响。

表 6-6　跳转对元器件状态的影响

类　　型	跳转前的触点状态	跳转后的触点状态	跳转后线圈状态
Y、M、S	X1、X2、X3 OFF	X1、X2、X3 ON	Y1、M1、S1 OFF
	X1、X2、X3 ON	X1、X2、X3 OFF	Y1、M1、S1 ON
10 ms、100 ms 定时器	X4 OFF	X4 ON	定时器不动作
	X4 ON	X4 OFF	定时器停止，X0 OFF 后继续计时
1 ms 定时器	X5 OFF、X6 OFF	X6 ON	定时器不动作
	X5 OFF、X6 ON	X6 OFF	定时器停止，X0 OFF 后继续计时
计数器	X7 OFF、X10 OFF	X10 ON	计数器不动作
	X7 OFF、X10 ON	X10 OFF	计数器停止，X0 OFF 后继续计数
应用指令	X11 OFF	X11 ON	除 FNC52 ~ FNC58 之外的其他功能指令不执行
	X11 ON	X11 OFF	

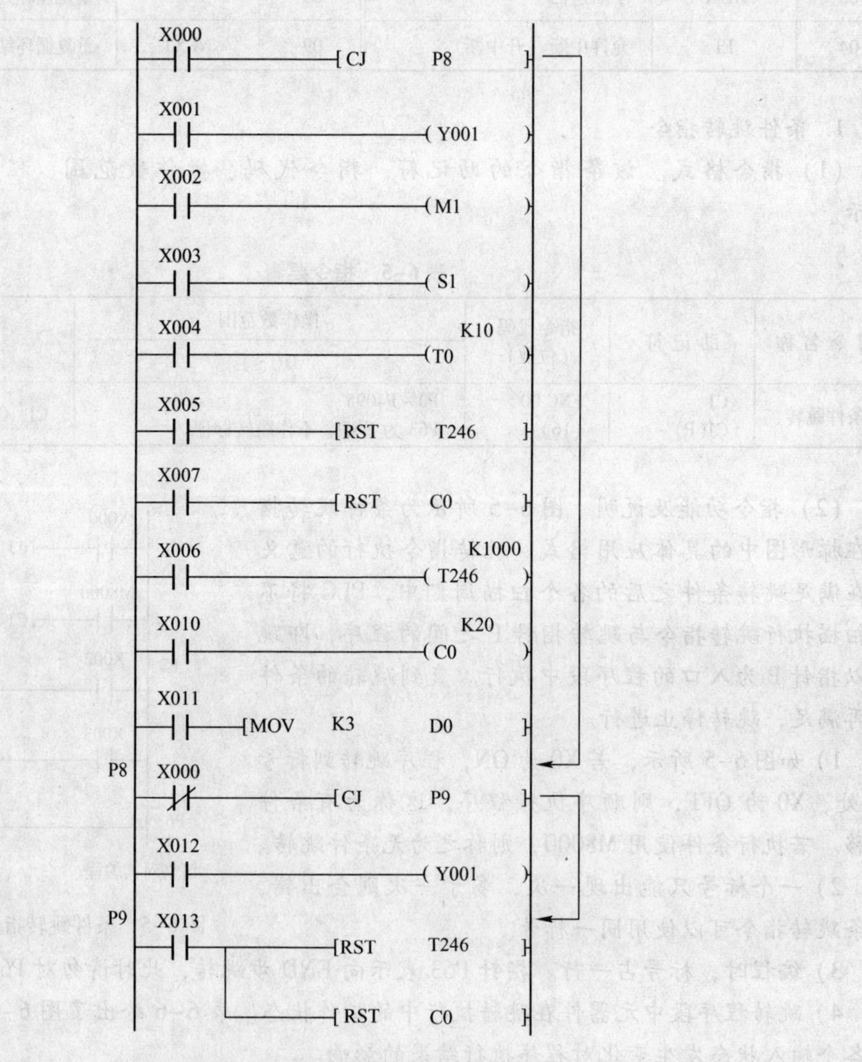

图 6-6　跳转指令使用说明图

① 处于被跳过程序段中的输出继电器、辅助继电器、状态寄存器，由于该段程序不再执行，即使梯形图中涉及的工作条件发生变化，它们的工作状态将保持跳转发生前的状态不变；

② 被跳过程序段中的时间继电器及计数器，无论其是否具有掉电保持功能，由于相关程序停止执行，它们的当前值寄存器被锁定，跳转发生后其计时、计数值保持不变，在跳转中止，程序继续执行时，计时、计数将继续进行。另外，计时、计数器的复位指令具有优先权，即使复位指令位于被跳过的程序段中，执行条件满足时，复位工作也将执行。

5）跳转指令与主控指令在使用时的关系如图 6-7 所示，具体说明如下：

① 对跳过整个主控区（MC ~ MCR）的跳转不受限制；

② 从主控区外跳到主控区内时，跳转独立于主控操作，CJ P1 执行时，不论 M0 状态如何，均作 ON 处理；

③ 在主控区内跳转时，如 M0 为 OFF，跳转不能执行；

④ 从主控区内跳到主控区外时，M0 为 OFF 时，跳转不能执行；M0 为 ON 时，跳转条件满足可以跳转，这时 MCR 被忽略，但不会出错；

⑤ 从一个主控区内跳到另一个主控区内时，当 M1 为 ON 时，可以跳转。执行跳转时无论 M2 的实际状态如何，均看作 ON。MCR N0 被忽略。

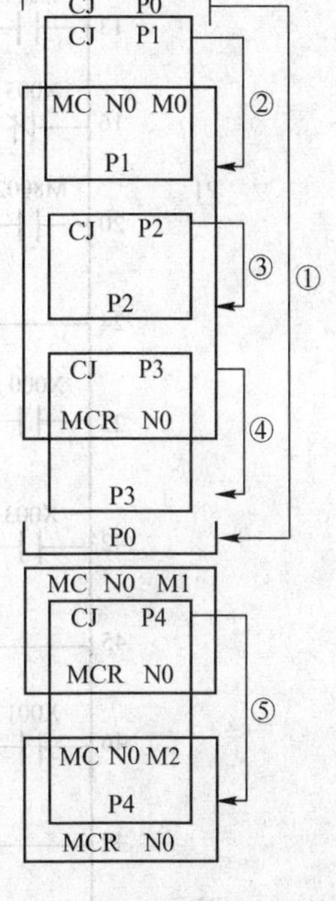

图 6-7 跳转与主控区

2. 其他程序流程类指令

更多程序流程类指令的应用请参阅知识点拓展、FX_{3U} PLC 编程手册或相关网站。

用条件跳转 CJ 实现本装置自动和手动控制的梯形图，如图 6-8 所示。

3. 运行并调试程序

（1）在断电状态下，按图 5-2 完成物料传送装置手动自动运行的 PLC 控制输入输出接线。

（2）在断电状态下，使用编程电缆连接计算机与 PLC。

（3）接通电源，确认 PLC 输入信号动作正常、可靠。

（4）设置计算机和 PLC 通信端口和参数，确保通信可靠。

（5）打开 PLC 的 GX - Works2 软件，将图 6-8 所示的梯形图程序输入到计算机，并将梯形图程序下载到 PLC 中。

（6）运行并调试程序，观察程序的运行情况。若出现故障，请分析原因，并处理故障，直至系统按要求正常工作。

拓展知识点

1. 子程序指令

（1）指令格式　指令的助记符、指令代码、操作数范围、程序步如表 6-7 所示。

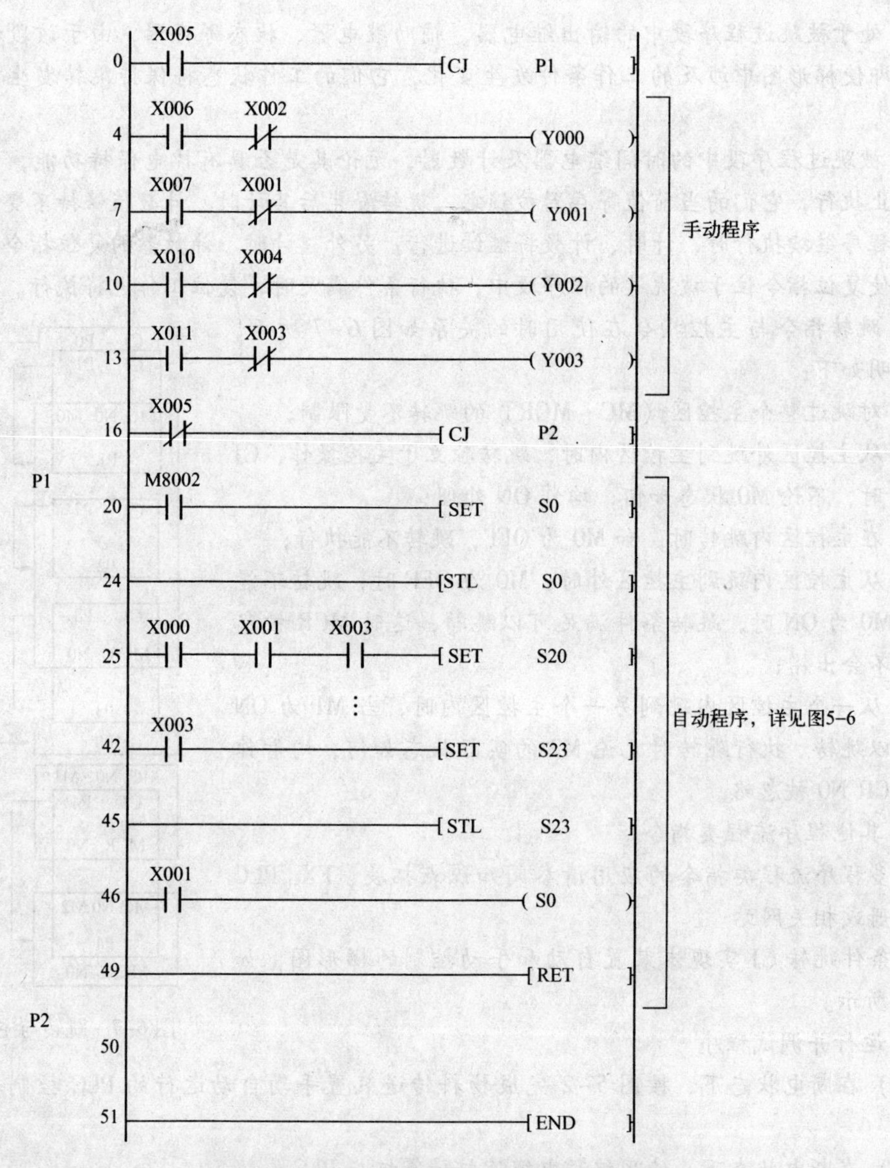

图 6-8　物料传送装置的手动和自动控制梯形图

表 6-7　指令要素

指令名称	助 记 符	指令代码（位数）	操作数范围 D(·)	程 序 步
子程序调用	CALL CALL(P)	FNC 01 (16)	指针 P0 ~ P62、P64 ~ P4095 P63 为 END，不作指针，嵌套 5 级	CALL、CALLP…3 步
子程序返回	SRET	FNC 02	无	1 步

（2）指令功能及说明。

① 子程序是为一些特定的控制目的编制的相对独立的程序。为了区别于主程序，规定在程序编排时，将主程序排在前面，子程序排在后面，并以主程序结束指令 FEND

（FNC06）将这两部分分隔开。

子程序指令在梯形图中使用的情况如图 6-9 所示。图中，子程序调用指令 CALL 安排在主程序段中，X0 是子程序执行的条件，当 X0 置 1 时标号为 P10 的子程序得以执行。子程序 P10 安排在主程序结束指令 FEND 之后，标号 P10 和子程序返回指令 SRET 间的程序构成了 P10 子程序的内容。当主程序带有多个子程序时，子程序可依次列在主程序结束指令之后。并以不同的标号相区别。

② 子程序调用指令可以嵌套，最多为 5 级。图 6-10 是一个子程序嵌套的例子。子程序 P11 的调用因采用 CALL（P）指令，是脉冲执行方式，所以在 X0 由 OFF→ON 时，仅执行一次。即当 X0 从 OFF→ON 时，调用 P11 子程序。P11 子程序执行时，若当 X11 = 1 时，又要调用 P12 子程序并执行，当 P12 子程序执行完毕后，又返回到 P11 原断点执行 P11 子程序，当执行到 P11 子程序的 SRET 处，又返回到主程序。

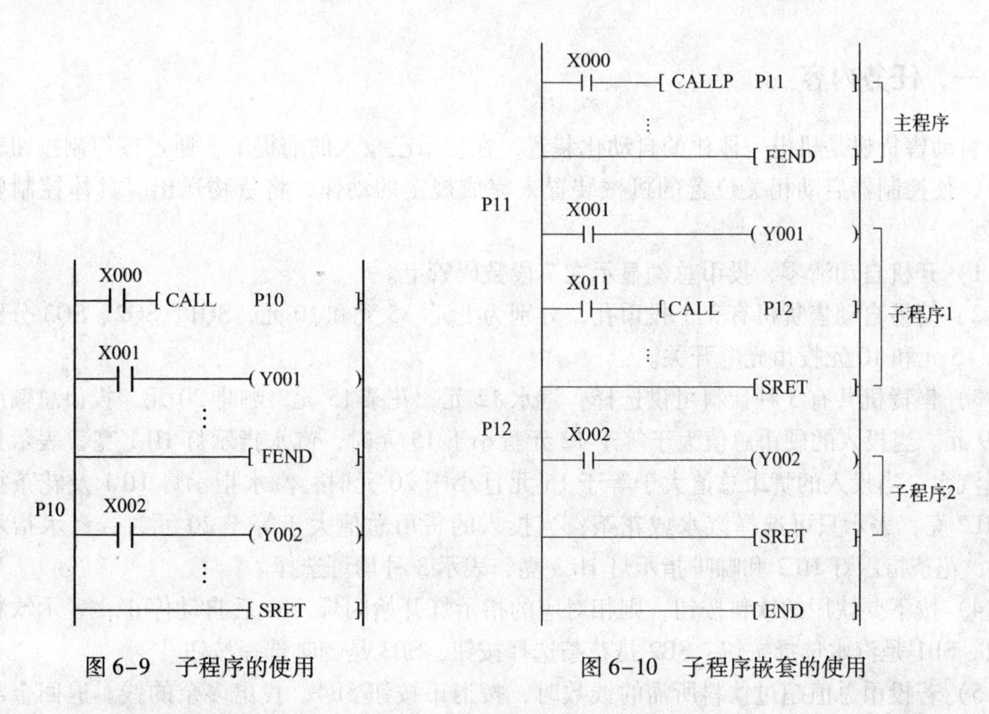

图 6-9　子程序的使用　　　　图 6-10　子程序嵌套的使用

2. 主程序结束指令

（1）指令格式　该指令的助记符、指令代码、操作数范围、程序步如表 6-8 所示。

表 6-8　指令要素

指令名称	助记符	指令代码	操作数范围	程序步
主程序结束	FEND	FNC 06	无	1 步

（2）指令功能及说明。

① 执行主程序结束指令，功能同执行 END 指令。图 6-9 所示为主程序结束指令在程序中的应用。跳转（CJ）指令的程序中，用 FEND 作为主程序及跳转程序的结束。而在调用子程序（CALL）中，子程序、中断子程序应写在 FEND 指令之后，且其结束段用 SRET 或

IRET 作为返回指令。

② 若 FEND 指令在 CALL 或 CALL（P）指令执行之后，SRET 指令执行之前出现，则程序认为是错误的。另一类似的错误是 FEND 指令处于 FOR－NEXT 循环之中。

③ 子程序及中断子程序必须写在 FEND 与 END 之间，若使用多个 FEND 指令的话，则在最后的 FEND 与 END 之间编写子程序或中断子程序。

主要知识点：

- 程序流程类各功能指令的要素及应用

任务二　简易自动售货机的 PLC 控制

一、任务内容

自动售货机是机电一体化的自动化装置，在货币已投入的前提下，通过按控制按钮输入信号，使控制器启动相关位置的机械装置来完成规定的动作，将货物送出。具体控制要求如下：

1）开机自动清零，投币总额显示在 7 段数码管上。

2）简易自动售货机有 3 个投币孔，分别为 1 元、5 元和 10 元，SQ1、SQ2、SQ3 分别为 1 元、5 元和 10 元投币光电开关。

3）售货机共有 3 种饮料可供选择，汽水 12 元，花茶 15 元，咖啡 20 元，投币总额应小于 99 元。当投入的硬币总值大于等于 12 元且小于 15 元时，汽水指示灯 HL1 亮，表示只可选择汽水；当投入的货币总值大于等于 15 元且小于 20 元时，汽水指示灯 HL1 及花茶指示灯 HL2 亮，表示只可选择汽水或花茶；当投入的货币总值大于等于 20 元时，汽水指示灯 HL1、花茶指示灯 HL2 和咖啡指示灯 HL3 亮，表示 3 种均可选择。

4）按下要饮用的饮料按钮，则相对应的指示灯开始闪烁，8s 后自动停止，表示饮料已送出，SB1 是汽水选择按钮，SB2 是花茶选择按钮，SB3 是咖啡选择按钮。

5）若投币总值超过饮料所需的钱数时，按退币按钮 SB4，找出多余的钱。退回金额如果大于 10 元，则先退 10 元，如果小于 10 元且大于等于 5 元，则先退 5 元，如果小于 5 元则直接退 1 元的。

二、任务分析

根据控制要求，在初始状态时，自动售货机要清零，可以用传送指令将数据寄存器清零来实现；投币总额显示在 7 段数码管上，可以用 7 段数码管扫描指令实现；投币后，当前投币值的增加可以用加法指令实现；判断当前投币值够选择哪种饮料可以用比较指令实现；选择某种饮料后当前投币值的计算可以用减法指令实现；投币总值超过所选饮料的价格时，按退币按钮找出多余的钱，此功能可用比较指令和减法指令实现。简易自动售货机的工作流程图及需要用到的功能指令如图 6-11 所示。

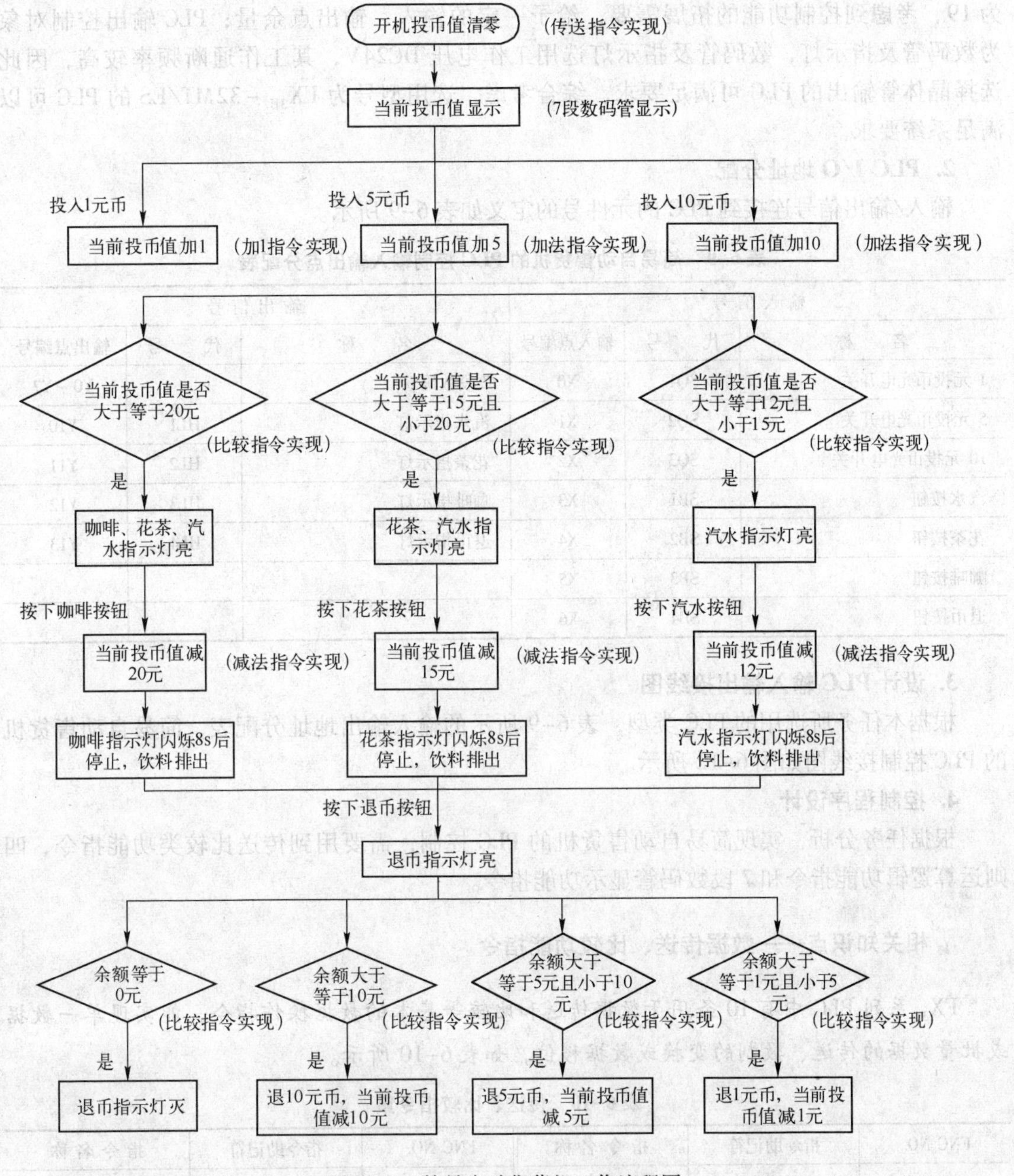

图 6-11 简易自动售货机工作流程图

三、任务实施

1. PLC 选择

根据控制要求，该装置连接到 PLC 的输入信号有光电接近开关 SQ1、SQ2、SQ3，饮料选择按钮 SB1、SB2、SB3 和退币选择按钮 SB4，总输入点数为 7；连接到 PLC 的输出信号有 2 个 7 段数码管及指示灯 HL1、HL2、HL3，数码管显示采用 SEGL 指令编程，输出点数为 8，4 个指示灯输出点数为 4，总输出点数为 12。PLC 控制需要总输入输出点数为19，考虑到控制功能的拓展需要，给予一定的输入、输出点余量；PLC 输出控制对象为数码管及指示灯，数码管及指示灯选用工作电压 DC24V，其工作通断频率较高，因此选择晶体管输出的 PLC 可满足要求。综合考虑，选用型号为 FX_{3U} - 32MT/ES 的 PLC 可以满足系统要求。

2. PLC I/O 地址分配

输入/输出信号连接到 PLC 的元件号的定义如表 6-9 所示。

表 6-9　简易自动售货机的 PLC 控制输入输出点分配表

输入信号			输出信号		
名　称	代　号	输入点编号	名　称	代　号	输出点编号
1 元投币光电开关	SQ1	X0	7 段数码管		Y0 ~ Y7
5 元投币光电开关	SQ2	X1	汽水指示灯	HL1	Y10
10 元投币光电开关	SQ3	X2	花茶指示灯	HL2	Y11
汽水按钮	SB1	X3	咖啡指示灯	HL3	Y12
花茶按钮	SB2	X4	退币指示灯	HL4	Y13
咖啡按钮	SB3	X5			
退币按钮	SB4	X6			

3. 设计 PLC 输入输出接线图

根据本任务所选用的 PLC 类型，表 6-9 所示的输入输出地址分配表，简易自动售货机的 PLC 控制接线图如图 6-12 所示。

4. 控制程序设计

根据任务分析，实现简易自动售货机的 PLC 控制，需要用到传送比较类功能指令、四则运算逻辑功能指令和 7 段数码管显示功能指令。

相关知识点——数据传送、比较功能指令

FX_{3U} 系列 PLC 中有 10 条用于数据传送和比较等基本的数据操作指令，能实现单一数据或批量数据的传送、数制的变换或数据移位，如表 6-10 所示。

表 6-10　传送、比较指令集

FNC NO.	指令助记符	指令名称	FNC NO.	指令助记符	指令名称
10	CMP	比较指令	15	BMOV	成批传送
11	ZCP	区间比较	16	FMOV	多点传送
12	MOV	传送	17	XCH	数据交换
13	SMOV	位移动	18	BCD	BCD 传送
14	CML	取反传送	19	BIN	BIN 传送

1. 比较指令

(1) 指令格式。该指令属于传送比较类指令，其助记符、指令代码、操作数范围、程序步如表 6-11 所示。

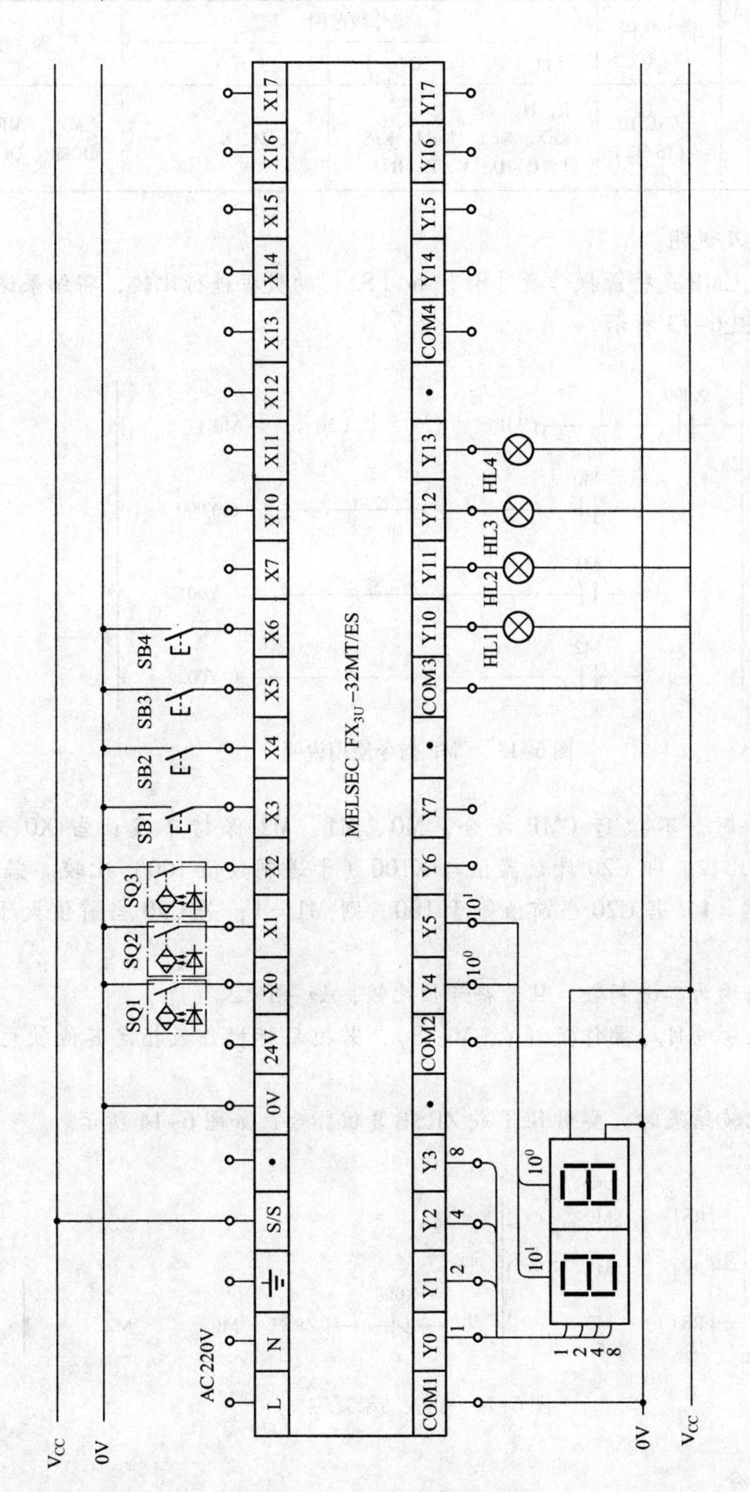

图6-12 简易自动售货机的PLC控制端口接线图

表 6-11　比较指令要素

指令名称	助 记 符	指令代码（位数）	操作数范围			程 序 步
			S1(·)	S2(·)	D(·)	
比较	CMP CMP(P)	FNC 10 (16/32)	K，H KnX、KnY、KnM、KnS T、C、D、V、Z、R		Y、M、S	CMP、CMPP…7 步 DCMP、DCMPP…13 步

（2）指令功能及说明。

1）比较指令。CMP 是将源操作数［S1］和［S2］的数据进行比较，将结果送到目标操作数［D］中，如图 6-13 所示。

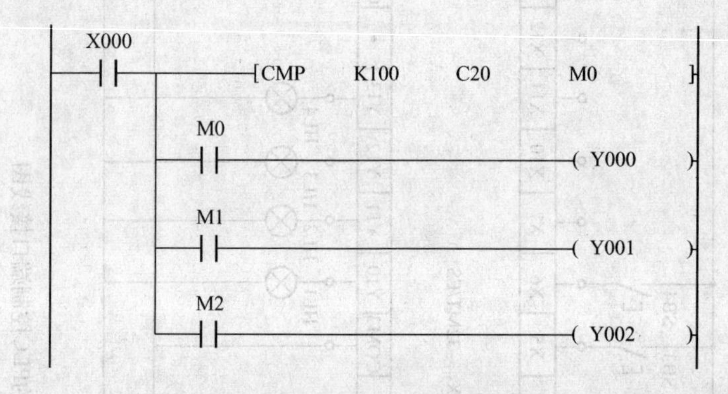

图 6-13　CMP 指令使用说明

当 X0 为 OFF 时，不执行 CMP 指令，M0、M1、M2 保持不变；当 X0 为 ON 时，［S1］、［S2］进行比较，即 C20 计数器值与 K100（十进制数值 100）比较。若 C20 当前值小于 100，则 M0 = 1；若 C20 当前值等于 100，则 M1 = 1；若 C20 当前值大于 100，则 M2 = 1。

2）比较的数据均为二进制数，且带符号位比较，如 -5 <2。

3）比较的结果影响目标操作数（Y、M、S），若把目标操作数指定其他软元件，则会出错。

4）如要清除比较结果时，要用 RST 或 ZRST 复位指令，如图 6-14 所示。

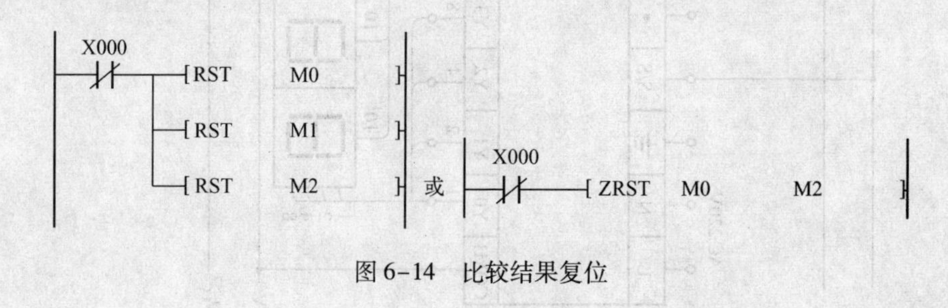

图 6-14　比较结果复位

2. 区间比较指令

（1）指令格式。该指令的助记符、指令代码、操作数范围、程序步如表 6-12 所示。

表 6-12　区间比较指令要素

指令名称	助记符	指令代码（位数）	操作数范围			程序步
			S1(·)	S2(·)	D(·)	
区间比较	ZCP ZCP(P)	FNC 11 (16/32)	K，H KnX、KnY、KnM、KnS T、C、D、V、Z、R		Y、M、S	ZCP、ZCPP…9 步 DZCP、DZCPP…17 步

（2）指令功能及说明。区间比较指令 ZCP 是将一个数据［S］与两个源数据［S1］和［S2］间的数据进行代数比较，比较结果在目标操作数［D］及其后的两个软元件中表示出来。源［S1］的内容比源［S2］的内容要小，如果［S1］比［S2］大，则［S2］被看作与［S1］一样大。使用说明如图 6-15 所示。

图 6-15　ZCP 指令使用说明

当 X0 为 ON 时，C30 的当前值与 K100 和 K120 比较，若 $C30<100$，则 M3 = 1；若 $100 \leqslant C30 \leqslant 120$，则 M4 = 1；若 $C30>120$ 时，则 M5 = 1。

指令执行后，可用复位指令清除比较结果。

3. 传送指令

（1）指令格式。该指令属于传送比较类指令，其助记符、指令代码、操作数范围、程序步如表 6-13 所示。

表 6-13　传送指令要素

指令名称	助记符	指令代码（位数）	操作数范围		程序步
			S(·)	D(·)	
传送	MOV MOV(P)	FNC 12 (16/32)	K，H KnX、KnY、KnM、KnS T、C、D、V、Z、R	KnY、KnM、KnS T、C、D、V、Z、R	MOV、MOVP…5 步 DMOV、DMOVP…9 步

（2）指令功能及说明。传送指令 MOV 是将源操作数内的数据传送到指定的目标操作数内，即［S］→［D］。传送指令 MOV 的说明如图 6-16 所示。当 X0 = ON 时，源操作数［S］中的常数 K100 传送到目标操作元件 D10 中。当指令执行时，十进制常数 K100 自动转换成二进制数。当 X0 = OFF 时，指令不执行，数据保持不变。

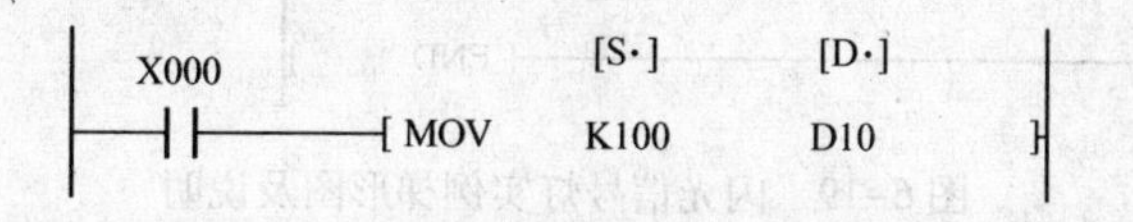

图 6-16　传送指令使用说明

指令的使用举例如下：

1）定时器、计数器当前值读出，如图 6-17 所示。在图中，T0 当前值传送到 D20，计数器相同。

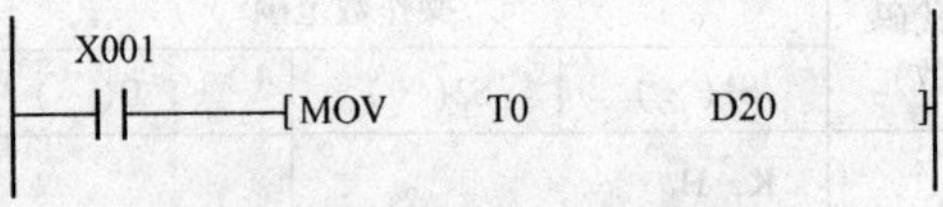

X001
[MOV T0 D20]

图 6-17 传送指令应用实例一

2）定时器、计数器设定值的间接指定，如图 6-18 所示。在图中，十进制常数 K200 传送到 D12，D12 中的数值作为 T0 的时间常数，定时器延时 20 s。

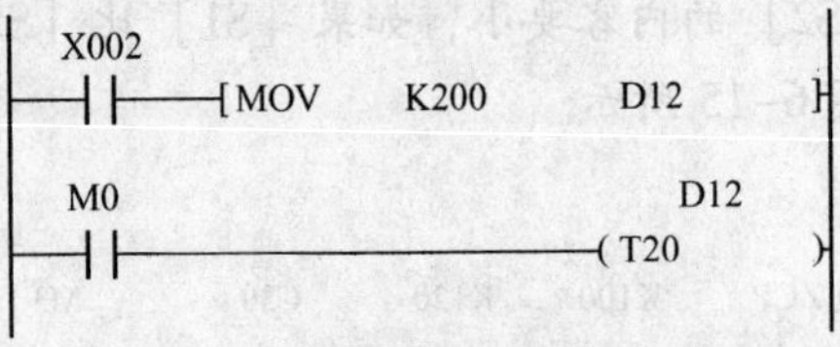

X002
[MOV K200 D12]
M0
D12
(T20)

图 6-18 传送指令应用实例二

3）用传送指令构成一个闪光信号灯，改变输入口所接置数开关可改变闪光频率。（即信号灯亮 t 秒，灭 t 秒，时间 t 由置数开关来确定）。

设定开关 4 个，分别接于 X0～X3，X10 为启停开关，信号灯接于 Y0。

梯形图如图 6-19 所示。图中第一行为变址寄存器清零，上电时完成。第二行通过传送指令从输入口（置数开关 K1X0）读入设定开关数据，变址综合后再通过传送指令送到定时器 T0 的设定值寄存器 D0，并和第三行配合产生 D0 时间间隔的脉冲。

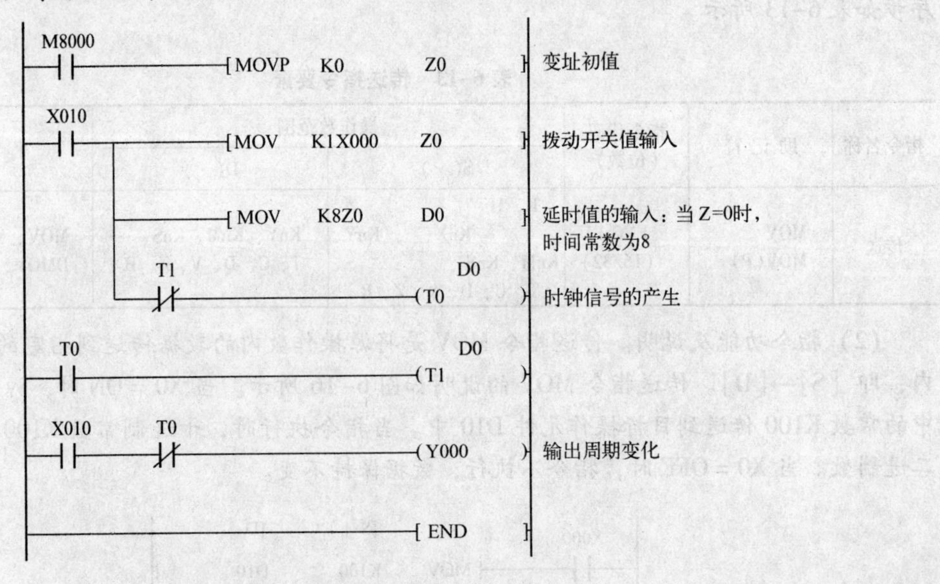

图 6-19 闪光信号灯实例梯形图及说明

相关知识点——四则逻辑运算功能指令

四则逻辑运算指令是基本运算指令。完成四则运算或逻辑运算，可通过运算实现数据的传送、变位及其他控制功能。PLC 中有两种四则运算，即整数四则运算和实数四则运算。前者指令较简单，参加运算的数据只能是整数。非整数参加运算需先取整，除法运算的结果分为商和余数。整数四则运算进行较高准确度要求的计算时，需将小数点前后的数值分别计算再将数据组合起来，除法运算时要对余数做多次运算才能形成最后的商。这就使程序的设计非常烦琐。而实数运算是浮点运算，是一种高准确度的运算，FX_{3U} 系列 PLC 既有整数运算指令，又有实数运算指令。在此仅介绍整数运算指令，关于实数运算指令，读者可查阅有关资料。

表 6-14 中所示的指令对 FX_{3U}、FX_{3UC} 系列的 PLC 来说均适用，而对于其他 FX 系列 PLC 则需要选择性应用。

表 6-14　四则逻辑运算指令集

FNC NO.	指令助记符	指 令 名 称	FNC NO.	指令助记符	指 令 名 称
20	ADD	BIN 加法	25	DEC	BIN 减 1
21	SUB	BIN 减法	26	WAND	逻辑与
22	MUL	BIN 乘法	27	WOR	逻辑或
23	DIV	BIN 除法	28	WXOR	逻辑异或
24	INC	BIN 加 1	29	NEG	求补码

1. 加法指令

（1）指令格式。该指令属于四则运算及逻辑运算类指令，其助记符、指令代码、操作数范围、程序步如表 6-15 所示。

表 6-15　加法指令要素

指令名称	助 记 符	指令代码（位数）	操作数范围			程 序 步
			S1（·）	S2（·）	D（·）	
加法	ADD ADDP	FNC 20 （16/32）	K、H KnX、KnY、KnM、KnS T、C、D、V、Z、R		KnY、KnM、KnS T、C、D、V、Z、R	ADD、ADDP…7 步 DADD、DADDP…13 步

（2）指令说明。ADD 加法指令是将指定的源操作数元件中的二进制数相加，结果送到指定的目标元件中去。ADD 加法指令的说明如图 6-20 所示。

当执行条件 X0 由 OFF→ON 变化时，[D10] + [D12] →[D14]。运算是代数运算，如 5 + (-8) = -3。

ADD 加法指令有 3 个常用标志。M8020 为零标志，M8021 为借位标志，M8022 为进位标志。

如果运算结果为 0，则零标志 M8020 置 1；如果运算结果超过 32767（16 位）或 2147483647（32 位），则进位标志 M8022 置 1；如果运算结果小于 -32768（16 位）或 -2147483648（32 位），则借位标志 M8021 置 1。

在 32 位运算中，被指定的字元件是低 16 位元件，而下一个元件为高 16 位元件。

源操作数和目标操作数可以用相同的元件号。若源和目标元件号相同而采用连续执行的 ADD、DADD 指令时，加法的结果在每个扫描周期都会改变。

若指令采用脉冲执行型时，如图6-21所示。当X1每次从OFF→ON变化时，D0的数据加1，这与INCP指令的执行结果相似。其不同之处在于用ADD指令时，零位、借位、进位标志按上述方法置位。

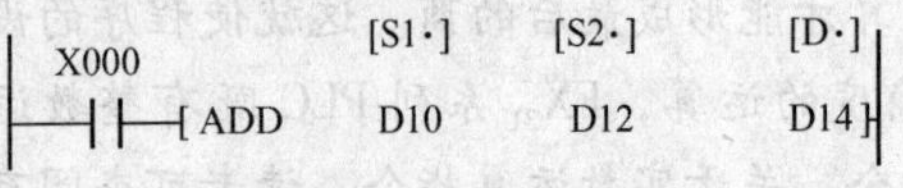

X000 [S1·] [S2·] [D·]
ADD D10 D12 D14

图6-20 加法指令使用说明一

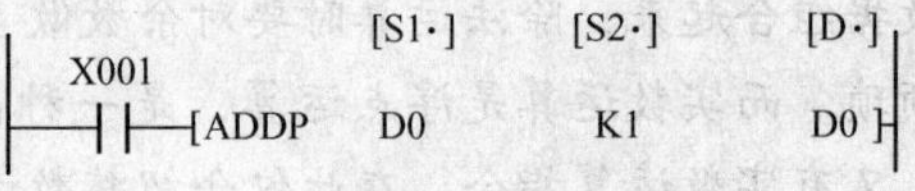

X001 [S1·] [S2·] [D·]
ADDP D0 K1 D0

图6-21 加法指令使用说明二

2. 减法指示

（1）指令格式。该指令属于四则运算及逻辑运算类指令，其助记符、指令代码、操作数范围、程序步如表6-16所示。

表6-16 减法指令要素

指令名称	助记符	指令代码（位数）	操作数范围			程序步
			S1（·）	S2（·）	D（·）	
加法	SUB SUBP	FNC 21 （16/32）	K、H KnX、KnY、KnM、KnS T、C、D、V、Z、R		KnY、KnM、KnS T、C、D、V、 Z、R	SUB、SUBP…7步 DSUB、DSUBP…13步

（2）指令说明。SUB减法指令是将指定的源操作数元件中的二进制数相减，结果送到指定的目标元件中去。SUB减法指令的说明如图6-22所示。

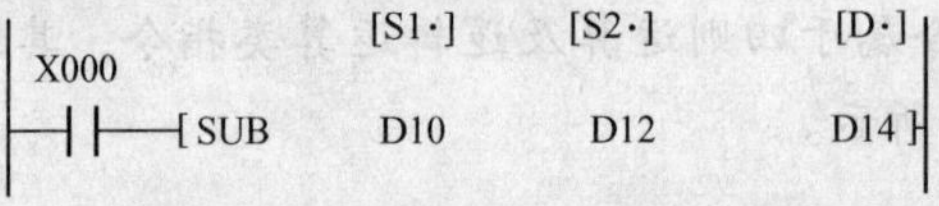

X000 [S1·] [S2·] [D·]
SUB D10 D12 D14

图6-22 减法指令使用说明

当执行条件X0由OFF→ON时，[D10]-[D12]→[D14]。运算是代数运算，如5-(-8)=13。

各种标志的动作、32位运算中软元件的指定方法、连续执行型和脉冲执行型的差异等均与加法指令相同。

3. 加1指令

（1）指令格式。该指令的助记符、指令代码、操作数范围、程序步如表6-17所示。

表6-17 加1指令要素

指令名称	助记符	指令代码（位数）	操作数范围	程序步
			D（·）	
加1	INC INCP	FNC 24 （16/32）	KnY、KnM、KnS T、C、D、R、V、Z	INC、INCP…3步 DINC、DINCP…5步

（2）指令说明。加1指令的说明如图6-23所示。当X0由OFF→ON变化时，由［D］指定的元件D10中的二进制数自动加1。若用连续指令时，每个扫描周期加1。

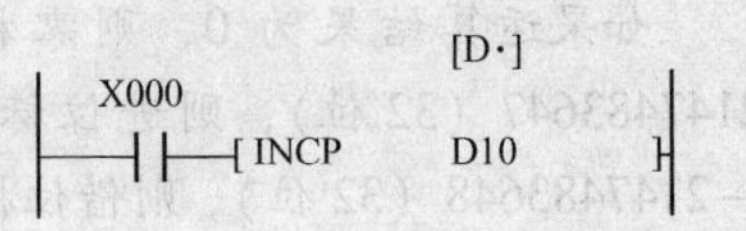

图6-23 加1指令使用说明

16位运算时，+32767再加1就变为-32768，但标志不置位。同样，在32位运算时，+2147483647再加1就变为-2147483648，标志也不置位。

4. 减 1 指令

(1) 指令格式。该指令的助记符、指令代码、操作数范围、程序步如表 6-18 所示。

表 6-18　加 1 指令要素

指令名称	助记符	指令代码（位数）	操作数范围 D(·)	程序步
减 1	DEC DECP	FNC 25 (16/32)	KnY、KnM、KnS T、C、D、R、V、Z	DEC、DECP…3 步 DDEC、DDECP…5 步

(2) 指令说明。减 1 指令的说明如图 6-24 所示。当 Xl 由 OFF→ON 变化时，由［D］指定的元件 D10 中的二进制数自动减 1。若用连续指令时，每个扫描周期减 1。在 16 位运算时，-32768 再减 1 就变为 +32767，但标志不置位。同样，在 32 位运算时，-2147483648 再减 1 就变为 +2147483647，标志也不置位。

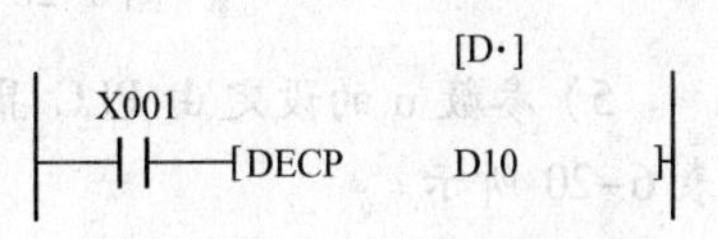

图 6-24　减 1 指令使用说明

相关知识点——7 段数码管显示应用指令

1. 7 段数码管扫描应用指令

(1) 指令格式。该指令属于外围设备设定显示应用指令，是控制 1 组或 2 组 4 位数带锁存的 7 段数码管显示的指令，其助记符、指令代码、操作数范围、程序步如表 6-19 所示。

表 6-19　7 段数码管译码应用指令要素

指令名称	助记符	指令代码（位数）	操作数范围 S(·)	操作数范围 D(·)	操作数范围 n	程序步
7 段解码器	SEGL	FNC74 (16)	K，H KnX、KnY、KnM、KnS T、C、D、V、R、Z	Y	K，H	SEGL…7 步

(2) 指令功能及说明。将 S(·)的 4 位数值转换为 BCD 数据后，采用时分方式，从 D(·)～［D(·)+3］依次对每一位数做输出。此外，选通信号输出［D(·)+4］～［D(·)+7］也依次以时分方式输出，锁定为 4 位数第 1 组的 7 段数码管显示。

如图 6-25 所示，当 X1 为 ON 时，将 D1 的值送到 Y0～Y7 外部布线的 7 段数码管显示。

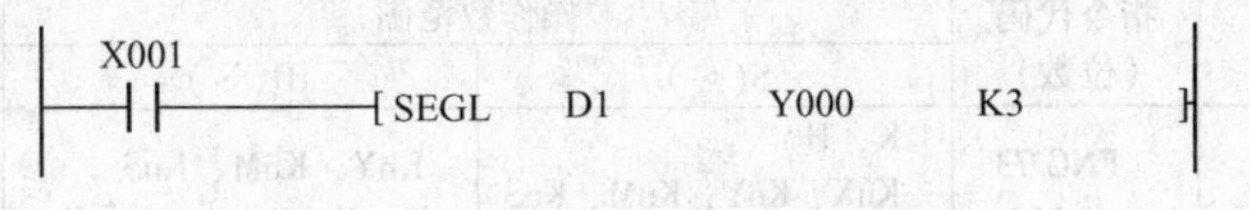

图 6-25　SEGL 指令使用说明

1) 4 位数数据传送到 7 段数码管必须使用 12 次的扫描时间，传送完毕时，M8029 置为 ON。

2) 执行 SEGL 指令时，扫描时间必须大于 10 ms。

3) 晶体管输出 PLC ON 的输出电压为 1.5 V，必须选用合适的 7 段数码管。

4) 4 位数一组 7 段数码管与 PLC 输出端 Y 的外部接线如图 6-26 所示。

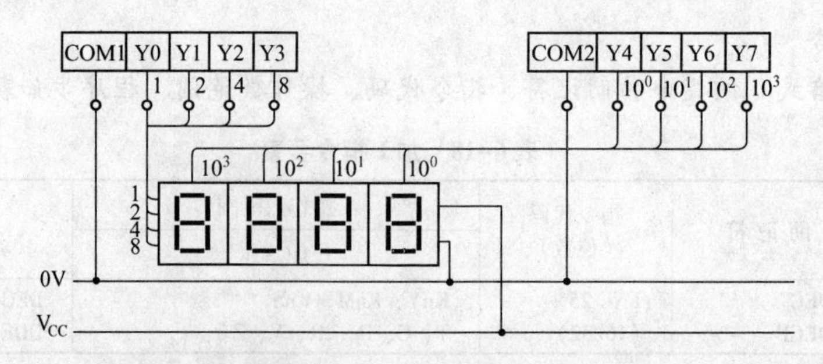

图6-26　7段数码管与PLC输出端Y的外部接线图

5）参数n的设定由PLC晶体管输出逻辑与7段显示灯的输入逻辑来完成，其关系如表6-20所示。

表6-20　PLC晶体管输出逻辑与7段显示灯的输入逻辑关系表

PLC输出逻辑	数据输入	选通信号	参数n	
			4位数1组时	4位数2组时
负逻辑	负逻辑（一致）	负逻辑（一致）	0	4
		正逻辑（不一致）	1	5
	正逻辑（不一致）	负逻辑（一致）	2	6
		正逻辑（不一致）	3	7
正逻辑	正逻辑（一致）	正逻辑（一致）	0	4
		负逻辑（不一致）	1	5
	负逻辑（不一致）	正逻辑（一致）	2	6
		负逻辑（不一致）	3	7

PLC晶体管输出为漏型输出时称为“负逻辑”，PLC晶体管输出为源型输出时称为“正逻辑”；输入数据以低电平决定BCD数时称为“负逻辑”，输入数据以高电平决定BCD数时称为“正逻辑”；选通信号是在低电平保持下被锁存数据称为“负逻辑”，选通信号是在高电平保持下被锁存数据称为“正逻辑”。

例如PLC输出为正逻辑，7段码显示数据输入端是负逻辑，7段码显示选通信号也是负逻辑，则四位数一组时n=3，四位数两组时n=7。

2. 7段数码管译码应用指令

（1）指令格式。该指令属于外围设备设定显示应用指令，是数码译码后，点亮7段数码管（1位数）的指令，其助记符、指令代码、操作数范围、程序步如表6-21所示。

表6-21　7段数码管译码应用指令要素

指令名称	助记符	指令代码（位数）	操作数范围		程序步
			S(·)	D(·)	
7段解码器	SEGD SEGDP	FNC 73 (16)	K，H KnX、KnY、KnM、KnS T、C、D、R、V、Z	KnY、KnM、KnS T、C、D、R、V、Z	SEGD、SEGD P…5步

（2）指令功能及说明。将S(·)的低4位二进制数所确定的的0~F（16进制数）译码成7段数码显示用的数据，并保存到D(·)的低8位中。

如图6-27所示，当X1为ON时，将K5存在D1，然后将D1译码，从Y0~Y7中显示。

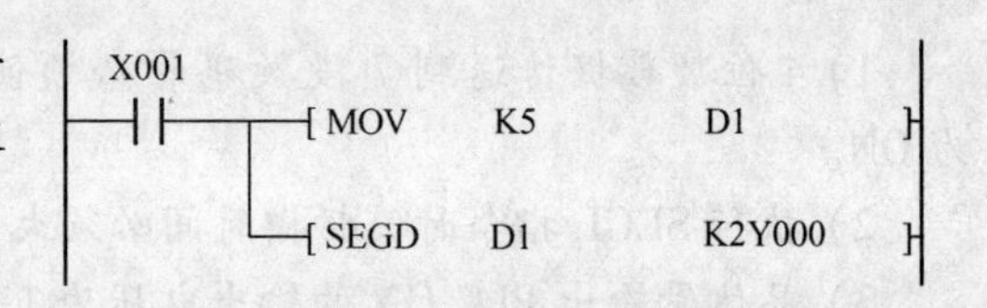

图6-27　SEGD指令使用说明

7 段数码管译码表如表 6-22 所示。

表 6-22　7 段数码管译码表

S·					7 段码的构成	D·											显示数据
16 进制数	b3	b2	b1	b0		B15	…	B8	B7	B6	B5	B4	B3	B2	B1	B0	
0	0	0	0	0		—		—	0	0	1	1	1	1	1	1	0
1	0	0	0	1		—		—	0	0	0	0	0	1	1	0	1
2	0	0	1	0		—		—	0	1	0	1	1	0	1	1	2
3	0	0	1	1		—		—	0	1	0	0	1	1	1	1	3
4	0	1	0	0		—		—	0	1	1	0	0	1	1	0	4
5	0	1	0	1		—		—	0	1	1	0	1	1	0	1	5
6	0	1	1	0	B0	—		—	0	1	1	1	1	1	0	1	6
7	0	1	1	1	B5 B1 B6	—		—	0	0	1	0	0	1	1	1	7
8	1	0	0	0	B4 B2	—		—	0	1	1	1	1	1	1	1	8
9	1	0	0	1	B3	—		—	0	1	1	0	1	1	1	1	9
A	1	0	1	0		—		—	0	1	1	1	0	1	1	1	A
B	1	0	1	1		—		—	0	1	1	1	1	1	0	0	b
C	1	1	0	0		—		—	0	0	1	1	1	0	0	1	C
D	1	1	0	1		—		—	0	1	0	1	1	1	1	0	d
E	1	1	1	0		—		—	0	1	1	1	1	0	0	1	E
F	1	1	1	1		—		—	0	1	1	1	0	0	0	1	F

简易自动售货机的 PLC 控制梯形图如图 6-28 所示。

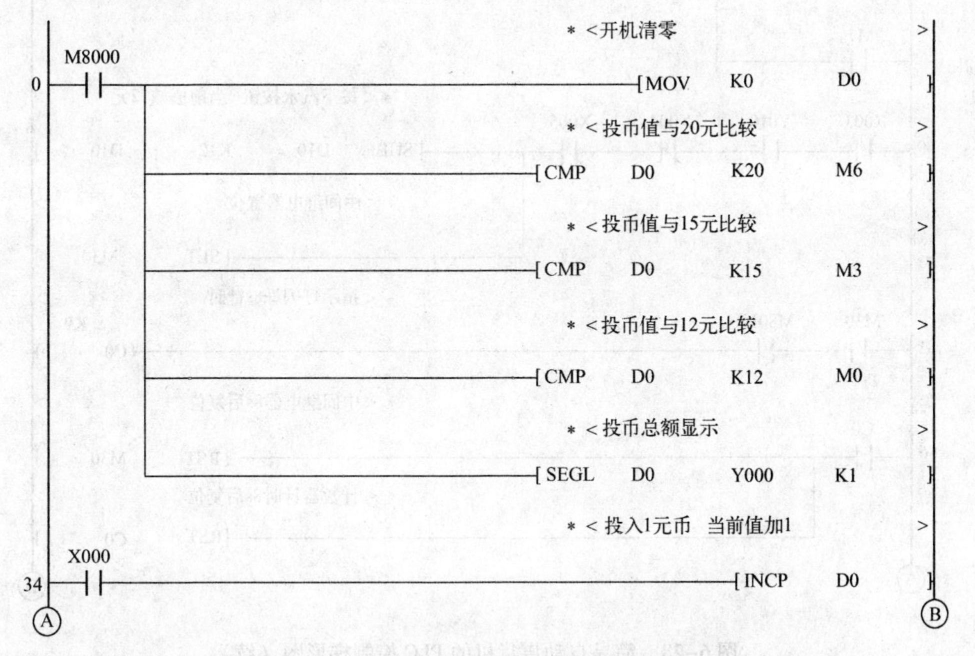

图 6-28　简易自动售货机的 PLC 控制梯形图

```
*<投入5元币  当前值加5>
38  X001 ─[ADDP  D0  K5  D0]

*<投入10元币  当前值加10>
46  X002 ─[ADDP  D0  K10  D0]

*<汽水指灯HL1亮>
54  M30  M8013 ─(Y010)
    M0
    M1

*<花茶指示灯HL2亮>
59  M31  M8013 ─(Y011)
    M3
    M4

*<咖啡指示灯HL3亮>
64  M32  M8013 ─(Y012)
    M6
    M7

*<按下汽水按钮  当前值减12元>
69  X003  Y010  X004  X005 ─[SUBP  D10  K12  D10]
*<中间继电器置位>
                           ─[SET  M30]

*<指示灯闪烁8s计时>
81  M30  M8013 ─(C0  K9)

*<中间继电器8s后复位>
86  C0 ─[RST  M30]
*<计数器计时8s后复位>
       ─[RST  C0]
```

图6-28　简易自动售货机的PLC控制梯形图（续）

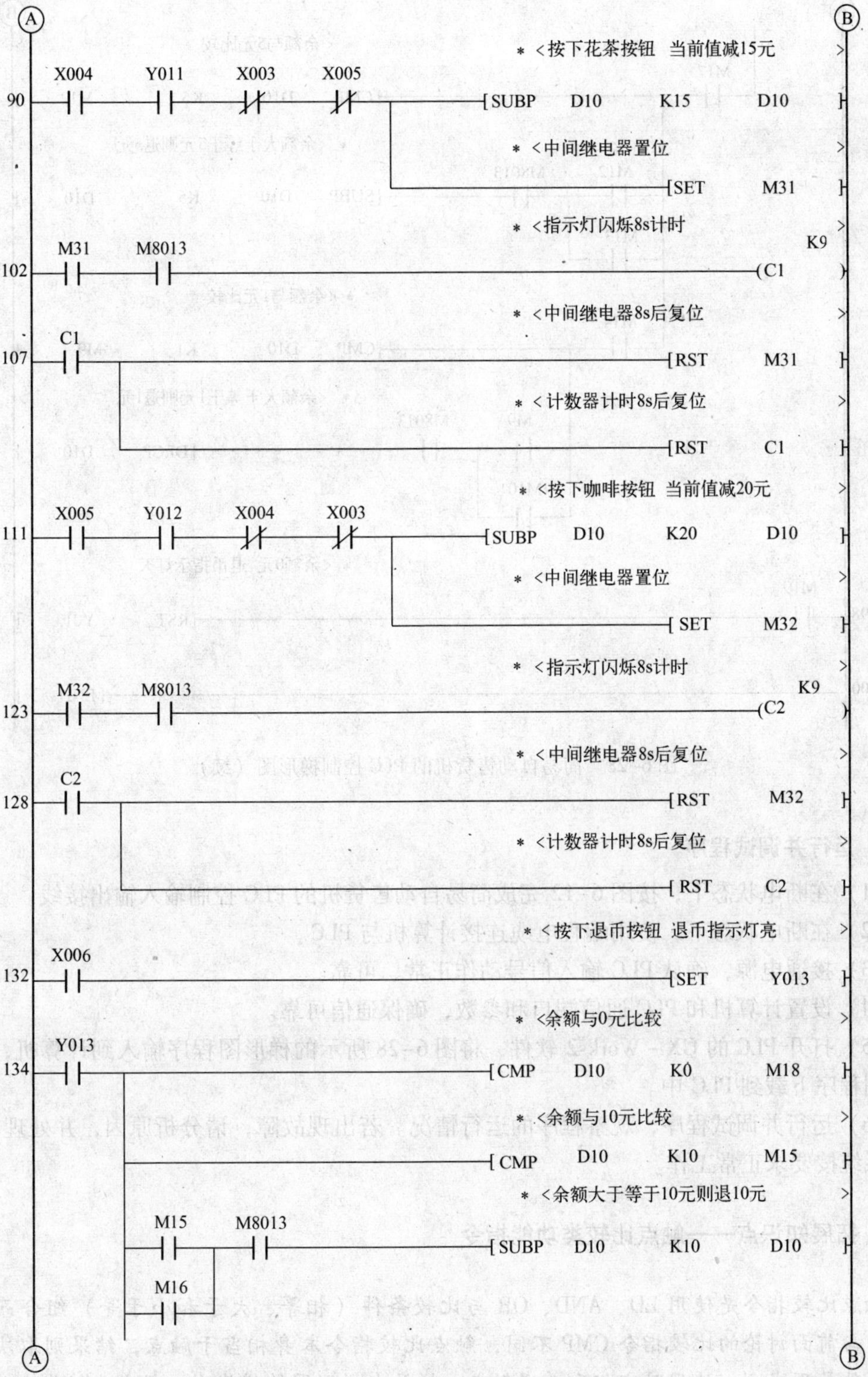

A　　　　　　　　　　　　　　　　　　　　　　　　　　　　B

＊<按下花茶按钮　当前值减15元>
90　X004　Y011　X003　X005　[SUBP　D10　K15　D10]
＊<中间继电器置位>
[SET　M31]
＊<指示灯闪烁8s计时>
102　M31　M8013　(C1　K9)
＊<中间继电器8s后复位>
107　C1　[RST　M31]
＊<计数器计时8s后复位>
[RST　C1]
＊<按下咖啡按钮 当前值减20元>
111　X005　Y012　X004　X003　[SUBP　D10　K20　D10]
＊<中间继电器置位>
[SET　M32]
＊<指示灯闪烁8s计时>
123　M32　M8013　(C2　K9)
＊<中间继电器8s后复位>
128　C2　[RST　M32]
＊<计数器计时8s后复位>
[RST　C2]
＊<按下退币按钮 退币指示灯亮>
132　X006　[SET　Y013]
＊<余额与0元比较>
134　Y013　[CMP　D10　K0　M18]
＊<余额与10元比较>
[CMP　D10　K10　M15]
＊<余额大于等于10元则退10元>
M15　M8013　[SUBP　D10　K10　D10]
M16

A　　　　　　　　　　　　　　　　　　　　　　　　　　　　B

图6-28　简易自动售货机的PLC控制梯形图（续）

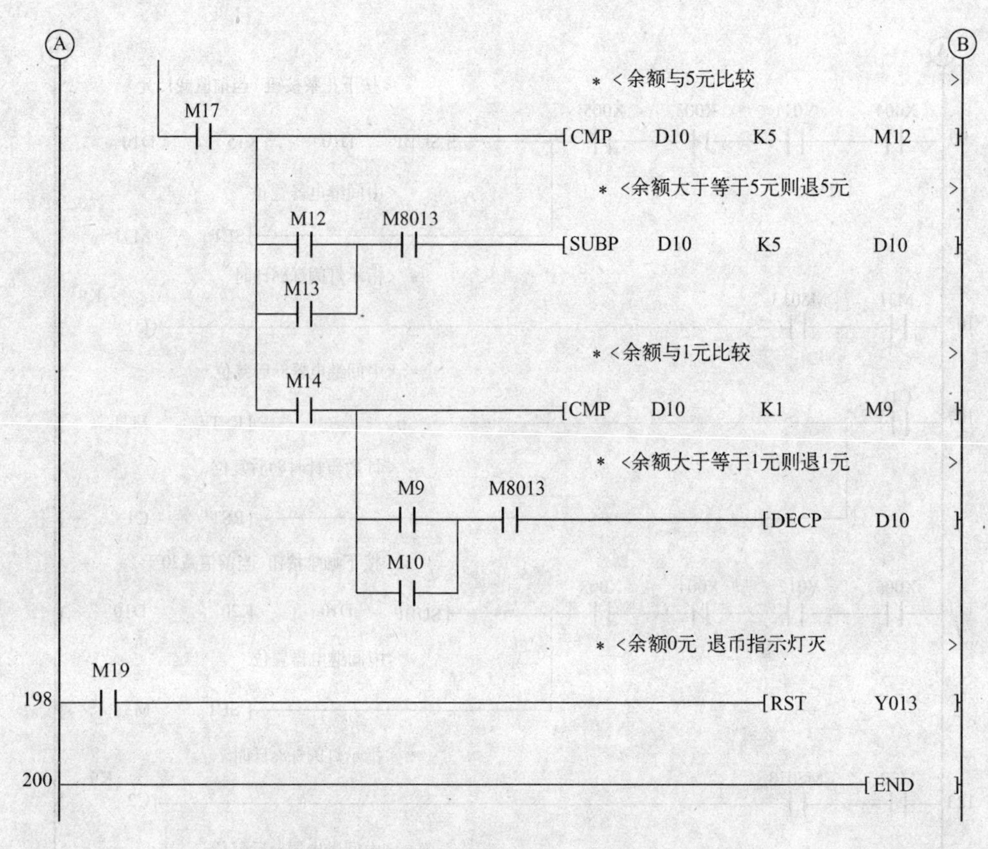

图6-28 简易自动售货机的PLC控制梯形图（续）

5. 运行并调试程序

（1）在断电状态下，按图6-12完成简易自动售货机的PLC控制输入输出接线。

（2）在断电状态下，使用编程电缆连接计算机与PLC。

（3）接通电源，确认PLC输入信号动作正常、可靠。

（4）设置计算机和PLC通信端口和参数，确保通信可靠。

（5）打开PLC的GX－Works2软件，将图6-28所示的梯形图程序输入到计算机，并将梯形图程序下载到PLC中。

（6）运行并调试程序，观察程序的运行情况。若出现故障，请分析原因，并处理故障，直至系统按要求正常工作。

拓展知识点——触点比较类功能指令

触点比较指令是使用LD、AND、OR与比较条件（相等、大于和小于等）组合而成的指令，与前面讨论的比较指令CMP不同，触点比较指令本身相当于触点，结果则取决于比较的条件是否成立，使用时它们和普通触点一样放在梯形图的横线上。触点比较指令共有如表6-23所示的18条。

表 6-23　触点比较指令集

FNC NO.	指令助记符	指 令 名 称	FNC NO.	指令助记符	指 令 名 称
224	LD =	(S1) = (S2)	236	AND < >	(S1) ≠ (S2)
225	LD >	(S1) > (S2)	237	AND≤	(S1) ≤ (S2)
226	LD <	(S1) < (S2)	238	AND≥	(S1) ≥ (S2)
228	LD < >	(S1) ≠ (S2)	240	OR =	(S1) = (S2)
229	LD≤	(S1) ≤ (S2)	241	OR >	(S1) > (S2)
230	LD≥	(S1) ≥ (S2)	242	OR <	(S1) < (S2)
232	AND =	(S1) = (S2)	244	OR < >	(S1) ≠ (S2)
233	AND >	(S1) > (S2)	245	OR≤	(S1) ≤ (S2)
234	AND <	(S1) < (S2)	246	OR≥	(S1) ≥ (S2)

主要知识点：

- 功能指令的使用要素、含义及分类
- 传送比较类功能指令：比较指令和传送指令的要素及应用
- 四则运算类功能指令的要素及应用
- 7 段数码管显示功能指令的要素及应用
- 简易自动售货机 PLC 控制的程序设计实现及说明

训练项目八　加工中心刀库捷径方向选择的 PLC 控制

一、项目内容

数控加工中心的刀库由步进电动机或直流电动机控制，如图 6-29 所示为回转式加工中心刀库工作台模拟装置，上面设有 8 把刀，每把刀均有相应的刀号地址，分别为 1，2，…，8。刀库由小型直流电动机带动低速转动，转动时，将有霍尔开关检测信号，反映刀号位置。

在图 6-29 所示的加工中心刀库模拟装置中，分别有控制直流电动机旋转的 CW/CCW 即正、反转信号输入端，有刀库到位显示信号 FH 输入端，有检测刀库位置开关的 T 输出信号端。

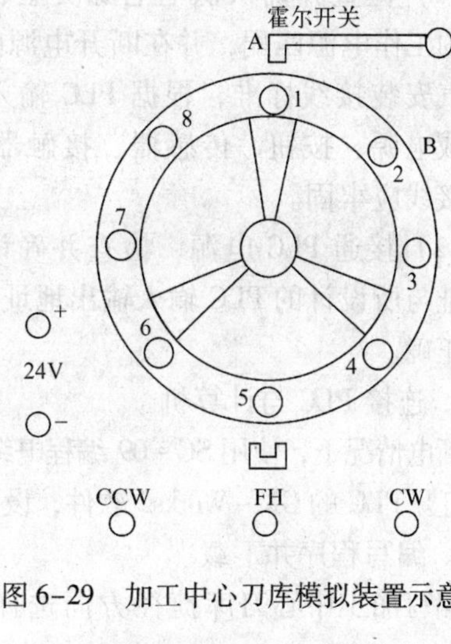

图 6-29　加工中心刀库模拟装置示意图

二、实施思路

观察：加工中心刀库捷径方向选择的控制过程；

分析：分析加工中心刀库捷径方向选择的控制方法和 PLC 输入输出信号；

理解：提出设计方案，完成 PLC 输入输出地址分配、端口电路设计、程序设计等；

实施：完成 PLC 输入输出端口电路的连接、程序的运行与调试；

思考：分析调试过程中出现问题的原因，提出解决方法。

三、实施过程

1. 确定所需 PLC 软元件，并分配地址

分析项目内容，确定本实训项目所需的 PLC 软元件，并分配地址。

2. 设计 PLC 输入输出接线图

根据所选用的 PLC 类型、输入输出地址分配表、PLC 控制对象的额定电压等设计加工中心刀库捷径方向选择控制的 PLC 端口接线图。

3. 控制程序设计

分析加工中心刀库捷径方向选择的控制要求和工作流程，编写 PLC 控制程序。根据加工中心要求，设当前刀号（如 1 号）在 A 位置，即在图 6-29 所示霍尔传感器的刀号测量位置上。所取刀号 B（希望下次取的刀号位置）假设为 2，当启动信号发出后，该刀库中心圆盘应从 B 转向 A，以逆时针方向转动，转动到位后，电动机停转。

用 PLC 控制刀库转动方向的流程图如图 6-30 所示。

假设将当前刀号和所希望取的刀号分别用 BCD 码拨码开关或从 CNC 数控系统送到寄存器 D0、D1 中。经比较后，若两数相等，则比较出到位信号，说明希望刀号与当前刀号相等。若两数不等，则需对数据进行处理，使电动机进行正转或反转。当 D0 > D1 时，需进行 D0 - D1 处理；当 D0 < Dl 时，进行(D0 + 8) - D1 的处理。然后再判断它们处理的结果是否大于等于 4，若大于等于 4 则反转；若小于 4，则正转（正转为顺时针，反转为逆时针）。每转动一个刀号，由 T 测试端输出一个脉冲信号给 PLC，PLC 将进行一次加 l 或减 l 操作，然后再判断 D0 是否与 D1 相等，如不相等，再继续下去；如相等，则电动机停转。

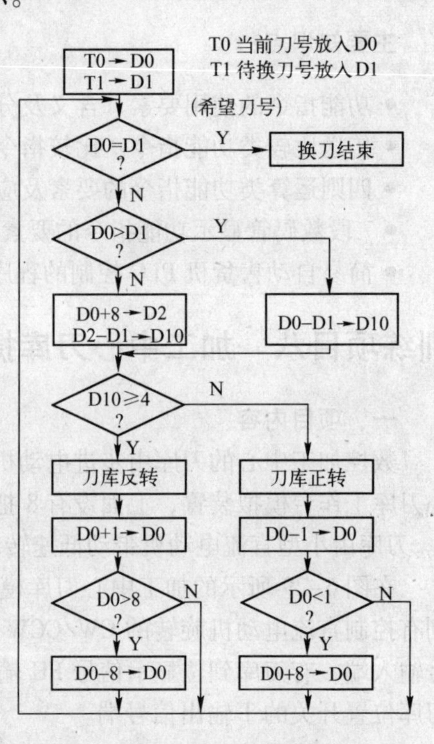

图 6-30 加工中心刀库控制程序流程图

4. 完成 PLC 输入输出接线

(1) 检查并确认供电电源类型、电压等级等与 PLC 的工作电源匹配，并在断开电源的情况下，按国家电气安装接线标准，根据 PLC 输入输出端口接线图完成电源、按钮、传感器、接触器等与 PLC 的连接，接线应牢固。

(2) 接通 PLC 电源，检查并确认所有输入信号的地址与所设计的 PLC 输入输出地址分配表吻合，并能可靠地被 PLC 接收，输入信号状态显示正确。

5. 连接 PLC 与计算机

断电情况下，使用 SC - 09 编程电缆连接计算机与 PLC。连接完毕后，接通计算机和 PLC 电源。打开 PLC 的 GX - Works2 软件，设置通信端口和通信参数，确保计算机和 PLC 通信正常。

6. 编写程序并下载

编写加工中心刀库捷径方向选择的 PLC 控制梯形图或指令程序，然后将程序下载到 PLC 中。

7. 运行调试

(1) 模拟运行调试。分别在没有任何操作和按下启动按钮这 2 种工作情况下，观察 PLC 面板上相关输出继电器的指示灯、监控窗口输出继电器及 PLC 内部软元件的工作情况。

设 D0 = 1，D1 = 2，运行程序，观察输出 Y0、Y1 和 Y2 指示灯是否和设计的相一致。如果动作结果符合控制要求，说明运行正确，否则查找原因并处理。

（2）带电运行调试。模拟调试运行正确，说明输入输出端口接线和编写的程序正确。

接通电源，PLC 程序置“运行”状态，送数开关 SB0 拨到相应刀号，按下启动按钮 SB1，观察加工中心刀库旋转的工作情况。此时刀库应按照捷径方向运动到相应刀位处停止。否则，说明电路有误，检查电路。

无论在何种状态下检查时，首先判断是否要断开或接通电源，注意安全使用相关电工工具。

8. 实训结束，整理实训器材

按要求确定实施方案，将实施方案或结果、出现异常的原因分析和处理方法记录在表 6-24 中。

表 6-24　实施过程、实施方案或结果、出现异常的原因和处理方法记录表

序　号	实施过程	实施要求	实施方案或结果	异常原因分析及处理方法
1	电路绘制	1. 列出 PLC 控制 I/O 口元件地址分配表		
		2. 写出 PLC 类型及相关参数		
		3. 画出 PLC I/O 口接线图		
2	编写程序并下载	1. 编写梯形图和指令程序		
		2. 写出 PLC 与计算机的连接方法，及通信参数设置		
3	运行调试	1. 举例说明输入信号的测试方法。若出错，请分析原因并改正		
		2. 详细记录每一步操作过程中，输入、输出信号状态的变化，并分析是否正确，若出错，分析并写出原因及处理方法		
		3. 举例说明某监控画面处于什么运行状态		

任务三　喷泉的 PLC 控制

一、任务内容

某喷泉有 8 层出水口，要求当启动按钮为 ON 时，1 层出水口开始喷水，并以正序每隔 1 s 轮流出水，当第 8 层出水口喷水后，停 2 s，然后反序 8、7 层出水口喷水，1 s 后 8、7、6 层喷水口出水，此后每隔 1 s 后面增加一层出水口喷水，直到 8 层出水口全部喷水，停 2 s，重复上述过程。当停止按钮为 ON 时，停止工作。

二、任务分析

根据控制要求，喷泉 1 层出水口开始喷水，以正序每隔 1 s 轮流出水，这种循环功能可以用循环右移、左移功能指令实现；反序时，每隔 1 s 后面增加一层出水口喷水，这类功能可以用位右移、位左移指令实现；按下停止按钮全部出水口停止工作，可以用区间复位指令实现。

三、任务实施

1. PLC 选择

本任务中启动按钮 SB1、停止按钮 SB2 作为 PLC 的输入信号，被控制器件 8 层出水口 KM1～KM8 作为 PLC 的输出控制对象。采用 PLC 控制需要的输入点数为 2，输出点数为 8，总点数为 10，给予一定的输入、输出点余量，综合考虑选用型号 FX_{3U} -16MR 的 PLC。

2. PLC I/O 地址分配

本任务的 PLC 控制输入输出点地址分配可按表 6-25 所示分配。

表 6-25　喷泉的 PLC 控制输入输出点分配表

输入信号			输出信号		
名　称	代　号	输入点编号	名　称	代　号	输出点编号
启动按钮	SB1	X0	1 层出水口控制器	KM1	Y0
停止按钮	SB2	X1	2 层出水口控制器	KM2	Y1
			3 层出水口控制器	KM3	Y2
			4 层出水口控制器	KM4	Y3
			5 层出水口控制器	KM5	Y4
			6 层出水口控制器	KM6	Y5
			7 层出水口控制器	KM7	Y6
			8 层出水口控制器	KM8	Y7

3. 设计 PLC 输入输出接线图

根据本任务所选用的 PLC 类型，表 6-25 所示的 PLC 输入输出地址分配表及控制对象的额定电压等因素，喷泉的 PLC 控制端口接线图如图 6-31 所示。

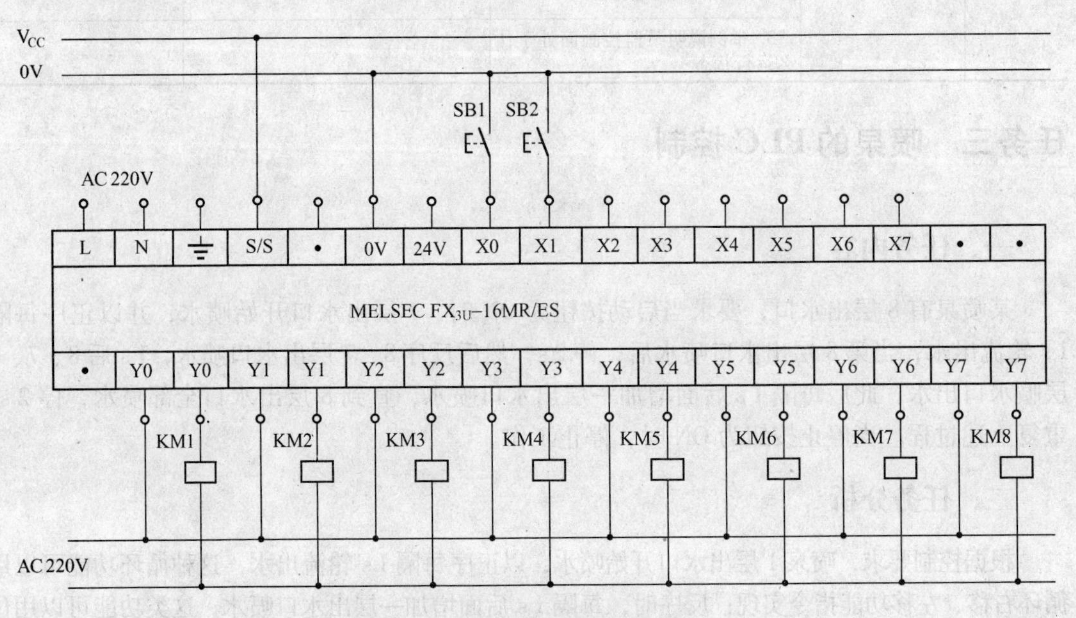

图 6-31　喷泉的 PLC 控制接线图

4. 控制程序设计

根据任务分析，实现喷泉的PLC控制，需要用到循环类功能指令、区间复位功能指令。

相关知识点——循环类功能指令

FX_{3U}系列PLC循环移位指令有10条，如表6-26所示。

表6-26 循环移位指令集

FNC NO.	指令助记符	指令名称	FNC NO.	指令助记符	指令名称
30	ROR	右循环移位	35	SFTL	位左移
31	ROL	左循环移位	36	WSFR	字右移
32	RCR	带进位右循环移位	37	WSFL	字左移
33	RCL	带进位左循环移位	38	SFWR	移位写入
34	SFTR	位右移	39	SFRD	移位读出

FX_{3U}系列PLC移位控制指令有移位、循环移位、字移位等几种。其中循环移位分为带进位位循环及不带进位位循环。移位有左移和右移之分。

从指令的功能来说，循环移位是指位数据和字数据按指定方向，循环并移位的指令。而非循环移位是线性的移位，数据移出部分会丢失，移入部分从其他数据获得。移位指令可用于数据的2倍乘处理，形成新数据，或形成某种控制开关。字移位和位移位不同，它可用于字数据在存储空间中的位置调整等功能。

1. 循环右移、左移功能指令

（1）指令格式。这两条指令的助记符、指令代码、操作数范围、程序步如表6-27所示。

表6-27 循环右移、左移指令要素

指令名称	助记符	指令代码（位数）	操作数范围		程序步
			D(·)	n	
循环右移	ROR RORP	FNC 30 （16/32）	KnY、KnM、KnS T、C、D、R、V、Z	K、H、D、R n≤16（16位） n≤32（32位）	ROR、RORP…5步 DROR、DRORP…9步
循环左移	ROL ROLP	FNC 31 （16/32）			ROL、ROLP…5步 DROL、DROLP…9步

（2）指令功能及说明。循环右移、左移指令可以是16位或32位的数据，其说明分别如图6-32和图6-33所示。

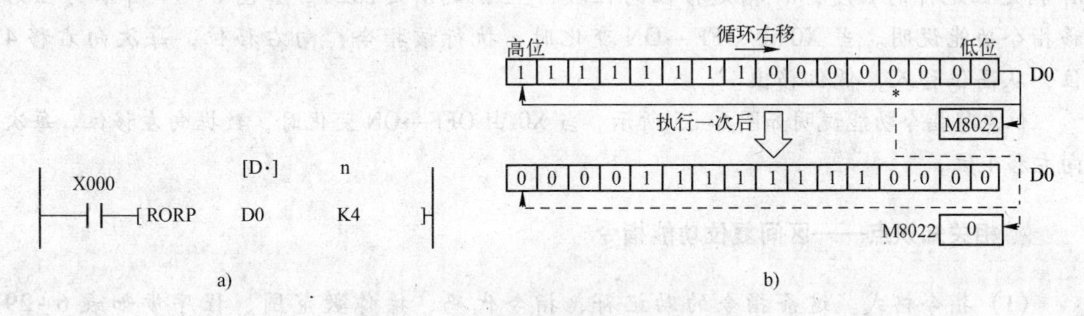

图6-32 循环右移功能指令使用说明

a）指令格式 b）指令执行示意图

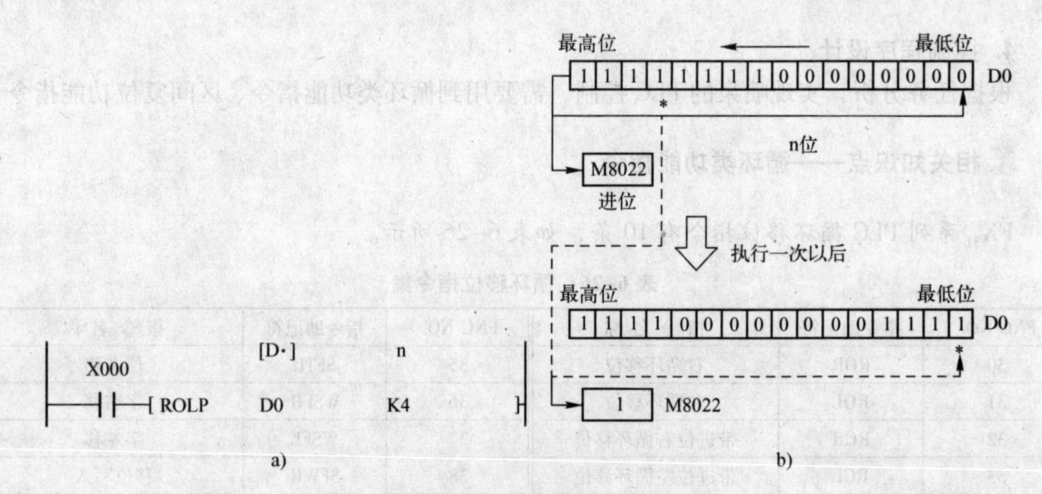

图 6-33　循环左移功能指令使用说明

a）指令格式　b）指令执行示意图

如图 6-32a 所示，当 X0 由 OFF→ON 变化时，［D］内的各位数据向右移 n 位，最后一次从最低位移出的状态存于进位标志 M8022 中。

循环左移同循环右移指令一样，只是移位方向不同。如果目标元件［D］使用位组合元件时，则用 K4（16 位）和 K8（32 位）表示，例如 K4Y10、K8M0。

2. 位右移、左移应用指令

（1）指令格式。这两条指令的助记符、指令代码、操作数范围、程序步如表 6-28 所示。

表 6-28　位右移、左移指令要素

指令名称	助 记 符	指令代码（位数）	操作数范围				程序步
			S(·)	D(·)	n_1	n_2	
位右移	SFTR SFTRP	FNC 34 (16)	X、Y、M、S	Y、M、S	K、H	K、H、D、R	SFTR、SFTRP… 9 步
位左移	SFTL SFTLP	FNC 35 (16)			n2≤n1≤1024		SFTL、SFTLP… 9 步

（2）指令功能及说明。SFTR 和 SFTL 这两条指令使位元件中的状态向右/向左移位，n_1 指定位元件的长度，n_2 指定移位的位数，且 $n_2 \leq n_1 \leq 1024$。如图 6-34 所示为位右移指令功能说明。当 X0 由 OFF→ON 变化时，执行该指令，向右移位，每次向右移 4 位，从高位移入，低位移出。

位左移指令功能说明如图 6-35 所示。当 X0 由 OFF→ON 变化时，数据向左移位。每次向左移 4 位。

相关知识点——区间复位功能指令

（1）指令格式。这条指令的助记符、指令代码、操作数范围、程序步如表 6-29 所示。

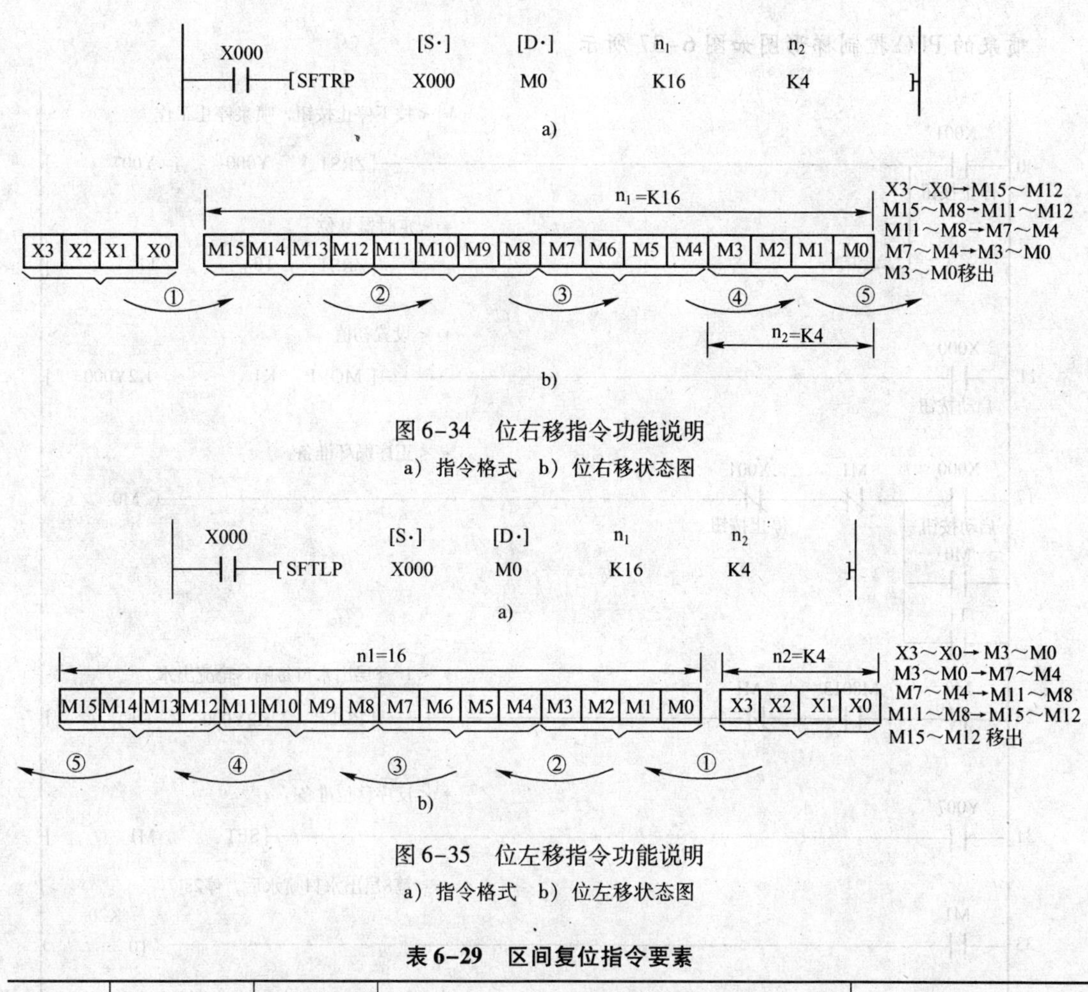

图 6-34　位右移指令功能说明

a）指令格式　b）位右移状态图

图 6-35　位左移指令功能说明

a）指令格式　b）位左移状态图

表 6-29　区间复位指令要素

指令名称	助记符	指令代码（位数）	操作数范围		程序步
			D1(·)	D2(·)	
区间复位	ZRST ZRSTP	FNC 40 (16)	Y、M、S、T、C、D、R（D1≤D2）		ZRST、ZRSTP…5 步

（2）指令功能及说明。区间复位指令称成批复位指令，使用说明如图 6-36 所示。当 M8002 由 OFF→ON 变化时，区间复位指令执行。位元件 M500 ~ M599 成批复位、字元件 C235 ~ C255 成批复位、状态元件 S0 ~ S127 成批复位。目标操作数［D1］和［D2］指定的元件应为同类元件，［D1］指定的元件号应小于等于［D2］指定的元件号。若［D1］的元件号大于［D2］的元件号，则只有［D1］指定的元件被复位。

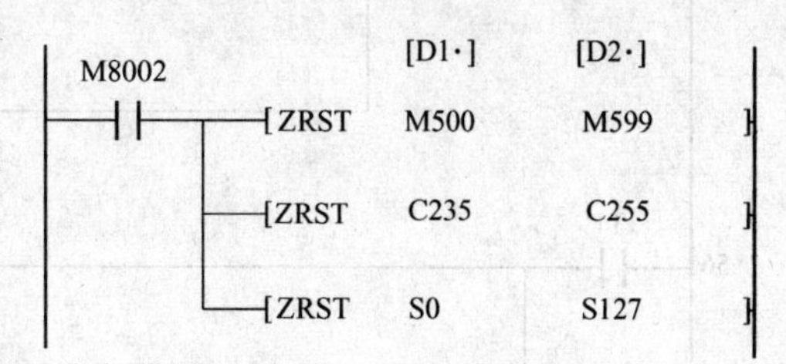

图 6-36　ZRST 区间复位指令使用说明

该指令为 16 位处理，但是可在［D1］、［D2］中指定 32 位计数器。不过不能混合指定，即不能在［D1］中指定 16 位计数器，在［D2］中指定 32 位计数器。

喷泉的 PLC 控制梯形图如图 6-37 所示。

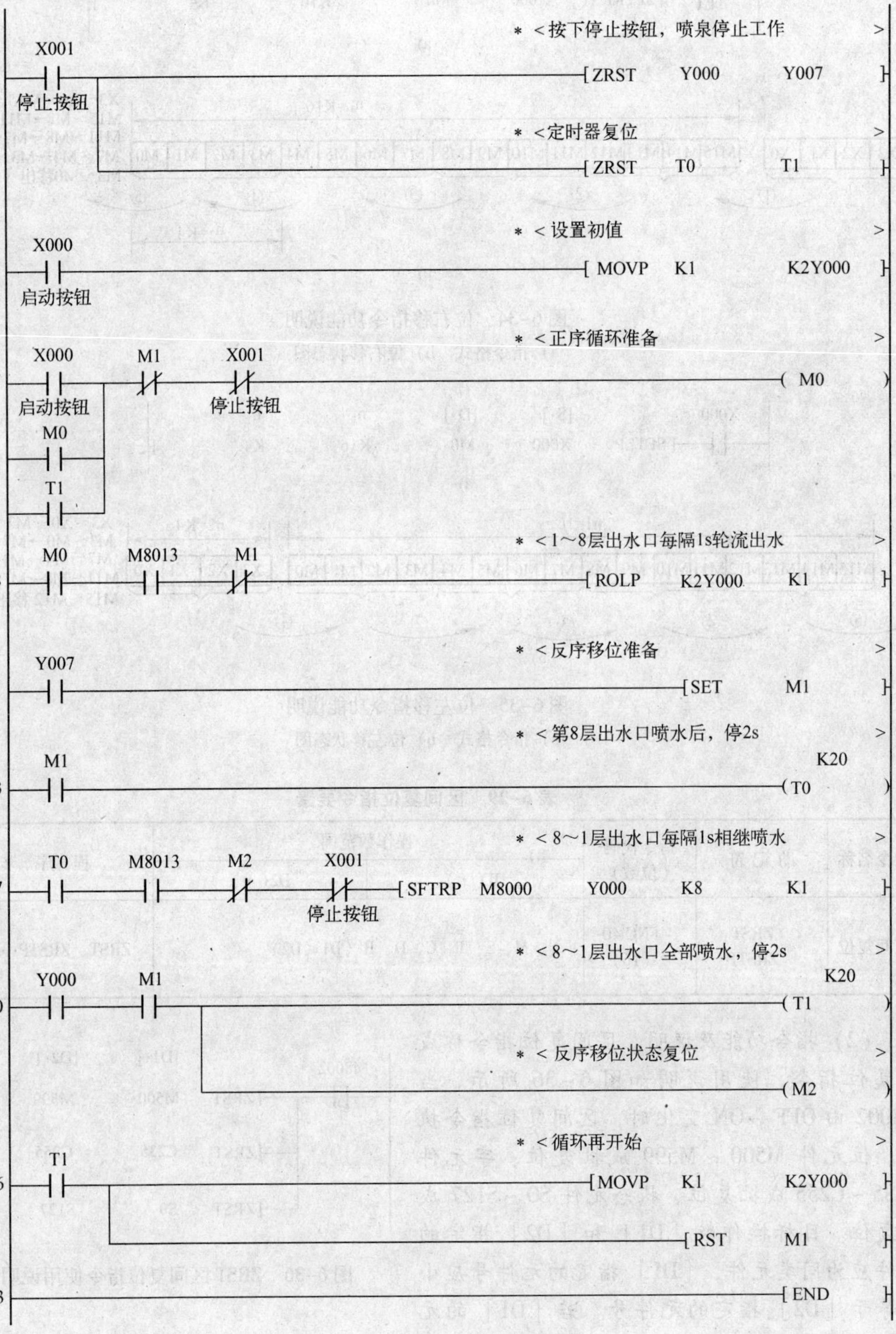

```
                                          * <按下停止按钮，喷泉停止工作              >
     X001
0  ──┤├──────────────────────────────────[ZRST      Y000        Y007        ]
    停止按钮    │
                │                          * <定时器复位                              >
                └────────────────────────[ZRST      T0          T1          ]

                                          * <设置初值                                >
     X000
11 ──┤├──────────────────────────────────[ MOVP     K1          K2Y000      ]
    启动按钮

                                          * <正序循环准备                            >
     X000         M1        X001
17 ──┤├────┬──┤/├──────┤/├──────────────────────────────────────( M0        )
    启动按钮 │            停止按钮
     M0     │
   ──┤├────┤
     T1     │
   ──┤├────┘

                                          * <1～8层出水口每隔1s轮流出水              >
     M0        M8013       M1
23 ──┤├──────┤├──────┤/├─────────────────[ ROLP     K2Y000      K1          ]

                                          * <反序移位准备                            >
     Y007
31 ──┤├────────────────────────────────────────────[SET         M1          ]

                                          * <第8层出水口喷水后，停2s                 >
     M1                                                              K20
33 ──┤├─────────────────────────────────────────────────────────(T0         )

                                          * <8～1层出水口每隔1s相继喷水              >
     T0        M8013       M2        X001
37 ──┤├──────┤├──────┤/├──────┤/├──[SFTRP  M8000   Y000      K8          K1          ]
                                  停止按钮

                                          * <8～1层出水口全部喷水，停2s              >
     Y000      M1                                                    K20
50 ──┤├──────┤├────┬────────────────────────────────────────────(T1         )
                    │
                    │                     * <反序移位状态复位                        >
                    └───────────────────────────────────────────(M2         )

                                          * <循环再开始                              >
     T1
56 ──┤├────┬─────────────────────────────[MOVP      K1          K2Y000      ]
            │
            └──────────────────────────────────────────[RST         M1          ]

63 ─────────────────────────────────────────────────────────────[ END       ]
```

图 6-37　喷泉的 PLC 控制梯形图

5. 运行并调试程序

（1）在断电状态下，按图 6-31 完成喷泉的 PLC 控制输入输出接线。

（2）在断电状态下，使用编程电缆连接计算机与 PLC。

（3）接通电源，确认 PLC 输入信号动作正常、可靠。

（4）设置计算机和 PLC 通信端口和参数，确保通信可靠。

（5）打开 PLC 的 GX－Works2 软件，将图 6-37 所示的梯形图程序输入到计算机，并将梯形图程序下载到 PLC 中。

（6）运行并调试程序，观察程序的运行情况。若出现故障，请分析原因，并处理故障，直至系统按要求正常工作。

主要知识点：

- 循环右移、左移功能指令要素及应用
- 位右移、左移应用指令要素及应用
- 区间复位应用指令要素及应用

训练项目九　舞台艺术灯饰的 PLC 控制

一、项目内容

霓虹灯广告以及电视台的舞台灯光均可以采用 PLC 进行控制，如灯光的闪耀、移位及时序的变化等。图 6-38 所示为一舞台艺术灯饰自动控制演示装置，它共有 8 道灯，上方 5 道灯灯饰呈拱形，下方 3 道灯灯饰呈阶梯形，现要求 0～7 号灯闪亮的时序如下：

① 7 号灯一亮一灭交替进行。

② 6、5、4 和 3 号 4 道灯由外到内依次点亮，再全亮，然后再重复上述过程，循环往复。

③ 2、1 和 0 号阶梯形由上至下，依次点亮，再全灭，然后重复上述过程，循环往复。

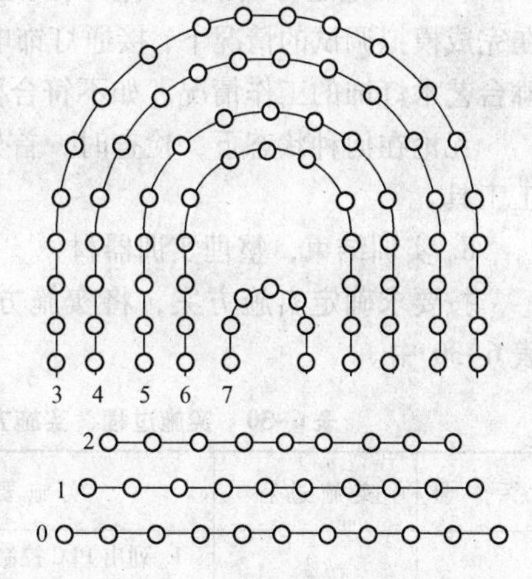

图 6-38　舞台艺术灯的演示装置示意图

二、实施思路

观察：舞台艺术灯饰点亮的工作过程；

分析：分析舞台艺术灯饰 PLC 控制的工作流程和 PLC 输入输出信号；

理解：提出设计方案，完成 PLC 输入输出地址分配、端口电路设计、程序设计等；

实施：完成 PLC 输入输出端口电路的连接、程序的运行与调试；

思考：分析调试过程中出现问题的原因，提出解决方法。

三、实施过程

1. 确定所需 PLC 软元件，并分配地址

分析项目内容，确定本实训项目所需的 PLC 软元件，并分配地址。

2. 设计 PLC 输入输出接线图

根据所选用的 PLC 类型、输入输出地址分配表、PLC 的控制对象的额定电压等设计舞台艺术灯饰控制的 PLC 端口接线图。

3. 控制程序设计

分析舞台艺术灯的控制要求和动作流程，编写 PLC 控制程序。

4. 完成 PLC 输入输出接线

（1）检查并确认供电电源类型、电压等级等与 PLC 的工作电源匹配，并在断开电源的情况下，按国家电气安装接线标准，根据 PLC 输入输出端口接线图完成电源、按钮、灯等与 PLC 的连接，接线应牢固。

（2）接通 PLC 电源，检查并确认所有输入信号的地址与所设计的 PLC 输入输出地址分配表吻合，并能可靠地被 PLC 接收，输入信号状态显示正确。

5. 连接 PLC 与计算机

断电情况下，使用编程电缆连接计算机与 PLC。连接完毕后，接通计算机和 PLC 电源。打开 PLC 的 GX - Works2 软件，设置通信端口和通信参数，确保计算机和 PLC 通信正常。

6. 编写程序并下载

编写舞台艺术灯饰的 PLC 控制梯形图或指令程序，然后将程序下载到 PLC 中。

7. 运行调试

（1）模拟运行调试。断开灯饰电源，分别在没有任何操作、启动开关闭合、启动开关断开 3 种工作情况下，观察 PLC 面板上相关输出继电器的指示灯、监控窗口输出继电器及 PLC 内部软元件的工作情况。如果动作结果符合控制要求，说明运行正确，否则查找原因并处理。

（2）带电运行调试。模拟调试运行正确，说明输入输出端口接线和编写的程序正确。在完成模拟调试的情况下，接通灯饰电源，PLC 程序置“运行”状态，闭合启动开关，观察舞台艺术灯饰的工作情况。如不符合要求，则说明电路有误，检查电路。

无论在何种状态下，检查时，首先要判断是否要断开或接通电源，注意安全使用相关电工工具。

8. 实训结束，整理实训器材

按要求确定实施方案，将实施方案或结果、出现异常的原因分析和处理方法记录在表 6-30 中。

表 6-30　实施过程、实施方案或结果、出现异常的原因和处理方法记录表

序　号	实 施 过 程	实 施 要 求	实施方案或结果	异常原因分析及处理方法
1	电路绘制	1. 列出 PLC 控制 I/O 口元件地址分配表		
		2. 写出 PLC 类型及相关参数		
		3. 画出 PLC I/O 口接线图		
2	编写程序并下载	1. 编写梯形图和指令程序		
		2. 写出 PLC 与计算机的连接方法，及通信参数设置		

（续）

序　号	实施过程	实施要求	实施方案或结果	异常原因分析及处理方法
3	运行调试	1. 举例说明输入信号的测试方法。若出错，请分析原因并改正		
		2. 详细记录每一步操作过程中，输入、输出信号状态的变化，并分析是否正确，若出错，分析并写出原因及处理方法		
		3. 举例说明某监控画面处于什么运行状态		

习题及思考题

1. 什么是功能指令？功能指令共有几大类？

2. 什么叫位软元件？什么叫字软元件？它们有什么区别？

3. 位软元件如何组成字软元件？试举例说明。

4. 下列软元件为何类型软元件？其由几位组成？

X001、D20、S20、K4X0、V2、X010、K2Y0、M019

5. 功能指令在梯形图中采用怎样的结构表达形式？所采用的结构表达形式有什么优点？

6. 功能指令有哪些使用要素？简述它们的使用意义。

7. 在如图6-39 所示的功能指令表示形式中，“X0”、“（D）”、“（P）”、“D10”、“D14”分别表示什么？该指令有什么功能？程序为几步？

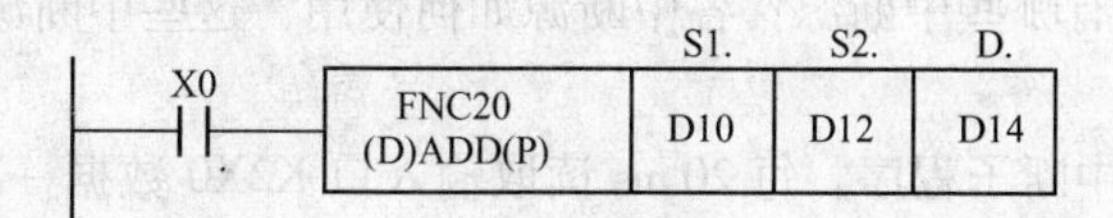

图6-39　第7题图

8. 用CMP 指令实现下面的功能：X0 为脉冲输入，当脉冲数大于5 时，Y1 为ON；反之，Y0 为ON。编写此梯形图。

9. 3 台电动机相隔5 s 依次启动，各运行10 s 停止，循环往复。使用传送比较指令完成控制要求。

10. 试用比较指令，设计一密码锁控制电路。密码锁有8 个按钮，分别接入X0 ~ X7，其中X0 ~ X3 代表第一个十六进制数；X4 ~ X7 代表第二个十六进制数；根据设计要求，输入密码时每次按4 个按钮，共按2 次，如密码与设定值相符合，则系统做出相应动作。假定密码设定为H65 和H87，若按的密码为H65，则2 s 后，开照明；若按密码为H87，则3 s 后开锁。

11. 用传送与比较指令作简要四层升降机的自动控制。要求：1）只有在升降机停止时，才能呼叫升降机；2）只能接受一层的呼叫信号，先按者优先，后按者无效；3）上升、下降、停止应自动判别。

12. 设计一台计时精确到秒的闹钟，每天早上6 点提醒你按时起床。

13. 设计一段程序，当输入条件满足时，依次将计数器的 C0 ~ C9 的当前值转换成 BCD 码送到输出元件 K4Y0 中，并设计梯形图。

提示：用一个变址寄存器 Z，首先 0→(Z)，每次(C0Z)→K4Y0，(Z)+1→(Z)；当(Z)=9 时，Z 复位，再从头开始。

14. 用拨动开关构成二进制数输入与 BCD 数字开关输入 BCD 数字有什么区别？应注意哪些问题？

15. 试编写一个数字钟的程序。要求有时、分、秒的输出显示，应有启动、清除功能。进一步可考虑时间调整功能。

16. 试用 SFTL 位左移指令构成移位寄存器，实现广告牌字的闪耀控制。用 HL1 ~ HL4 等 4 盏灯分别照亮“欢迎光临”4 个字。其控制流程要求如表 6-31 所示。每步间隔 1 s。

表 6-31 广告牌字闪耀流程

步　序	1	2	3	4	5	6	7	8
HL1	*				*		*	
HL2		*			*		*	
HL3			*		*		*	
HL4				*	*		*	

17. 简述如何用双按钮控制 5 台电动机的 ON/OFF。

18. 当跳转发生后，CPU 是否还对被跳转指令跨越的程序段逐行扫描，逐行执行？被跨越的程序中的输出继电器、定时器及计数器的工作状态怎样？

19. 试比较中断子程序和普通子程序的异同点。

20. FX_{3U} 系列 PLC 有哪些中断源？各中断源如何使用？这些中断源所引出的中断在程序中如何表示？

21. 设计一个时间中断子程序，每 20 ms 读取输入口 K2X0 数据一次，每 1 s 计算一次平均值，并送 D100 存储。

项目七　PLC 控制工程实例

【项目内容简介】

本项目通过三个工程实用案例，介绍 PLC 控制系统的几种常用程序设计方法。如对已有设备的继电器接触器电路进行 PLC 控制改造时，可先用继电器控制电路转换法设计，再进行优化处理；对于顺序动作的工作流程，可用步进顺控指令或移位指令编写程序；对于利用步进电动机或伺服电动机进行位置控制时，可用 PLC 的高速脉冲或位置控制指令实现等。要求读者能根据控制要求完成程序设计、系统的运行与调试，掌握 PLC 控制系统的常用程序设计方法，以提高复杂程序的编程能力。

【知识目标】

1. 掌握常用功能指令在 PLC 控制工程中的应用；
2. 掌握较复杂继电器接触器电路的 PLC 控制改造的方法；
3. 掌握利用步进指令或移位指令实现较复杂的顺序控制设计方法；
4. 了解步进电动机等 PLC 控制的实现方法。

【能力目标】

1. 能对现有设备的继电器接触器电路进行 PLC 控制改造；
2. 能够针对顺序动作的控制要求，选用合适的编程方法实现 PLC 控制任务；
3. 能利用 PLC 实现步进电动机、伺服电动机等特种电动机的速度和位置控制；
4. 能根据工程实际，综合考虑设备运行的安全性、可靠性及工作效率，提出 PLC 控制解决方法。

任务一　C650 普通卧式车床的 PLC 控制

一、任务内容

C650 型普通车床，其继电器接触器的电气控制系统如图 7-1 所示，现要求用 PLC 实现对该车床的控制。

二、任务分析

在实际的工程应用中，经常需要对原有的车床电路进行改造，这种改造的核心任务就是用 PLC 的控制程序取代原有的控制电路。对已有继电器接触器电路进行 PLC 控制改造时，通常采用继电器控制电路转换法进行 PLC 程序设计。因此，首先要分析现有设备的继电器控制电路，弄清电路的工作原理及设备的动作情况是关键。在分析电路图时，

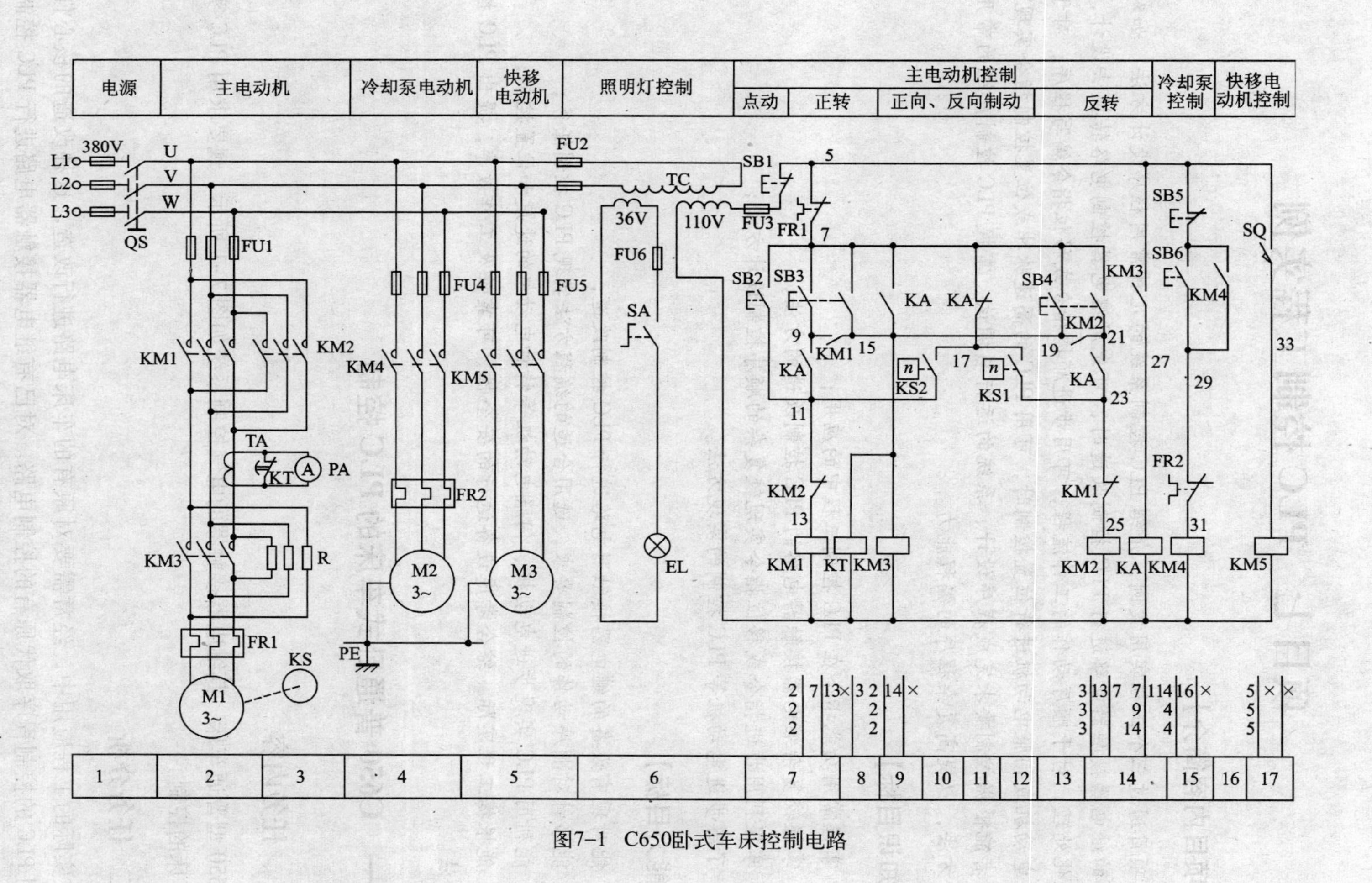

图7-1 C650卧式车床控制电路

要分清主电路与控制电路，从分析主电路入手，先自下而上了解元件、再从上往下分析具体控制功能。

1. 主电路

（1）主电动机电路

1）电源引入与故障保护。三相交流电源线 L1、L2、L3 经熔断器 FU 后，由 QS 隔离开关引入 C650 车床主电路，主电动机电路中，FU1 熔断器为短路保护环节，FR1 热继电器对电动机 M1 起过载保护作用。

2）主轴电动机正反转。KM1 主触点闭合、KM2 主触点断开时，三相交流电源将分别接入电动机的 U1、V1、W1 三相绕组中，M1 主轴电动机将正转。反之，当 KM1 主触点断开、KM2 主触点闭合时，三相交流电源将分别接入 M1 主电动机的 W1、V1、U1 三相绕组中，主轴电动机反转。

3）主轴电动机全压与降压状态。当 KM3 主触点断开时，电流将流经限流电阻 R 后进入电动机绕组，电动机绕组电压减小。如果 KM3 主触点闭合，则电流不经限流电阻而直接接入电动机绕组中，主轴电动机处于全压运转状态。

4）电动机运行电流监控。电流表 A 在电动机 M1 主电路中起电动机运行电流监视作用。当 KT 常闭延时断开触点闭合时，电流互感器 TA 产生的感应电流不经过电流表 A，而一旦 KT 触点断开，电流表 A 就可检测到电动机的电流。

5）电动机转速监控。KS 是和 M1 主电动机主轴同轴安装的速度继电器，速度继电器触点的闭合与断开由主电动机的转速控制。

（2）冷却泵电动机电路　冷却泵电动机电路中，FU4 熔断器起短路保护作用，FR2 热继电器起过载保护作用。当 KM4 主触点闭合后，M2 启动，提供冷却液。

（3）快速移动电动机电路　快速移动电动机电路中 FU5 熔断器起短路保护作用。KM5 主触点闭合时，快速移动电动机 M3 启动。

2. 控制电路分析

（1）主轴电动机 M1 的点动控制。按下点动控制按钮 SB2，KM1 线圈得电，电动机 M1 正向启动，这时 KM3 线圈电路并未接通，因此其主触点不闭合，限流电阻 R 接入主电路限流，KM3 常开辅助触点不闭合，KA 线圈不能得电工作，从而使 KM1 不能自锁。松开按钮 SB2，KM1 失电释放，M1 停转，实现了主电动机串联电阻限流的点动控制。

（2）主电动机正反转启动。当按下正转启动按钮 SB3 时，接触器 KM3 和通电延时继电器 KT 同时得电吸合，经延时断开后，电流表接入电路正常工作，中间继电器 KA 得电吸合，使接触器 KM1 得电并自锁，电动机正向直接启动。反向启动控制过程与其相同，只是启动按钮为 SB4。

（3）主轴电动机 M1 的正、反向运行的反接制动控制。若电动机正向转动时，按下停止按钮 SB1，则 KM1、KM3、KA 相继失电释放；松开停止按钮 SB1，接触器 KM2 的线圈得电，当电动机速度低于 100 r/min 时，速度继电器触点 KS1 复位断开，KM2 线圈断电，完成正转的反接制动。反转时的反接制动工作过程与正转相似，接触器 KM1 的线圈短时得电进行反接制动。

（4）冷却泵电动机 M2 的控制。它由启动按钮 SB6、停止按钮 SB5 控制接触器 KM4 实现。

（5）刀架的快速移动。刀架快速移动由电动机 M3 拖动。操作手柄压动行程开关 SQ，使接触器 KM5 得电，电动机 M3 启动；手柄移开不再压合 SQ，KM5 失电释放，M3 停止转动。

3. PLC 信号分析

C650 卧式车床控制电路中按钮 SB1 ~ SB6、速度继电器 KS、行程开关 SQ 和热继电器 FR1、FR2、FR3 及照明灯开关 SA 为 PLC 的输入信号；控制三台电动机的接触器 KM1 ~ KM5 及照明灯 EL 为被控器件，作为 PLC 的输出信号。

图 7-1 控制电路中的时间继电器可用 PLC 内部的定时器替代，但主电路中保护电流表用的时间继电器延时断开的常闭触点不能用 PLC 内部定时器触点替代。在工程实际中，往往用一中间继电器的触点取代该时间继电器的延时触点。因此，该中间继电器的线圈也是 PLC 的控制对象，需要 PLC 输出信号驱动。

三、任务实施

1. PLC 选择

根据以上分析，可知 C650 型普通车床采用 PLC 控制需要的输入点数为 12，输出点数为 7，总点数为 19，考虑到控制功能的拓展需要，给予一定的输入、输出点余量；PLC 输出控制对象为接触器和继电器的线圈及照明灯，考虑机床原来提供的电源情况和安全因素，接触器和继电器的线圈工作电压选用 AC 220 V，而照明灯选用工作电压 AC 36 V；接触器、继电器及照明灯工作通断频率极低，因此选择继电器输出的 PLC 即可。综合考虑，该车床选用输入点数、输出点数均为 16，工作电压 AC 220 V，DC 24 V 输入、继电器输出，型号为 FX_{3U} -32MR/ES 的 PLC 可以满足系统要求。

2. PLC I/O 地址分配

理论上，PLC 控制的输出地址可以任意分配。但在实际工程应用中，由于 PLC 所控器件的额定电压不一定相同，在输出地址分配时必须要考虑输出被控器件的工作电压情况，工作电压不同的被控器件的输出地址不能分配在同一组，即不能共享同一个输出公共端。因该此车床的指示灯不能和接触器共用一个公共端（COM）。故该车床 PLC 控制的输入输出信号的地址分配如表 7-1 所示。

表 7-1　C650 型普通车床控制系统 PLC 输入输出地址分配表

输入信号			输出信号		
名　称	代号	输入点编号	名　称	代号	输出点编号
总停止按钮（常闭触点）	SB1	X0	M1 正转运行接触器	KM1	Y0
M1 点动按钮（常开触点）	SB2	X1	M1 反转运行接触器	KM2	Y1
M1 正转启动按钮（常开触点）	SB3	X2	M1 切除电阻接触器	KM3	Y2
M1 反转启动按钮（常开触点）	SB4	X3	M2 运行接触器	KM4	Y3
M2 停止按钮（常开触点）	SB5	X4	M3 运行接触器	KM5	Y4
M2 启动按钮（常开触点）	SB6	X5	中间继电器	KA	Y5
正转速度继电器（常开触点）	KS1	X6	照明灯	EL	Y10
反转速度继电器（常开触点）	KS2	X7	—	—	—

（续）

输入信号			输出信号		
名　称	代号	输入点编号	名　称	代号	输出点编号
M1 热继电器（常开触点）	FR1	X10	—	—	—
M2 热继电器（常开触点）	FR2	X11	—	—	—
M3 行程开关	SQ	X12	—	—	—
照明灯开关	SA	X13			

3. PLC 输入输出接线图

PLC 输入输出接线图的设计需考虑所选用的 PLC 类型、输入输出地址分配表和 PLC 控制对象的额定电压等因素，同时也要考虑电路运行的安全因素。C650 车床主电路中，控制主电动机运行的接触器 KM1 和 KM2 的主触点不能同时闭合，以免造成主电路短路，因此在 PLC 的外部接线图中的 KM1 和 KM2 线圈前增加了硬件互锁常闭触点。

根据系统的控制要求及表 7-1 所示的 PLC I/O 分配，C650 型普通车床 PLC 控制端口接线图如图 7-2 所示。

4. PLC 控制程序设计

根据以上 PLC 控制和继电接触器控制电路图中各元件的对应关系，可以用继电器控制电路转换法得到如图 7-3 所示的梯形图。

和设计继电器控制电路一样，梯形图设计时也是分别考虑继电器接触器电路图中每个线圈受到哪些触点和电路控制，然后画出等效的梯形图。若在多种情况下可以驱动某接触器线圈，则应将各支路并联后驱动被控元件，如图 7-3 中的线圈 Y0 和 Y1。

在继电器接触器电路中，为减少实际运行中的故障和硬件成本，应尽可能减少使用元器件的数量和元件触点的数量，因此电路中各线圈可能会互相关联与交织，如 C650 普通卧式车床控制电路图中接触器 KM1、KM2 线圈的控制电路与接触器 KM3 和时间继电器 KT 线圈的控制电路交织，在设计梯形图时应按如图 7-4 所示将其分离。

由继电器控制电路图转换得到的梯形图 7-3 存在许多不合理的地方，需要进一步优化。优化的方案较多。下面就是其中一种优化方法，其他方案请读者思考。

分析图 7-1 所示电气控制原理图可知，SB1 和 FR1 的常闭触点是主轴电动机 M1 的公共串联触点，如果两者中任意一个触点断开，KM1、KM2、KM3、KT、KA 均断电。SB1 还能断开 M2、M3 电路，是电动机 M1、M2、M3 公共控制触点。根据这种控制思想，在 PLC 控制的程序设计中可采用主控（MC）指令和主控复位（MCR）指令来实现，由此得到如图 7-4 所示用主控指令和栈操作指令优化的梯形图程序。

5. 运行并调试程序

（1）在断电状态下，按图 7-2 完成 C650 型普通车床的 PLC 控制输入输出接线。

（2）在断电状态下，使用编程电缆连接计算机与 PLC。

（3）接通电源，确认 PLC 输入信号动作正常、可靠。

（4）设置计算机和 PLC 通信端口和参数，确保通信可靠。

（5）打开 PLC 的 GX - Works 2 软件，将图 7-4 所示的梯形图程序输入到计算机，并将梯形图程序下载到 PLC 中。

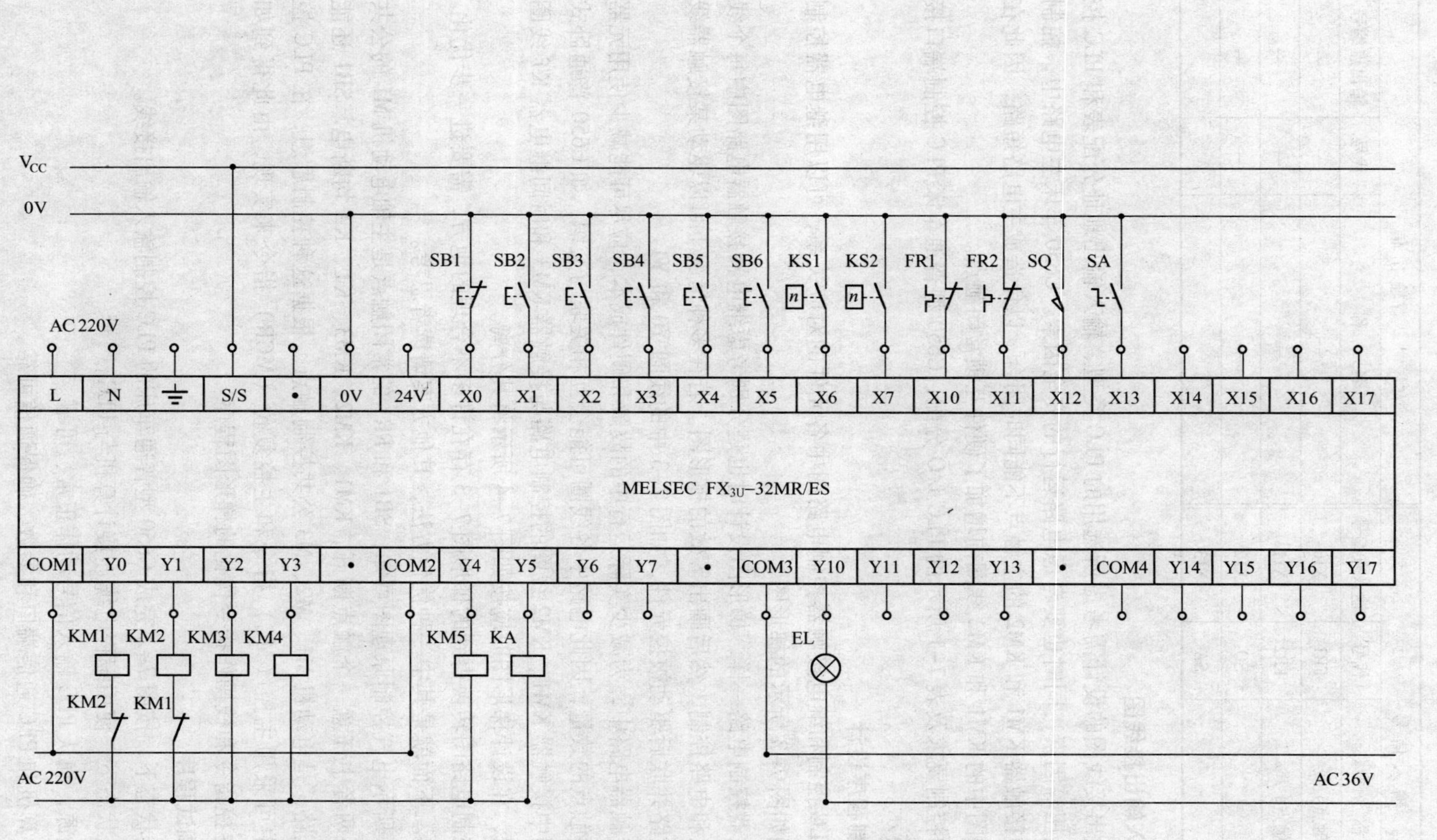

图7-2 C650型普通车床PLC控制端口接线图

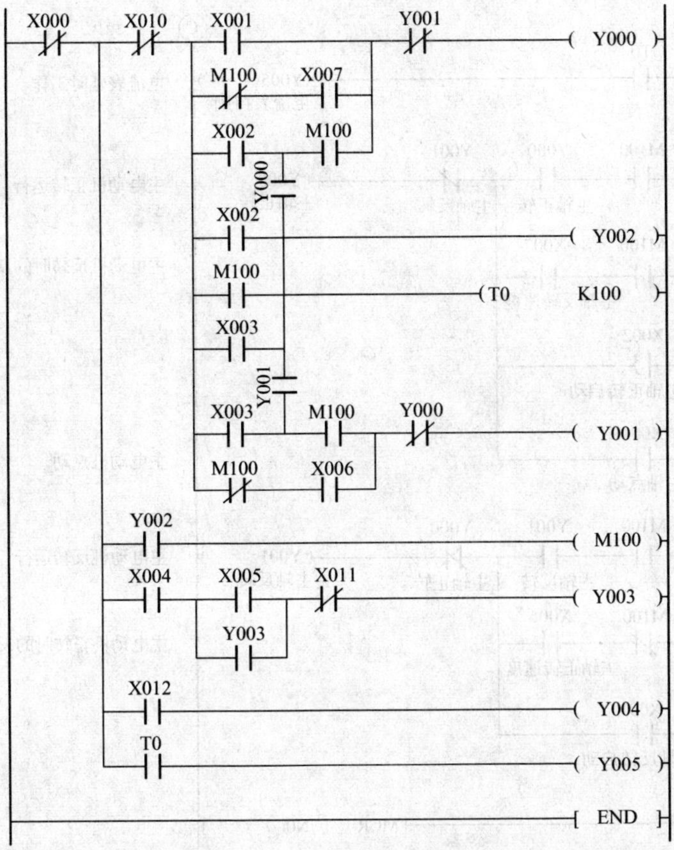

图 7-3　C650 型普通车床的继电器控制电路图对应的梯形图

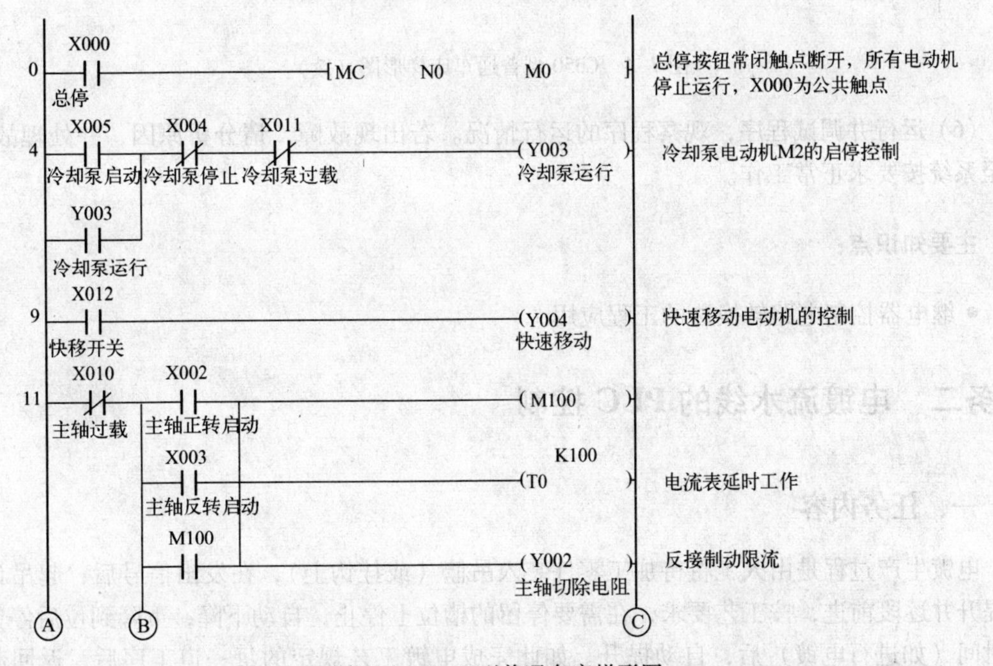

图 7-4　C650 型普通车床梯形图

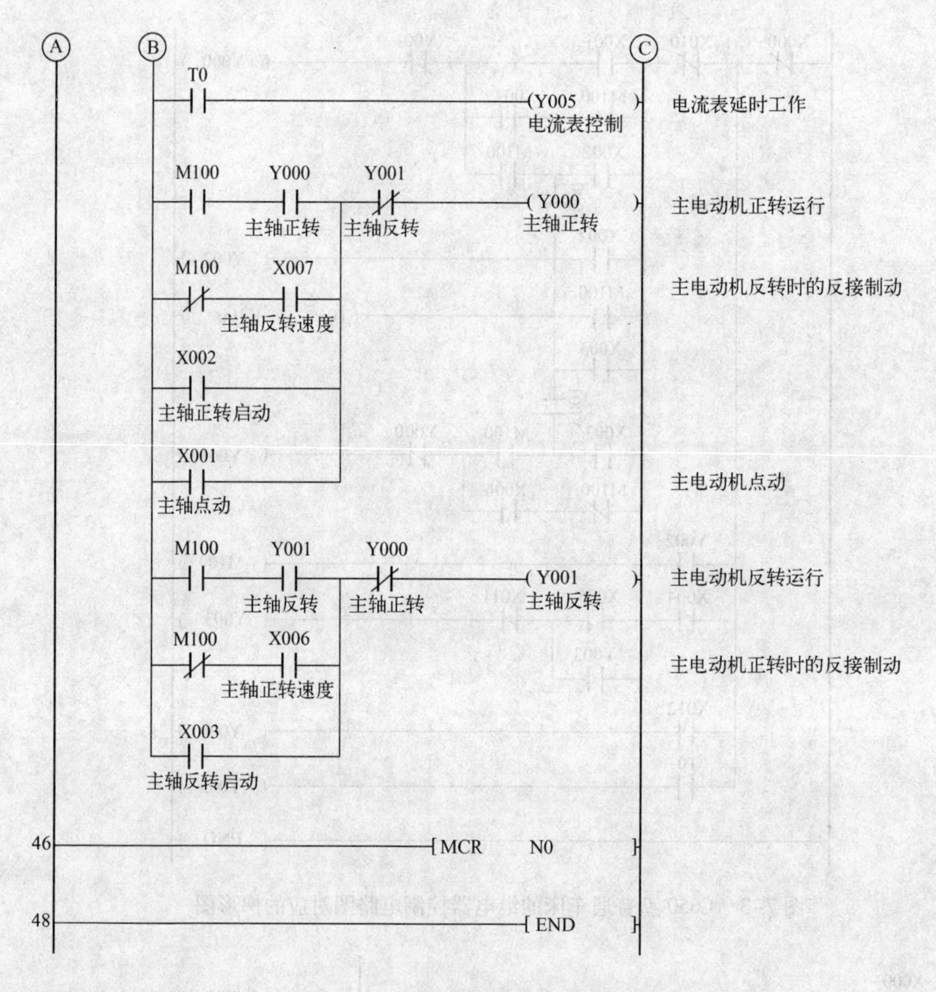

图 7-4　C650 型普通车床梯形图（续）

（6）运行并调试程序，观察程序的运行情况。若出现故障，请分析原因，并处理故障，直至系统按要求正常工作。

主要知识点：

- 继电器控制电路转换法的工程应用

任务二　电镀流水线的 PLC 控制

一、任务内容

电镀生产过程是由人工将待加工零件装入吊篮（或挂钩上），在发出信号后，起吊设备便提升并逐段前进，按工艺要求，在需要停留的槽位上停止，自动下降，下降到位后停留一段时间（如进行电镀）后，自动提升。如此完成电镀工艺规定的每一道工序后，返回起吊位置，卸下加工好的零件，为下一次加工做好准备。电镀系统结构示意图如图 7-5 所示。

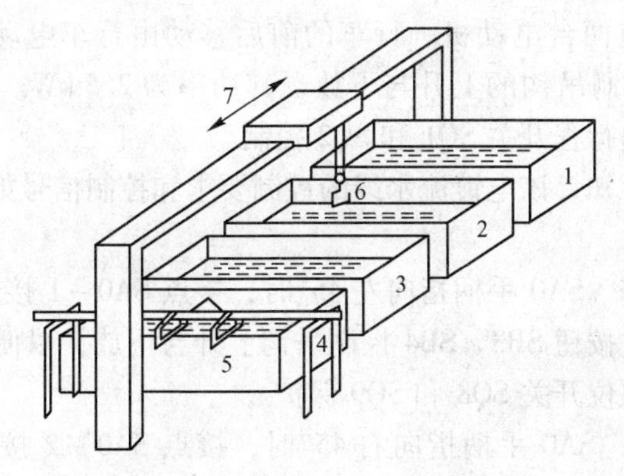

图 7-5　电镀系统结构示意图

1—镀槽　2—第一电解液回收槽　3—第二电解液回收槽　4—第三电解液回收槽

5—挂件架　6—吊钩　7—行车

电镀工艺流程图如图 7-6 所示。从原始位置开始，行车 7 停在挂件架 5 前，挂件架放在固定支架上，由操作人员将待镀工件挂在挂件架上，吊钩 6 勾住挂件架，然后启动系统工作；启动后先将待镀工件放入镀槽 1 内 2 min，然后提起悬停 30 s，随后放入第一电解液回收槽内浸 32 s，提起悬停 16 s，再放入第二电解液回收槽内浸 32 s，提起悬停 16 s，再放入第三电解液回收槽内浸 32 s，提起悬停 16 s，之后回到挂件架，如此循环直到加工过程结束。

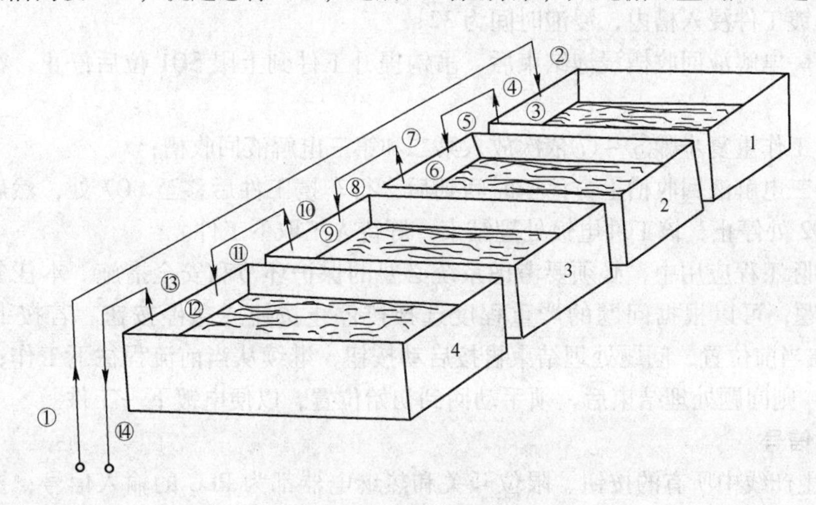

图 7-6　电镀工艺流程示意图

该电镀生产线有手动（调试与检修）运行方式和自动运行方式。手动运行方式可分别控制行车的左右移动和吊钩的上下移动；自动运行方式为按下启动按钮后，自动按电镀流程完成一个工件的电镀工作。手/自动运行、行车和吊钩的运行都应有相应的指示。

二、任务分析

电镀流水线的起吊位置为挂件架处，在左侧下限位处。该位置下限位开关 SQ2 和左侧限位开关 SQ7 同时动作。电镀槽和电解液回收槽 1 ~ 3 的位置开关分别为 SQ3 ~ SQ6，前后超行程限位开关为 SQ8、SQ9。

该系统的动力配置有两台电动机。行车的前后移动由行车电动机 M1 控制，其功率为 4 kW；提升电动机 M2 控制吊钩的上升与下放，其功率为 2.5 kW。吊钩上升，提起待镀工件，其上升和下降高度由行程开关 SQ1 和 SQ2 控制。

根据电镀工艺流程可知，该电镀流水线的控制要求和控制信号如下。

1. 控制要求

（1）手动调试和检修　SA0 手柄指向左 45°时，接点 SA0 - 1 接通，通过按钮 SB1、SB2 控制行车前后移动；通过按钮 SB3、SB4 控制吊钩上升与下放，以便于系统调试和检修。行车的左右移动有超行程限位开关 SQ8 和 SQ9 保护。

（2）自动/停车功能　SA0 手柄指向右 45°时，接点 SA0 - 2 接通，按下自动启动按钮 SB5，自动运行。自动运行的动作要求为：

① 行车由初始位置携待镀工件向上提起工件，提到上限开关 SQ1 处停止，然后向前运动至电镀槽 1 上方，由行程开关 SQ3 控制其停止向前运动；

② 吊钩下放到下限 SQ2 位置，停车；

③ 待镀工件浸入电镀槽 1 内，浸泡时间为 2 min；

④ 工件电镀结束后，吊钩提升已镀工件到 SQ1 位后停止，在电镀槽上方停 30 s；

⑤ 行车携工件左移至第一电解液回收槽上方限位开关 SQ4 处停止，将吊钩下放到下限 SQ2 位置，停车；

⑥ 将已镀工件浸入槽内，浸泡时间为 32 s；

⑦ 在第一电解液回收槽浸泡结束后，吊钩提升工件到上限 SQ1 位后停止，在该槽上方停留为 16 s；

⑧ 以后工作重复步骤⑤ ~ ⑦依次放入第二和第三电解液回收槽；

⑨ 在第三电解液回收槽上方停留时间到后，行车携工件后移至 SQ7 处，然后再下降至起吊位置 SQ2 处停止，该工件电镀处理结束，等待人工取下工件。

⑩ 在实际工程应用中，必须要考虑系统必要的保护环节和安全措施。本任务在运行过程若出现问题，可以根据问题的严重程度选择按停止按钮或急停按钮。若按下停止按钮 SB6，则停在当前位置，问题处理结束再按启动按钮，继续从当前流程往下工作；若按下急停按钮 SA1，则问题处理结束后，须手动回到初始位置，以便电镀下一工件。

2. 控制信号

本电镀生产线中所有的按钮、限位开关和热继电器都为 PLC 的输入信号；控制两台电动机工作的接触器及手/自动运行、行车和吊钩的运行指示灯为被控器件，作为 PLC 的输出信号。

该电镀生产线中，工件的电镀槽浸泡、电解液回收槽浸泡和滤干都用时间控制，可用 PLC 内部的定时器替代。

三、任务实施

1. 选择 PLC，并分配软元件地址

根据以上分析可知，该电镀生产线采用 PLC 控制需要的输入点数为 20，输出点数为 8，总点数为 28，考虑到控制功能的拓展需要，给予一定的输入、输出点余量；PLC 输出控制对象为接触器线圈及指示灯，它们的额定电压均为 AC 220 V；接触器及指示灯工作通断频率极低，因此选择继电器输出的 PLC 即可。综合考虑，该电镀流水线可选用输入点数、输出点数均为 24，工作电压 AC 220 V，DC 24 V 输入、继电器输出，型号为 FX_{3U} -48MR/ES 的 PLC 可以满足系统要求。其输入输出点的地址可按表 7-2 所示分配；内部元件分配表见表 7-3 所示。

表 7-2　电镀流水线系统 PLC 输入输出点分配表

输入信号			输出信号		
名　称	代号	输入点编号	名　称	代号	输出点编号
急停按钮	SA1	X0	行车前移接触器	KM1	Y0
手动前进按钮	SB1	X1	行车后移接触器	KM2	Y1
手动后退按钮	SB2	X2	吊钩上行接触器	KM3	Y2
手动上升按钮	SB3	X3	吊钩下行接触器	KM4	Y3
手动下降按钮	SB4	X4	手动控制指示灯	HL1	Y4
自动启动按钮	SB5	X5	自动动控制指示灯	HL2	Y5
停止按钮	SB6	X6	行车架运行指示灯	HL3	Y6
手动控制转换开关	SA0 - 1	X7	吊钩运行指示灯	HL4	Y7
自动控制转换开关	SA0 - 2	X10			
上限位开关	SQ1	X11			
下限位开关	SQ2	X12			
电镀槽的限位开关	SQ3	X13			
第一电解液回收槽限位开关	SQ4	X14			
第二电解液回收槽限位开关	SQ5	X15			
第三电解液回收槽限位开关	SQ6	X16			
起吊起始左侧限位开关	SQ7	X17			
左侧超行程限位开关	SQ8	X20			
右侧超行程限位开关	SQ9	X21			
M1 过载保护热继电器	FR1	X22			
M2 过载保护热继电器	FR2	X23			

表 7-3　电镀流水线系统内部元件分配表

名　称	内部元件编号	备注	名　称	内部元件编号	备注
电镀定时器	T0	120s	第二电解液回收槽定时器	T4	32s
电镀定时滤干定时器	T1	30s	第二电解液滤干定时器	T5	16s
第一电解液回收槽定时器	T2	32s	第三电解液回收槽定时器	T6	32s
第一电解液滤干定时器	T3	16s	第三电解液滤干定时器	T7	16s

2. PLC 输入输出接线图

根据本任务所选用的 PLC 类型、输入输出地址分配和 PLC 控制对象的特点，电镀流水线的 PLC 控制端口接线图如图 7-7 所示。

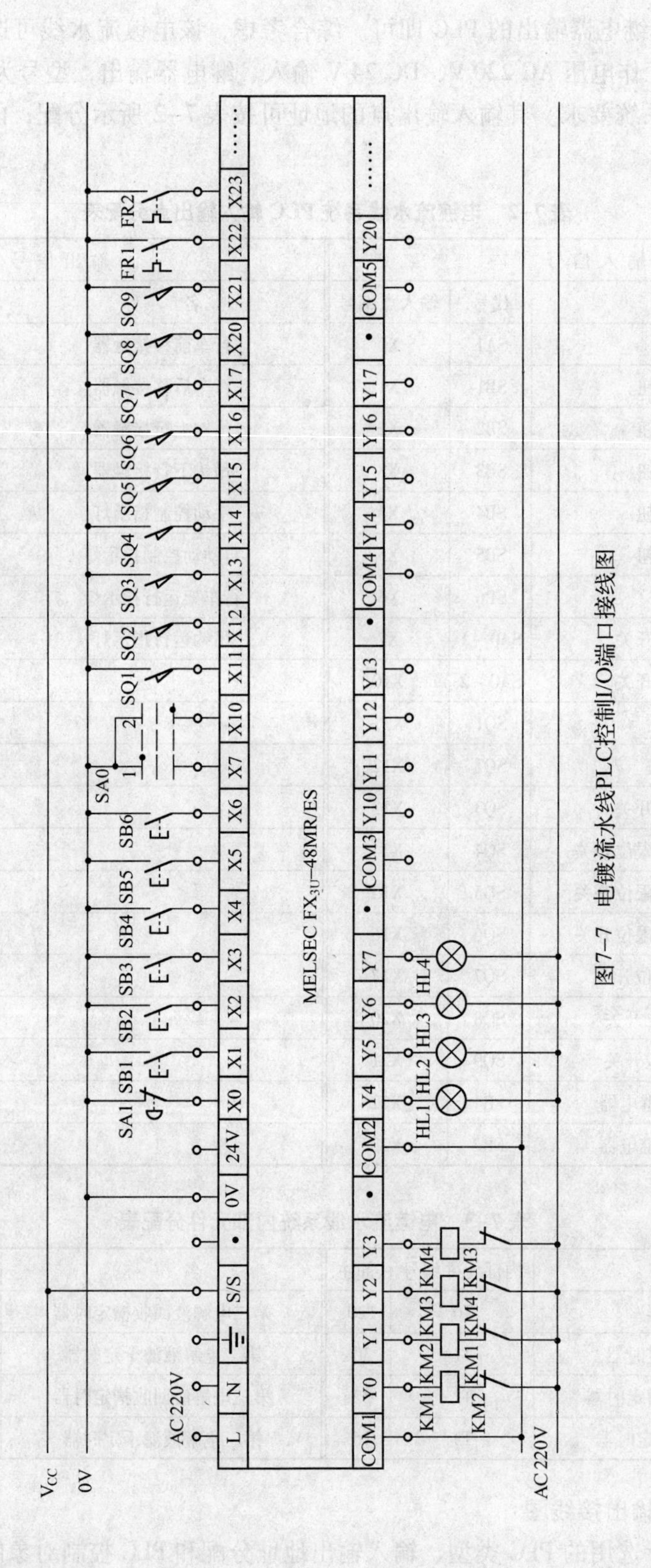

图7–7 电镀流水线PLC控制I/O端口接线图

3. PLC 控制程序设计

根据控制要求，该电镀流水线既有用于调试与检修用的手动控制方式，又有正常运行时的自动运行方式，正常运行时两种运行模式选其一。在实际工程中，根据不同的运行条件要求在 N 种工作模式或控制方式中选其一运行的情况经常出现。针对这种情况，可以运用 PLC 提供的程序流程类指令处理，如程序跳转、子程序、中断程序指令等。

由电镀的工艺流程可知，该电镀流水线为按位置或时间为关键点的顺序控制。顺序控制流程的编程方法较多，如步进顺控指令编程、启保停电路编程、置位/复位指令编程和移位指令编程等。

拓展知识点——顺序控制的 PLC 程序设计方法

由项目五的步进顺控编程思想可知，无论多么复杂的控制过程，总能分解成 n 个小的工序。弄清各个工序的工作细节，如工序成立的条件、工序要完成的动作、工序转移的条件和转移的方向，是顺序控制任务设计的关键。

1. 顺序功能图的设计

各个工序的表示可用两种方法，一是用 PLC 状态继电器表示，二是用辅助继电器表示。顺序功能图的设计步骤为：

(1) 将流程图中的每一个工序（或阶段）看成是一个工作状态（即步），每个工作状态用 PLC 的一个状态继电器或一个辅助继电器来表示。

(2) 搞清楚流程图中的每个状态的功能和作用。状态的功能是通过 PLC 驱动各种负载来完成的，负载可由状态元件直接驱动，也可由状态元件与其他软触点的逻辑组合驱动。

(3) 找出流程图中的每个状态的转移条件和方向，即在什么条件下将下一个状态“激活”。

以项目五任务一的某物料传送装置的 PLC 控制实现为例，该装置的动作流程为：A 缸伸出→B 缸伸出→A 缸缩回→B 缸缩回。由动作流程可知，该装置按一定的顺序工作，可分为 5 个工作状态，动作之间的转换由行程开关控制，根据顺序功能图的设计步骤可得如图 7-8 所示的顺序功能图。

2. 四种程序设计方法

(1) 步进顺控指令编程　当某一步被“激活”成为活动步时，该步的负载线圈可以被驱动。当该步后面的转移条件被满足时，就执行转移，后续步变为活动步，同时原活动步对应的状态继电器被系统程序自动复位，其后面的负载线圈复位（SET 指令驱动的除外）。图 7-9 给出了状态转移图和步进梯形图之间的对应关系。

步进顺控指令编程要点见项目五，此处不再赘述。

(2) 启保停电路编程　设计启保停电路的关键是找出它的启动条件和停止条件。转移实现的条件是它的前级步为活动步，并且满足相应的转移条件。如图 7-10 中 M3 变为活动步的条件是其前级步 M2 为活动步，且转移条件 X4 为 ON。故编程时应将前级步 M2 和转移条件 X4 对应的常开触点串联，作为启保停电路的启动电路；后续步 M4 的常闭触点与 M3 的线圈串联，作为启保停电路的停止电路。M3 本身的常开触点作为保持（自锁）电路。

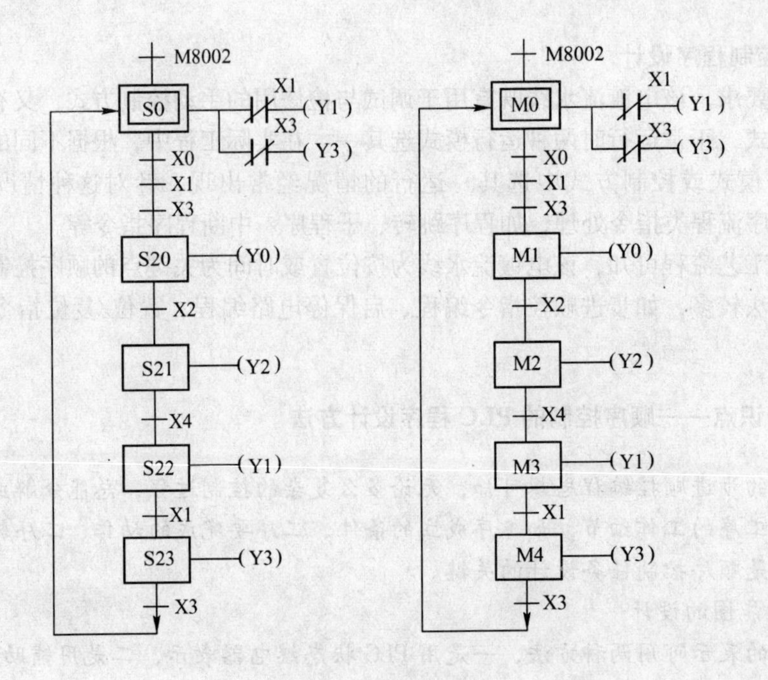

图 7-8 顺序功能图

a）工序用状态继电器表示 b）工序用辅助继电器表示

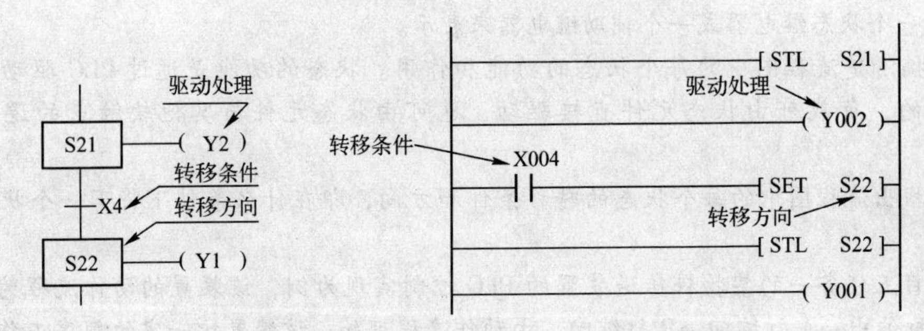

图 7-9 状态转移图和步进梯形图之间的对应关系

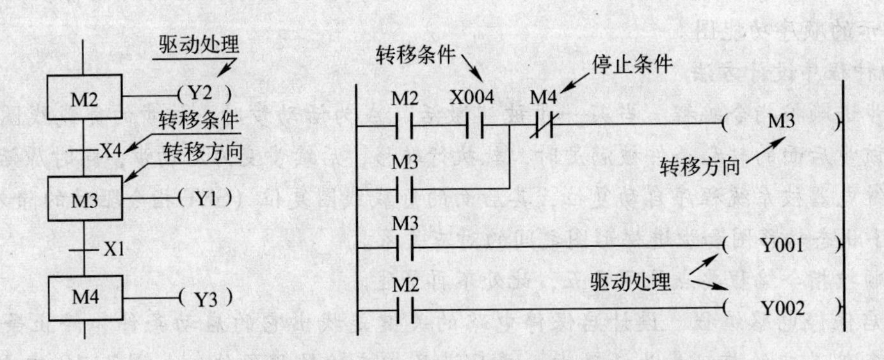

图 7-10 顺序功能图和启保停编程梯形图之间的对应关系

启保停电路编程要点：

1）驱动负载使用 OUT 指令或 SET 指令。当同一负载需要连续多个状态驱动时，必须集中处理，不允许使用多重输出；

2）必须要明确启动、停止与保持的条件及实现方法。

(3) 置位/复位指令编程　若要实现步间的转移，需要满足两个条件，即该转移的前级步是活动步（M2 =1）和转移条件满足（X4 =1），则将转移的后续步变为活动步（用 SET 指令将 M3 置位），同时该转移的前级步变为不活动步（用 RST 指令将 M2 复位）。

图 7-11 给出了使用置位/复位指令编程的顺序功能图与梯形图的对应关系。转移的前级步对应的辅助继电器的常开触点与转移条件串联，先置位（SET）后续步，再复位（RST）前级步。

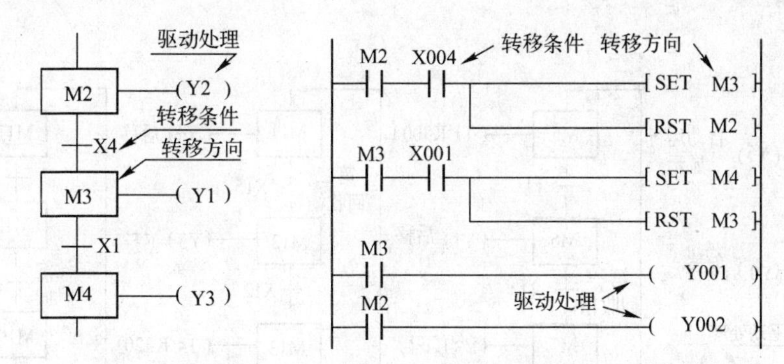

图 7-11　顺序功能图和置位复位指令编程的梯形图之间对应关系

置位/复位指令编程要点：

1）驱动负载使用 OUT 指令或 SET 指令。同启保停电路编程法，当同一负载需要连续多个状态驱动，必须集中处理，不允许使用多重输出；

2）实现步间的转移时，必须先置位（SET）后续步，再复位（RST）前级步。

(4) 移位指令编程　SFTR/SFTL 指令使定义参与移位的位元件的状态依次向右/向左移 *n* 位，在顺序控制中移位的位数可设为 1，即当转移条件满足一次，至首位开始依次向右/向左移动 1 位。欲实现图 7-8 所示的顺序功能，应选择 SFTL 左移指令，即当转移的前级步是活动步（M2 =1），并且转移条件满足（X4 =1）时，则后续步变为活动步（M3 =1），同时该转移的前级步变为步活动步（M2 =0）。

图 7-12 给出了使用移位指令编程的顺序功能图与梯形图的对应关系。转移的前级步对应的辅助继电器的常开触点与转移条件对应的电路串联作为移位脉冲，所有参与移位的状态只有 1 步为活动步，随着转移条件的满足，将活动步依次传向后续步。

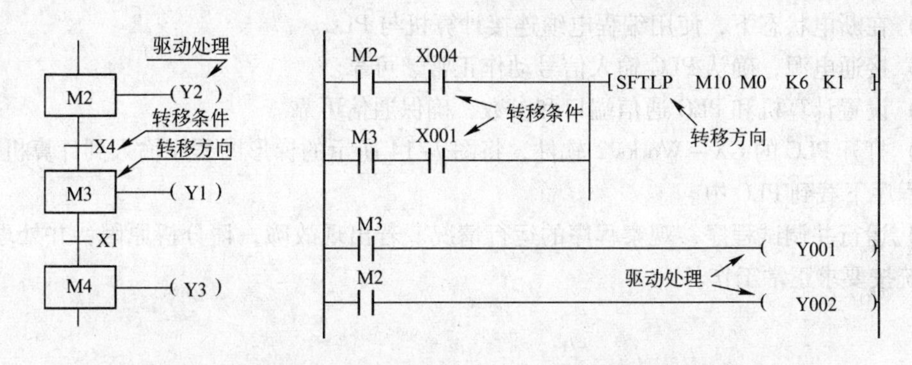

图 7-12　顺序功能图和移位指令编程的梯形图之间对应关系

移位指令编程要点：

1）驱动负载使用OUT指令或SET指令。与启保停电路和置位/复位指令编程法一样，当同一负载需要连续多个状态驱动，必须集中处理，不允许使用多重输出；

2）移位指令应采用脉冲执行型，参与移位的辅助继电器只有一个处于ON状态。

根据以上分析，电镀流水线有手动运行和自动运行两种方式，可采用条件跳转方式执行手动程序或自动程序。自动运行时，电镀流水线为顺序动作，可采用移位指令编程。根据顺序控制的设计方法，电镀流水线的顺序功能图如图7-13所示，对应的梯形图如图7-14所示。

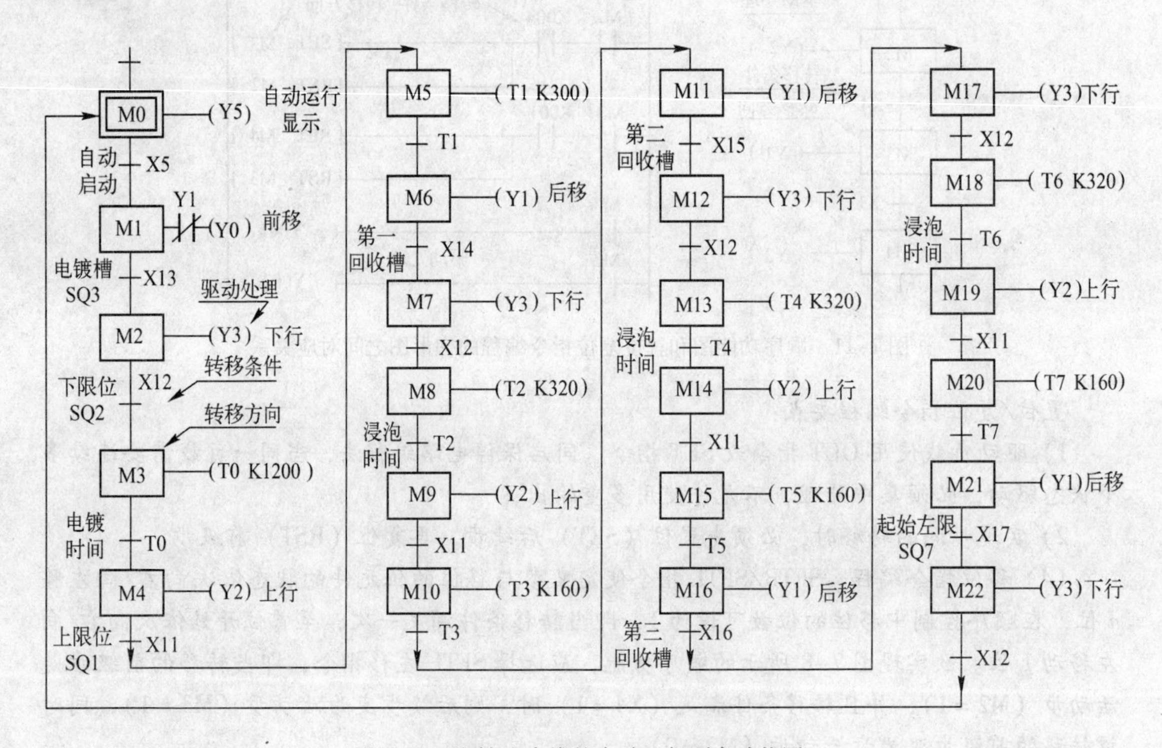

图7-13 电镀流水线的自动运行顺序功能图

4. 运行并调试程序

（1）在断电状态下，按图7-7完成电镀流水线的PLC控制输入输出接线。

（2）在断电状态下，使用编程电缆连接计算机与PLC。

（3）接通电源，确认PLC输入信号动作正常、可靠。

（4）设置计算机和PLC通信端口和参数，确保通信可靠。

（5）打开PLC的GX-Works 2软件，将图7-14所示的梯形图程序输入到计算机，并将梯形图程序下载到PLC中。

（6）运行并调试程序，观察程序的运行情况。若出现故障，请分析原因，并处理故障，直至系统按要求正常工作。

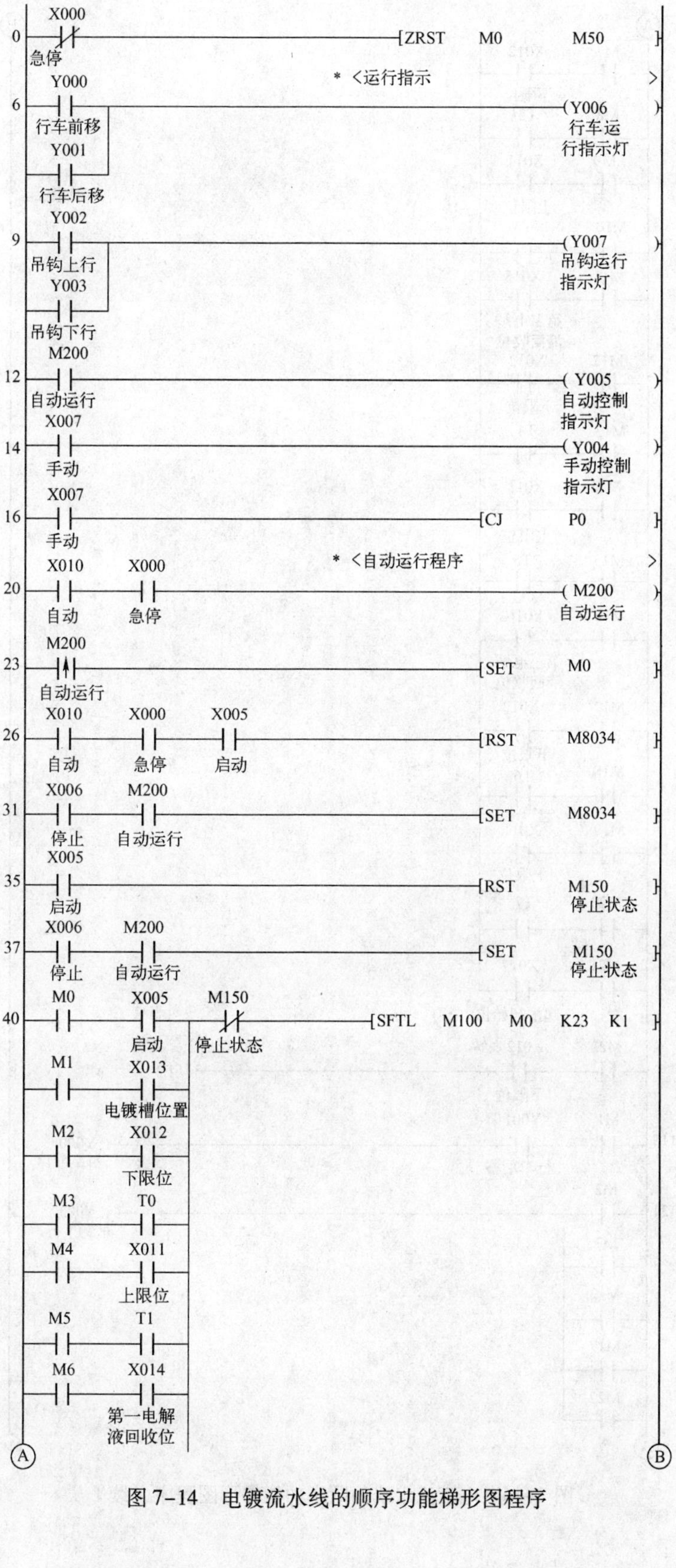

0 X000 急停 [ZRST M0 M50]

* <运行指示>

6 Y000 行车前移 / Y001 行车后移 (Y006 行车运行指示灯)

9 Y002 吊钩上行 / Y003 吊钩下行 (Y007 吊钩运行指示灯)

12 M200 自动运行 (Y005 自动控制指示灯)

14 X007 手动 (Y004 手动控制指示灯)

16 X007 手动 [CJ P0]

* <自动运行程序>

20 X010 自动 X000 急停 (M200 自动运行)

23 M200 自动运行 [SET M0]

26 X010 自动 X000 急停 X005 启动 [RST M8034]

31 X006 停止 M200 自动运行 [SET M8034]

35 X005 启动 [RST M150 停止状态]

37 X006 停止 M200 自动运行 [SET M150 停止状态]

40 M0 X005 启动 / M1 X013 电镀槽位置 / M2 X012 下限位 / M3 T0 / M4 X011 上限位 / M5 T1 / M6 X014 第一电解液回收位 — M150 停止状态 [SFTL M100 M0 K23 K1]

(A) (B)

图 7-14 电镀流水线的顺序功能梯形图程序

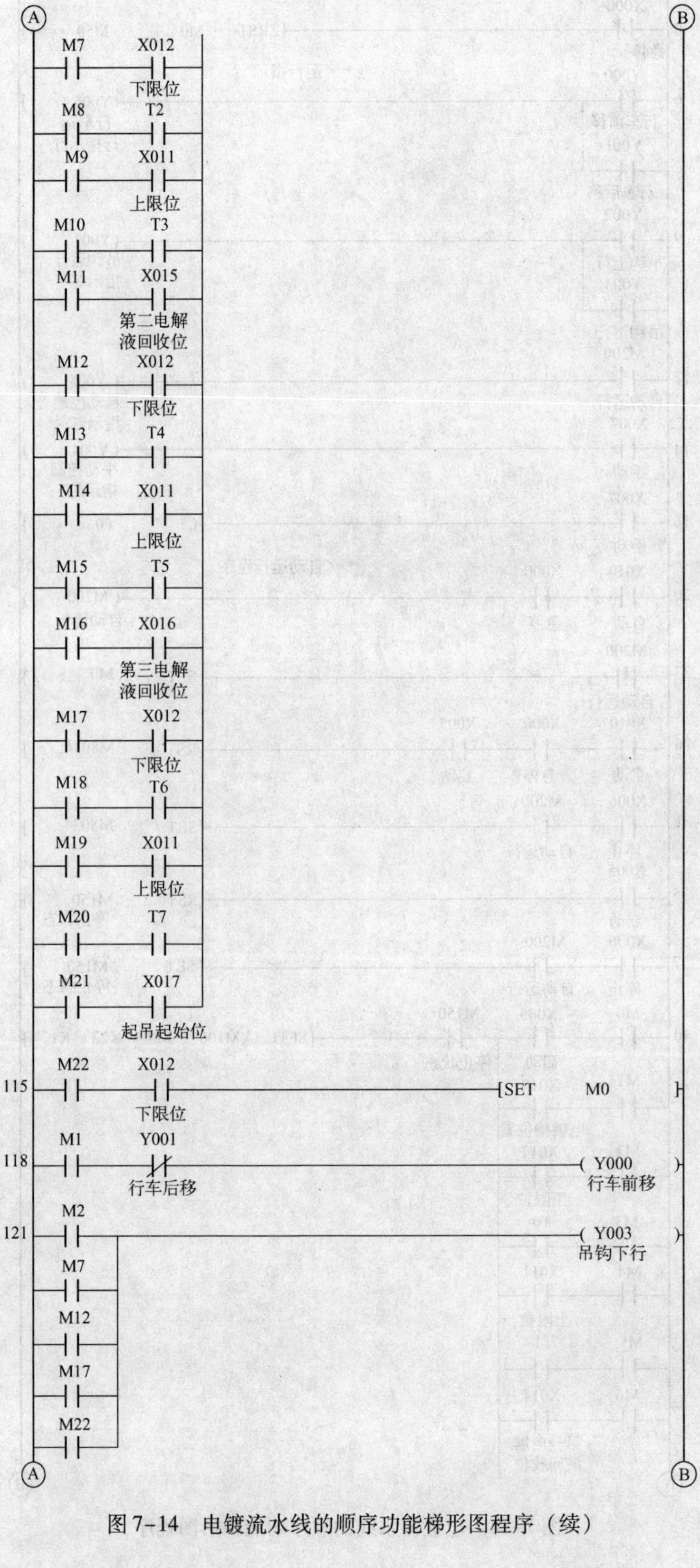

图 7-14　电镀流水线的顺序功能梯形图程序（续）

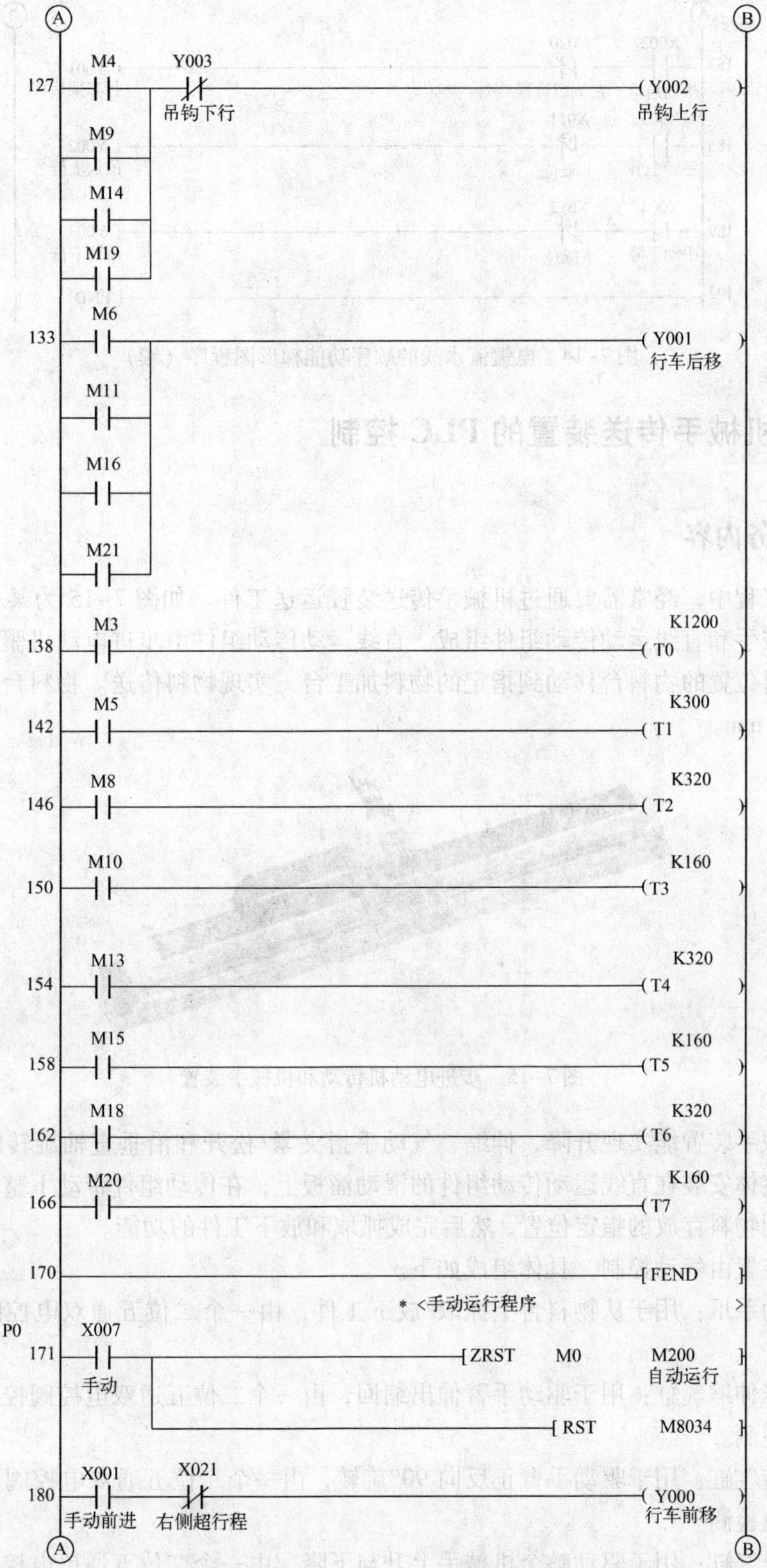

A B

127 M4 Y003 吊钩下行 (Y002 吊钩上行)
M9
M14
M19

133 M6 (Y001 行车后移)
M11
M16
M21

138 M3 K1200 (T0)

142 M5 K300 (T1)

146 M8 K320 (T2)

150 M10 K160 (T3)

154 M13 K320 (T4)

158 M15 K160 (T5)

162 M18 K320 (T6)

166 M20 K160 (T7)

170 [FEND]

* <手动运行程序

P0
171 X007 手动 [ZRST M0 M200 自动运行]
[RST M8034]

180 X001 手动前进 X021 右侧超行程 (Y000 行车前移)

A B

图 7-14　电镀流水线的顺序功能梯形图程序（续）

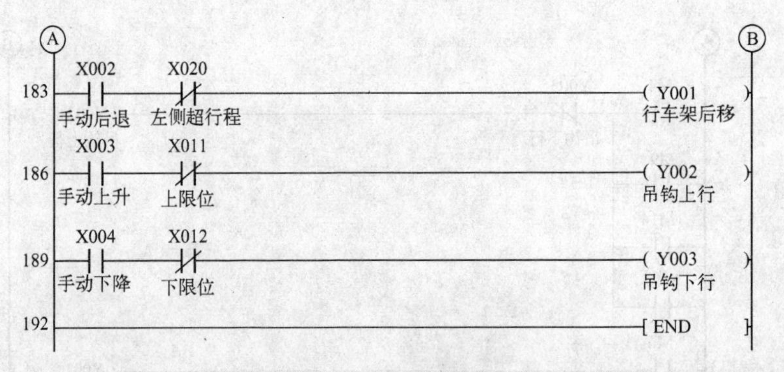

图 7-14　电镀流水线的顺序功能梯形图程序（续）

任务三　机械手传送装置的 PLC 控制

一、任务内容

在实际工程中，经常需要通过机械手传送装置运送工件。如图 7-15 为某机械手传送装置，它由机械手和直线运动传动组件组成。直线运动传动组件由步进电动机驱动，抓取机械手装置由供料位置的物料台移动到指定的物料加工台，实现物料传送。物料台与物料加工台的距离为 900 mm。

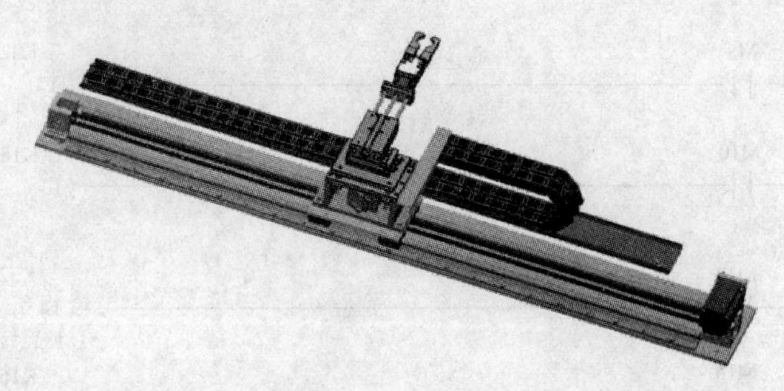

图 7-15　步进电动机传动和机械手装置

抓取机械手装置能实现升降、伸缩、气动手指夹紧/松开和沿垂直轴旋转的四自由度运动。该装置整体安装在直线运动传动组件的滑动溜板上，在传动组件带动下整体作直线往复运动，定位到物料存放的指定位置，然后完成抓取和放下工件的功能。

机械手装置由气动控制，具体组成如下。

（1）气动手爪：用于从物料台上抓取/放下工件，由一个二位五通双电控阀控制，手爪有夹紧检测。

（2）手臂伸缩气缸：用于驱动手臂伸出缩回，由一个二位五通双电控阀控制，伸出或缩回都有到位检测。

（3）回转气缸：用于驱动手臂正反向 90°旋转，由一个二位五通双电控阀控制，有左旋和右旋转到位检测。

（4）提升气缸：用于驱动整个机械手上升与下降，由一个二位五通单电控阀控制，上升和下降有到位检测。

传动组件由直线导轨底板、步进电动机及步进驱动器、同步轮、同步带、直线导轨、滑动溜板、拖链和原点接近开关、左/右极限开关组成。原点开关的中间位置设定为原点位置，并恰好与物料台的中心线重合。原点开关宽度为 30 mm。

步进电动机由步进电动机驱动器驱动，通过同步轮和同步带带动滑动溜板沿直线导轨作往复直线运动。从而带动固定在滑动溜板上的抓取机械手装置作往复直线运动。同步轮齿距为5 mm，共 12 个齿。

二、任务分析

1. PLC 信号分析

机械手传送装置的输入信号来自于机械手装置、传动组件装置相应的操作按钮或开关。其中机械手装置的输入信号主要有检测气缸位置的传感器信号；传动组件装置的输入信号主要有原点检测和左右限位信号；操作按钮主要有启动、复位和急停按钮。

机械手传送装置的被控对象为机械手装置中所有气缸、步进电动机和指示灯等。这些被控对象由 PLC 的输出信号驱动。

2. 动作流程分析

机械手传送装置在通电后，按下复位按钮，执行复位操作，完成机械手和传动组件的复位工作。机械手的复位操作为：气动手爪处于松开状态，伸缩气缸处于缩回状态，回转气缸处于右转到位状态，提升气缸处于上升到位状态。传送组件的复位操作为：抓取机械手装置先回到原点位置，再从原点低速移动到物料台位置停下。

当机械手传送装置回到物料台位置，且装置中各个气缸满足初始位置的要求，则完成复位。复位过程中，复位指示灯闪烁；复位完成后，复位指示灯熄灭，开始指示灯闪烁。按下启动按钮，开始指示灯熄灭，正常运行指示灯常亮，同时装置按要求完成相应的动作。根据该装置的功能要求，其动作流程如下。

(1) 机械手传送装置在通电后，按下复位按钮，执行复位操作。复位时，机械手装置以 180 mm/s 的速度返回，并以 30 mm/s 速度回归原点。

(2) 机械手传送装置回归原点后，机械手装置从原点低速移动到物料台，移动速度 60 mm/s。复位完成后，开始指示灯闪烁。

(3) 按下启动按钮，机械手装置从物料台抓取工件，抓取的顺序：手臂伸出→机械手下降→手爪夹紧抓取工件→机械手上升→手臂缩回。

(4) 抓取工件完成后，机械手装置由物料台向加工台移动，移动速度不小于 300 mm/s。

(5) 机械手装置到达加工台后放下工件，放工件的顺序：机械手左旋→手臂伸出→机械手下降→手爪放松放下工件→机械手上升→手臂缩回→机械手右旋。

(6) 工件放下并机械手右旋后，机械手装置由加工台返回物料台，移动速度不小于 300 mm/s。

(7) 机械手装置返回到物料台后，等待下一个工件的传送。若选择的是单循环运行，则需再次按下启动按钮，才可以重复传送流程；若选择自动运行方式，则返回物料台后自动重复传送流程。

(8) 若在工作过程中按下急停按钮，则系统立即停止运行。若急停时机械手处于运行过程中，急停处理结束，需按复位按钮返回原点。

3. 步进电动机与驱动器设置

本装置中，驱动抓取机械手装置沿直线导轨作往复运动的动力源，可以是步进电动机，也可以是伺服电动机，本任务选用步进电动机。

拓展知识点——步进电动机及驱动器

步进电动机是将电脉冲信号转换为相应的角位移或直线位移的一种特殊执行电动机。每输入一个电脉冲信号，电动机就转动一个角度，它的运动形式是步进式的，所以称为步进电动机。

图 7-16 为步进电动机的控制原理图。步进电动机需要专门的驱动装置（驱动器）供电。步进驱动器是一种能使步进电动机运转的功率放大器，能把控制器发来的脉冲信号转化为步进电动机的角位移，电动机的转速与脉冲频率成正比，所以控制脉冲频率可以精确调速，控制脉冲数就可以精确定位。

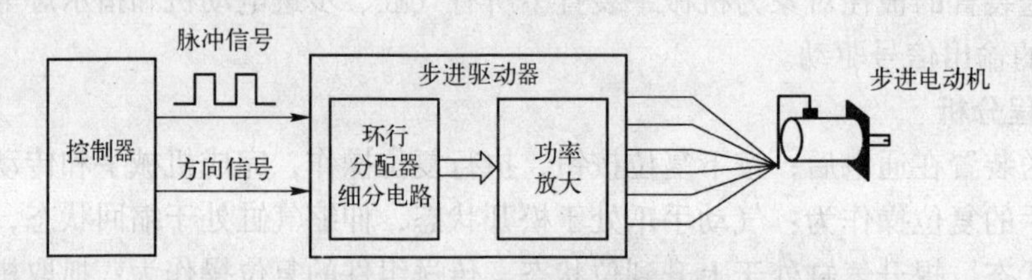

图 7-16　步进电动机的控制原理

下面以 Kinco 三相步进电动机 3S57Q－04056 及与之配套的 Kinco 3M458 驱动器为例，说明步进电动机与驱动器的接线及相关参数的设置等。

1. 步进电动机、步进驱动器与 PLC 间的连接

步进驱动器接线端子主要有控制器信号输入端、电动机接线端和驱动器电源端组成。如图 7-17 为步进电动机、驱动器与 PLC 的接线图。

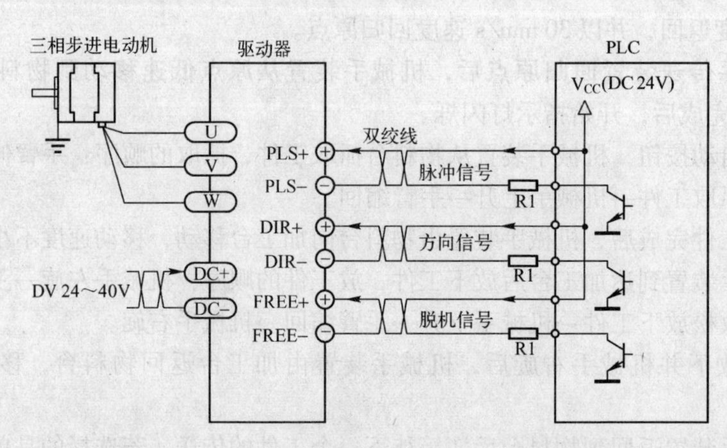

图 7-17　步进电动机、驱动器与 PLC 的接线图

(1) 控制器信号输入端：PLS 为脉冲输入端，DIR 为方向控制端，FREE 为脱机信号端。这些信号来自于控制器，如 PLC。当其供电电源为 24 V 直流电源时，通常串 2 kΩ 限流电阻。

(2) U、V、W 为步进电动机的连接端子。

(3) DC 24 ~40 V 为驱动器的工作电源。

2. 驱动器设置

在 3M458 驱动器的侧面连接端子中间有一个红色的八位 DIP 功能设定开关，可以用来设定驱动器的工作方式和工作参数，包括细分设置、静态电流设置和运行电流设置。图 7-18 是该 DIP 开关及功能划分说明。

DIP开关的正视图

ON 1 2 3 4 5 6 7 8

开关序号	ON功能	OFF功能
DIP1～DIP3	细分设置用	细分设置用
DIP4	静态电流全流	静态电流半流
DIP5～DIP8	电流设置用	电流设置用

图 7-18　DIP 开关及功能划分说明

所谓步进驱动器的细分，就是通过驱动器中的电路把步距角减小。可以提高步进电动机控制的精度，减小或消除低频振动，从而使步进电动机运行更加平稳。

如表 7-4 所示，DIP1 ~ DIP3 用来设置细分。

表 7-4　细分设置表

DIP1	DIP2	DIP3	细分
ON	ON	ON	400 步/转
ON	ON	OFF	500 步/转
ON	OFF	ON	600 步/转
ON	OFF	OFF	1000 步/转
OFF	ON	ON	2000 步/转
OFF	ON	OFF	4000 步/转
OFF	OFF	ON	5000 步/转
OFF	OFF	OFF	10000 步/转

DIP4 用来设置静态电流半流和全流。该静态电流的目的是能够锁住转子，即定位。

如表 7-5 所示，DIP5 ~ DIP8 设置运行电流。

表 7-5　输出电流设置

DIP5	DIP6	DIP7	DIP8	细分
OFF	OFF	OFF	OFF	3.0 A
OFF	OFF	OFF	ON	4.0 A
OFF	OFF	ON	ON	4.6 A
OFF	ON	ON	ON	5.2 A
ON	ON	ON	ON	5.8 A

3S57Q－04056 步进电动机步距角为 1.8°，在无细分的情况下，每转一圈需要 200 个脉冲，通过驱动器设置，细分精度最高可以达到 10000 个脉冲一圈。

3. 步进电动机的 PLC 控制指令

晶体管输出的 FX_{3U} 系列 PLC CPU 单元支持高速脉冲输出功能，但仅限于 Y000 和 Y001 点。FX_{3U} 系列 PLC 基本单元输出脉冲的频率最高可达 100 kHz。FX_{3U} 系列 PLC 的脉冲输出指令和定位指令有：高速脉冲输出指令 PLSY（FNC57）、带加减速的脉冲输出指令 PLSR（FNC59）、可变速脉冲输出指令 PLSV（FNC 157）、带 DOG 搜索的原点回归指令 DSZR（FNC

150）、中断定位指令 DVIT（FNC 151）、原点回归指令 ZRN（FNC156）、相对位置控制指令 DRVI（FNC158）、绝对位置控制指令 DRVA（FNC159）来实现。对本装置所用步进电动机的控制主要是返回原点和定位控制，因此这里只介绍后面三条指令，其他指令请参考编程手册。

(1) 原点回归指令 ZRN　原点回归指令（ZRN）用于上电或初始运行时，搜索和记录原点位置信息。指令格式如图 7-19 所示。

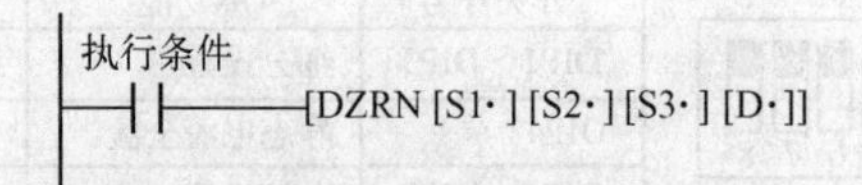

图 7-19　原点回归指令（ZRN）格式

1）原操作数［S1·］：指定开始原点回归时的速度；

2）源操作数［S2·］：指定爬行速度；

3）源操作数［S3·］：指定近点信号输入（DOG）的软元件编号；

4）源操作数［D·］：指定脉冲输出的输出元件编号。

原点回归指令要求提供一个近原点的信号，原点回归动作须从近点信号的前端开始，以指定的原点回归速度开始移动；当近点信号由 OFF 变为 ON 时，减速至爬行速度，最后，当近点信号由 ON 变为 OFF 时，在停止脉冲输出的同时，使当前值寄存器（Y000:［D8341，D8340］，Y001:［D8351，D8350］）清零，原点回归示意图如图 7-20 所示。

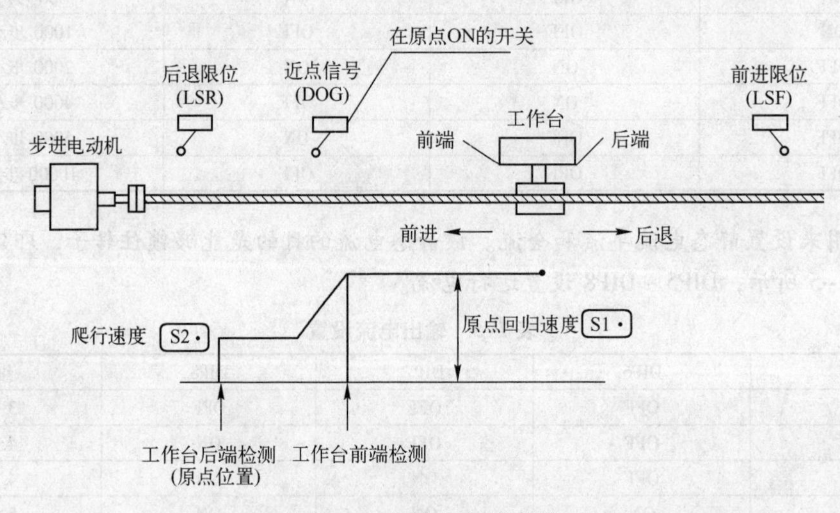

图 7-20　原点回归示意图

需要注意的是：

1）回归动作须从近点信号的前端开始，当前值寄存器（Y000:［D8341，D8340］，Y001:［D8351，D8350］）数值将向减少的方向动作。

2）若在指令执行过程中，指令驱动的接点变为 OFF 时，将减速停止。此时执行完成标志 M8029 不动作。且在脉冲输出中标志（Y000:［M8340］，Y001:［M8350］）处于 ON 时，将不接受指令的再次驱动。仅当回归过程完成，执行完成标志 M8029 动作的同时，脉冲输出中标志才变为 OFF。

(2) 相对位置控制和绝对位置控制指令　定位控制有相对位置控制和绝对位置控制两种

方式。相对位置控制就是指定当前位置到目标位置的位移量，可用相对位置控制指令 DRVI 实现；绝对位置控制就是指定目标位置对于原点的坐标值，可用绝对位置控制指令 DRVA 实现。相对位置控制指令和绝对位置控制指令的格式如图 7–21 和图 7–22 所示。

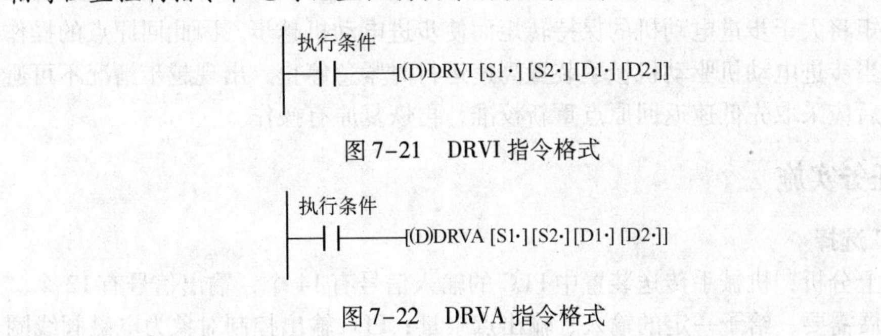

图 7–21　DRVI 指令格式

图 7–22　DRVA 指令格式

1）源操作数［S1·］。源操作数［S1·］给出目标位置信息。对于相对位置控制指令和绝对位置控制指令两种运行方式，有不同含义。

对于相对位置控制指令：此操作数指定从当前位置到目标位置所需的脉冲数（带符号）。

对于绝对位置控制指令：此操作数指定从目标位置对于原点的坐标值（带符号的脉冲数），执行指令时，输出的脉冲数为输出目标设定值与当前值之差。

2）源操作数［S2·］，目标操作数［D1·］、［D2·］。源操作数［S2·］，目标操作数［D1·］、［D2·］对于相对位置控制指令和绝对位置控制指令两种运行方式，含义相同。

［S2·］指定脉冲输出频率，对于 16 位指令操作数范围为 10～32767 Hz，对于 32 位指令操作数范围为 10～100 kHz。

［D1·］指定脉冲输出地址，指令仅用于 Y000、Y001。

［D2·］指定旋转方向信号输出地址。当输出的脉冲数为正时，此输出为 ON，而当输出的脉冲数为负时，此输出为 OFF。

需要注意的是：

① 指令执行过程中，Y000 输出的当前值寄存器为［D8341（高位），D8340（低位）］（32 位）；Y001 输出的当前值寄存器为［D8351（高位），D8350（低位）］（32 位）。

② 对于相对位置控制，当前寄存器存放增量方式的输出脉冲数；对于绝对位置控制，当前寄存器存放的是当前绝对位置。当正转时，当前寄存器的数值增加，反转时，当前寄存器的数值减小。

③ 若在指令执行过程中，执行条件变为 OFF 时，将减速停止，此时执行完成标志 M8029 不动作，且在脉冲输出中标志（Y000:［M8340］，Y001:［M8350］）处于 ON 时，将不接受指令的再次驱动。

4. 步进电动机使用注意事项

控制步进电动机运行时，应考虑防止步进电动机运行中失步的问题。步进电动机失步包括丢步和越步。丢步时，转子前进的步数小于脉冲数，越步时，转子前进的步数多于脉冲数。丢步严重时，将使转子停留在一个位置上或围绕一个位置振动；越步严重时，设备将发生过冲。

此外，如果机械部件调整不当，会使机械负载增大。步进电动机不能过负载运行，哪怕是瞬间，都会造成失步，严重时会发生停转或不规则原地反复振动。

本装置选用 Kinco 三相步进电动机 3S57Q－04056 及与之配套的 Kinco 3M458 驱动器。驱动器细分设置为 5000 步/转，电动机驱动电流设为 5.2A，静态锁定方式为静态半流。

当机械手装置回到原点时，原点开关动作，使指令输入 OFF。如果到达原点前速度过高，惯性转矩将大于步进电动机的保持转矩而使步进电动机越步。因此回原点的操作应确保足够低速；当步进电动机驱动机械手装置高速运行时紧急停止，出现越步情况不可避免，因此急停复位后应采取先低速返回原点重新校准，再恢复原有操作。

三、任务实施

1. PLC 选择

根据以上分析，机械手传送装置中 PLC 的输入信号有 14 个，输出信号有 12 个。考虑控制功能的拓展需要，给予一定的输入、输出点余量；PLC 输出控制对象为电磁阀线圈、控制步进电动机的脉冲信号和方向信号及指示灯，它们的工作电压均为 DC 24 V；控制步进电动机需要高速脉冲信号，因此选用通断频率高的晶体管输出型的 PLC 即可。综合考虑，该装置选用输入点数、输出点数均为 16，工作电压 AC 220 V，DC 24 V 输入、晶体管输出，型号为 FX_{3U}－32MT/ES 的 PLC 可以满足系统要求。

2. PLCI/O 地址分配

结合该装置的 PLC 输入/输出信号和所选用的 PLC 型号，该装置的输入输出点地址分配如表 7-6 所示。

表 7-6　机械手传送装置 PLC 输入输出点分配表

输入信号			输出信号		
序号	信号名称	输入点编号	序号	信号名称	输出点编号
1	机械手原点检测 SQ1	X0	1	步进电动机脉冲	Y0
2	左限位保护检测 SQ2	X1	2		
3	右限位保护检测 SQ3	X2	3		
4	机械手夹紧检测 SQ4	X3	4		
5	机械手缩回到位 SQ5	X4	5	步进电动机方向	Y4
6	机械手伸出到位 SQ6	X5	6	机械手伸出电磁阀	Y5
7	摆缸左旋到位 SQ7	X6	7	机械手缩回电磁阀	Y6
8	摆缸右旋到位 SQ8	X7	8	机械手左旋电磁阀	Y7
9	升降缸上升到位 SQ9	X10	9	机械手右旋电磁阀	Y10
10	升降缸下降到位 SQ10	X11	10	机械手下降电磁阀	Y11
11		X12	11	手爪松开电磁阀	Y12
12	复位按钮 SB1	X13	12	手爪夹紧电磁阀	Y13
13	启动按钮 SB2	X14	13	开始指示灯	Y14
14	急停按钮 SA1	X15	14	运行指示灯	Y15
15	单循环/自动运行 SA2	X16	15	复位指示灯	Y16

3. PLC 输入输出接线图

PLC 输入输出接线图的设计需考虑所选用的 PLC 类型、输入输出地址分配表和 PLC 控制对象的额定电压等因素。

根据系统的控制要求及表 7-6 所示的 PLC I/O 分配，机械手传送装置 PLC 控制端口接线图如图 7-23 所示。

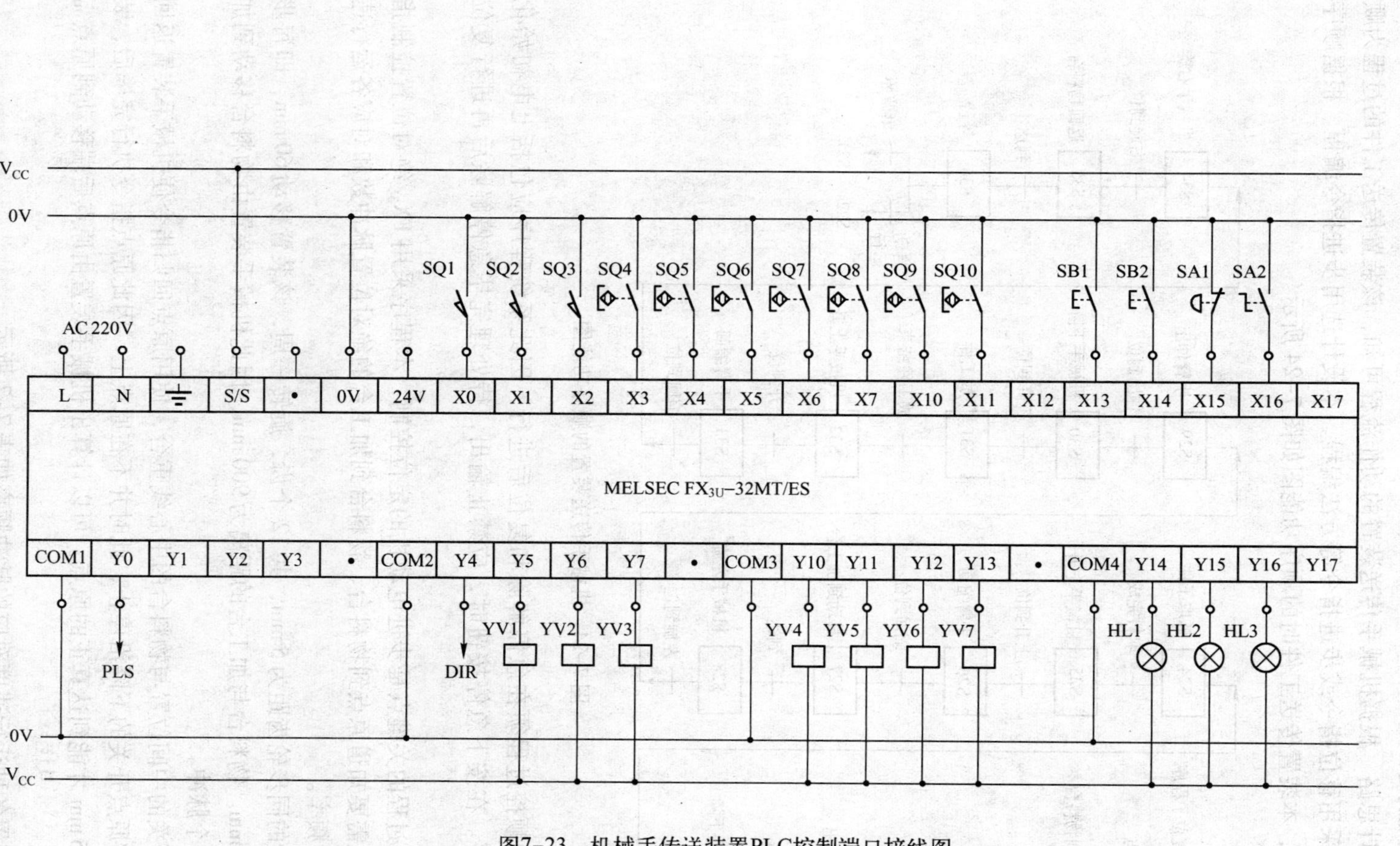

图7-23　机械手传送装置PLC控制端口接线图

4. PLC 控制程序设计

（1）程序设计思路　根据机械手传送装置的动作流程可知，该装置传送工件的过程为顺序控制过程，可采用移位指令或步进指令等方法编程，本设计选用步进指令编程。根据顺序控制的设计方法，本装置传送工件时的顺序功能图如图 7-24 所示。

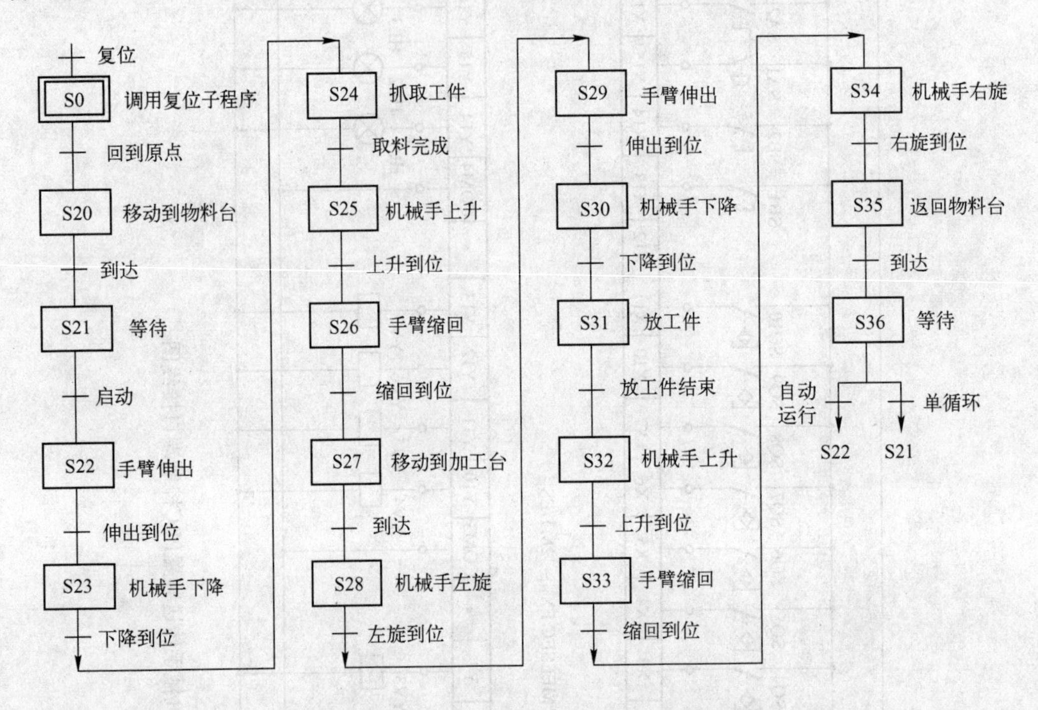

图 7-24　机械手传送装置的顺序功能图

传送工件的顺控过程须在急停解除和复位后进行，因此系统程序应包括上电初始化程序和复位程序。在按下急停按钮时，应禁止输出，待处理完毕急停解除后再进行复位操作。

该装置控制过程的关键点是步进电动机的定位控制，本程序采用 FX_{3U} 绝对位置控制指令来定位。因此需要知道原点到物料台、物料台到加工台的绝对位置脉冲数和对应各运行速度时的输出脉冲频率。

由于本装置的同步轮齿距为 5 mm，共 12 个齿，旋转一周，该装置移动 60 mm，即每步的位移为 0. 012 mm。物料台与加工台的距离为 900 mm，因此机械手装置由物料台移动到加工台需要 75000 个脉冲。

由于原点开关的中间位置与物料台的中心线重合，使用原点回归指令使机械手装置返回原点，该装置在原点开关的下降沿停止，此时并不在原点上。因此原点指令执行完毕后，装置须向前移动 15 mm 才能到达真正的原点。可以计算出机械手装置由原点后端移动到原点需要 1250 个脉冲。

该机械手装置各种运行速度对应的脉冲频率如表 7-7 所示。

根据机械手传送装置的设计要求及图 7-24 所示的顺序功能图，该装置的 PLC 程序如图 7-25 所示。

```
0   M8002 ─┤├─┬──[MOV   K500    D8342  ]
              │                 基底速度
              ├──[MOV   K300    D8348  ]
              │                 加速时间
              └──[MOV   K50000  D8343  ]
                                最高速度
*信号指示
20  S0 ─┤├─┬─ M8013 ─┤├──────────( Y016 )
    S20 ─┤├┘                      复位灯
24  S21 ─┤├─ M8013 ─┤├───────────( Y014 )
                                  开始灯
27  S22 ─┤├──────────────[SET    Y015 ]
                                  运行
29  S0 ─┤├─┬─────────────[RST    Y015 ]
    X015 ─┤/├┘
    急停
32  X001 ─┤├─┬───────────────────( M5 )
    左限位    │                   超程故障
    X002 ─┤├─┘
    右限位
*急停处理
35  X015 ─┤/├────────────────────( M8034 )
    急停
38  X015 ─┤↑├─┬──[ZRST   S0    S40  ]
    急停       ├──[ZRST   M0    M50  ]
               └──[RST          Y011 ]
                                 下降
*复位
51  X013 ─┤├─ X015 ─┤├───[SET    S0 ]
    复位      急停
55  ─────────────────────[STL    S0 ]
56  M8000 ─┤├─┬──────────[CALL   P0 ]
              │                  复位子程序
              │                  K5
              └─ M10 ─┤├─────────( T6 )
                 复位完成
(A)                                            (B)
```

图 7-25　机械手传送装置 PLC 控制程序

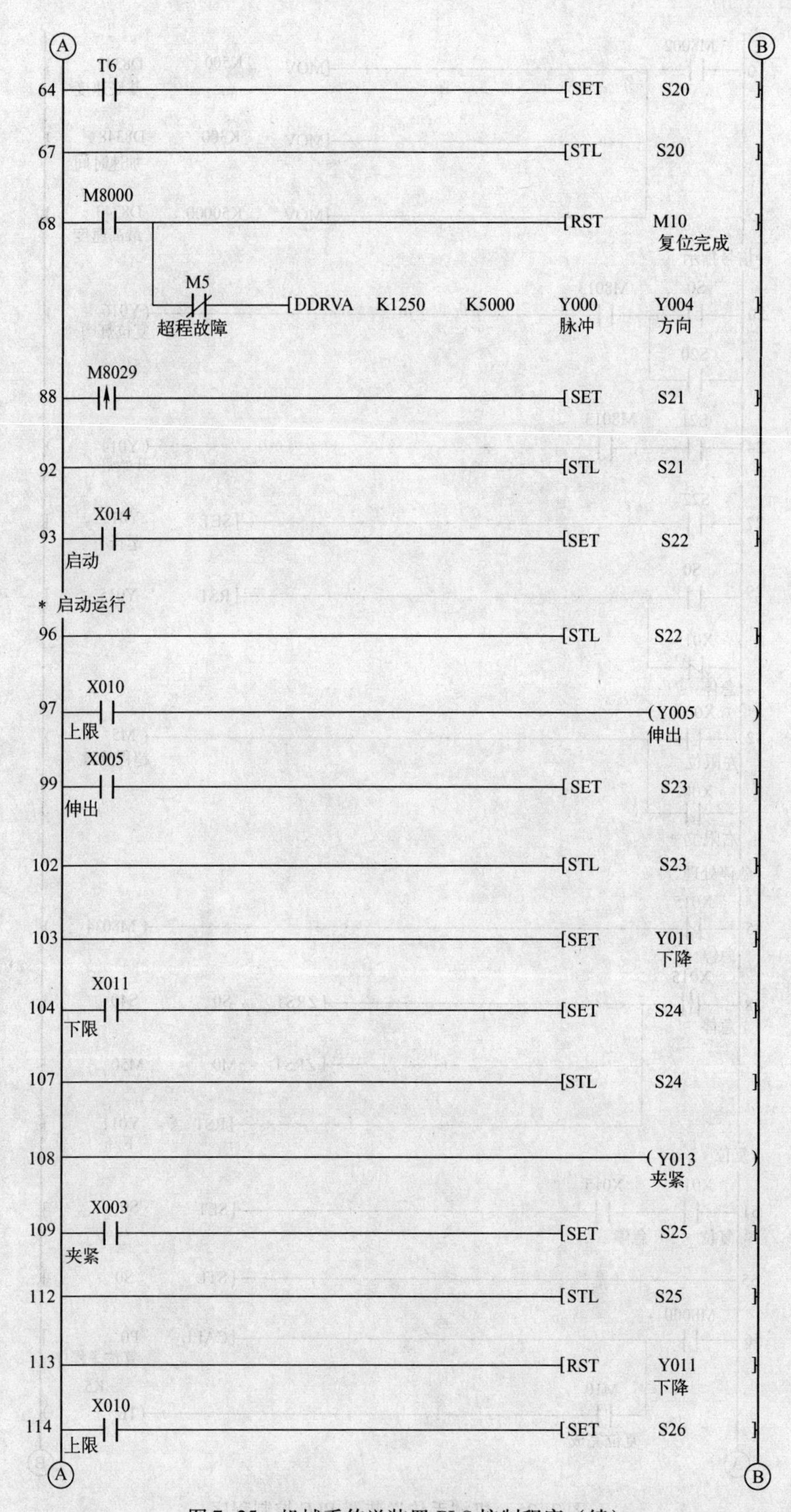

图 7-25 机械手传送装置 PLC 控制程序（续）

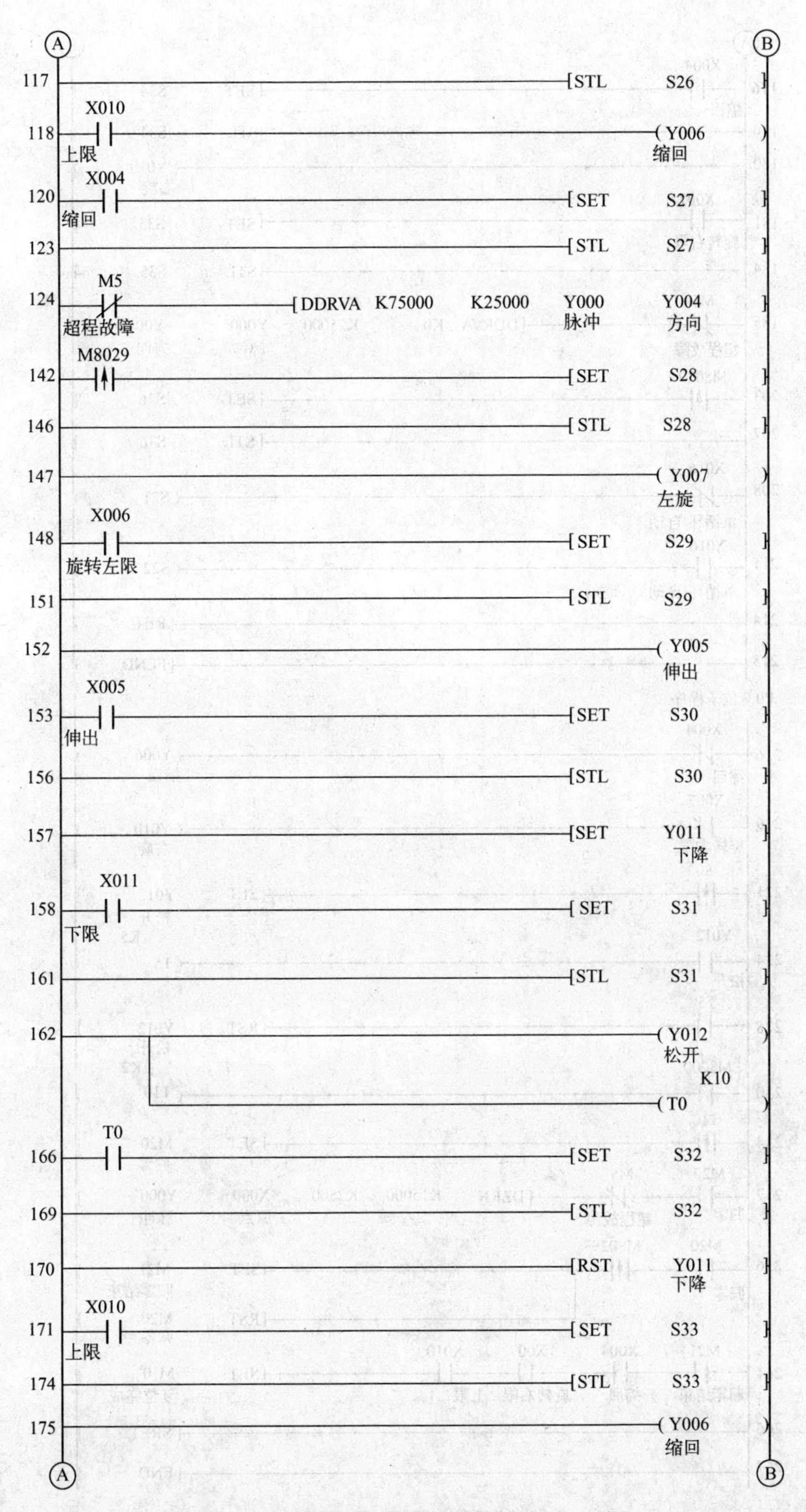

图 7-25　机械手传送装置 PLC 控制程序（续）

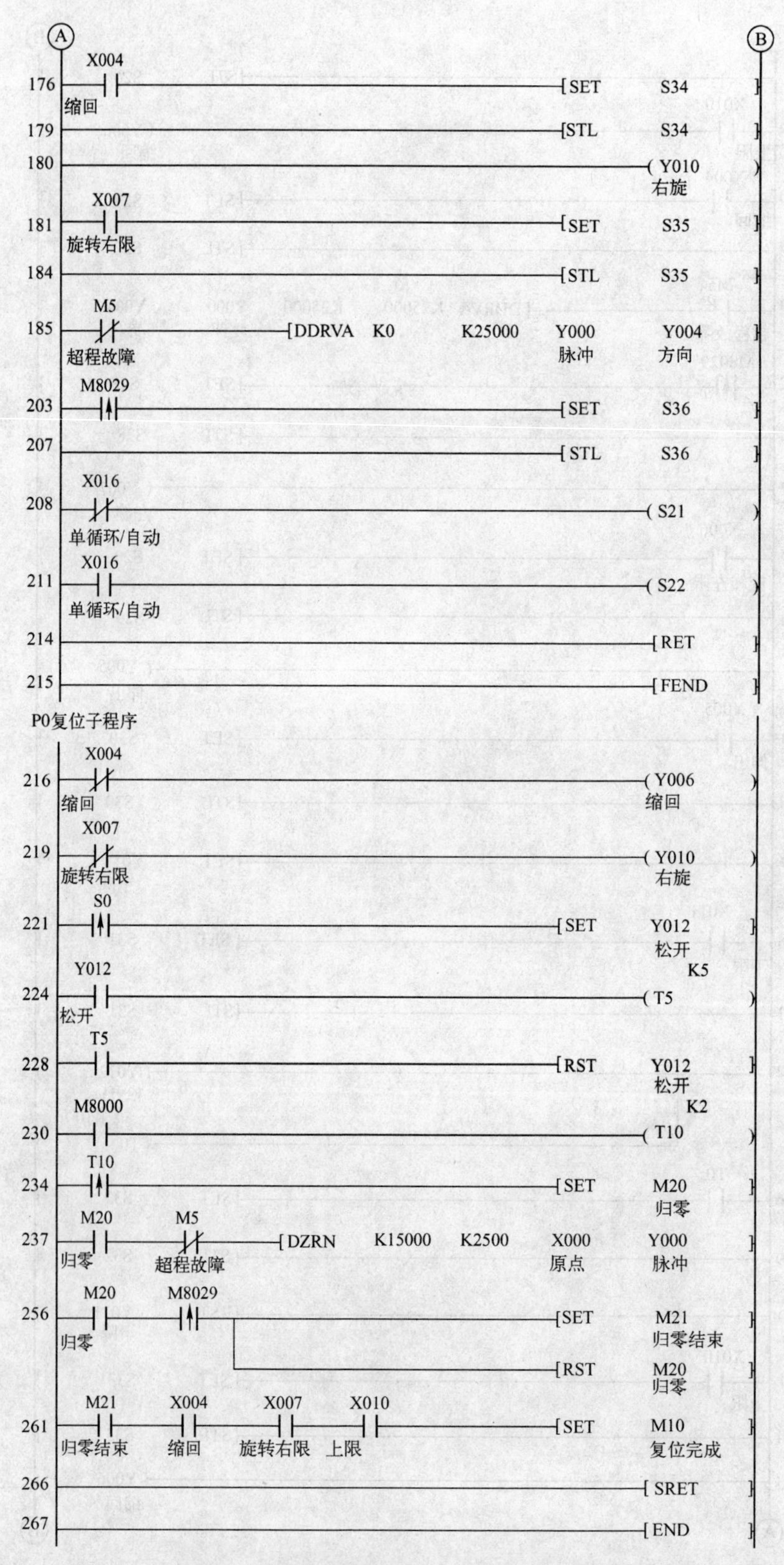

图 7-25　机械手传送装置 PLC 控制程序（续）

表 7-7　机械手装置各运行状态下对应的输出脉冲频率

运行状态	运行速度/(mm/s)	输出脉冲频率/Hz
机械手装置复位	180	15000
回归原点	30	2500
原点到物料台	60	5000
工件正常传送	300	25000

5. 运行并调试程序

(1) 在断电状态下，按图 7-23 完成机械手传送装置的 PLC 控制输入输出接线。

(2) 在断电状态下，使用编程电缆连接计算机与 PLC。

(3) 接通电源，确认 PLC 输入信号动作正常、可靠。

(4) 设置计算机和 PLC 通信端口和参数，确保通信可靠。

(5) 打开 PLC 的 GX - Works 2 软件，将图 7-25 所示的梯形图程序输入到计算机，并将梯形图程序下载到 PLC 中。

(6) 运行并调试程序，观察程序的运行情况。若出现故障，请分析原因，并处理故障，直至系统按要求正常工作。

思考与练习

1. 有一条生产流水线，传送带启动后，用接在 X0 输入端的光电开关检测传送带上通过的产品，有产品时 X0 为 ON，如果 10 s 内没有产品通过，就发出报警灯光信号，灯闪烁 5 s；如果连续 20 s 内没有产品通过，灯和铃同时报警。报警信号可由解除按钮解除。要求画出 I/O 端口接线图并设计梯形图。

2. 有 3 台三相交流异步电动机 M1、M2、M3，要求采用 PLC 控制实现如下要求：

(1) M1、M2 在按下启动按钮时同时启动。

(2) M3 在 M1、M2 启动 5 s 后方能启动。

(3) 停止时 M3 必须先停，隔 10 s 后 M2 和 M1 才同时停止。

要求画出 I/O 端口接线图并设计梯形图。

3. 某送料小车的动作如图 7-26 所示，该车由电动机拖动，电动机有过载保护，装料和卸料分别由两个电磁阀控制。当按下启动按钮 SB1 开始装料，装料时间 8 s，装好料电动机

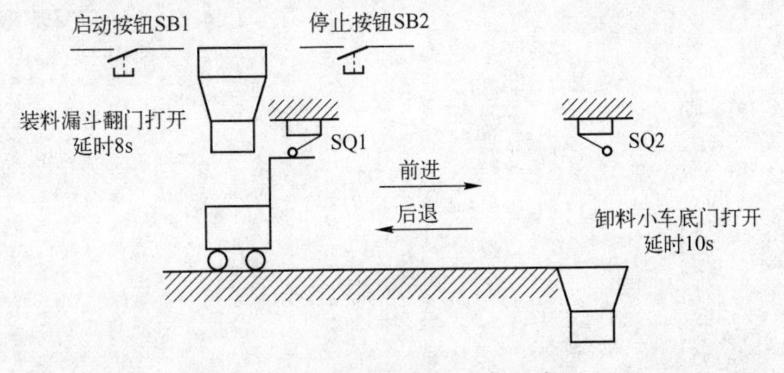

图 7-26　某送料小车的动作示意图

正转小车前进，至卸料处后卸料 10 s，卸完料电动机反转，小车后退，重新去装料。

小车初始位置在左边，并压下限位开关 SQ1，当按下启动按钮 SB1 后小车自动循环工作，若按下停止按钮 SB2，则小车完成本次循环后停止在初始位置。要求用 PLC 控制实现以上要求。

4. 利用 PLC 实现以下控制要求：三盏灯 HL1、HL2、HL3，按下启动按钮 SB1 后 HL1 亮，延时 10 s 后 HL2 亮，再延时 15 s 后 HL3 亮；若按停止按钮 SB0，HL3 先灭，延时 5 s 后 HL2 灭，再延时 8 s 后，HL1 灭。

5. 设计一个利用 PLC 来控制的智力竞赛抢答器装置，该装置设有总音响、总台灯各一台，各组设有分台灯，抢答要求如下：

（1）儿童组桌上两只按钮 SB1，SB2，无论按那一只均可获抢答机会。

（2）成人组桌上两只按钮 SB3，SB4，只有两只都按下，才能获得抢答机会。

（3）中学生组桌上只有一只按钮 SB5，按下该按钮就能获得抢答机会。

各队的抢答必须在主持人按下开始按钮 SB0 后的 20 s 内进行，答题时间为 30 s。如果提前抢答或答题超时算违例，此时总音响、总台灯、分台灯发出信号；若无人抢答算作废，此时总音响、总台灯发出信号；正常抢答时总音响、分台灯发出信号。总音响响时设定为 2s，总台灯和分台灯须等主持人按复位按钮 SB6 后灯才熄灭。

要求画出 I/O 端口接线图并设计梯形图。

项目八　通信控制的 PLC 实现

【项目内容简介】

在工业控制系统中，对于多控制任务的复杂控制系统，不可能单靠增大 PLC 点数或改进机型来实现复杂的控制。PLC 与 PLC、PLC 与计算机、PLC 与人机界面以及与其他智能装置间的通信，可提高 PLC 的控制能力，扩大 PLC 控制领域，便于对系统进行监视和操作。本项目以三菱 FX_{3U} 系列 PLC 与 PLC 通信为例，对 PLC 系统的通信及其应用技术给予一定的介绍。通过两个任务，介绍三菱 FX 系列 PLC 与 PLC 之间 N: N 网络通信和三菱 FX 系列 PLC 的 CC – Link 通信的硬件连接、通信参数设置和通信程序编写等内容。要求掌握三菱 FX 系列 PLC 与 PLC 之间 N: N 网络通信和 CC – Link 通信的实现方法。

【知识目标】

1. 掌握 PLC 通信的基本知识；
2. 掌握三菱 FX 系列 PLC 与 PLC 之间 N: N 网络通信的硬件连接、通信参数设置和通信程序的编写；
3. 掌握三菱 FX 系列 PLC 的 CC – Link 通信的硬件连接、通信参数的设置和通信程序的编写。

【能力目标】

1. 能采用 N: N 网络通信实现多台 FX 系列 PLC 间的通信；
2. 能采用 CC – Link 实现多台 FX 系列 PLC 间的通信。

任务一　三菱 PLC N: N 网络通信的实现

一、任务内容

某广场有一地下三层停车场，每层有 99 个停车位，该停车场每层分别用一台 FX_{3U} 三菱 PLC 控制车位情况。停车场在地下 1 层（–1F）设有启用和停用按钮。该停车场的工作要求如下：

(1) 实际停车数可以分别由每楼层的数字开关设定。

(2) 每楼层车辆的进、出分别由相应楼层的传感器检测。

(3) 当相应楼层有空车位时，对应楼层的“未满”指示灯亮，“已满”指示灯熄灭；当相应楼层无空车位时，对应楼层的“已满”指示灯亮，“未满”指示灯熄灭。

(4) 在任何一层均能显示三层各自的空车位数和相应的指示灯。

(5) 在停用时，只有地下 1 层入口“停用”指示灯常亮；数码管和其他指示灯均熄灭；正常启用时，“停用”指示灯熄灭，数码管和其他指示灯显示相应楼层的车位信息。

二、任务分析

该三层停车场每层均由一台 PLC 控制车位使用状况，且在任何一层均能显示三层各自的空车位数和相应的指示灯，这就需要各层的 PLC 必须将其所在层的车位状况传送到其他两层的 PLC。该系统可由 RS－485 通信的 N：N 网络通信实现 PLC 间数据的传送。

1. N：N 网络通信

N：N 网络通信最多在 8 台三菱 FX 系列 PLC 与 PLC 之间进行，通过 485BD 功能扩展模块或特殊适配器连接，进行软元件信息互换。其中一台为主机（主站），其他为从机（从站）。各站间，位元件（4～64 点）和字元件（4～8 点）被自动连接，通过分配到本站上的软元件，可知道其他站的位元件的状态（ON/OFF）和寄存器的数值。

需要注意的是 FX_{0S}、FX_1、$FX_{2(C)}$ 系列 PLC 没有该通信功能。

相关知识点——三菱 PLC 间 N：N 网络通信

1. N：N 网络的连接

N：N 网络的通信协议是固定的：通信方式采用半双工通信，比特率固定为38400 bit/s；数据长度、奇偶校验、停止位、标题字符、终结字符以及和校验等也均是固定的。

N：N 网络是采用广播方式进行通信的，即网络中每一站点都指定一个用特殊辅助继电器和特殊数据寄存器组成的链接存储区，各个站点链接存储区地址编号都是相同的。各站点向自己站点链接存储区中规定的数据发送区写入数据。网络上任何 1 台 PLC 中的发送区的状态会反映到网络中的其他 PLC，因此，数据可供链接的所有 PLC 共享，且所有单元的数据都能同时完成更新。

N：N 网络通信示意图如图 8-1 所示。

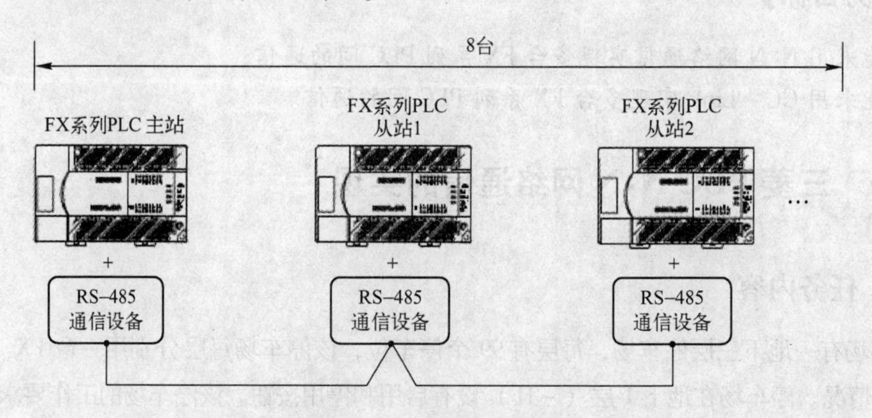

图 8-1 N：N 网络通信示意图

FX_{3U}、FX_{3UC} 中，基本单元上最多可以连接 2 个通道的通信口。使用通信功能扩展板（FX_{3U}－485－BD）和通信适配器（FX_{3U}－485－ADP）时，通信功能扩展板为通道 1，通信适配器为 2；使用 FX_{3U}－CNV－BD，可连接 2 台通信适配器，从离开基本单元最近的通信适配器开始依次为通道 1 和通道 2。如表 8-1 所示，不同的 FX 系列 PLC 适用的通信设备不同，通信距离也不同。

表 8-1　不同的 FX 系列 PLC 适用的通信设备及延长距离

FX 系列	通信设备（选件）	总延长距离
FX_{0N}	FX_{2NC}–485ADP（欧式端子排） / FX_{0N}–485ADP（端子排）	500 m
FX_{2N}	FX_{2N}–485–BD	50 m
	FX_{2N}–CNV–BD + FX_{2NC}–485ADP（欧式端子排） / FX_{2N}–CNV–BD + FX_{0N}–485ADP（端子排）	500 m
FX_{3U}	通道1 FX3U–485–BD	50 m
	FX_{3U}–CNV–BD + 通道1 FX_{3U}–485ADP	500 m
	通道1 FX_{3U}–□–BD □中为以下之一（232、422、485、USB） + 通道2 FX_{3U}–485ADP（欧式端子排）	500 m

（续）

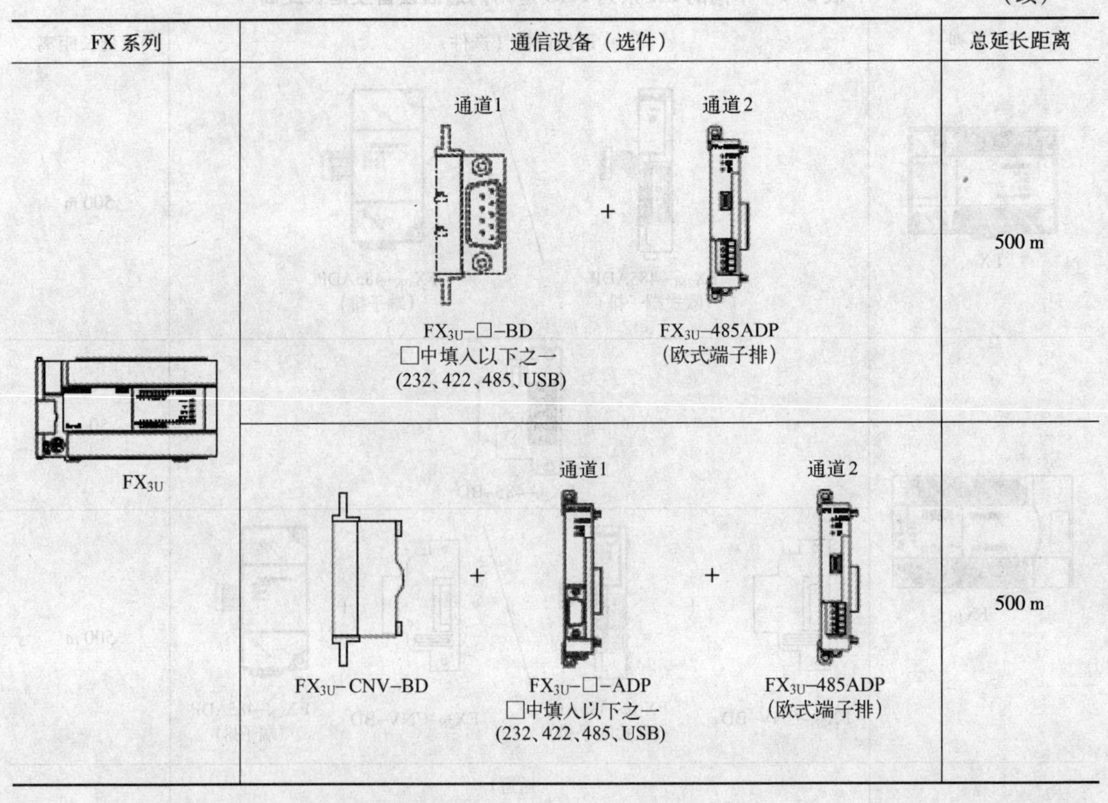

FX 系列	通信设备（选件）	总延长距离
FX_{3U}	通道1 FX_{3U}–□–BD □中填入以下之一（232、422、485、USB） + 通道2 FX_{3U}–485ADP（欧式端子排）	500 m
	FX_{3U}–CNV–BD + 通道1 FX_{3U}–□–ADP □中填入以下之一（232、422、485、USB） + 通道2 FX_{3U}–485ADP（欧式端子排）	500 m

N: N 网络各站点间用屏蔽双绞线相连，接线方式如图 8-2 所示。

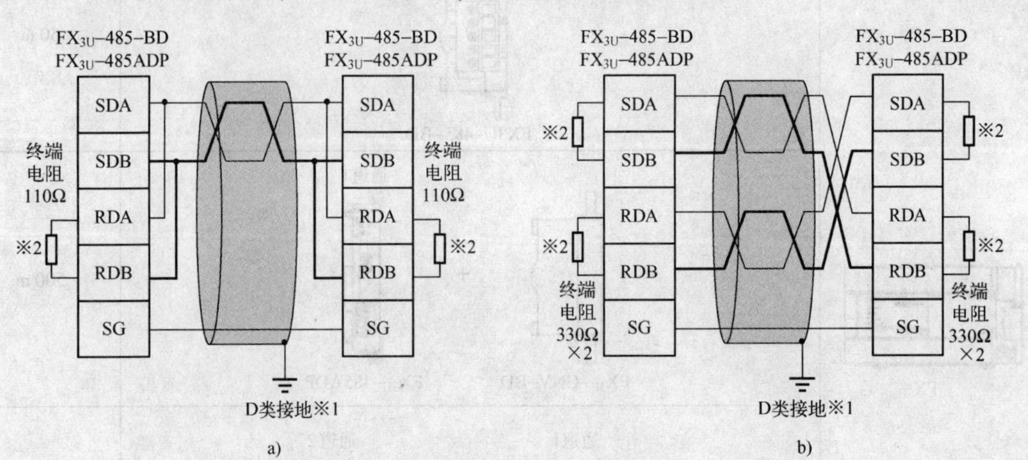

图 8-2　N: N 网络接线

a）1 对接线方式　b）2 对接线方式

进行网络连接时应注意：

1）将端子 SG 连接到 PLC 主体的每个端子，而主体用 100 Ω 或更小的电阻接地。

2）图 8-2 中，须在终端的端子 RDA 和 RDB 之间连接终端电阻（110 Ω 或 330 Ω）。

3）屏蔽双绞线的线径应在英制 AWG26 ~ 16 范围内，否则可能由于端子接触不良，不能确保正常的通信。连线时宜用压接工具把电缆插入端子，如果连接不稳定，则通信会出现错误。

如果网络上各站点 PLC 已完成网络参数的设置，则在完成网络连接后，再接通各 PLC 工作电源。可以看到，各站通信板上的 SD LED 和 RD LED 指示灯两者都出现点亮/熄灭交替闪烁的状态，说明 N:N 网络已经组建成功。如果 RD LED 指示灯处于点亮/熄灭的闪烁状态，而 SD LED 没有（根本不亮），这时须检查站点编号的设置、传输速率（比特率）和从站的总数目。

2. N:N 网络参数设置

FX 系列 PLC N:N 通信网络的组建需要各站点 PLC 用编程方式设置网络参数。FX 系列 PLC 规定了与 N:N 网络相关的标志位（特殊辅助继电器）及存储网络参数和网络状态的特殊数据寄存器。当 PLC 为 FX_{1N}、$FX_{2N(C)}$ 及 $FX_{3U(C)}$ 时，N:N 网络的相关标志（特殊辅助继电器）如表 8-2 所示，相关特殊数据寄存器如表 8-3 所示。

表 8-2　N:N 网络通信特殊辅助继电器

特　性	辅助继电器	名　称	描　述	响应类型
R	M8038	N:N 网络参数设置	用来设置 N:N 网络参数	M，L
R	M8183	主站点的通信错误	当主站点产生通信错误时 ON	L
R	M8184 ~ M8190	从站点的通信错误	当从站点产生通信错误时 ON	M，L
R	M8191	数据通信	当与其他站点通信时 ON	M，L

注：R 为只读；W 为只写；L 为从站点。

在 CPU 错误，程序错误或停止状态下，对每一站点处产生的通信错误数目不能计数，M8184 ~ M8190 是从站点的通信错误标志，第 1 从站用 M8184，…，第 7 从站用 M8190。

表 8-3　N:N 网络通信特殊数据寄存器

特　性	数据寄存器	名　称	描　述	响应类型
R	D8173	站点号	存储它自己的站点号	M，L
R	D8174	从站点总数	存储从站点的总数	M，L
R	D8175	刷新范围	存储刷新范围	M，L
W	D8176	站点号设置	设置它自己的站点号	M，L
W	D8177	从站点总数设置	设置从站点总数	M
W	D8178	刷新范围设置	设置刷新范围模式号	M
W/R	D8179	重试次数设置	设置重试次数	M
W/R	D8180	通信超时设置	设置通信超时	M
R	D8201	当前网络扫描时间	存储当前网络扫描时间	M，L
R	D8202	最大网络扫描时间	存储最大网络扫描时间	M，L
R	D8203	主站点通信错误数目	存储主站点通信错误数目	L
R	D8204 ~ D8210	从站点通信错误数目	存储从站点通信错误数目	M，L
R	D8211	主站点通信错误代码	存储主站点通信错误代码	L
R	D8212 ~ D8218	从站点通信错误代码	存储从站点通信错误代码	M，L

注：R 为只读；W 为只写；M 为主站点；L 为从站点。

在 CPU 错误，程序错误或停止状态下，对其自身站点处产生的通信错误数目不能计数，D8204 ~ D8210 是从站点的通信错误数目，第 1 从站用 D8204，…，第 7 从站用 D8210。

在表 8-2 中，特殊辅助继电器 M8038（N: N 网络参数设置继电器，只读）用来设置 N: N 网络参数。对于主站点，用编程方法设置网络参数，就是在程序开始的第 0 步（LD M8038），向特殊数据寄存器 D8176～D8180 写入相应的参数。对于从站点，则更为简单，只需在第 0 步（LD M8038）向 D8176 写入站点号即可。

如图 8-3 给出了某主站网络参数的程序。

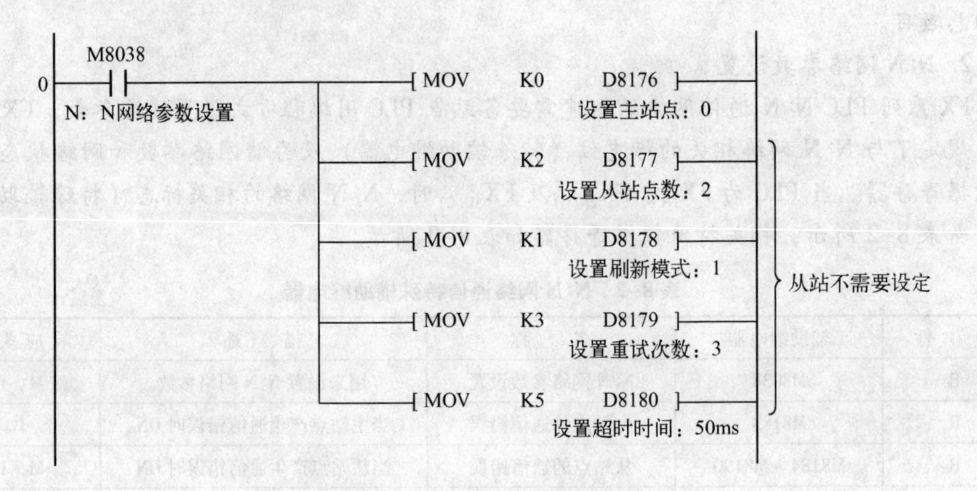

图 8-3　主站网络参数设置程序

1）特殊数据寄存器 D8176：工作站号设定。其取值范围为 0～7，主站设置为 0，从站设置为 1～7。

2）特殊数据寄存器 D8177：设置从站个数。该设置只适用于主站，设定范围为 1～7。图 8-3 中表示有 2 个从站。

3）特殊数据寄存器 D8178：用作设置刷新范围。刷新范围指的是各站点的链接存储区。对于从站点，此设定不需要。根据网络中信息交换的数据量不同，可选择如表 8-4（模式 0、模式 1 和模式 2）三种刷新模式。在每种模式下使用的元件被 N: N 网络所有站点所占用。

表 8-4　N: N 网络链接辅助继电器及数据寄存器

站号	模式 0		模式 1		模式 2	
	位元件	字元件	位元件	字元件	位元件	字元件
0	—	D0～D3	M1000～M1031	D0～D3	M1000～M1063	D0～D7
1	—	D10～D13	M1064～M1095	D10～D13	M1064～M1127	D10～D17
2	—	D20～D23	M1128～M1159	D20～D23	M1128～M1291	D20～D27
3	—	D30～D33	M1192～M1223	D30～D33	M1192～M1255	D30～D37
4	—	D40～D43	M1256～M1287	D40～D43	M1256～M1319	D40～D47
5	—	D50～D53	M1320～M1351	D50～D53	M1320～M1383	D50～D57
6	—	D60～D63	M1384～M1415	D60～D63	M1384～M1447	D60～D67
7	—	D70～D73	M1448～M1479	D70～D73	M1448～M1511	D70～D77

4）特殊数据寄存器 D8179：设定重试次数。设定范围为 0～10（默认＝3），对于从站点，此设定不需要。如果一个主站点试图以此重试次数（或更高）与从站通信，此站点将发生通信错误。

5）特殊数据寄存器 D8180：设定通信超时值。设定范围为 5～255（默认＝5），此值乘以 10 ms 就是通信超时的持续驻留时间。

6）对于从站点，网络参数设置只需设定站点号即可，如图 8-4 所示为第 1 从站网络参数设置程序。

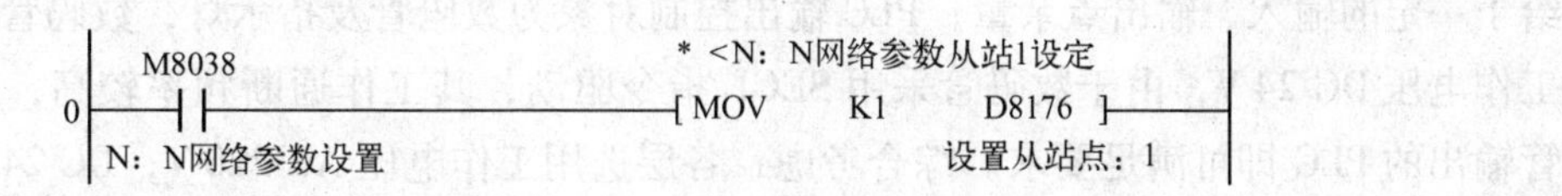

图 8-4　第 1 从站网络参数设置程序

2. PLC 信号分析

（1）输入信号　根据控制要求可知，该停车场每个楼层的控制信号主要有：楼层允许停车数量的数字开关设定信号、相应楼层检测车辆进出的传感器信号；－1F 楼层的停车场启用及停用信号；停车场每层的实际停车数最多是 99 辆，因此需要 2 个数字开关。

（2）输出信号　该停车场每个楼层的输出信号有：各楼层的空车位数的显示及“未满”指示和“已满”指示信号。各楼层最大停车数量均为 99，则每个楼层的空车位数显示需要 2 个数码管。为方便客人在任何一层都能了解各层的车位情况，该停车场要求在每层都能显示三个楼层各自的空车位数，则各楼层都需要 6 个数码管和 6～7 个指示灯。

（3）通信信号　各楼层车辆信息的共享等可利用 PLC 内部的数据寄存器及链接辅助继电器等软元件。

本系统各层 PLC 间互通的信息有：各层的空车位数；车位“未满”及“已满”信息；－1F 楼层发给－2F 和－3F 楼层的启用和停用信息。其中相应层的空车位数占用一个字元件；“未满”和“已满”信息占用 2 个位元件；停车场启用和停用信息占用 1 个位元件。由以上分析可知，本系统采用刷新模式 1 即可以满足要求。

3. 数码管驱动分析

驱动数码管的方法有多种，可以使用三菱 FX 系列 PLC 的 7 段译码器（SEGD）指令、带锁存 7 段码显示（SEGL）指令、BCD 动态驱动显示等方法。

BCD 动态驱动法占用输出点数最少，但需编写动态选通程序；SEGL 指令编程简单，常用于多个数码驱动电路中。本系统选用 SEGL 指令编程，每组最多占用 8 个输出点，3 组最多占用 24 个输出点。

三、任务实施

1. PLC 选择

根据以上分析，PLC 输入信号中，每个数字开关需占用 4 个输入点；每层 3 组数码管占用 20 个输出点。

(1) 地下1层（-1F 楼层）PLC 的 I/O 信号　-1F 楼层 PLC 的输入信号为2个数字开关、车辆进出检测信号、启用和停用信号、空车位确认信号，总数为13个；输出信号有3组数码管信号、7个指示灯信号，总数为27。

(2) 地下2层（-2F 楼层）和地下3层（-3F 楼层）PLC 的 I/O 信号　-2F 楼层和-3F 楼层 PLC 的输入信号均为2个数字开关、车辆进出检测信号，总数均为11个；输出信号有3组数码管信号、6个指示灯信号，总数均为26。

该停车场各层需要的输入点数和输出点数均至少为32点，考虑到控制功能的拓展需要，给予一定的输入、输出点余量；PLC 输出控制对象为数码管及指示灯，数码管及指示灯选用工作电压 DC 24 V，由于数码管采用 SEGL 指令驱动，其工作通断频率较高，因此选择晶体管输出的 PLC 即可满足要求。综合考虑，各层选用工作电压 AC 220 V，DC 24 V 输入、晶体管输出，型号为 FX_{3U}-64MT/ES 的 PLC 可以满足系统要求。

2. PLC I/O 地址分配

该停车场启用和停用按钮设在-1F 楼层，其他的 I/O 信号三层均相同，该停车场的 I/O 信号地址分配如表8-5所示，PLC 控制的 I/O 端口接线图如图8-5所示。

表8-5　停车场系统各层 PLC 输入输出点分配表

输入信号			输出信号		
名　称	代号	输入点编号	名　称	代号	输出点编号
个位 BCD 数字开关	SA1	X3 ~ X0	-1F 数码管		Y3 ~ Y0
十位 BCD 数字开关	SA2	X7 ~ X4	-1F 与-2F 数码管选通		Y7 ~ Y4
启用按钮（常开触点）（仅-1F）	SB1	X10	-2F 数码管		Y13 ~ Y10
停用按钮（常开触点）（仅-1F）	SB2	X11	-3F 数码管		Y27 ~ Y20
车辆入口传感器	SQ1	X12	-1F 未满指示灯	HL1	Y30
车辆出口传感器	SQ2	X13	-1F 已满指示灯	HL2	Y31
车辆设置确认按钮	SB3	X14	-2F 未满指示灯	HL3	Y32
			-2F 已满指示灯	HL4	Y33
			-3F 未满指示灯	HL5	Y34
			-3F 已满指示灯	HL6	Y35
			停用指示灯（仅-1F）	HL7	Y36

3. 链接软元件分配

本停车场系统从-1F 楼层至-3F 楼层每层由一台 PLC 控制，其中一台为主站，其他两台为从站。本系统将-1F 楼层 PLC 设为主站，-2F 楼层 PLC 设为第1从站，-3F 楼层 PLC 设为第2从站。-1F 楼层至-3F 楼层的 PLC 链接软元件分配表如表8-6所示。

4. PLC 控制程序设计

(1) 主站程序　本系统-1F 楼层 PLC 设为主站，-2F 和-3F 楼层 PLC 分别设为第1和第2从站，刷新模式为1，重试次数设为3次，超时时间设为50 ms。N:N 网络通信主站的程序如图8-6所示。

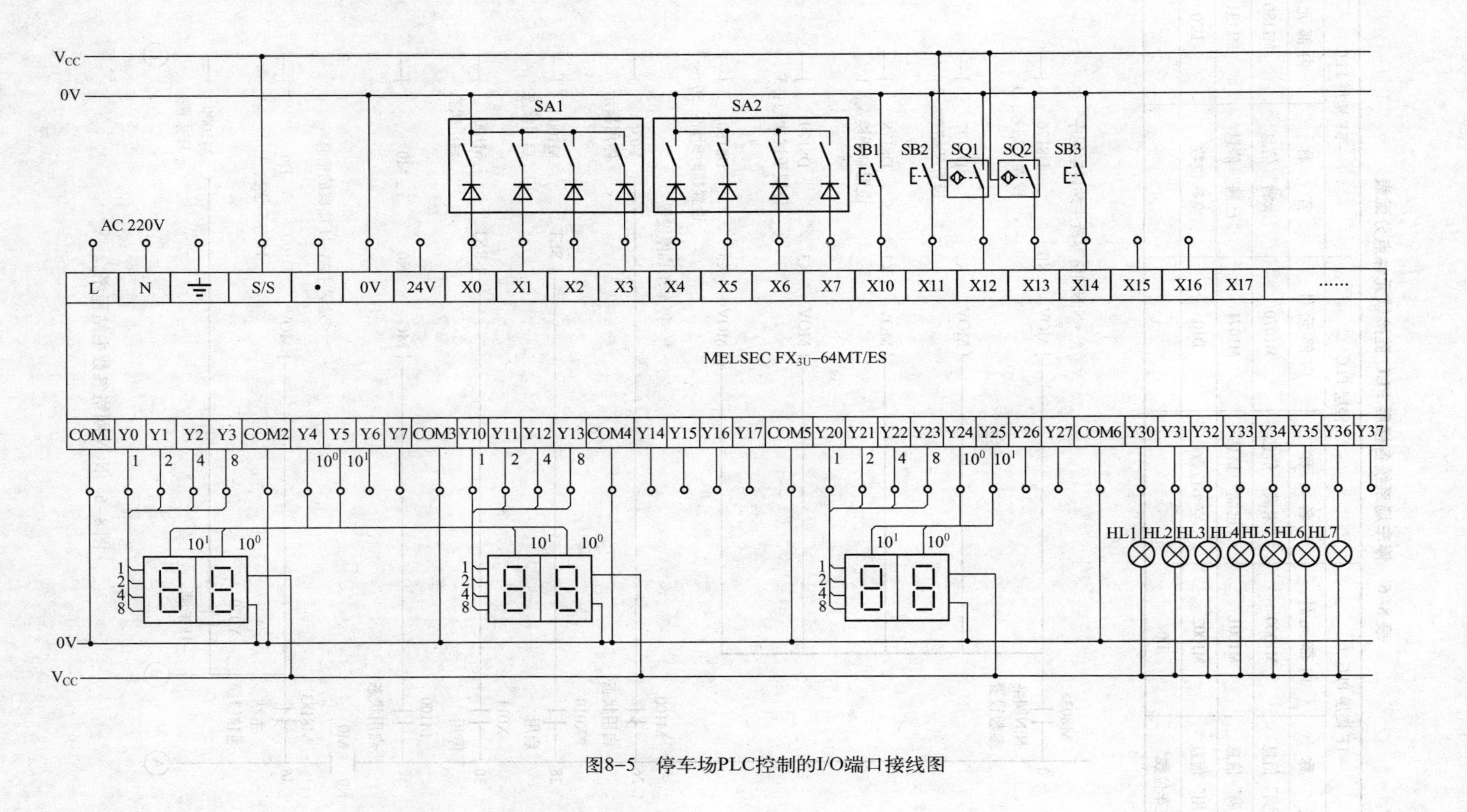

图8-5　停车场PLC控制的I/O端口接线图

表 8-6　停车场系统各楼层 PLC 链接软元件点分配表

-1F 楼层 PLC		-2F 楼层 PLC		-3F 楼层 PLC	
名　称	内部元件	名　称	内部元件	名　称	内部元件
“未满”信息	M1000	“未满”信息	M1070	“未满”信息	M1130
“已满”信息	M1001	“已满”信息	M1071	“已满”信息	M1131
“启用”信息	M1002	空车位数	D10	空车位数	D20
空车位数	D0				

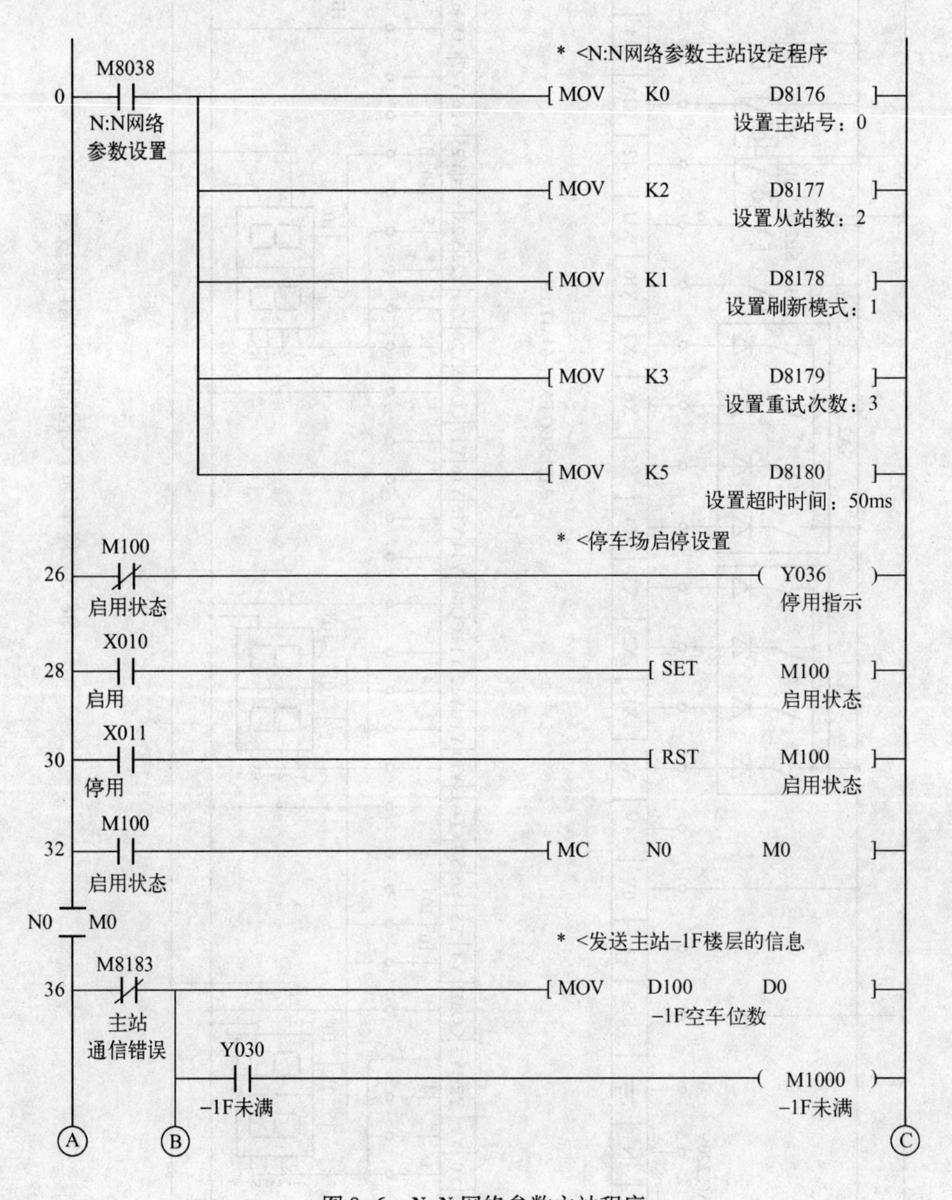

图 8-6　N: N 网络参数主站程序

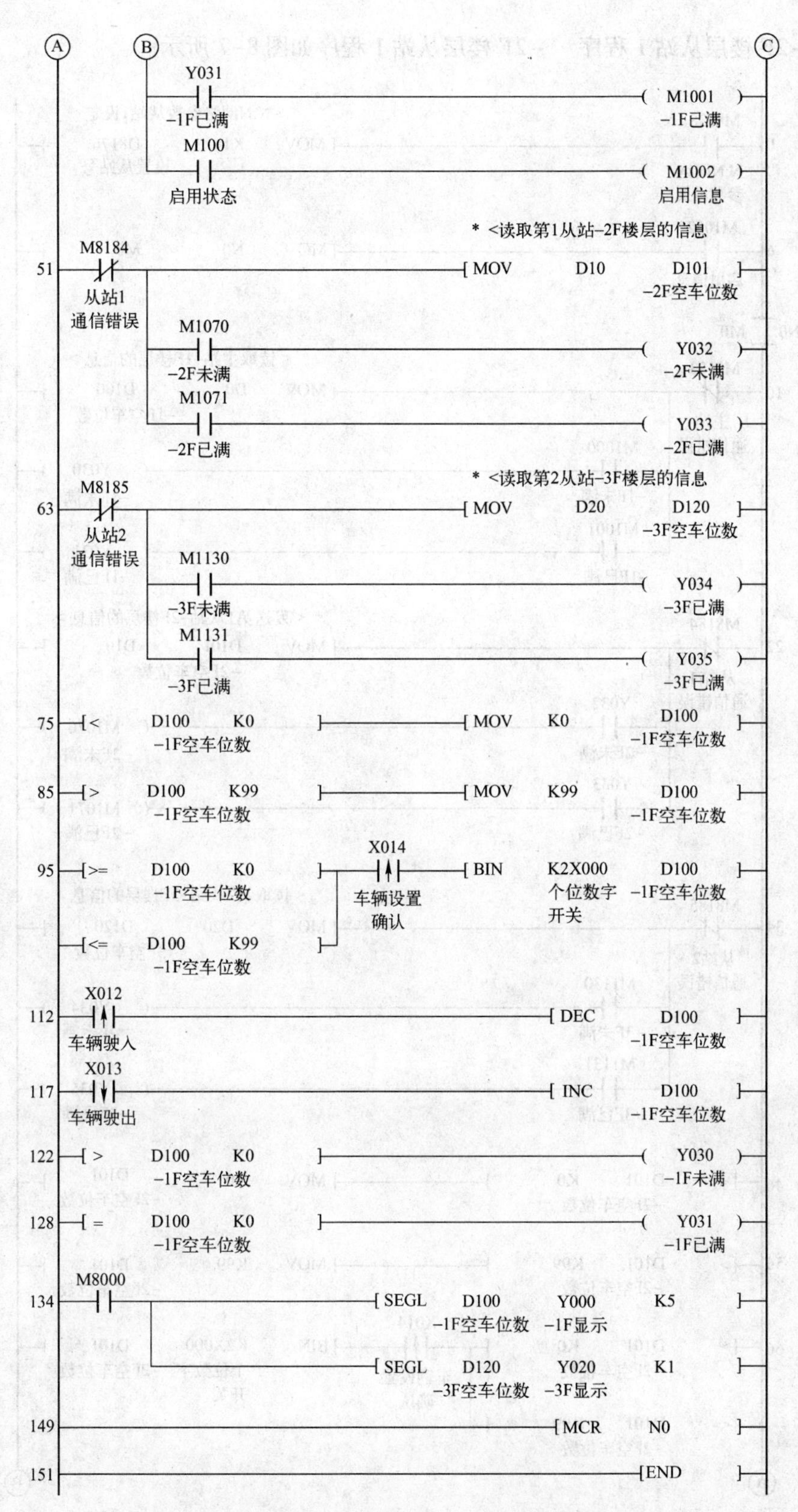

图 8-6 N: N 网络参数主站程序（续）

（2）-2F 楼层从站 1 程序　-2F 楼层从站 1 程序如图 8-7 所示。

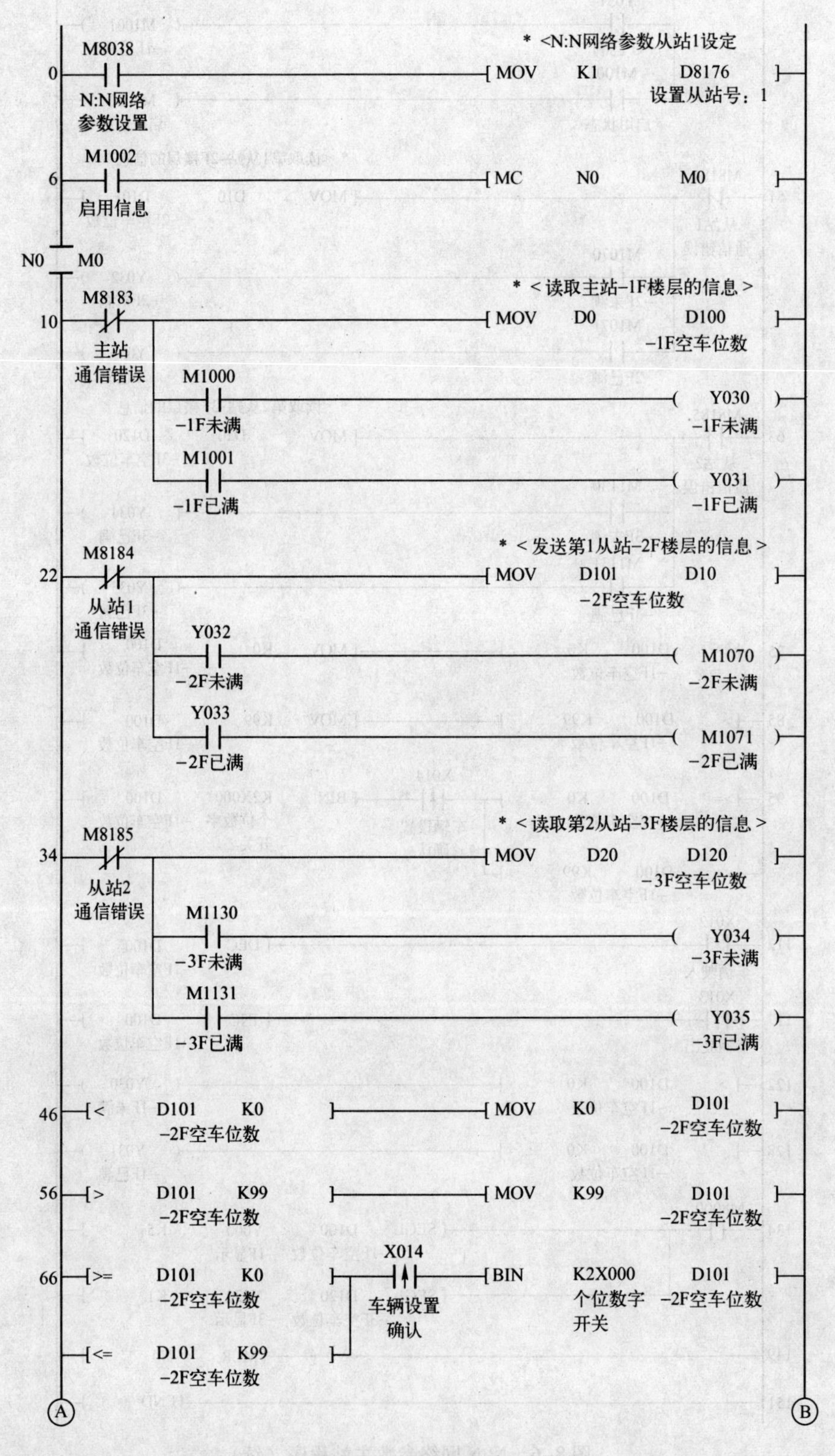

图 8-7　从站 1 程序

```
83  X012 车辆驶入                          [DEC  D101 -2F空车位数]
88  X013 车辆驶出                          [INC  D101 -2F空车位数]
93  [>  D101 -2F空车位数  K0]              (Y032 -2F未满)
99  [=  D101 -2F空车位数  K0]              (Y033 -2F已满)
105 M8000                                  [SEGL  D100 -1F空车位  Y000 -1F显示数  K5]
                                           [SEGL  D120 -3F空车位  Y020 -3F显示数  K1]
120                                        [MCR  N0]
122                                        [END]
```

图 8-7 从站 1 程序（续）

（3）-3F 楼层从站 2 程序 -3F 楼层从站 2 程序如图 8-8 所示。

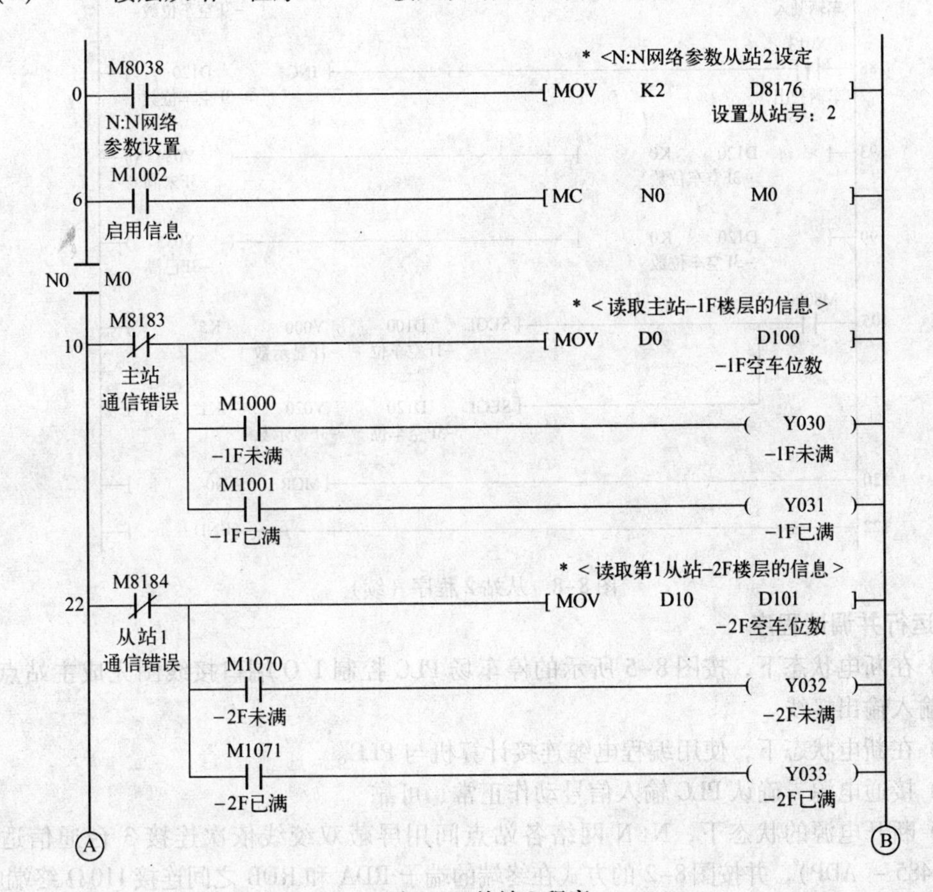

图 8-8 从站 2 程序

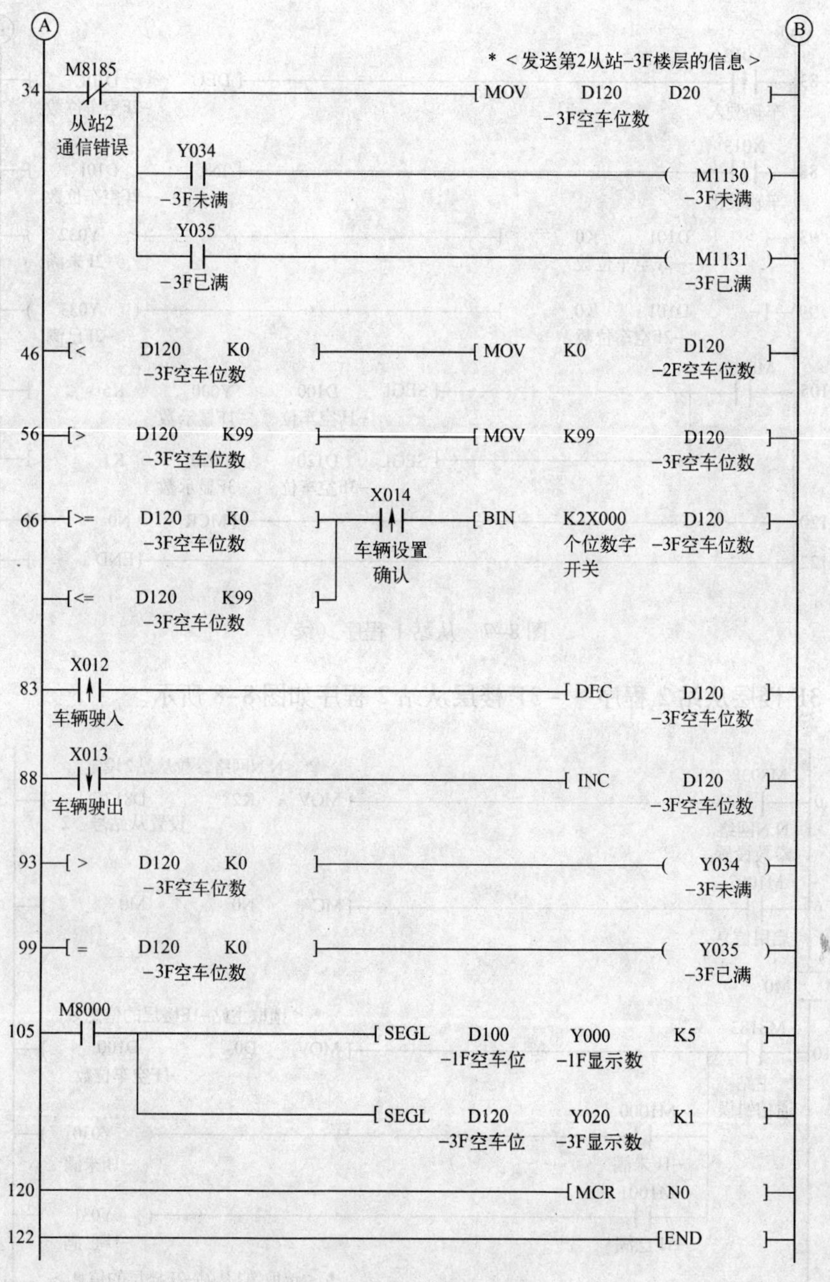

图 8-8　从站 2 程序（续）

5. 运行并调试程序

（1）在断电状态下，按图 8-5 所示的停车场 PLC 控制 I/O 端口接线图完成主站点和从站点的输入输出接线。

（2）在断电状态下，使用编程电缆连接计算机与 PLC。

（3）接通电源，确认 PLC 输入信号动作正常、可靠。

（4）断开电源的状态下，N: N 网络各站点间用屏蔽双绞线依次连接 3 台通信适配器（FX_{3U} -485 - ADP），并按图 8-2 的方式在终端的端子 RDA 和 RDB 之间连接 110 Ω 终端电阻。

（5）接通电源，完成各站点 PLC 网络参数的设置。若各站通信板上的 SD LED 和 RD

LED 指示灯都出现点亮/熄灭交替的闪烁状态，说明 N: N 网络已经组建成功。如果 RD LED 指示灯处于点亮/熄灭的闪烁状态，而 SD LED 没有（根本不亮），请检查站点编号的设置、传输速率（比特率）和从站的总数目等。

(6) 将图 8-6、图 8-7、图 8-8 所示的梯形图程序输入到计算机，并将梯形图程序依次下载到主站、从站 1 和从站 2 的 PLC 中。

(7) 运行并调试程序，观察程序的运行情况。若出现故障，请分析原因，并处理故障，直至系统按要求正常工作。

任务二 三菱 PLC CC-link 现场总线通信的实现

一、任务内容

某系统使用 FX_{3U}-16CCL-M CC-link 主站模块及 FX_{2N}-32CCL 远程站通信模块构建现场网络通信系统。通过现场总线的方式，交换两台 PLC 之间的数据信息。系统主站和远程站各设计两个按钮 SB1、SB2 和一个指示灯 HL1。按下主站按钮 SB1，远程站的指示灯 HL1 亮；按下按钮 SB2，指示灯 HL1 灭。按下远程站按钮 SB1，主站的指示灯 HL1 亮；按下按钮 SB2，指示灯 HL1 灭。

二、任务分析

1. 三菱 PLC CC-link 通信

根据任务的控制要求可知，主站需读取远程站的按钮 SB1 和 SB2 的信号，根据信号的变化控制本站的指示灯 HL1；同时需将本站按钮 SB1 和 SB2 的信号传递至远程站。远程站的任务与主站一样。要实现该控制功能，首先需要建立主站与远程站之间的通信网络。三菱 PLC CC-link 现场总线通信可以实现该任务要求。

相关知识点——CC-Link 现场总线

1. CC-Link 现场总线概述

CC-Link 是 Control & Communication Link 的简称，是一种可以同时高速处理控制和信息数据的开放式现场网络，通信速率最高达 10 Mbit/s，最多能够连接 64 个站。

作为开放式现场总线，CC-Link 是唯一起源于亚洲地区的现场总线，具有性能卓越、应用广泛、使用简单、节省成本等突出特点。它通过了 ISO 认证，成为国际标准，并且获得批准成为中国国家推荐标准 GB/T19760-2008，同时已经取得 SEMI 标准。

2. CC-Link 现场总线特点

1）减少配线，提高效率。CC-Link 实现了最高为 10 Mbit/s 的高速通信速度，输入输出响应可靠，并且响应时间快，可靠和具有确定性。

2）开放的网络系统。目前 CC-Link 会员生产厂商已经超过 1000 家，CC-Link 兼容产品已经超过 900 多种。

在电磁阀，传感器，转换器，温度控制器，传输设备，条形码阅读器，ID 系统，网关，机器人，伺服驱动器，PLC 等多种产品类型中都有对应总线的产品。

3）距离可自由延长。CC－Link 的最大总延长距离可达 1.2 km（156 Kbit/s）。另外，通过使用中继器（T型分支）或光纤中继器，可进一步延长传输距离，适用于网络扩张时需远距离设置的设备。

4）丰富的 RAS 功能。RAS 是 Reliability（可靠性）、Availability（有效性）、Serviceability（可维护性）的缩写。总线具有备用主站功能、在线更换功能、通信自动恢复功能、网络监视功能、网络诊断功能，这些功能提供了一个可以信赖的网络系统，帮助用户在最短时间内恢复网络系统。

5）自动刷新功能、预约站功能。CC－Link 网络数据从网络模块到 CPU 是自动刷新完成的，不必有专用的刷新指令；预约站需要挂接，可以事先在系统组态时加以设定，当此设备挂接在网络上时，CC－Link 可以自动识别，并纳入系统的运行，不必重新组态，保持系统的连续工作，方便设计和系统调试。

6）互操作性和即插即用功能。CC－Link 提供给合作厂商描述每种类型产品的数据配置文档。这种文档称为内存映射表，用来定义控制信号和数据存储单元（地址）。合作厂商按照这种映射表的规定，进行 CC－Link 兼容性产品的开发。这样，如用户换同类型的不同公司产品时，程序不用修改，实现即插即用。

7）循环传送和瞬时传送功能。CC－Link 有循环通信和瞬时通信两种通信模式。瞬时通信是在循环通信的数据量不够用，或传送比较大的数据（最大 960 B），可以用指令实现一对一的通信。

8）网络通信时间的定时性。CC－Link 通过循环通信高速传输位数据和字数据，通信时间稳定。

3. CC－Link 现场总线的结构

CC－Link 不仅支持处理位信息的远程 I/O 站，还支持以字为单位进行数据交换的远程设备站，以及可进行信息通信的智能设备站。CC－Link 站的类型见表 8–7，CC－Link 现场总线结构如图 8–9 所示。

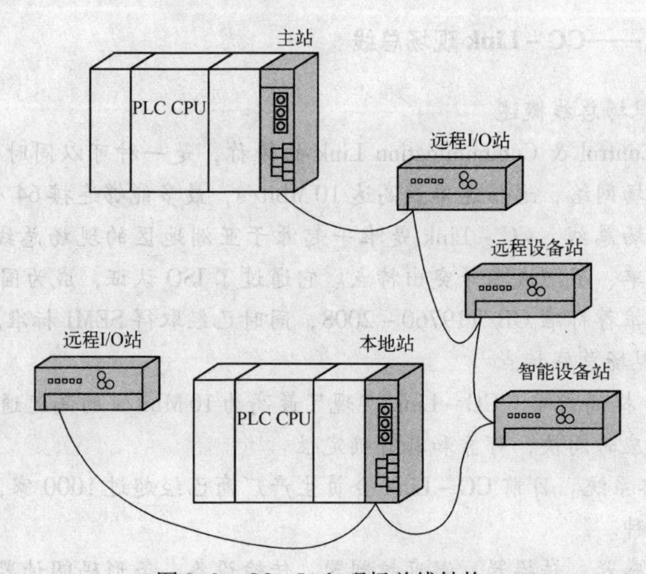

图 8–9　CC－Link 现场总线结构

表 8-7　CC-Link 站的类型

站的类型	内　容
主站	安装在基板上，管理和控制 CC-Link 系统，每个系统必须有一个主站
本地站	具有 CPU 并且有能力和主站以及其他本地站通信的站
远程 I/O 站	仅处理位信息的站，如远程 I/O 模块、电磁阀等
远程设备站	可处理位信息及字信息的站，如 A-D、D-A 转换模块、变频器等
远程站	远程 I/O 站和远程设备站的总称，受主站控制
智能设备站	可处理位信息及字信息的站，而且可以瞬时传送执行数据通信的站，如人机界面、RS-232 接口模块等

根据以上分析，本任务中共使用 2 台 PLC，一个主站和一个远程站，它们分别安装有 CC-link 主站通信模块和 CC-link 远程站通信模块。主站配置 FX_{3U}-16CCL-M 主站模块，远程站配置 FX_{2N}-32CCL 远程站模块。该三菱 PLC CC-link 通信网络硬件的结构图如图 8-10 所示。

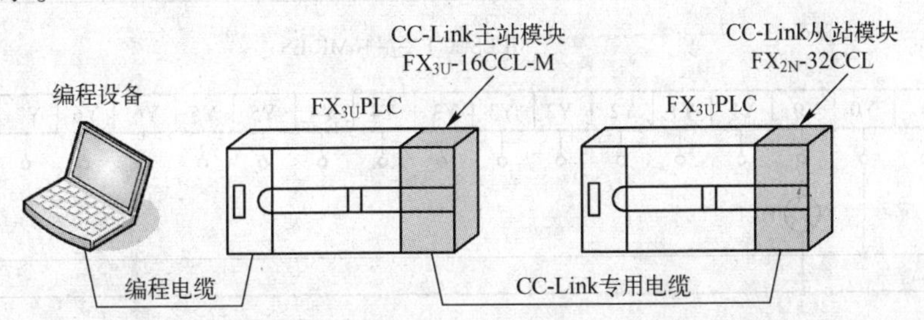

图 8-10　三菱 PLC CC-link 通信网络硬件结构图

2. PLC 控制信号分析

根据控制要求可知，主站模块的输入信号为主站中的按钮 SB1 和 SB2，输出信号为主站指示灯 HL1。远程站模块的输入信号为远程站中的按钮 SB1 和 SB2，输出信号为远程站指示灯 HL1。

本系统中主站 PLC 和远程站 PLC 的通信信息为双方的按钮状态。

三、任务实施

1. PLC I/O 地址分配

根据前文的分析可知，在主站中 SB1、SB2 作为 PLC 的输入信号，指示灯 HL1 作为 PLC 的输出信号；同样地，在远程站中 SB1、SB2 作为 PLC 的输入信号，指示灯 HL1 作为 PLC 的输出信号。本任务中所有输入输出信号的地址分配表如表 8-8 所示。

表 8-8　PLC 控制输入输出地址分配表

名　称	代　号	输入点编号	名　称	代　号	输出点编号
主站输入信号			主站输出信号		
亮灯按钮	SB1	X0	指示灯	HL1	Y0
关灯按钮	SB2	X1			
远程站输入信号			远程站输出信号		
亮灯按钮	SB1	X0	指示灯	HL1	Y0
关灯按钮	SB2	X1			

2. PLC 输入输出接线图设计

根据上文的分析，本任务中，主站单元和远程站单元的 PLC 输入信号各有 2 个，输出信号各有 1 个，PLC 所驱动的对象是指示灯，它们的额定电压均为 DC 24 V，因此选用三菱 FX_{3U} -16MR 的 PLC 可以满足任务要求。该 PLC 的工作电源为 AC 100 V ~ 240 V，输出 DC 5 ~ 30 V。根据表 8-8 所示的 PLC 输入输出地址分配表，CC - Link 通信中主站与远程站 PLC 控制端口接线是相同的，该系统的主站与远程站 PLC 端口接线图如图 8-11 所示。

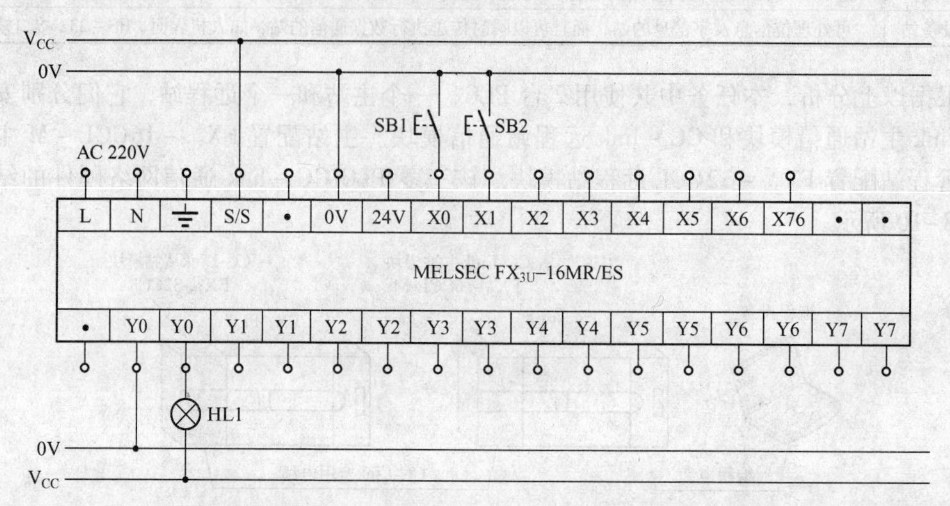

图 8-11　主、远程站 PLC 控制端口接线图

3. CC - Link 主站与远程站模块接线

如图 8-10 所示，该 CC - Link 网络主站配置 FX_{3U} - 16CCL - M 主站模块，远程站配置 FX_{2N} - 32CCL 远程站模块。连接电缆时，需确认终端电阻已经在两端处的模块终端 DA 和 DB 之间连接。在 CC - Link 系统里，终端电阻的阻值应随着使用的电缆不同作相应的调整。在使用专用 CC - Link 电缆时，选择使用 110 Ω，1/2 W（棕，棕和棕）电阻；使用专用高性能 CC - Link 电缆时，选择使用 130 Ω，1/2 W（棕，橙和棕）电阻。本次任务中，使用专用 CC - Link 电缆连接，故选用 110 Ω，1/2 W 电阻。屏蔽的专用 CC - Link 电缆应该通过每个模块的 SLD 和 FG 端子，并且两末端也应该接地（D 类接地 = 完全接地）。CC - Link 主站与远程站模块接线如图 8-12 所示。

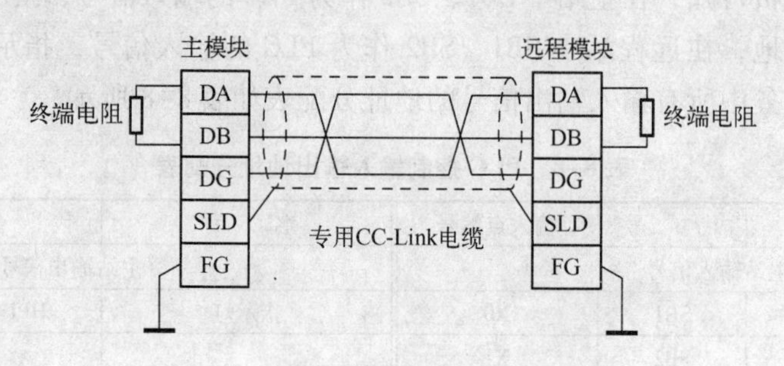

图 8-12　CC - link 主远程站通信连接图

相关知识点——主站模块和远程站模块结构

1. 主站模块 FX_{3U} -16CCL-M 结构

主站模块 FX_{3U} -16CCL-M 结构如图 8-13 所示，各部分作用如下。

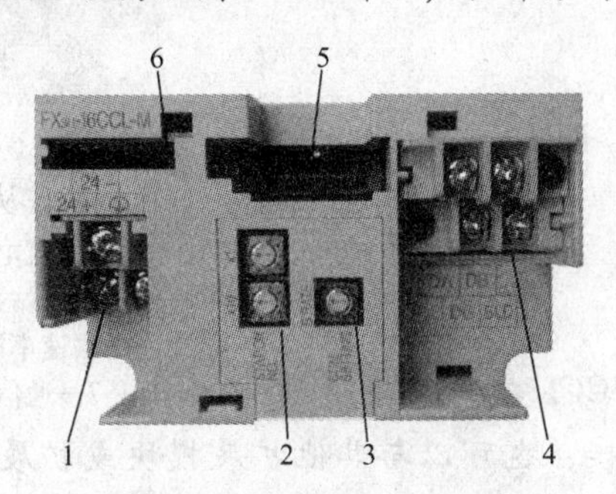

图 8-13　主站模块 FX_{3U} -16CCL-M 结构

1—24 V 直流电源接线端子　2—站号设定开关　3—传输速率设定开关
4—通信接线端子　5—扩展接头　6—模块工作指示灯

1）主站模块的 24 V 直流电源接线端子。该模块需要外部提供 DC 24 V 电源，既可以由 PLC 主单元供给，也可以由外部电源供给。

2）站号设定开关。

3）传输速率设定开关。设定值见表 8-9。

表 8-9　开关值与传输速率的对应关系

开关值	传输速率	模式	开关值	传输速率	模式
0	156 Kbit/s	在线传输速率	A	156 Kbit/s	硬件测试
1	625 Kbit/s		B	625 Kbit/s	
2	2.5 Mbit/s		C	2.5 Mbit/s	
3	5 Mbit/s		D	5 Mbit/s	
4	10 Mbit/s		E	10 Mbit/s	
5	156 Kbit/s	线测试：站号设定为 0 时为线测试 1；站号设定为 1 ~ 16 时为线测试 2	F	不可用	不可用
6	625 Kbit/s				
7	2.5 Mbit/s				
8	5 Mbit/s				
9	10 Mbit/s				

4）通信接线端子。采用 CC-Link 专用电缆实现数据的连接，其中终端的 SLD 和 FG 在内部已经连接。

5）扩展接头。

6）模块工作指示灯。

2. 从站模块 FX_{2N} -32CCL 结构

从站模块 FX_{2N} -32CCL 结构如图 8-14 所示，各部分作用如下。

1）从站模块的24 V 直流电源接线端子。该模块需要外部提供DC 24 V 电源，既可以由PLC的内置DC 24 V 供给，也可以由外部电源供给。

2）站号设定开关。

3）占用站数设定开关。

4）电源指示灯。

5）传输速率设定开关，设定值如表8-10所示。

6）模块工作指示灯。

7）通信接线端子。

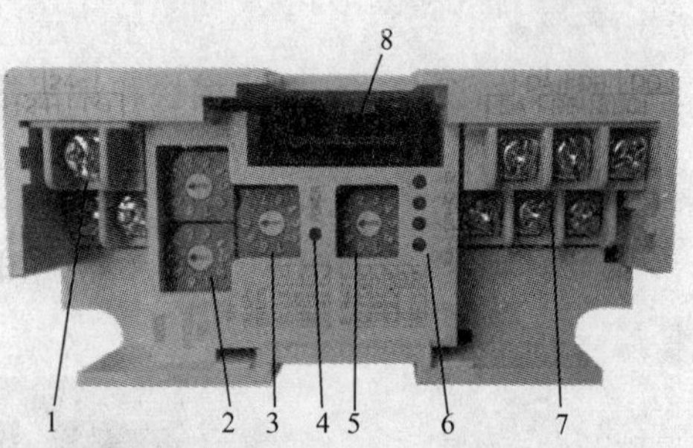

图8-14　从站模块FX_{2N}-32CCL结构

1—24 V 直流电源接线端子　2—站号设定开关
3—占用站数设定开关　4—电源指示灯
5—传输速率设定开关　6—模块工作指示灯
7—通信接线端子　8—扩展接头

8）扩展接头。FX_{2N}-32CCL接口模块通过扩展电缆与PLC扩展接口连接，也可以与其他扩展模块或扩展单元连接，最多可以连接8个特殊单元，单元编号为0~7，根据离基本单元的距离由近及远排列。

表8-10　开关值与传输速率的对应关系

开关值	0	1	2	3	4
传输速率	156 Kbit/s	625 Kbit/s	2.5 Mbit/s	5 Mbit/s	10 Mbit/s

采用双绞屏蔽电缆将各站的DA与DA端子、DB与DB端子、DG与DG端子连接。站的SLD端子与双绞屏蔽电缆的屏蔽层相连。FG端子采用3级接地，当FX_{2N}-32CCL作为最终站时，在DA与DB端子间需要接一个终端电阻。

3. CC-Link网络的物理要求

值得注意的是，CC-Link有限制通信电缆的最短长度，安装过程一定要注意这点。表8-11为CC-Link专用电缆对应不同传输速率的电缆长度。

表8-11　CC-Link专用电缆对应不同传输速率的电缆长度（使用110 Ω终端电阻）

<table>
<tr><th rowspan="2">传输速率</th><th colspan="2">站间电缆长度</th><th rowspan="2">电缆最大总长度</th></tr>
<tr><th>远程I/O站和远程设备站之间的电缆长度</th><th>主站和相邻站之间的电缆长度</th></tr>
<tr><td>156 Kbit/s</td><td rowspan="3">30 cm以上</td><td rowspan="8">2 m以上</td><td>1200 m</td></tr>
<tr><td>625 Kbit/s</td><td>600 m</td></tr>
<tr><td>2.5 Mbit/s</td><td>200 m</td></tr>
<tr><td rowspan="2">5 Mbit/s</td><td>30~59 cm</td><td>110 m</td></tr>
<tr><td>60 cm以上</td><td>150 m</td></tr>
<tr><td rowspan="3">10 Mbit/s</td><td>30~59 cm</td><td>50 m</td></tr>
<tr><td>60~99 cm</td><td>80 m</td></tr>
<tr><td>1 m以上</td><td>100 m</td></tr>
</table>

4. CC-Link主站与远程站模块开关设定

要实现数据通信，除主站与远程站之间的进行硬件连接外，还需分配通信地址，设置网络参数等。下面通过模块上的开关，分别对站序号和传输速度进行设定。

（1）站序号设定

1）站序号的设定要连续，站序号的设定与连接的顺序没有关系，对于占用2个站或更多个站的模块，只要设置第一个站的序号。

2）不要跳开站序号。跳开的站序号被认为是“数据链接故障站”。但是，将这样的站设置为保留站就不会被认为是数据链接故障站。

3）不允许有重复的站序号。如果有重复的站序号，载入状态时会出现错误。

（2）传输速度设定。将所有的主站和远程站设置为相同的速度。即使只有一个站设置为不同的传输速度，正常的数据链接也不可实现。

（3）根据本次任务要求，本系统使用一个主站和一个远程站，传输速度使用2.5 Mbit/s。所以主站和远程站的开关设定如表8-12所示。

表8-12　CC-Link模块开关设置表

主站	站号	0	
	传送速度	2	2.5 Mbit/s
远程站	站号	1	
	站数	0	占用站数为1
	传送速度	2	2.5 Mbit/s

5. 通信程序设计

要实现数据通信，首先要建立主站与远程站之间的通信网络、分配通信地址、设置网络参数，并通电测试网络连接状态，根据主站模块与远程站模块的指示灯亮灭状态判断连接是否正常；其次，根据控制要求，在硬件组态完成后，还需分别在主站PLC与远程站PLC中设计相应的读写程序。

缓冲存储器是用来在主站模块（或远程站模块）和PLC之间进行数据交换。在PLC中使用FROM/TO的指令来进行读/写。当电源断开的时候，缓冲存储器中的内容会恢复到默认值。

相关知识点——缓冲存储器

1. FROM/TO 指令

在使用三菱特殊功能模块时，CPU除了为模块分配输入输出地址（输入X和输出Y）外，还在模块内存中为模块分配了一块数据缓冲区（BFM）用来和CPU通信。三菱有专门两条指令实现对模块缓冲区BFM的读写，即TO指令和FROM指令，其操作数可以是16位或32位。

(1) FROM指令。FROM指令是将增设的特殊单元缓冲器（BFM）的内容读到PLC中的指令。指令的格式如图8-15所示。

m1：特殊功能单元/模块的单元号，从基本单元的右侧开始依次为K0～K7。

m2：传送源缓冲存储器（BFM）首元件号，为K0～K31。

D·：传送目标的软元件号。

n：待传送数据的字数，K1～K32。

图8-15的FROM指令完成的功能：在X000为“ON”时执行，从单元号为1的特殊单元/模块的缓冲存储器（BFM）#29中读出1个数据（16位）传送至PLC的K4M0中。当X000为“OFF”时不执行传送，传送地点的数据不变化。

(2) TO指令。TO指令是从PLC对特殊单元的缓冲存储器（BFM）写入数据的指令。

指令的格式如图 8-16 所示。

```
      X000               [m1]  [m2]  [D·]  [n]
 ─┤├──[ FROM(P)   K1    K29   K4M0  K1 ]
                         单元号 BFM#  传送  传送
                               传送源 地点  字数
```

图 8-15 FROM 指令格式

```
      X000          [m1]  [m2]   [S·]  [n]
 ─┤├──[ TO(P)   K1    K4     D0    K1 ]
                    单元号 BFM#   传送  传送
                          传送目标 源   字数
```

图 8-16 TO 指令格式

m1：特殊功能单元/模块的单元号，从基本单元的右侧开始依次为 K0～K7。

m2：传送目标缓冲存储器（BFM）首元件号，为 K0～K31。

S·：保存传送源数据的软元件号。

n：待传送数据的字数。

图 8-16 的 TO 指令完成的功能：在 X000 为"ON"时执行，将 PLC 的 D0 中的数据传送到（写入）到单元号为 1 的特殊单元/模块中的缓冲存储器（BFM）#4 中。当 X000 为"OFF"时不执行传送，传送地点的数据不变化。

2. FX_{3U}－16CCL－M 模块的缓冲存储器

(1) 参数信息区域。在主从站进行通信时，通过设定缓冲存储器中的参数信息实现数据链接，所设定的内容可以被记录到 EEPROM 中。缓冲存储器中的参数设定内容如表 8-13 所示。这些主要是针对主站模块内缓冲存储器内的参数设置，而从站内模块基本上不需要进行参数设置，在数据链接时只需启动相应的输出点即可执行数据链接。

表 8-13 参数信息区域表

BFM 编号		内 容	描 述	读/写	默认值	设定范围
Hex.	Dec.					
#00H	#0	模式设置	设置主站的操作模式	读/写	K0	0～2
#01H	#1	连接模块的数量	设定所连接的远程站模块的数量（包括保留的站）	读/写	K8	1～16
#02H	#2	重试的次数	设定对于一个出故障站的重试次数	读/写	K3	1～7
#03H	#3	自动返回模块的数量	设定在一次链接扫描过程中可以返回到系统中的远程站模块的数量	读/写	K1	1～10
#04H #05H	#4 #5	（禁止使用）	—	—	—	—
#06H	#6	预防 CPU 死机的操作规格	当主站 PLC 出现错误时规定的数据链接的状态	读/写	K0	0：停止 1：继续
#07H～#09H	#07～#09	（禁止使用）	—	—	—	—
#0CH	#12	数据链接故障站设置	设置来自数据链接故障站的输入数据状态	读/写	K1	0：保持 1：清除
#0DH	#13	CPU 停止时设置	在 PLC 停止时，设置从站刷新或清除	读/写	K0	0：刷新 1：强制清除
#0EH #0FH	#14 #15	（禁止使用）	—	—	—	—
#10H	#16	保留站的规格	设定保留站	读/写	K0	0～FFFEH

（续）

BFM 编号		内　容	描　述	读/写	默认值	设定范围
Hex.	Dec.					
#11H～#13H	#17～#19	（禁止使用）	—	—	—	—
#14H	#20	错误无效站的规格	规定除故障的站	读/写	K0	0～FFFFH
#15H～#1BH	#21～#27	（禁止使用）	—	—	—	—
#20H～#2FH	#32～#47	站信息	设定所连接站的类型	读/写		备注

备注：#20H～#2FH 表示站的信息，设定所有连接的远程站的类型。其数据结构如图 8-17 所示。

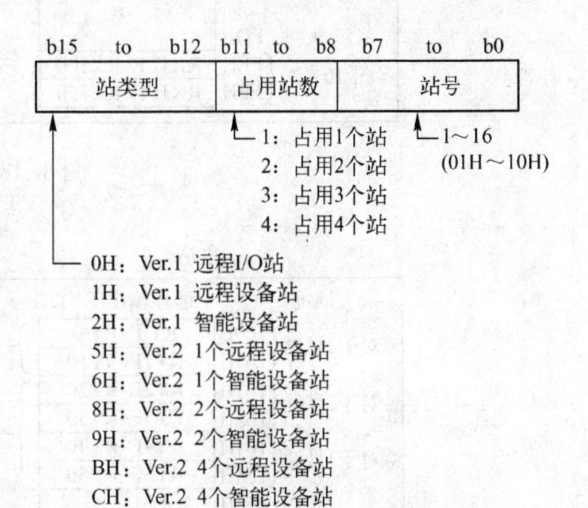

图 8-17　站信息数据结构

（2）BFM（#AH）。在主站模块的 BFM 中，同样是 BFM#AH，如表 8-14 所示，在读取的时间（当使用 FROM 指令时）和写入的时间（当使用 TO 指令时）之间的工作情况是不同的。系统会自动地根据指令（FROM 或 TO）来改变成这些功能。

（3）远程输入（RX）和远程输出（RY）。远程输入（RX）和远程输出（RY）区域用于存储通信时链接的位信息数据。如图 8-18 和图 8-19 所示，远程输入（RX）和远程输出（RY）用来保存远程 I/O 站和远程设备站的输入（RX）状态和输出（RY）状态，每个站使用两个字。在链接扫描过程中，主站和本地站之间可以相互传输 32 个 I/O 状态。

表 8-14　BFM#AH 位的功能

BFM 号	读取位/写入位	FROM 指令（PLC←主站模块）输入信号名称	TO 指令（PLC→主站模块）输入信号名称
#AH（#10）	b0	模块错误	刷新指令
	b1	上位站的数据链接状态	（禁止使用）
	b2	参数设定状态	
	b3	其他站的数据链接状态	
	b4	（禁止使用）	
	b5	（禁止使用）	
	b6	通过缓冲存储器的参数使数据链接正常启动	要求通过缓冲存储器的参数来启动数据链接
	b7	通过缓冲存储器的参数使数据链接异常启动	（禁止使用）
	b8	（禁止使用）	
	b9		
	b10		
	b11		
	b12		
	b13		
	b14		
	b15	模块准备就绪	

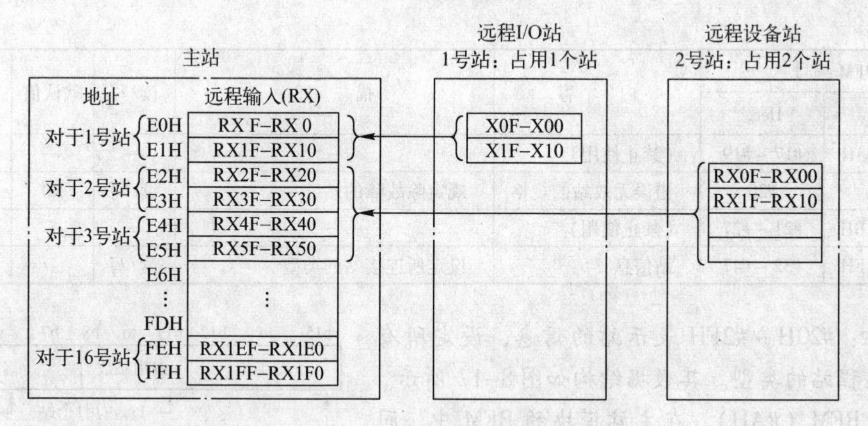

图 8-18　远程输入（RX）

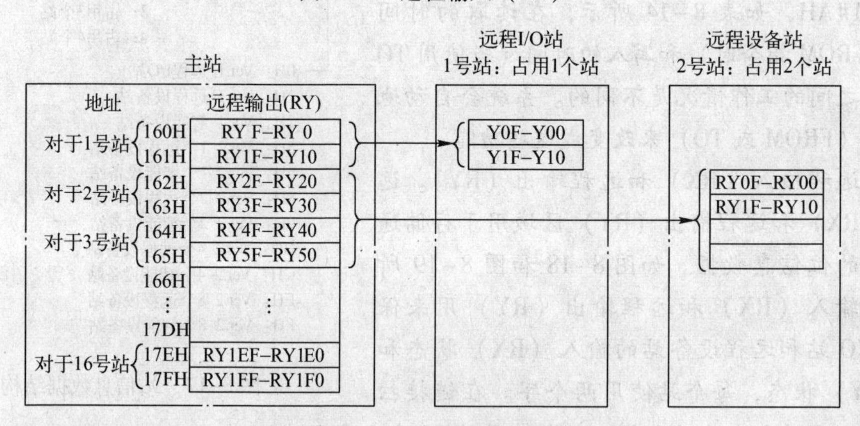

图 8-19　远程输出（RY）

如果远程 I/O 设备只有输入开关量而没有输出开关量，在分配 RX 或 RY 时依然要同时分配这两者。例如，1 号站位一个 16 位输入模块，则 1 号站对应的 RX 地址为 E0H 和 E1H，其中 E1H 空闲未用；同时 1 号站虽没有输出量，但其仍然会占用地址 160H 和 161H。

3. FX_{2N} –32CCL 模块的缓冲存储器

FX_{2N} –32CCL 模块通过内置缓冲存储器 BFM 在 PLC 与 CC–Link 主站之间传送数据。它由写专用存储器和读专用存储器组成。写专用存储器用来保存 PLC 写给主站的数据，它通过 TO 指令，PLC 将数据写入写专用存储器，然后将数据传送给主站；读专用存储器保存主站传来的数据以及 FX_{2N} –32CCL 的系统信息，通过 FROM 指令，PLC 可以从读专用存储器中将相关内容读出。FROM/TO 指令数据流程如图 8-20 所示；表 8-15 为主站与 FX 读/写专用存储器的内容说明。

表 8-15　主站与 FX 读/写专用存储器的内容说明

BFM 号	主站→FX 读专用存储器（FROM 指令）	主站←FX 写专用存储器（TO 指令）
#0、#1	远程输出 RY00 ~ RY0F、RY10 ~ RY1F（设定站）	远程输出 RX00 ~ RX0F、RX10 ~ RX1F（设定站）
#2、#3	远程输出 RY20 ~ RY2F、RY30 ~ RY3F（设定站 +1）	远程输出 RX20 ~ RX2F、RX30 ~ RX3F（设定站 +1）
#4、#5	远程输出 RY40 ~ RY4F、RY50 ~ RY5F（设定站 +2）	远程输出 RX40 ~ RX4F、RX50 ~ RX5F（设定站 +2）
#6、#7	远程输出 RY60 ~ RY6F、RY70 ~ RY7F（设定站 +3）	远程输出 RX60 ~ RX6F、RX70 ~ RX7F（设定站 +3）
#8 ~ #11	远程寄存器 RWw0 ~ RWw3（设定站）	远程寄存器 RWr0 ~ RWr3（设定站）

（续）

BFM 号	主站→FX 读专用存储器（FROM 指令）	主站←FX 写专用存储器（TO 指令）
#12 ~ #15	远程寄存器 RWw4 ~ RWw7（设定站 +1）	远程寄存器 RWr4 ~ RWr7（设定站 +1）
#16 ~ #19	远程寄存器 RWw8 ~ RWwB（设定站 +2）	远程寄存器 RWr8 ~ RWrB（设定站 +2）
#20 ~ #23	远程寄存器 RWwC ~ RWwF（设定站 +3）	远程寄存器 RWrC ~ RWrF（设定站 +3）
#24	波特率设定值	未定义（禁止写）
#25	通信状态	未定义（禁止写）
#26	CC - Link 模块代码	未定义（禁止写）
#27	本站的编号	未定义（禁止写）
#28	占用站数	未定义（禁止写）
#29	出错代码	未定义（禁止写）
#30	FX 系列模块代码	未定义（禁止写）
#31	保留	保留

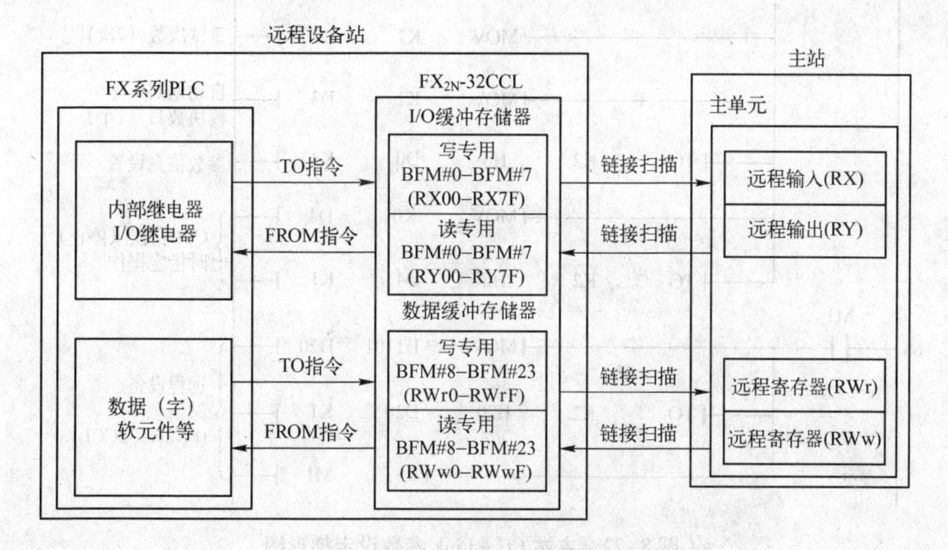

图 8-20　FX_{2N} - 32CCL 模块中数据流向

从以上的介绍可知，CC - Link 的参数设定需要在主站 PLC 中完成，并且在主站 PLC 中完成数据链接。而远程站 PLC 的编程则相对简单得多，仅需要在远程站 PLC 中通过缓冲存储器（BFM）读写指令对主站进行数据读写即可。本任务远程输入和输出间的通信如图 8-21 所示。

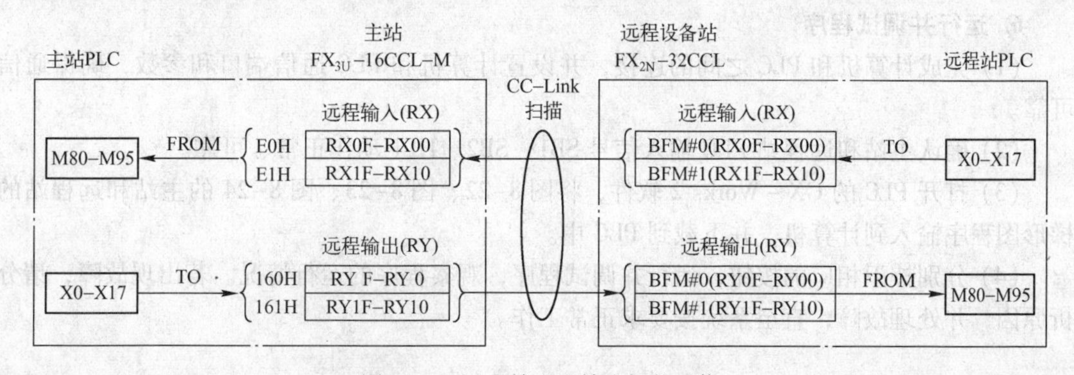

图 8-21　远程输入和输出间的通信

（1）主站程序设计

1）CC－Link 参数设定程序。主站 CC－Link 参数设定程序如图 8-22 所示。

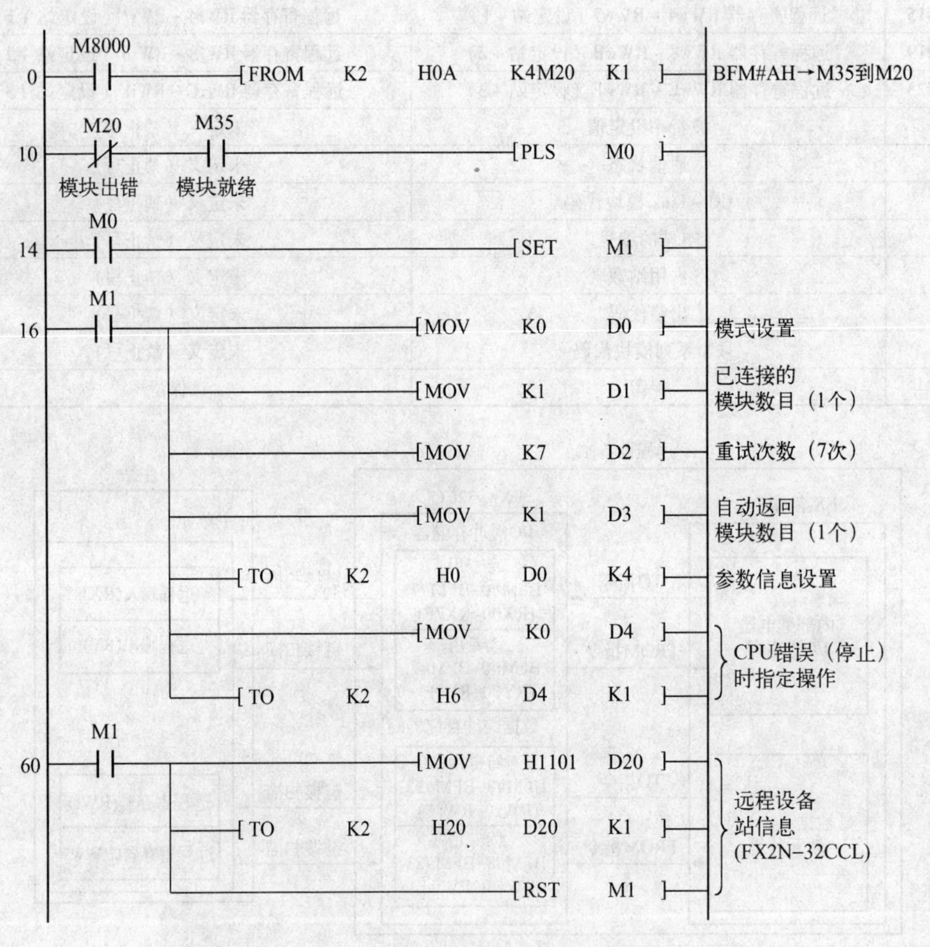

图 8-22　主站 CC－Link 参数设定梯形图

2）通过缓冲器参数启动的数据链接及数据通信控制程序。主站 CC－Link 通过缓冲器参数启动的数据链接及数据通信控制程序如图 8-23 所示。

（2）远程站程序设计　远程站数据通信控制程序如图 8-24 所示。

6. 运行并调试程序

（1）完成计算机和 PLC 之间的连接，并设置计算机和 PLC 通信端口和参数，确保通信可靠。

（2）确认主站和远程站 PLC 输入信号 SB1、SB2、HL1 动作正常、可靠。

（3）打开 PLC 的 GX－Works 2 软件，将图 8-22、图 8-23、图 8-24 的主站和远程站的梯形图程序输入到计算机，并下载到 PLC 中。

（4）分别按下相应的按钮，运行并调试程序，观察程序的运行情况。若出现故障，请分析原因，并处理故障，直至系统按要求正常工作。

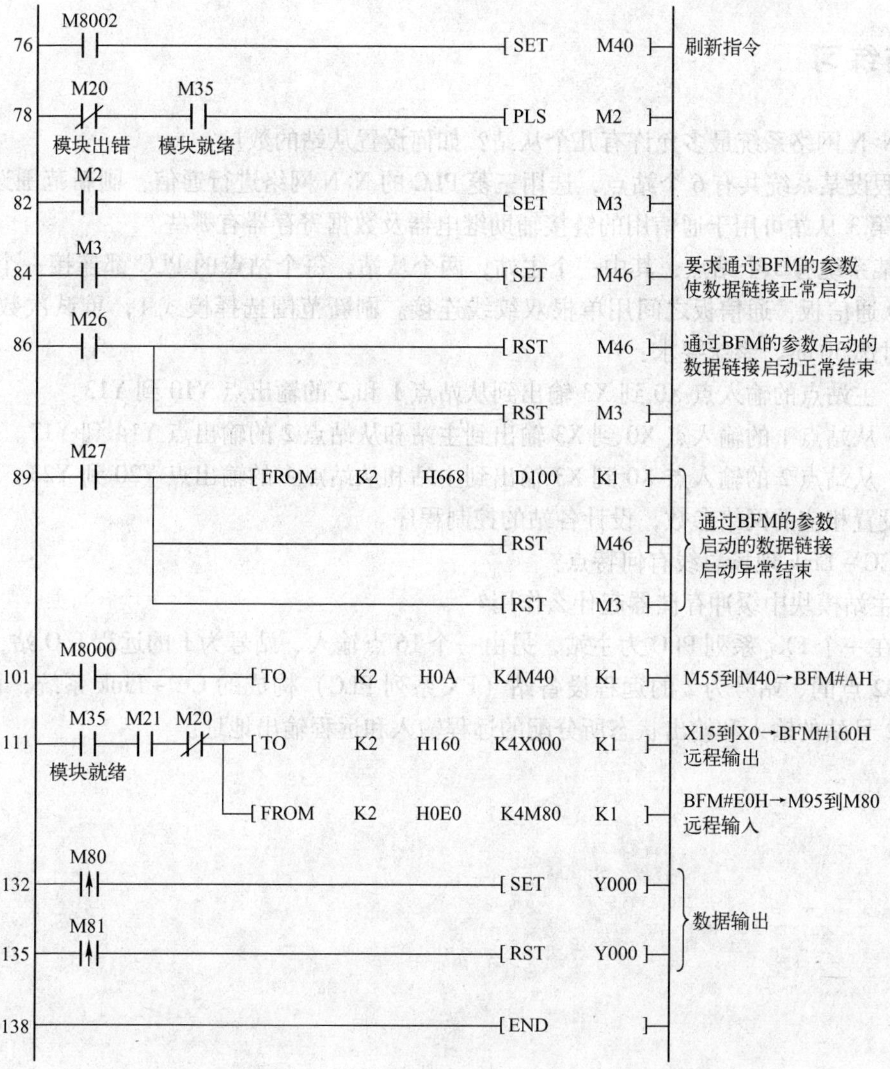

```
76   M8002 ─┤├─ [SET M40]                          刷新指令
78   M20 ─┤/├─ M35 ─┤├─ [PLS M2]
     模块出错   模块就绪
82   M2 ─┤├─ [SET M3]
84   M3 ─┤├─ [SET M46]                             要求通过BFM的参数使数据链接正常启动
86   M26 ─┤├─ [RST M46]                            通过BFM的参数启动的数据链接启动正常结束
              [RST M3]
89   M27 ─┤├─ [FROM K2 H668 D100 K1]
              [RST M46]                            通过BFM的参数启动的数据链接启动异常结束
              [RST M3]
101  M8000 ─┤├─ [TO K2 H0A K4M40 K1]               M55到M40→BFM#AH
111  M35 ─┤├─ M21 ─┤├─ M20 ─┤/├─ [TO K2 H160 K4X000 K1]    X15到X0→BFM#160H 远程输出
     模块就绪                      [FROM K2 H0E0 K4M80 K1]  BFM#E0H→M95到M80 远程输入
132  M80 ─┤↑├─ [SET Y000]                          数据输出
135  M81 ─┤↑├─ [RST Y000]
138  ─ [END]
```

图 8-23　主站 CC－Link 的数据链接与数据通信控制程序

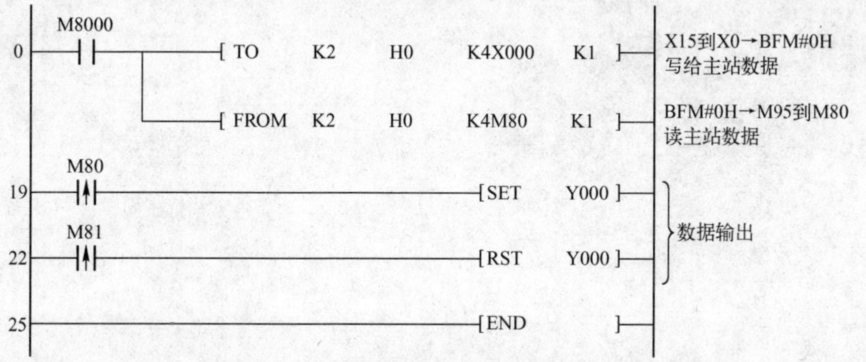

```
0    M8000 ─┤├─ [TO K2 H0 K4X000 K1]               X15到X0→BFM#0H 写给主站数据
                [FROM K2 H0 K4M80 K1]              BFM#0H→M95到M80 读主站数据
19   M80 ─┤↑├─ [SET Y000]                          数据输出
22   M81 ─┤↑├─ [RST Y000]
25   ─ [END]
```

图 8-24　远程站数据通信控制程序

思考与练习

1. N: N 网络系统最多允许有几个从站？如何设置从站的数量？

2. 假设某系统共有 6 个站点，选用三菱 PLC 的 N: N 网络进行通信，刷新范围选择模式 2，请问第 3 从站可用于通信用的链接辅助继电器及数据寄存器有哪些？

3. 某系统有 3 个站点，其中一个主站，两个从站，每个站点的 PLC 都连接一个 FX_{2N} - 485 - BD 通信板，通信板之间用单根双绞线连接。刷新范围选择模式 1，重试次数选择 3，通信超时选 50 ms，系统要求：

(1) 主站点的输入点 X0 到 X3 输出到从站点 1 和 2 的输出点 Y10 到 Y13。

(2) 从站点 1 的输入点 X0 到 X3 输出到主站和从站点 2 的输出点 Y14 到 Y17。

(3) 从站点 2 的输入点 X0 到 X3 输出到主站和从站点 1 的输出点 Y20 到 Y23。

请设置相应的网络参数，设计各站的控制程序。

4. CC - Link 现场总线有何特点？

5. 主站模块中缓冲存储器起什么作用？

6. 在一个 FX_{3U} 系列 PLC 为主站，另由一个 16 点输入、站号为 1 的远程 I/O 站，和输入输出各 32 点的、站号为 2 的远程设备站（FX 系列 PLC）构成的 CC - Link 系统，请写出 1 号站和 2 号站的输入和输出状态所分配的远程输入和远程输出地址。

项目九　触摸屏和变频器的PLC综合控制

【项目内容简介】

本项目通过两个工程实用案例，介绍变频器、触摸屏的用法，PLC的A－D与D－A模块的应用，PLC与变频器、触摸屏综合的应用。任务一通过触摸屏软启动按钮操作，利用PLC开关量控制变频器实现电动机多种速度运行；任务二通过触摸屏输入速度参数，通过PLC模拟量模块控制变频器实现电动机大范围调速控制，同时，在触摸屏中显示实测速度值。通过本项目，要求读者能掌握触摸屏、PLC、变频器等硬件系统的方案设计、系统连接，控制程序设计及调试的方法，培养触摸屏、PLC、变频器的综合应用能力。

【知识目标】

1. 掌握变频器和触摸屏的基本知识，PLC硬件电路的设计；
2. 掌握PLC外围设备指令在实际PLC工程中的应用；
3. 掌握PLC模拟量模块在实际工程中的应用；
4. 掌握变频器的参数设置、接线方法以及在工程中的应用；
5. 掌握基本的触摸屏人机界面设计方法，触摸屏与PLC的参数设置等；
6. 掌握PLC、触摸屏控制系统的调试方法。

【能力目标】

1. 能根据实际工程要求合理选用变频器、触摸屏，并提出系统的相关方案；
2. 能根据工程的控制要求、动作流程和设备情况，合理选用PLC，设计基于PLC与触摸屏控制系统的硬件电路；
3. 能根据控制要求设计合理的触摸屏人机界面，能设置触摸屏与PLC通信的相关参数；
4. 能根据工程的控制要求编写相应的PLC及触摸屏控制程序，并完成调试；
5. 能根据工程实际，综合考虑设备运行的安全性、可靠性及工作效率，并提出解决方法。

任务一　触摸屏、变频器对水泵电动机的调速控制

一、任务内容

有一供水泵用于给某个水池供水，用变频器拖动控制，控制要求如下：当水池的液位低于L1时，水泵电动机以工频（50 Hz）全速运行；当水池的液位高于L1而低于L2时，水泵电动机以中速（30 Hz）运行；当水池的液位高于L2时，水泵电动机以低速（10 Hz）运行。为提高系统的可操作性、便于监控系统的运行工况，本任务要求能通过物理按钮及人机界面

两种方式对系统进行操作，并实现对系统的运行监控。

二、任务分析

变频器常用的调速方式分为多段位频率控制、模拟量（电压/电流）频率控制和通过网络通信直接频率设定等方式。对应于本任务的要求，可选用变频器的多段位频率控制方式，即通过变频器内部可设置的多段频率参数，结合 PLC 对变频器频段端子的控制，实现任务中所提出的对电动机三种频率控制的要求。

本任务中，除了使用物理按钮以外，还要求通过触摸屏软按钮来控制水泵的启停，为此，需在触摸屏的人机界面设置相应的控制软按钮；为实现对系统运行工况的监控，可在触摸屏人机界面上添加液位状态指示灯和水泵运行状态指示灯。

根据以上的分析，本系统的结构框图如图 9–1 所示。

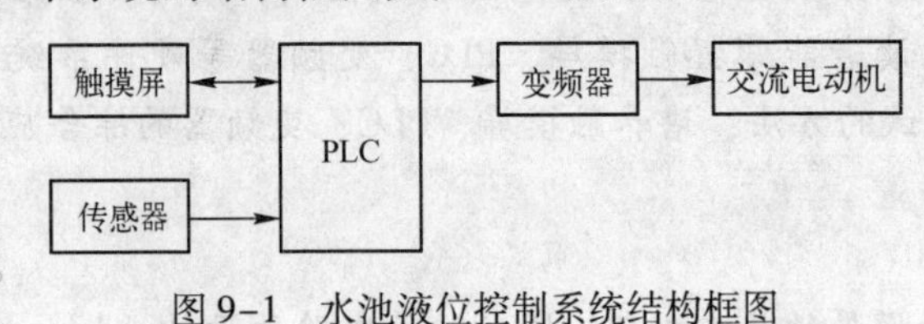

图 9–1　水池液位控制系统结构框图

相关知识点

1. 变频器

（1）变频器介绍　变频器是应用变频技术与微电子技术，通过改变电动机工作电源频率的方式来控制交流电动机的电力控制设备。变频器主要由整流（交流变直流）、滤波、逆变（直流变交流）、制动、驱动、检测微处理单元等组成。变频器靠内部 IGBT 的通断来调整输出电源的电压和频率，根据电动机的实际需要来提供其所需要的电源电压，进而达到节能、调速的目的。另外，变频器还有很多保护功能，如过流、过压、过载保护等。随着工业自动化程度的不断提高，变频器也得到了非常广泛的应用。

本任务选用的变频器型号为三菱 FR – D720 变频器，其接线图如图 9–2 所示。

（2）FR – D720 变频器端子　变频器主电路接线端有工频电源输入端子 R、S、T 和变频器输出端子 U、V、W，分别用于三相电源输入和连接三相交流异步电动机的定子绕组 U、V、W。另外，还有制动电阻器连接端子等。主电路端子及其功能如表 9–1 所示。

表 9–1　FR – D720 变频器主电路端子

端子标记	端子名称	端子功能
R/L1、S/L2、T/L3	交流电源输入	工频电源连接
U、V、W	变频器输出	连接三相交流电动机
P/ +、PR	制动电阻器连接	P/ +、PR 间连接制动电阻器
P/ +、N/ –	制动单元连接	P/ +、N/ – 间连接制动单元
P/ +、P1	直流电抗器连接	连接直流电抗器
⏚	接地	变频器机架接地，必须接大地

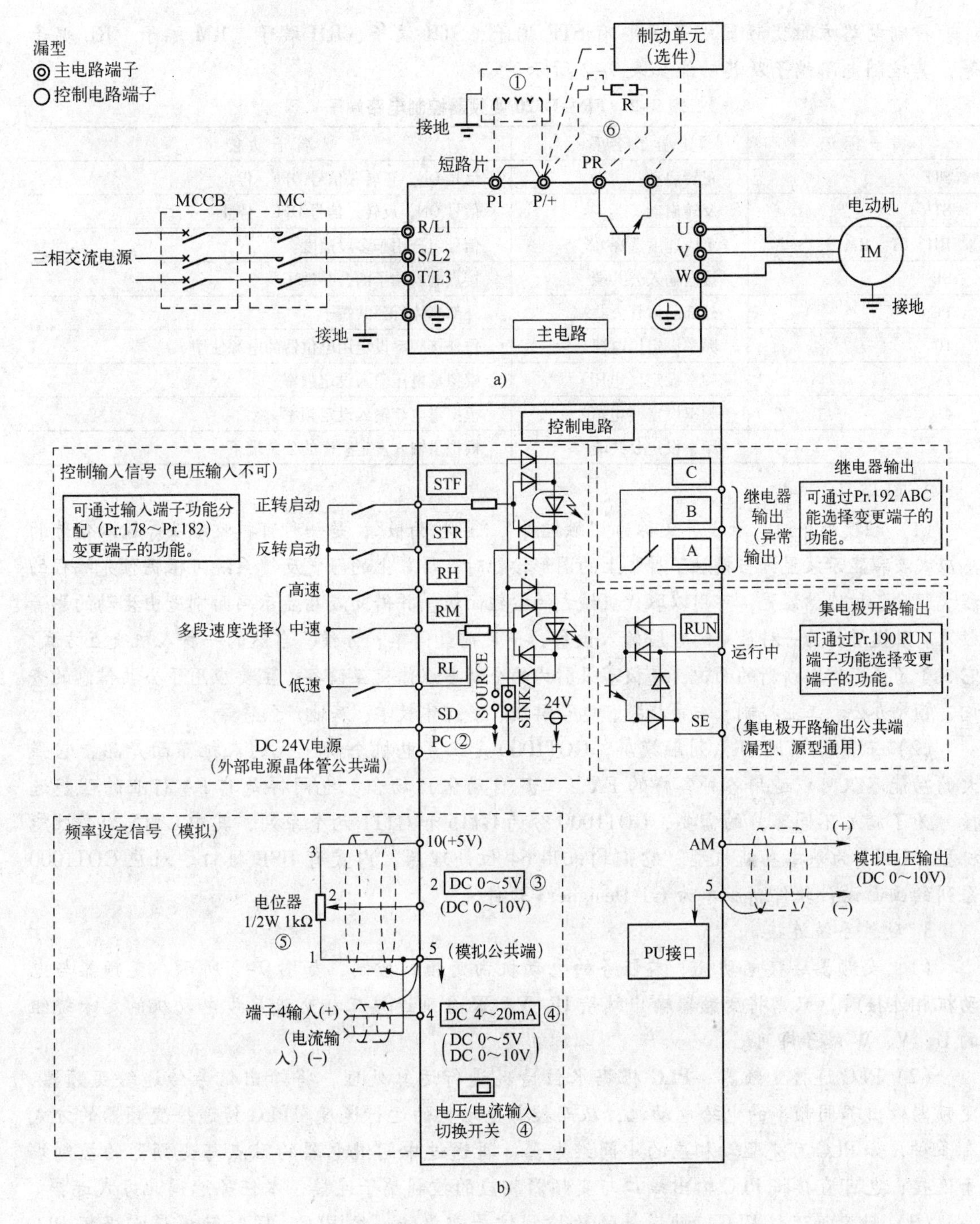

图 9-2　FR－D720 接线图

a）主电路端子接线图　b）控制电路端子接线图

① 直流电抗器（FR－HEL）连接直流电抗器时，请取下 P1－P/＋间的短路片。② 端子 PC－SD 间作为 DC 24 V 电源使用时，请注意两端子间不要短路。③ 可通过模拟量输入选择（Pr. 73）进行变更。④ 可通过模拟量输入规格切换（Pr. 267）进行变更。设为电压输入（0～5 V/0～10 V）时，请将电压/电流输入切换开关置为“V”，电流输入（4～20 mA）时，请置为“1”初始值。⑤ 频率设定变更频度高时，推荐为 2 W 1 kΩ。

⑥ 制动电阻器（FR－ABR 型）为防止制动电阻器过热或烧损，请安装热敏继电器。

控制电路方面变频器端子主要有 STF 端子、STR 端子、RH 端子、RM 端子、RL 端子等，其控制电路端子及其功能如表 9-2 所示。

表 9-2 FR-D720 变频器控制电路端子

端子标记	端子名称	端子功能
STF	正转启动	信号 ON，正转；信号 OFF，停止
STR	反转启动	信号 ON，反转；信号 OFF，停止
RH、RL、RM	多段速度选择	信号组合用于多段速度
SD	接点输入公共端	接点输入端子的公共端子
PC	外部晶体管公共端	外部晶体管公共端子
10	频率设定用电源	作外接频率设定用电位器的电源使用
2	频率设定（电压）	模拟量电压输入设定频率
4	频率设定（电流）	模拟量电流输入设定频率
5	频率设定公共端	模拟量输入设定频率的公共端子

2. 触摸屏

(1) 触摸屏介绍 触摸屏又称为“触控屏”“触控面板”，是一种可接收触头等输入信号的感应式液晶显示装置，当接触了屏幕上的图形按钮时，屏幕上的触觉反馈系统可根据预先编程的程式驱动各种连结装置，可用以取代机械式的按钮面板，并借助液晶显示画面制造出生动的影音效果。触摸屏作为一种最新的电脑输入设备，是目前最简单、方便、自然的一种人机交互方式。它赋予了多媒体以崭新的面貌，是极富吸引力的全新多媒体交互设备。主要应用于公共信息的查询、领导办公、工业控制、军事指挥、电子游戏、多媒体教学、房地产预售等。

(2) 三菱 GOT1000 系列触摸屏 GOT1000 是三菱电机全新一代的人机界面产品，它强大的功能不仅可以适用各种各样的 FA（工厂自动化）场合，也同样是非 FA 行业的理想选择。为了满足不同客户的需要，GOT1000 分为 GT15 和 GT11 两个系列，其中 GT15 为高性能机型，GT11 为基本功能机型。它们均采用 64 位处理器，内置有 USB 接口。对应 GOT1000 系列的画面设计软件新版本为 GT Designer3 软件。

3. 硬件系统连接

(1) 变频器连接电动机 本任务的电动机由变频器控制，如图 9-2 所示，变频器与电动机相连接时，只需将变频器输出端子 U、V、W 分别连接三相交流异步电动机的定子绕组的 U、V、W 端子即可。

(2) PLC 连接变频器 PLC 根据水位情况进行运算处理，将输出信号传递给变频器，变频器输出不同频率的电给电动机，从而控制电动机的运行速度。PLC 传递给变频器的方式有多种，如 PLC 可先驱动相应的中间继电器，再通过中间继电器的触点与变频器的控制端子连接；也可直接将 PLC 输出端口与变频器相应的控制端子连接，本任务选用此方式连接。

(3) 触摸屏连接 PLC 触摸屏的软控制信号需要传递给 PLC，同时触摸屏需根据 PLC 的运算结果显示系统的运行工况。触摸屏与 PLC 进行信息互通需以通信电缆为媒介，本任务可选用 GT01-C30R4-8P 电缆完成触摸屏与 PLC 的连接。

三、任务实施

1. 变频器参数设定

根据控制要求，需要电动机实现三种不同速度：低速、中速和高速；同时能使该电动机实现启动、停止、正传、反转的基本运行。参考三菱 FR－D720 变频器相关手册，选定其参数如表 9-3 所示。

表 9-3 变频器参数设置

序号	参数号	设置值	参数功能
0	P0	6	转矩提升
1	P1	120	上限频率
2	P2	0	下限频率
3	P3	60	基准频率
4	P4	50	多速段设定（高速）
5	P5	30	多速段设定（中速）
6	P6	10	多速段设定（低速）
7	P7	5	加速时间
8	P8	5	减速时间
9	P9	2.5	电子过电流保护
79	P79	0	运行模式选择

2. PLC I/O 地址分配

由于本任务中采用了触摸屏作为其人机界面，因此使用触摸屏的软按钮可以实现和物理按钮相同的控制；使用触摸屏的指示灯替代实物指示灯来指示系统的工作状态，这样可以减少 PLC 输入、输出的点数，提升了 PLC 的输入输出点数的使用效率，增强了 PLC 的功能。根据系统控制要求可知，本系统中的物理按钮和液位传感器作为 PLC 的输入信号；电动机正转、高频、中频、低频运行等由 PLC 的输出信号控制，PLC 将这些信号输出到变频器；触摸屏软按钮、软指示灯等用 PLC 的内部辅助继电器与触摸屏设置的相关变量建立链接关系。综合以上因素选用三菱 FX_{3U}－32MR 可以满足控制要求。

本任务的 PLC 输入输出点地址可按表 9-4 所示分配；内部元件分配表如表 9-5 所示。

表 9-4 水池液位控制 PLC 输入输出点地址分配表

输入信号			输出信号		
名称	代号	输入点编号	名称	代号	输出点编号
停止按钮（常开触点）	SB1	X000	正向启动	STF	Y000
启动按钮（常开触点）	SB2	X001	高速	RH	Y001
液位传感器 L1	L1	X002	中速	RM	Y002
液位传感器 L2	L2	X003	低速	RL	Y003

表 9-5 水池液位控制系统内部元件分配表

其他机内器件					
名称	代号	内部元件编号	名称	代号	内部元件编号
启动	—	M0	系统运行	—	M2
停止	—	M1			

3. PLC 输入输出接线图

在本任务中的输入按钮采用了物理按键和触摸屏软按钮两种方式实现；输出指示灯也全

部由触摸屏的指示灯实现，这使得控制电路得到简化，减少了物理器件的使用，使硬件系统更加简化，提升了系统的可靠性。

根据以上的分析及表 9-4 所示的 PLC I/O 分配，水池液位控制的 PLC 控制端口接线图如图 9-3 所示。

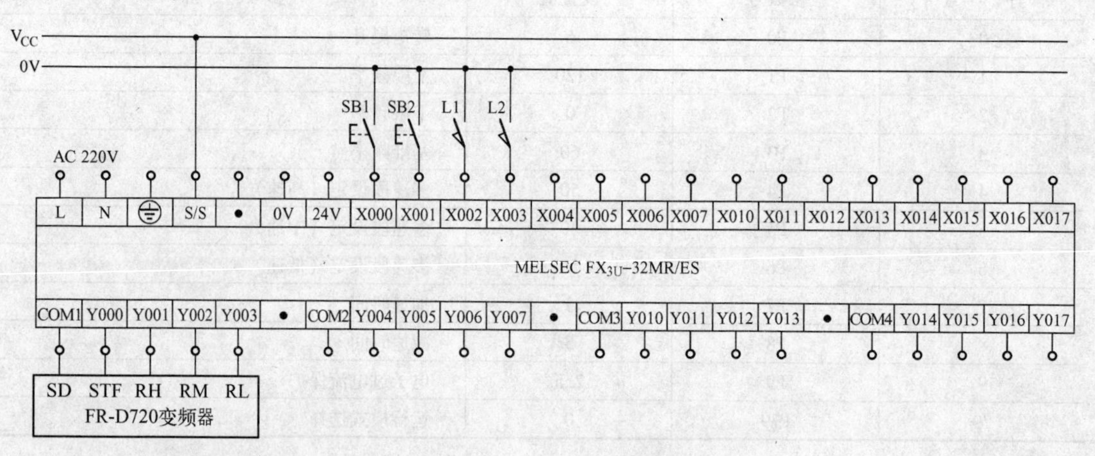

图 9-3　水池液位控制 PLC 控制端口接线图

4. PLC 控制程序设计

本任务中，水泵电动机只须单向运行，即只须控制变频器的 STF 端；对于不同的运行速度，主要是根据液位传感器的信号状态来决定的，即 Y1、Y2 和 Y3 的输出由传感器信号输入 X2 和 X3 的信号状态来控制，这里需要注意的是 Y1、Y2 和 Y3 的互锁关系。具体控制程序如图 9-4 所示。

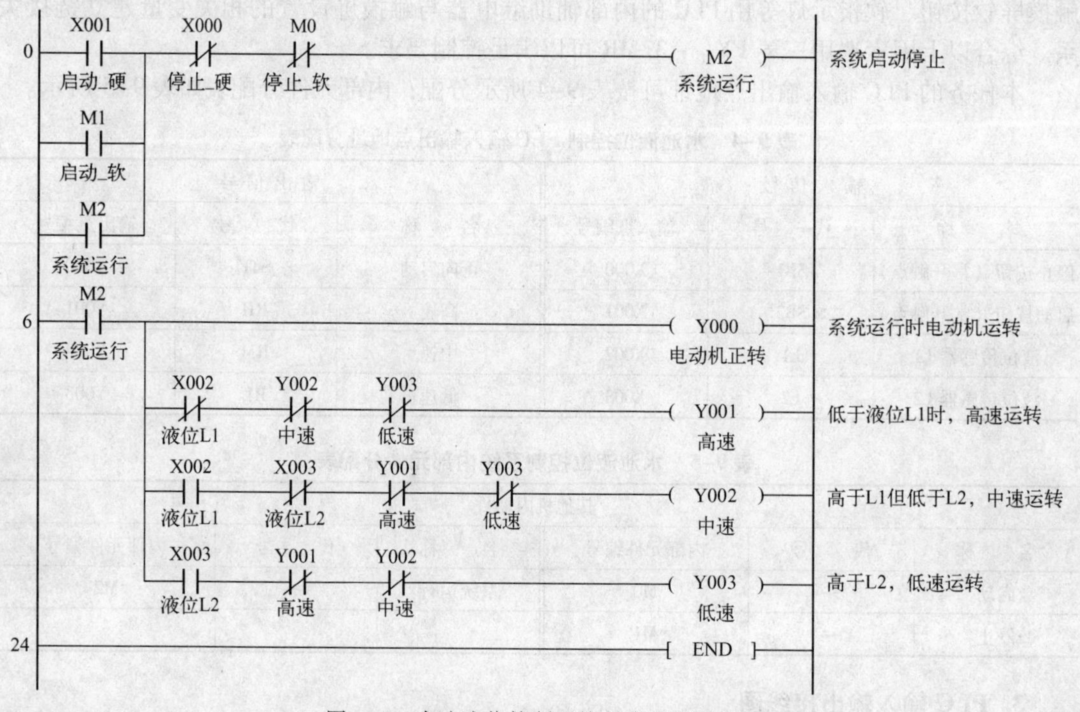

图 9-4　水池液位控制系统对应的梯形图

该 PLC 程序中的硬启/停按钮 X0、X1 及触摸屏软启动/停止按钮 M1、M2 均作为 PLC 的输入控制信号，起着一样的控制功能。PLC 根据实际传感器的液位信号运算得到的 Y1、Y2 和 Y3 输出信息，一方面输出到变频器的高、中、低频率控制端子，通过变频器控制水泵电动机达到所需的转速；另一方面传递给触摸屏，通过触摸屏界面指示灯等显示系统运行情况。

5. 触摸屏人机界面设计

（1）触摸屏人机界面画面的设计　打开三菱触摸屏软件 GT Designer3，建立新的触摸屏项目，选择对应的硬件、连接 PLC 信号、设置相关参数，然后就进入触摸屏人机界面画面的设计。

进行人机界面画面设计时，首先把需要的按钮、指示灯等“拖放”到合适位置，然后设置其属性，如在按钮上添加文字、设置对象颜色等。对需要说明的对象，可以通过添加文字进行说明。

根据任务要求和任务分析的内容，将触摸屏人机界面画面的对象添加到触摸屏的画面，添加两个按钮（启动、停止）、两个传感器指示灯、一个系统运行指示灯、三个运行状态指示灯，对各对象增加相关说明文字，完成后得到图 9-5 所示的人机界面画面。

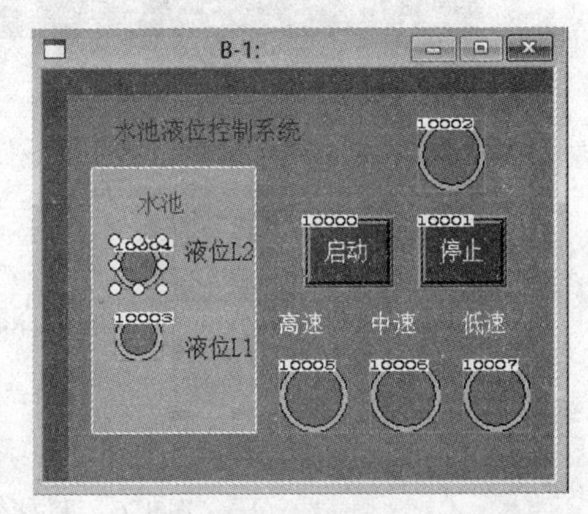

图 9-5　水池液位控制系统对应的人机界面

（2）触摸屏人机界面软元件对象的设计　根据系统需要实现的要求，在人机界面上需要设置 2 个位状态开关：系统启动、停止按钮；6 个位状态指示灯：系统运行指示灯、电动机高速指示灯、电动机中速指示灯、电动机低速指示灯、液位 L1 指示灯、液位 L2 指示灯。

对上述人机界面软元件对象，分配其对应的 PLC 输入、输出地址，得到系统人机界面的软元件表（表 9-6）。

表 9-6　模拟量调速人机界面软元件表

软元件序号	名　称	输入地址	输出地址	元件类别	备　注
1	停止	M0		位状态开关	启动按钮（点动）
2	启动	M1		位状态开关	停止按钮（点动）
3	运行指示灯		M2	位状态指示灯	系统运行指示
4	高速指示灯		Y001	位状态指示灯	电动机高速指示
5	中速指示灯		Y002	位状态指示灯	电动机中速指示
6	低速指示灯		Y003	位状态指示灯	电动机低速指示
7	液位 L1	X002		位状态指示灯	液位 L1 指示灯
8	液位 L2	X003		位状态指示灯	液位 L2 指示灯

（3）人机界面画面组态的设计　对象构建完成后，接下来完成与 PLC 地址的组态连接。对于按钮对象，可以设置其动作，如启动按钮设置其 PLC 地址为 M1，动作为点动，这样便

实现了触摸屏的软按钮功能，如图 9-6a 所示。对传感器和其他指示信号对象，可以用指示灯表示，界面软元件对象对应于相应的 PLC 地址，如图 9-6b 所示 。完成组态设计后，得到的系统画面如图 9-6c 所示。

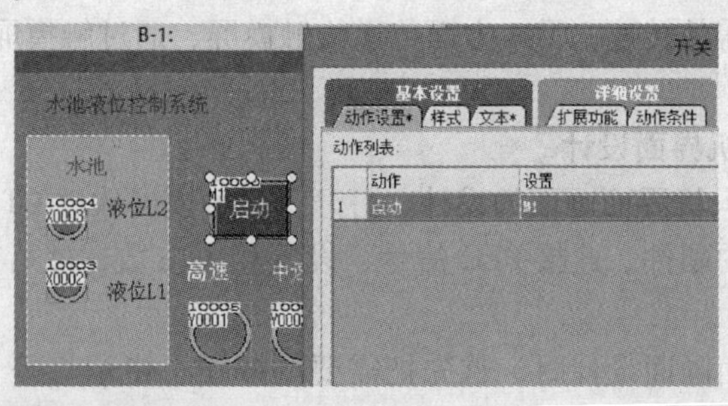

a)

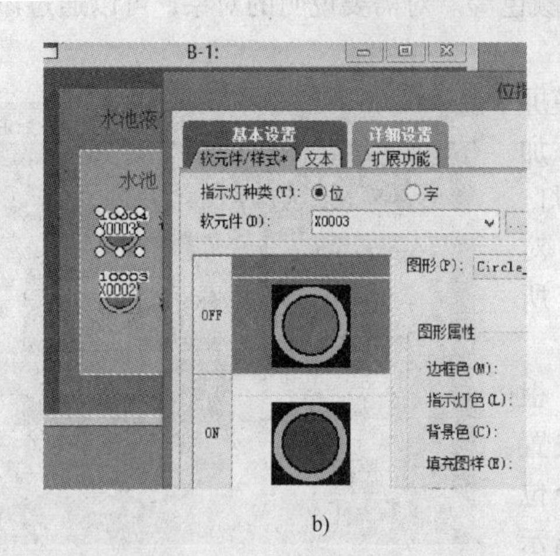

b)

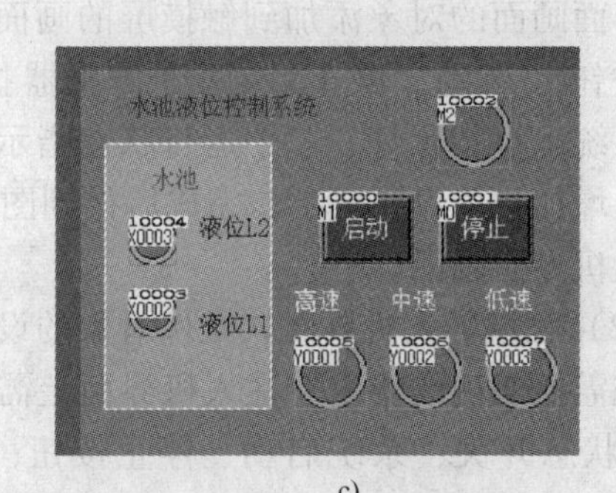

c)

图 9-6　液位控制系统触摸屏画面组态

a）按钮对象 PLC 组态连接　b）传感器 PLC 组态连接　c）添加完成后的人机界面画面

系统设计完成后可以采用仿真运行方式进行校验，启动三菱 GX Work2 运行 PLC 程序，然后启动 GT Designer3 运行触摸屏程序，调试该系统，运行界面如图 9-7 所示。

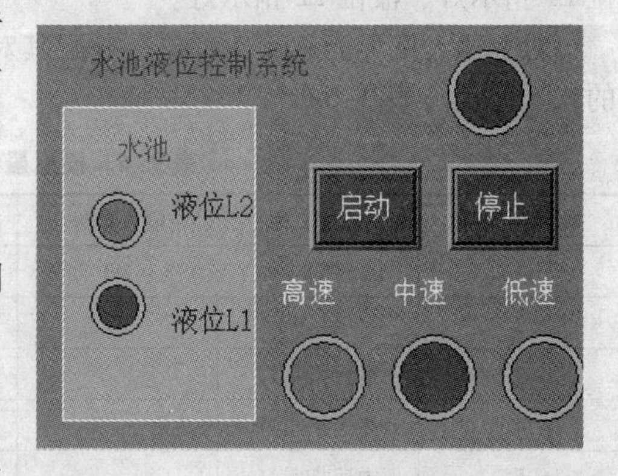

图 9-7　液位控制仿真调试

6. 运行并调试程序

（1）在断电状态下，按图 9-3 完成 PLC 控制输入输出接线，同时完成变频器与电动机的接线。

（2）打开电源，首先将变频器参数恢复到出厂值，然后按照表 9-3 完成变频器参数的设置。

（3）接通电源，确认 PLC 输入信号动作正常、可靠。

（4）设置计算机和 PLC 通信端口和参数，确保通信可靠。

（5）打开 PLC 的 GX Works2 软件，将图 9-4 所示的梯形图程序输入到计算机，并将梯形图程序下载到 PLC 中。

（6）打开 GT Designer3，按图 9-4 完成触摸屏工程的编写，将人机界面下载到触摸屏中。

（7）操作触摸屏人机界面，分别按下相应的按钮，运行并调试程序，观察程序及电动机的运行。若出现故障，请分析原因，并处理故障，直至系统按要求正常工作。

主要知识点：

- 变频器的参数设置及接线
- 三菱 GOT1000 触摸屏的编程方法

任务二　基于触摸屏的变频器模拟量调速控制的实现

一、任务内容

有一交流电动机，用变频器拖动控制，控制要求如下：可以对其进行较大范围的连续调速控制，其速度通过人机界面输入并能显示实际转速。

该系统以触摸屏为人机界面，通过触摸屏设置速度、显示实时转速，实现系统启动、停止等控制功能。

二、任务分析

（1）电动机调速方案　对于任务一这样的多段固定速度运行控制可采用变频器多段位频率控制方式，而本任务对电动机速度调节范围较大，且需连续可调，因此需选用模拟量信号控制方式。根据本任务的调速要求，采用变频器的外部模拟量信号控制，该控制模拟量信号由 PLC 模拟量模块提供，由 PLC 输出相应的模拟电压给变频器外部模拟量控制端子。

（2）电动机测速方案　本任务需要在人机界面中显示电动机的运行速度，则需对电动机的运行速度进行测量。电动机的速度测量方式有多种，如测速传感器、旋转编码器等。根据本任务的要求，现采用旋转编码器进行测速。具体方案是：旋转编码器的 A、B 相信号连接到 PLC 输入端口，利用 PLC 高速输入端口对旋转编码器进行计数测量。

（3）人机界面设计方案　根据任务要求，此触摸屏人机界面需要有以下基本功能：控制系统启动/停止；显示各电动机实际转速；设置电动机转速；选择电动机正转与反转。这些基本功能的实现方案为：对于控制系统启动/停止按钮，用触摸屏画面添加的软按钮对象来表示；对于各种显示要求，用触摸屏画面的指示灯对象来表示；对于数值输入/输出，可用触摸屏画面的数值输入/输出对象来表示。

本任务选用三菱触摸屏作为控制电动机运行、显示电动机转速、设置电动机转速的输入输出设备。通过触摸屏界面对 PLC 进行数值设置、反馈实时转速等，这样不仅操作方便，而且控制能力较强。

三、任务实施

1. 变频器参数设定

根据控制要求，需要将 PLC 的模拟量输出连接到变频器的模拟量输入端口，变频器根据接收到的模拟量值实现对电动机的速度控制；同时 PLC 将启动、停止、正转、反转等信息输出到变频器对应的端口，以实现对电动机运行的控制。参考三菱 FR - D720 变频器相关手册，选定如表 9-7 所示的相关参数。

表 9-7 变频器参数设置

序 号	参数号	设置值	参 数 功 能
1	P1	50	上限频率
2	P2	0	下限频率
3	P7	5	加速时间
4	P8	5	减速时间
5	P9	0.35	电子过电流保护
6	P10	3	直流制动动作频率
7	P73	10	模拟量输入选择，设置成端子 2 输入 0 ~ 10 V 模拟电压
8	P79	0	运行模式选择，设置外部/PU 切换模式

2. PLC I/O 地址分配

由于本任务中采用了触摸屏作为其人机界面，因此原先使用的大量物理按钮可以用触摸屏的软按钮所取代，这样不仅减少了硬件和接线，且更灵活方便。

本次设计中选用的编码器分辨率为 1000，当电动机转速为 60 r/min 时，每秒输出 1000 个脉冲信号；编码器输出 A、B 两路信号，这两路信号相位上相差 90°。为了将编码器这两路快速脉冲信号采集到 PLC，同时又应用其 4 倍频的高分辨率，因此，选择将编码器输出的 A、B 两路信号送到 PLC 的 X0、X1 这两个具有高速计算器硬件的接口，以便完成高速脉冲接收与处理。本任务 PLC 输入输出点地址分配如表 9-8 所示；内部元件分配表如表 9-9 所示。

表 9-8 模拟量调速 PLC 输入输出点地址分配表

输 入 信 号			输 出 信 号		
名 称	代 号	输入点编号	名 称	代 号	输出点编号
旋转编码器 A 相	BM0	X000	变频器正向启动	STF	Y000
旋转编码器 B 相	BM1	X001	变频器反向启动	STR	Y001
模拟信号输出		2DA			

表 9-9 模拟量调速内部元件分配表

其他机内器件					
名 称	代 号	内部元件编号	名 称	代 号	内部元件编号
M0	—	启动	M11	—	自动调速
M1	—	停止	M14	—	计数为负
M2	—	系统运行	M15	—	计数为零
M3	—	低速度	M16	—	计数为正
M4	—	相同速度	M20	—	初始参数
M5	—	高速度	D100	—	DA 值
M6	—	启动正转	D102	—	脉冲计数
M7	—	启动反转	D104	—	实际转速
M8	—	正转运行	D108	—	设定转速
M9	—	反转运行			

3. PLC 输入输出接线图

在本任务中先前采用的输入按钮由人机界面的软按钮所代替，输出指示灯也由触摸屏的指示灯所替换，这使得电路得到很大的简化。

根据以上分析及表 9-8 所示的 PLC I/O 分配，模拟量调速系统的 PLC 控制端口接线图如图 9-8 所示。

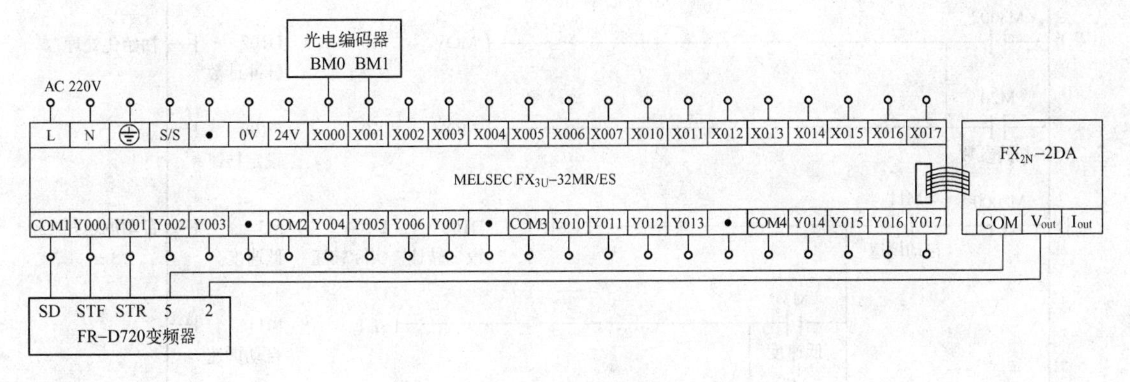

图 9-8　模拟量调速 PLC 控制端口接线图

4. PLC 控制程序设计

根据本任务的要求，现需要利用触摸屏输入设定转速，系统实时测量当前转速，当实际转速不等于设定转速时，PLC 进行计算求出模拟量模块的输出数值，并输出该模拟电压到变频器。具体系统运行流程框图如图 9-9 所示。

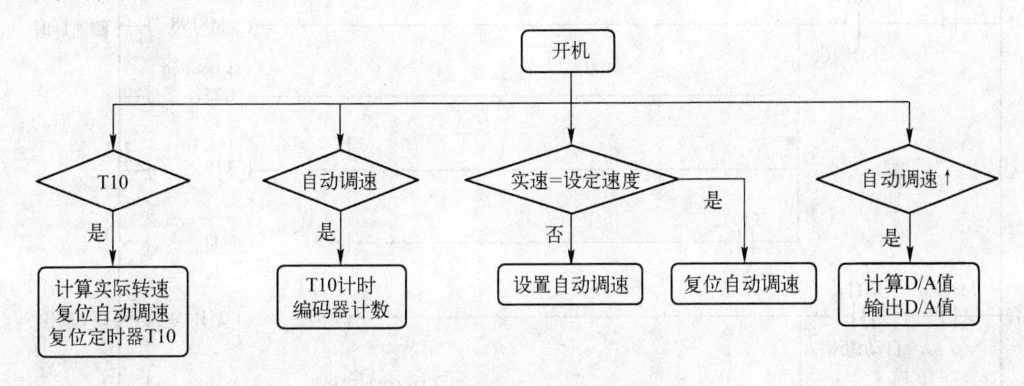

图 9-9　模拟量调速流程框图

根据以上流程框图，进行各部分程序设计，得到如图 9-10 所示的梯形图。

5. 触摸屏人机界面设计

（1）触摸屏人机界面软元件对象的设计　根据系统的要求，人机界面上需要设置四个位状态开关：系统启动、停止、正转、反转按钮；四个位状态指示灯：系统运行指示灯、电动机正转指示灯、电动机反转指示灯、自动调速指示灯；一个数值输入元件：设定转速；一个数值输出元件：实际转速。

对上述人机界面软元件对象分配其输入、输出地址，得到如表 9-10 所示的系统人机界面的软元件表。

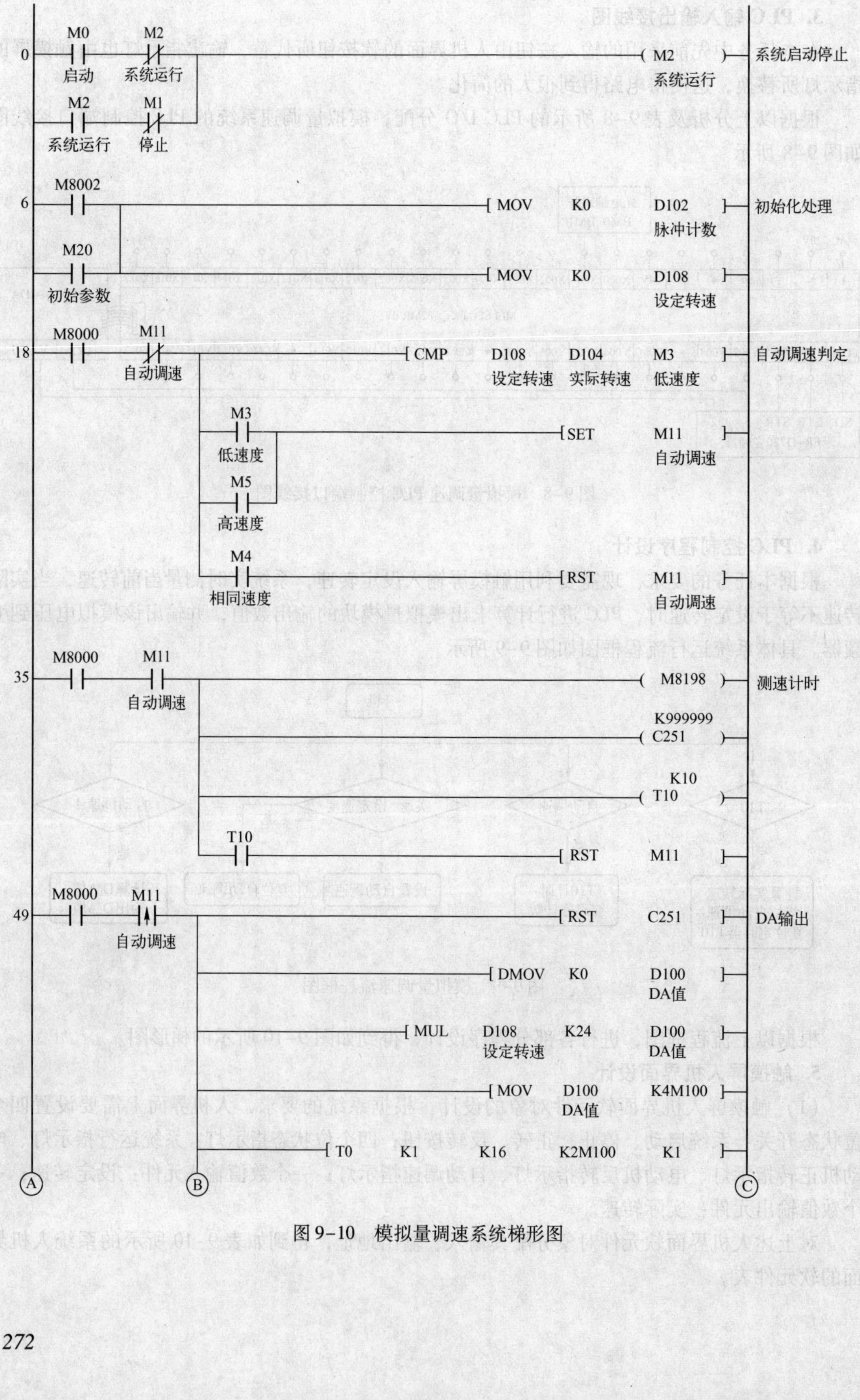

0 M0 启动 M2 系统运行 (M2 系统运行) 系统启动停止

M2 系统运行 M1 停止

6 M8002 [MOV K0 D102 脉冲计数] 初始化处理

M20 初始参数 [MOV K0 D108 设定转速]

18 M8000 M11 自动调速 [CMP D108 设定转速 D104 实际转速 M3 低速度] 自动调速判定

M3 低速度 [SET M11 自动调速]

M5 高速度

M4 相同速度 [RST M11 自动调速]

35 M8000 M11 自动调速 (M8198) 测速计时

K999999 (C251)

K10 (T10)

T10 [RST M11]

49 M8000 M11 自动调速 [RST C251] DA输出

[DMOV K0 D100 DA值]

[MUL D108 设定转速 K24 D100 DA值]

[MOV D100 DA值 K4M100]

[T0 K1 K16 K2M100 K1]

A B C

图 9-10 模拟量调速系统梯形图

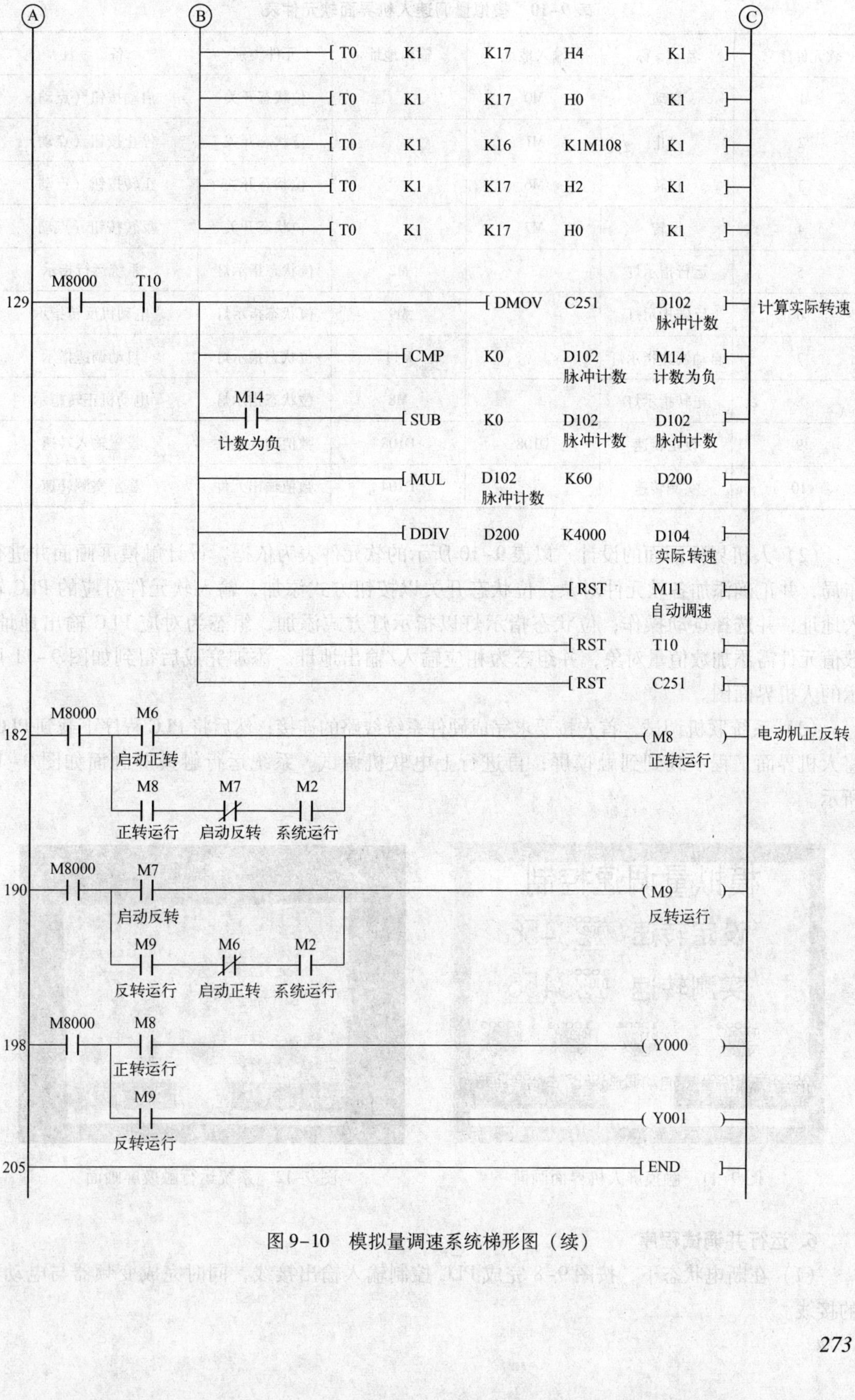

A B C

[T0 K1 K17 H4 K1]

[T0 K1 K17 H0 K1]

[T0 K1 K16 K1M108 K1]

[T0 K1 K17 H2 K1]

[T0 K1 K17 H0 K1]

129 M8000 T10 [DMOV C251 D102 脉冲计数] 计算实际转速

[CMP K0 D102 脉冲计数 M14 计数为负]

M14 计数为负 [SUB K0 D102 脉冲计数 D102 脉冲计数]

[MUL D102 脉冲计数 K60 D200]

[DDIV D200 K4000 D104 实际转速]

[RST M11 自动调速]

[RST T10]

[RST C251]

182 M8000 M6 启动正转 (M8 正转运行) 电动机正反转

M8 正转运行 M7 启动反转 M2 系统运行

190 M8000 M7 启动反转 (M9 反转运行)

M9 反转运行 M6 启动正转 M2 系统运行

198 M8000 M8 正转运行 (Y000)

M9 反转运行 (Y001)

205 [END]

图 9-10 模拟量调速系统梯形图（续）

表 9-10 模拟量调速人机界面软元件表

软元件序号	名　称	输入地址	输出地址	元件类别	备　注
1	启动	M0		位状态开关	启动按钮（点动）
2	停止	M1		位状态开关	停止按钮（点动）
3	正转	M6		位状态开关	正转按钮（点动）
4	反转	M7		位状态开关	反转按钮（点动）
5	运行指示灯		M2	位状态指示灯	系统运行指示
6	反转指示灯		M9	位状态指示灯	电动机反转指示
7	自动调速指示灯		M11	位状态指示灯	自动调速指示
8	正转指示灯		M8	位状态指示灯	电动机正转指示
9	设定转速	D108	D108	数值输入元件	设置输入转速
10	实测转速		D104	数值输出元件	显示实测转速

（2）人机界面画面的设计　以表 9-10 所示的软元件表为依据，设计触摸屏画面并进行布局，并正确添加各软元件对象：位状态开关以按钮方式添加，输入软元件对应的 PLC 输入地址，并选择点动操作；位状态指示灯以指示灯方式添加，组态为对应 PLC 输出地址；数值元件需添加数值量对象，并组态为相应输入/输出地址。添加完成后得到如图 9-11 所示的人机界面图。

（3）系统联机调试　首先按要求完成硬件系统线路的连接；然后将 PLC 程序下载到 PLC、将人机界面工程下载到到触摸屏；再进行上电联机调试。系统运行触摸屏画面如图 9-12 所示。

图 9-11　触摸屏人机界面画面

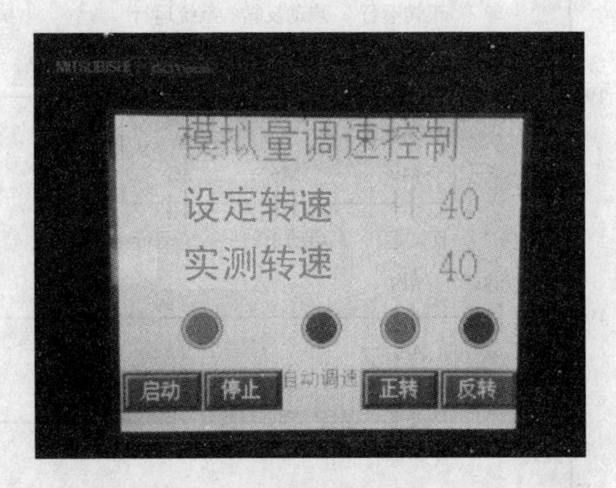

图 9-12　系统运行触摸屏画面

6. 运行并调试程序

（1）在断电状态下，按图 9-8 完成 PLC 控制输入输出接线，同时完成变频器与电动机的接线。

（2）打开电源，首先将变频器参数恢复到出厂值，然后按照表 9-7 完成变频器参数的设置。

（3）接通电源，确认 PLC 输入信号动作正常、可靠。

（4）设置计算机和 PLC 通信端口和参数，确保通信可靠。

（5）打开 PLC 的 GX Works2 软件，将图 9-10 所示的梯形图程序输入到计算机，并将梯形图程序下载到 PLC 中。

（6）打开 GT Designer3，按图 9-11 完成触摸屏工程的编写，将人机界面下载到触摸屏中。

（7）操作触摸屏人机界面，分别按下相应的按钮，运行并调试程序，观察程序及电动机的运行。若出现故障，请分析原因，并处理故障，直至系统按要求正常工作。

主要知识点：

- 旋转编码器在 PLC 中的应用
- 高速输入计数器的应用
- 变频器的模拟信号控制应用
- 三菱 GOT1000 触摸屏的应用

训练项目十　变频器调速的 PLC 控制实现

一、项目内容

用 PLC 和变频器控制电动机驱动输送带运动，运行示意图如图 9-13 所示。该系统由触摸屏、PLC、变频器、电动机等组成。触摸屏起人机界面的作用，可通过它控制系统启动、停止、输入电动机转速参数、显示实际转速。PLC 是核心控制器，通过 PLC 及其程序对变频器等设备进行控制，变频器则对电动机进行控制。

图 9-13　电动机驱动的输送带

二、实施思路

观察：观察图 9-13 所示电动机驱动输送带的硬件系统结构；

分析：分析系统的工作流程和 PLC 输入输出信号；

理解：提出设计方案，完成 PLC 输入输出地址分配、端口电路设计、人机界面、程序设计等；

实施：完成 PLC 输入输出端口电路接线、程序的运行与调试；

思考：分析调试过程中出现问题的原因，提出解决方法。

三、实施过程

1. 确定所需 PLC 软元件，并分配地址

分析项目内容，确定本实训项目所需的 PLC 软元件，并分配地址。

2. 设计 PLC 输入输出接线图

根据所选用的 PLC 类型、输入输出地址分配表、PLC 的控制对象的额定电压等设计 PLC 端口接线图。

3. 控制程序设计

分析控制要求和动作流程，编写 PLC 控制程序。

4. 完成 PLC 输入输出接线

（1）检查并确认供电电源类型、电压等级等与 PLC 的工作电源匹配，并在断开电源的情况下，按国家电气安装接线标准，根据 PLC 输入输出端口接线图完成电源、按钮、开关、变频器等与 PLC 的连接，接线应牢固。

（2）接通 PLC 电源，检查并确认所有输入信号的地址与所设计的 PLC 输入输出地址分配表吻合，并能可靠地被 PLC 接收，输入信号状态显示正确。

5. 连接 PLC 与计算机

断电情况下，使用编程电缆连接计算机与 PLC。连接完毕后，接通计算机和 PLC 电源。打开 PLC 编程软件 GX Works2，设置通信端口和通信参数，确保计算机和 PLC 通信正常。

6. 编写程序并下载

编写 PLC 控制的梯形图或指令程序，然后将程序下载到 PLC 中。

7. 运行调试

（1）模拟运行调试　用 GX Works2 的仿真运行功能对编写的 PLC 程序进行运行调试，同时用 GT Designer3 运行调试人机界面系统，这样就可以对 PLC 程序和人机界面进行联合调试了。观察在仿真运行下 PLC 程序和人机界面工作是否能按设计要求进行。

（2）实际联机运行调试　模拟调试运行正确，说明设计的软件系统和程序正确。在完成模拟调试的情况下，可进行联机调试。

接通电源，PLC 程序置“运行”状态，重复模拟调试过程，利用触摸屏控制系统运行，观察电动机的各种工作情况下是否都符合控制要求。若有误，检查电路，并分析原因。

无论在何种状态下，检查时，首先判断是否要断开或接通电源，注意安全使用相关电工工具。

按要求确定实施方案，将实施方案或结果、出现异常的原因分析和处理方法记录在表 9-11 中。

表 9–11　实施过程、实施方案或结果、出现异常的原因和处理方法记录表

序号	实施过程	实施要求	实施方案或结果	异常原因分析及处理方法
1	电路绘制	1. 列出 PLC 控制 I/O 口元件地址分配表		
		2. 写出 PLC 类型及相关参数		
		3. 画出 PLC I/O 口接线图		
2	变频器参数设置	1. 按照要求完成变频器参数设置		
		2. 调试变频器，观察是否正常工作		
3	编写程序并下载	1. 编写梯形图和指令程序		
		2. 写出 PLC 与计算机的连接方法，及通信参数设置		
4	编写人机界面并下载	1. 编写人机界面工程		
		2. 人机界面工程下载至触摸屏		
5	运行调试	1. 按下触摸屏正转、反转、停止按键，观察系统是否按照要求运行，分析是否正确，若出错，分析并写出原因及处理方法		
		2. 在触摸屏输入选择的速度参数，观察电动机转速是否按照要求运行，若出错，分析并写出原因及处理方法		
		3. 改变电动机运行速度，观察显示的转速变化，分析是否正确，若出错，分析并写出原因及处理方法		
		4. 举例说明某监控画面处于什么运行状态		

项目十　PLC 控制系统设计与项目实训

【项目内容简介】

本项目介绍 PLC 控制系统设计规则和编程方法。通过 PLC 的编程方法及 PLC 控制系统设计两个任务，介绍 PLC 控制系统设计的方法和步骤，包括分析工艺流程，明确控制要求、确定控制方案、选择机型和选择输入输出设备及输入输出点分配，施工设计、总装调试等。要求理解并掌握 PLC 控制系统的设计方法与步骤。通过电气控制技术与 PLC 应用综合实训，进一步熟悉并巩固前面所学知识。

【知识目标】

1. 了解 PLC 的编程要求；
2. 了解一般的 PLC 编程方法；
3. 掌握 PLC 的选用依据、PLC 控制系统设计的基本原则和一般步骤；
4. 巩固 PLC 及相关课程的理论知识和实际应用。

【能力目标】

能根据 PLC 控制系统的设计方法和步骤，针对具体的控制任务，选用合适的 PLC，确定系统设计方案，完成系统调试，编制设计资料。

任务一　PLC 的编程方法

PLC 主要靠运行程序工作，要使 PLC 充分发挥作用，除了要选用正确的 PLC 型号、合适的检测和执行装置，合理规划系统结构之外，编制出一个高质量的 PLC 工作程序也是很重要的。

一、编程要求

1. 所编的程序要合乎所使用 PLC 的有关规定

主要是对指令要准确地理解，正确地使用。各种 PLC 指令多有类似之处，但还有些差异。对于有 PLC 使用经验的人，当选用另一种不太熟悉的型号进行编程设计时，一定要对新型号 PLC 的指令重新学习一遍，否则容易出错。

2. 要使所编的程序尽可能简洁

简短的程序可以节省内存，简化调试，而且还可节省执行指令的时间，提高对输入的响应速度。要使所编的程序简短，就要注意编程方法，用好指令，用巧指令，还要能优化结构。要实现某种功能，一般而言，在达到的目的相同时，使用功能强的指令比使用功能单一的指令，程序步数可能会少些。

3. 要使所编的程序尽可能清晰

这样既便于程序的调试、修改或补充，也便于别人了解和读懂程序。要想使程序清晰，就要注意程序的层次，讲究模块化、标准化。特别是在编制复杂的程序时，更要注意程序的层次，可积累自己与吸收别人的经验，整理出一些标准的具有典型功能的程序，并尽可能使程序单元化，像计算机中常用的一些子程序一样，移来移去都能用，这样，程序设计起来简单，别人也易了解。

4. 要使所编的程序合乎 PLC 的性能指标及工作要求

所编程序的指令条数要少于所选用的 PLC 内存的容量，即程序在 PLC 中能放得下，所用的输入、输出点数要在所选用 PLC 的 I/O 点数范围之内，PLC 的扫描时间要少于所选用 PLC 的程序运行监测时间。PLC 的扫描时间不仅包括运行用户程序所需的时间，还包括运行系统程序（如 I/O 处理、自监测）所需的时间。

5. 所编程序能够循环运行

PLC 的工作特点是循环反复、不间断地运行同一程序。运行从初始化后的状态开始，待控制对象完成了工作循环，则又返回初始化状态。只有这样才能使控制对象在新的工作周期中得到相同的控制。

二、编程方法

常用的 PLC 编程方法有经验法、解析法、图解法。

1. 经验法

运用自己或别人的经验进行设计，设计前选择与设计要求类似的成功例子，并进行修改，增删部分功能或运用其中部分程序，直至满足工作要求。在工作过程中，可收集与积累这样的成功例子，从而不断丰富自己的经验。

2. 解析法

可利用组合逻辑或时序逻辑的理论，并运用相应的解析方法，对其进行逻辑关系的求解，然后再根据求解的结果，画成梯形图或直接写出程序。解析法比较严密，可以运用一定的标准，使程序优化，可避免编程的盲目性，是较有效的方法。

3. 图解法

图解法是靠画图进行设计。常用的图解法有梯形图法、波形图法及流程法。梯形图法是基本方法，无论是经验法还是解析法，若将 PLC 程序转化成梯形图后，就要用到梯形图法。波形图法适合于时间控制电路，将对应信号的波形画出后，再依时间逻辑关系去组合，就可以很容易地设计电路。流程法是用框图表示 PLC 程序执行过程及输入条件与输出关系，在使用步进指令的情况下，用它设计是很方便的。

任务二 PLC 控制系统设计

一、PLC 控制系统设计的基本原则

任何一种电器控制系统都是为了实现被控制对象（生产设备或生产过程）的工艺要求，以提高生产效率和产品质量，因此，在设计 PLC 控制系统时，应遵循以下基本原则：

1）最大限度地满足工艺流程和控制要求。工艺流程的特点和要求是开发 PLC 控制系统的主要依据。设计前，应深入现场进行调查研究，收集资料，明确控制任务，并与机械设计人员、实际操作人员密切配合，共同拟定电器控制方案，协同解决设计中出现的各种问题。

2）监控参数、精度要求以满足实际需要为准，不宜过多、过高，力求使控制系统简单、经济，使用及维修方便，并降低系统的复杂性和开发成本。

3）保证控制系统的运行安全、稳定、可靠。正确进行程序调试、充分考虑环境条件、选用可靠性高的 PLC、定期对 PLC 进行维护和检查等都是很重要和必不可少的。

4）考虑到生产的发展和工艺的改进，在选择 PLC 容量时，应适当留有余量。

二、选用 PLC 控制系统的依据

随着 PLC 技术的不断发展，PLC 的应用范围日益广泛，使得当今的电气工程技术人员在设计电气控制系统时，会更多地考虑选用 PLC 控制。在传统的继电器接触器控制系统和 PLC 控制系统、微机控制系统这 3 种控制方式中，究竟选取哪一种更合适，这需要从技术上的适用性、经济上的合理性进行各方面的比较论证。这里提供以下几点依据，供在考虑是否选用 PLC 控制时参考。

1）输入、输出量以开关量为主，也可有少量模拟量。

2）I/O 点数较多。这是一个相对的概念。在 20 世纪 70 年代，人们普遍认为 I/O 点数应在 70 点以上选用 PLC 才合算；到了 80 年代，降为 40 点左右；现在，随着 PLC 性能价格比的不断提高，当总点数达 10 点以上就可以考虑选用 PLC 了。

3）控制对象工艺流程比较复杂，逻辑设计部分用继电器控制难度较大时。

4）有较大的工艺变化或控制系统扩充的可能性。

5）现场处于工业环境，而又要求控制系统具有较高的工作可靠性。

6）系统的调试比较方便，能在现场进行。

7）现场人员有条件掌握 PLC 技术。

三、PLC 控制系统设计的一般步骤

PLC 控制系统设计方法与传统的继电器接触器控制系统的设计相比较，组件的选择代替了原来的器件选择，程序设计代替了原来的逻辑电路设计。

1）根据工艺流程分析控制要求，明确控制任务，拟定控制系统设计的技术条件。技术条件一般以设计任务书的形式来确定，它是整个设计的依据。工艺流程的特点和要求是开发 PLC 控制系统的主要依据，所以必须详细分析、认真研究，从而明确控制任务和范围。如需要完成的动作（动作时序、动作条件，相关的保护和联锁等）和应具备的操作方式（手动、自动、连续、单周期，单步等）。

2）确定所需的用户输入设备（按钮、操作开关、限位开关、传感器等）、输出设备（继电器、接触器、信号灯等执行元件）以及由输出设备驱动的控制对象（电动机、电磁阀等），估算 PLC 的 I/O 点数；分析控制对象与 PLC 之间的信号关系，信号性质，根据控制要求的复杂程度、控制精度估算 PLC 的用户存储器容量。

3）选择 PLC。PLC 是控制系统的核心部件，正确选择 PLC 对于保证整个控制系统的各

项技术、经济指标起着重要的作用，PLC 的选择包括机型的选择、容量的选择、I/O 模块的选择和电源模块的选择等。选择 PLC 的依据是输入输出形式与点数，控制方式与速度、控制精度与分辨率，用户程序容量。

4）分配、定义 PLC 的 I/O 点，绘制 I/O 连接图。根据选用的 PLC 所给定的元件地址范围（如输入、输出、辅助继电器、定时器、计数器、数据区等），对控制系统使用的每一个输入、输出信号及内部元件定义专用的信号名和地址，在程序设计中使用哪些内部元件，执行什么功能都要做到清晰、无误。

5）PLC 控制程序设计。包括设计梯形图、编写语句表、绘制控制系统流程图。控制程序是控制整个系统工作的软件，是保证系统正常工作，安全可靠的关键，因此，控制程序的设计必须经过反复测试、修改，直到满足要求为止。

6）控制柜（台）设计和现场施工。在进行控制程序设计的同时，可进行硬件配备工作，主要包括强电设备的安装、控制柜（台）的设计与制作、可编程序控制器的安装、输入输出的连接等。在设计继电器控制系统时，必须在控制电路设计完成后，才能进行控制柜（台）设计和现场施工，而采用 PLC 控制系统，可以使软件设计与硬件配备工作平行进行，缩短工程周期。如果需要的话，需设计操作台、电气柜、模拟显示盘和非标准电器元件。

7）试运行、验收、交付使用，并编制控制系统的技术文件。控制系统的技术文件包括说明书、设计说明书和使用说明书、电器图及电器元件明细表等。

传统的电器图，一般包括电器原理图、电器布置图及电器安装图。在 PLC 控制系统中，这一部分图可以统称为“硬件图”。它在传统电器图的基础上增加了 PLC 部分，因此在电器原理图中应增加 PLC 的 I/O 连接图。此外，在 PLC 控制系统的电器图中还应包括程序图（梯形图），又称“软件图”。向用户提供“软件图”，便于用户在工艺上发生变化时修改程序，并有利于用户在维修时分析和排除故障。根据具体任务，上述内容可适当调整。

四、系统设计的主要任务

系统设计的主要任务包括分析工艺流程、明确控制要求、确定控制方案、选择机型、输入输出设备选择及输入输出点分配、施工设计、总装调试等。

1. 分析工艺流程，明确控制要求，确定控制方案

首先要详细分析实际生产的工艺流程，工作特点及控制系统的控制任务、控制过程、控制特点，控制功能，明确输入、输出量的性质，充分了解被控对象的控制要求。

在分析被控对象的基础上，根据 PLC 的特点，与继电器接触器控制系统和计算机控制系统进行控制方案的分析与比较，如果被控系统的应用环境较差，而安全性、可靠性要求较高，输入输出多为开关量，若用常规的继电器接触器实现，则系统较复杂或难以实现，工艺流程经常改变，那么，用 PLC 进行控制是合适的。

2. 选择机型

随着 PLC 的推广普及，PLC 产品的种类和型号越来越多，功能日趋完善。从美国、日本、德国等国家引进的 PLC 产品及国内厂商组装或自行开发的 PLC 产品已有几十个系列，上百种型号。其结构形式、性能、容量、指令系统、编程方法、价格等各有不同，适用的场合也各有侧重。因此，合理选择 PLC 产品，对于提高 PLC 控制系统的技术经济指标起着重要作用。一般来说，各个厂家生产的产品在可靠性上都是过关的，机型的选择主要是指在功能上如何满足自己需要，而不浪费机器容量。PLC 的选择主要包括机型选择、容量选择、输入输出模块选择、电源模块选择等几个方面。

（1）PLC 控制系统 I/O 点数估算　I/O 点数是衡量 PLC 规模大小的重要指标。根据被控对象的输入信号与输出信号的总点数，选择相应规模的 PLC 并留有 10% ~15% 的 I/O 点余量。估算出被控对象上的 I/O 点数后，就可选择点数相当的 PLC。如果是单机自动化或机电一体化产品，可选用小型机，如果控制系统较大，输入输出点数较多，被控制设备分散，就可选用大、中型 PLC。

（2）内存估计　用户程序所需内存容量受到下面几个因素的影响：内存利用率；开关量输入输出点数；模拟量输入输出点数；用户的编程水平。

1）内存利用率 。用户编的程序通过编程器键入主机内，最后是以机器语言的形式存放在内存中，同样的程序，不同厂家的产品，在把程序变成机器语言存放时所需要的内存数不同，一个程序段中的接点数与存放该程序段所代表的机器语言所需的内存字数的比值称为内存利用率。同样的程序可以减少内存量，从而降低内存投资。另外，同样的程序可缩短扫描周期时间，从而提高系统的响应。

2）开关量输入输出的点数。PLC 开关量输入输出总点数是计算所需内存储器容量的重要根据。一般系统中，开关量输入和开关量输出的比为 3:2。这方面的经验公式是根据开关量输入、开关量输出的总点数给出的。经验公式如下：

所需内存字数 = 开关量(输入 + 输出)总点数 ×10

3）模拟量输入输出总点数。具有模拟量控制的系统就要用到数字传送和运算的功能指令，这些功能指令内存利用率较低，因此所占内存数要增加。

在只有模拟量输入的系统中，一般要对模拟量进行读入、数字滤波、传送和比较运算。在模拟量输入输出同时存在的情况下，就要进行较复杂的运算，一般是闭环控制，内存需要量要比只有模拟量输入的情况大。在模拟量处理中。常常把模拟量读入、滤波及模拟量输出编成子程序使用，这使所占内存大大减少，特别是在模拟量路数比较多时。每一路模拟量所需的内存数会明显减少。下面给出一般情况下的经验公式。

只有模拟量输入时：

内存字数 = 模拟量点数 ×100

模拟量输入输出同时存在时：

内存字数 = 模拟量点数 ×200

这些经验公式是在 10 点模拟量时的算法，当点数小于 10 时，内存字数要适当加大，当点数大于 10 点时，可适当减小。

4）程序编写质量。用户编写的程序优劣对程序长短和运行时间都有较大影响。对于同样的系统，不同用户编写的程序可能会使程序长度和执行时间差距很大。一般来说对初级编程者应多留一些内存余量，而有经验的编程者可少留一些余量。

综上所述，推荐下面的经验计算公式：

总存储器字数 =（开关量输入点数 + 开关量输出点数）×10 + 模拟量点数 ×150

然后按计算存储器字数的 25% 考虑余量。

（3）响应时间　对过程控制，扫描周期和响应时间必须认真考虑。PLC 顺序扫描的工作方式使它不能可靠地接收持续时间小于扫描周期的输入信号。例如某产品有效检测宽度为 5 cm，产品传送速度每分钟 50 m，为了确保不会漏检经过的产品，要求 PLC 的扫描周期不能大于产品通过检测点的时间间隔 60 ms$\left(t=\dfrac{5\ \text{cm}}{50\ \text{m}}\times 60\ \text{s}\right)$。

系统响应时间是指输入信号产生时刻与由此而使输出信号状态发生变化时刻的时间间隔，即

系统响应时间 = 输入滤波时间 + 输出滤波时间 + 扫描周期

（4）功能、结构要合理　单机控制往往是用一台 PLC 控制一台设备，或者一台 PLC 控制几台小设备，例如对原有系统的改造、完善其功能等。单机控制没有 PLC 间的通信问题，但功能要求全面。选择箱体式结构的 PLC 为好。若只有开关量控制，可选择 FX、GE－1、C－20、S5－101、TI100、EX－40 等型号。另外，国产的 CKY－40H、D－40、CF－40、PCZ－40、ACMY－S256 等型号也可与进口产品相媲美。

若被控对象是开关量和模拟量共有，就要选择有相应功能的 PLC。模块式结构的产品构成的系统灵活、易于扩充，但造价高，适于大型复杂的工业现场。

（5）输入输出模块的选择　PLC 输入模块是检测并转换来自现场设备（按钮、限位开关、接近开关等）的高电平信号为机器内部电平信号，模块类型分 DC 5 V、12 V、24 V、48 V、60 V 几种；AC 115 V 和 220 V 两种。由现场设备与模块之间的远近程度选择电压的大小。一般 5 V、12 V、24 V 属低电平，传输距离不宜太远，例如 5 V 的输入模块最远传输距离不能超过 10 m，也就是说，距离较远的设备选用较高电压的模块比较可靠。另外高密度的输入模块如 32 点、64 点，同时接通点数取决于输入电压和环境温度。一般来讲，同时接通点数不得超过总点数的 60%。为了提高系统的稳定性，必须考虑门槛电平（接通电平与关断电平之差）的大小。门槛电平值越大，抗干扰能力越强，传输距离也越远。

输出模块的任务是将机器内部信号电平转换为外部过程的控制信号。对于开关频繁、电感性、低功率因数的负载，推荐使用晶闸管输出模块，缺点是模块价格高、过载能力稍差。继电器输出模块的优点是适用电压范围宽、导通压降损失小、价格低，缺点是寿命短、响应速度慢。输出模块同时接通点数的电流累计值必须小于公共端所允许通过的电流值。输出模块的电流值必须大于负载电流的额定值。

（6）结构形式的考虑　PLC 的结构分为整体式和模块式两种。整体式结构把 PLC 的 I/O 模块和 CPU 放在一块大印制电路板上，节省了插接环节，结构紧凑，体积小，每一 I/O 点的平均价格也比模块式的便宜，所以小型 PLC 控制系统多采用整体式结构。模块式 PLC 的功能扩展，I/O 点数的增减，输入与输出点数的比例，都比整体式方便灵活。维修时更换模块，判断与处理故障快速方便。因此，对于较复杂的要求较高的系统，一般选用模块式结构。

（7）对用户存储器的要求　一般 PLC 都用 CMOS RAM 作用户存储器，它具有静态消耗电流小的特点。为了在停电时保护用户程序和现场数据，通常用锂电池作后备电源。

如果被控系统的工艺要求固定不变，所编程序经调试后已比较完善，不需要经常修改，为了防止他人随意改动控制程序，可以采用 EPROM（选购件）将用户程序固化。

（8）是否需要通信联网的功能　大部分小型 PLC 都是以单机自动化为目的，一般没有和上位计算机通信的接口。如果用户要求将 PLC 纳入工厂自动化控制网络，就应选用带有

通信接口的 PLC。一般大、中型 PLC 都具有通信功能。近年来，一些高性能的小型机（如 FX、C40H、S5－100U 等）也带有通信接口，通过 RS－232 串行接口及通信模块等，与上位计算机或另一台 PLC 相连，也可以连接打印机、CRT 等外围设备。

以上简要地介绍了 PLC 选型的依据和应考虑的问题，用户应根据生产实际的需要，综合考虑各种因素，选择性能价格比合适的产品，使被控对象的控制要求得到完全满足，也使 PLC 的功能得到充分发挥。

3. 输入输出设备选择及输入输出点分配

在 PLC 控制系统中，通常用作输入器件的元件是控制按钮、行程开关、继电器等的触点。PLC 的执行元件通常有接触器、电动机、电磁阀，信号灯等。要根据控制系统的需要进行选择。

4. 施工设计

与一般电气施工设计相同，PLC 控制系统的施工设计需完成下列工作：画出完整的电路图；注明电器元件清单；画出电气柜内电器位置图和电器安装接线图。另外，还需完成下列几项工作。

（1）画出电动机主回路及不进入 PLC 的控制回路，电器元件的线圈和触点的连接应符合国家有关标准规定。在实际连接时，应注意以下几点：

1）为了保证系统的可靠性，手动电路、急停电路一般不进入 PLC 控制电路。例如，保护开关，热继电器，熔断器和限位保护开关等均不进入 PLC 控制电路，电源也应相互分开，以备 PLC 异常时能够使用。

2）正确连接电器线圈。交流电压线圈通常不能串联使用，即使是两个同型号电压线圈也不能采用串联后，接在两倍线圈额定电压的交流电源上，以免电压分配不均引起工作不可靠。

3）合理安排电器元件和触点的位置。对于串联回路，电器元件或触点位置互换时，并不影响其工作原理，但在实际运行中，会影响电路安全并关系到导线长短。

4）防止出现寄生电路。寄生电路是指在控制电路的动作过程中，意外出现而不是由于误操作而产生的接通电路。

5）尽量减少连接导线的数量，缩短连接导线的长度。

（2）画出 PLC 输入输出接线图。注意要按现场信号和 PLC 软继电器编号对照表的规定，将现场信号线接在对应的端子上。

（3）对重要的互锁，如电动机正反转、热继电器等需在外电路用硬接线再联锁。凡是有致命危险的场合，设计成与 PLC 无关的硬线逻辑。

（4）画出 PLC 的电源进线接线图和执行动作电器的供电系统图。

5. 总装调试

（1）程序调试。将设计好的程序用编程器输入到 PLC 中，进行编辑和检查，发现问题，立即修改和调整程序。

（2）现场调试。现场安装完毕后，可对硬件和软件进行联调，实现对某些参数的现场确定和调整。

（3）安全检查。最后对系统的所有安全措施作彻底检查，准确无误后即可投入试运行，待一切正常后，将程序固化在有长久记忆功能的只读存储器 EPROM 中长期保存。

任务三 电气控制技术与PLC应用综合实训

一、项目设计目的与要求

1. 设计目的

“可编程序控制器”已是工科机械专业的一门实用技术课程，既要有一定的理论知识，又要有实际技能训练，为此，在教学中安排一周的项目设计综合实训，其目的是：

1）会运用PLC及相关课程的理论知识和实际应用知识，进行PLC控制程序设计，从而使这些知识得到进一步的巩固、加深和发展。

2）熟悉并掌握PLC控制系统的设计方法、PLC的选型和程序设计。

3）通过项目设计，熟悉设计资料，掌握编程技术，提高编程技巧，从而可以提高PLC技术综合应用设计能力，培养独立分析问题和解决问题的能力，为今后毕业设计及实践打下必要的基础。

2. 设计步骤和内容

（1）总体方案的确定　根据控制要求，确定总体方案。

（2）正确选用电气控制元件和PLC　根据选用的输入输出设备的数目和电气特性，选择合适的PLC，要求进行电气元件的选用说明。

（3）分配I/O点，画出I/O连线图　根据选用的输入输出设备，确定I/O端口。依据输入输出设备和PLC的I/O端口分配关系，画出I/O连线图。

（4）程序设计说明及过程分析　要求绘制控制系统流程图，进行程序设计过程的详细分析说明，设计简单、可靠的控制程序。

（5）对系统工作原理进行分析，最后审查控制实现的可靠性　检查系统功能，完善控制程序。

（6）在实训台上进行程序调试至满足控制要求　根据系统实际工作情况，在实训台上用开关量信号和输出元件或指示灯模拟系统工作实际，逐一置位输入信号，观察程序涉及的元件运行情况和输出情况与设计要求是否一致，排查程序和硬件接线错误直至满足控制要求。

（7）编写设计说明书　根据设计题目及设计过程编写一份项目设计说明书。根据设计项目要求，绘制电气原理图一张（包含控制系统的主电路、PLC输入输出接线图等）。

（8）答辩　设计者本人应首先对自己的设计进行5分钟的讲解，然后进行答辩。

3. 要求学生完成的工作任务

1）PLC控制程序梯形图一张。

2）设计出控制系统的模拟实验板，画出面板设计图。

3）完成上机调试运行。

4）设计说明书一份。

4. 对项目设计的其他要求及说明

1）设计说明书用纸统一规格，论述清晰，字迹端正，应用资料应说明出处。

2）说明书内容应包括（说明书装订次序）：题目、目录、正文（题目要求、题目分析、硬件电路的设计、电气元件的计算与选择、电器元件清单、软件程序的设计、调试过程）、结论、致谢、参考文献等。应阐述整个设计内容，要重点突出，图文并茂，语言流畅。

3）根据设计题目要求绘制电气原理图一张（包含控制系统的主电路、PLC 硬件接线图、PLC 梯形图、电气装置总体配置图等）。

4）成绩评定。评定成绩的主要依据：程序是否正确，说明书是否全面、清晰、图样设计是否正确，调试过程是否掌握，完成设计任务的质量与数量，工作态度等。

二、PLC 仿真模拟控制实训项目

实训项目一　十字路口交通灯智能调度系统的设计

1. 系统描述

现有一个十字路口的交通灯控制系统，路口由 2 个红灯、2 个绿灯、2 个黄灯组成。用 PLC 实现路口交通灯信号开通时间的比例动态分配。

为了检测路口的交通流量，在路口所管辖的东西向马路上安装了车辆检测传感器 SQ1，南北向马路上安装了车辆检测传感器 SQ2。其结构示意图如图 10-1 所示。

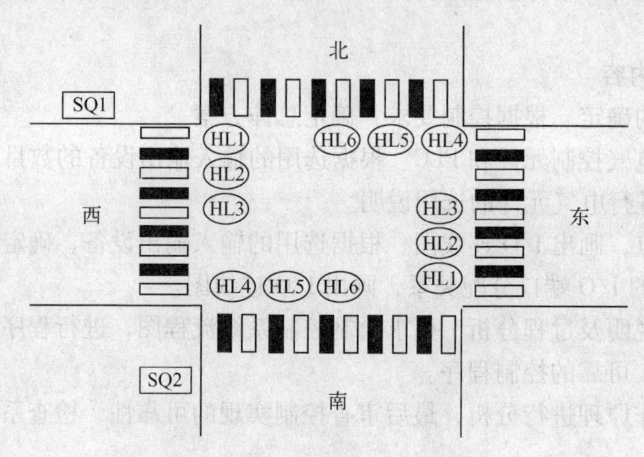

图 10-1　十字路口交通灯示意图

2. 控制任务

（1）按启动按钮后，当拨码器的设定为 1 时，代表路口切换时间为 1 个基本周期（16 s）。

1）十字路口的东西向红绿黄灯的控制：东西向的红灯亮 8 s，接着绿灯亮 4 s 后闪烁 2 s 灭（闪烁周期为 1 s），黄灯亮 2 s，依此循环。

对应南北向的红绿黄灯的控制：南北向绿灯亮 4 s 后闪 2 s 灭（闪烁周期为 1 s），黄灯亮 2 s 灭，红灯亮 8 s，依此循环。

2）当十字路口南北向车辆检测传感器 SQ1 在检测单位时间内（32 s）内检测该路口的通行车辆数量是东西路口通行车辆数量的 2 倍以上（包括 2 倍）时，在该路口的下一个执行周期，路口的红绿黄灯的时间控制将会调整如下。

南北向的红灯亮 4 s，接着绿灯亮 8 s 后闪烁 2 s 灭（闪烁周期为 1 s），黄灯亮 2 s，依此循环。东西绿灯亮 2 s 后闪 1 s 灭（闪烁周期为 1 s），黄灯亮 2 s 灭，红灯亮 12 s，依此循环。

同理，当东西向路口的通行车辆数量是南北向路口通行车辆数量的 2 倍以上（包括 2 倍）时，路口的红绿黄灯的时间控制将会颠倒，即东西向通行时间为 12 s，南北向通行时间为 4 s。

3）当通过拨码器手动改变信号周期时，路口信号的通行时间都同比例变化，即假设拨码器调整信号切换时间为 2 个基本周期时，在十字路口中南北向的红灯亮 16 s，接着绿灯亮 12 s 后闪烁 2 s 灭（闪烁周期为 1 s），黄灯亮 2 s，依此循环。

调整后的周期将在再次按下启动按钮 SB1 并执行完成当前信号周期后执行。

（2）按下夜间运行按钮 SB2 时，所有路口仅黄灯闪烁（周期为 1s）。

（3）按下停止按钮 SB3 时，路口所有的交通灯均不亮。

实训项目二　全自动洗衣机控制系统的设计

1. 系统描述

全自动洗衣机的洗衣桶（外桶）和脱水桶（内桶）是以同一中心安装的。外桶固定，盛水用；内桶可以旋转，脱水（甩干）用。内桶的周围有很多小孔，使内桶和外桶的水流相通。洗衣机的进水和排水分别由进水电磁阀和排水电磁阀来执行。进水时，通过控制系统将进水电磁阀打开，经进水管将水注入外桶。排水时，通过控制系统将排水电磁阀打开，将水由外桶排到机外。洗涤正转、反转由洗涤电动机驱动波盘的正、反转来实现，此时脱水桶并不旋转。脱水时，控制系统将离合器合上，由洗涤电动机带动内桶正转进行甩干。高、低水位控制开关分别用来检测高、低水位。启动按钮用来启动洗衣机工作，停止按钮用来实现手动停止进水、排水、脱水及报警。排水按钮用来实现手动排水。其示意图如图 10-2 所示。

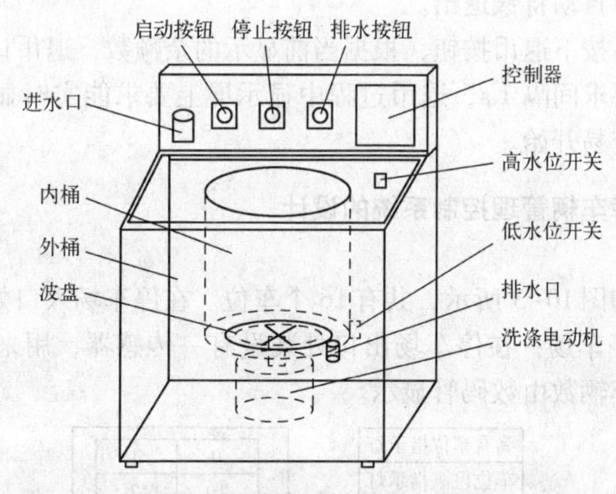

图 10-2　全自动洗衣机示意图

2. 控制任务

按下启动按钮后，洗衣机开始进水。水满时（即水位到达高水位），高水位开关由 OFF 变为 ON，停止进水，并开始洗涤正转，正转洗涤 15 s 后暂停，暂停 3 s 后开始洗涤反转。反洗 15 s 后暂停，暂停 3 s 后，若正、反洗未满 3 次，则返回从正洗开始的动作；若正、反洗满 3 次时，则开始排水。水位下降到低水位时（低水位开关由 ON 变为 OFF）开始脱水并继续排水，脱水 10 s 后结束，即完成一次从进水到脱水的大循环过程。若未完成 3 次大循环，则返回从进水开始的全部动作，进行下一次大循环；若完成了 3 次大循环，则进行洗完报警。报警 10 s 后结束全部过程，自动停机。

实训项目三　自助售货机控制系统的设计

1. 系统描述

现有一个自助售货机系统，由货物陈列位、投币器、显示屏、出货区、退币区等组成。

用 PLC 实现自助售货机的控制。

货物陈列位摆放有 4 种商品，A（1.2 元）、B（1.5 元）、C（2.3 元）、D（2.6 元），设商品供应充足，每次操作只能选择一种商品。在每个货物陈列位下方分别设有一个选货按钮 SB1 ~ SB4。

显示屏由 2 位 BCD 数字显示器组成，用于显示投币金额及余额。

投币器设有 3 个货币识别传感器 SQ1、SQ2、SQ3（可用 3 个按钮来模拟），分别用于识别 1 角、5 角和 1 元的硬币。

出货区由电磁铁 YA1 ~ YA4 及其控制的推货杆组成，控制 4 种商品的出货。

退币区由电磁铁 YA5、YA6、YA7 及其控制的推币器组成。如果显示屏显示余额大于零时，按下退币按钮 SB5，电磁铁 YA5（1 角）、YA6（5 角）将找零硬币推到退币口，延迟 1 s 后，电磁铁 YA7 动作，退出硬币。

2. 控制任务

（1）向投币器中掷入硬币（可用点动按钮代替），显示屏上自动显示当前所投金额。

（2）按下选货按钮后，显示屏上显示所剩余额，当所剩余额大于零时，延迟 1 s 后对应的推货杆动作将货物推出；如果所剩余额还大于零，则仍可继续选货。

若所投金额不够时，“投币不足”指示灯闪烁（闪烁周期 0.5 s），等待 5 s 后，若所投金额还不足时，则退币口自动将钱退出。

（3）交易完成后，按下退币按钮，根据当前显示的余额数，退币口自动将钱退出，一个币种连续推出的时间要求间隔 1 s，退币过程中显示屏上要求能实时显示所剩金额，直至显示为零后等待下一次交易开始。

实训项目四　车库车辆管理控制系统的设计

1. 系统描述

某停车场示意图如图 10-3 所示，共有 16 个车位。在停车场入口处装设有一传感器，用来检测是否有车进入停车场；在停车场出口处装设有一传感器，用来检测是否有车出停车场。目前停车场停的车辆数由数码管显示。

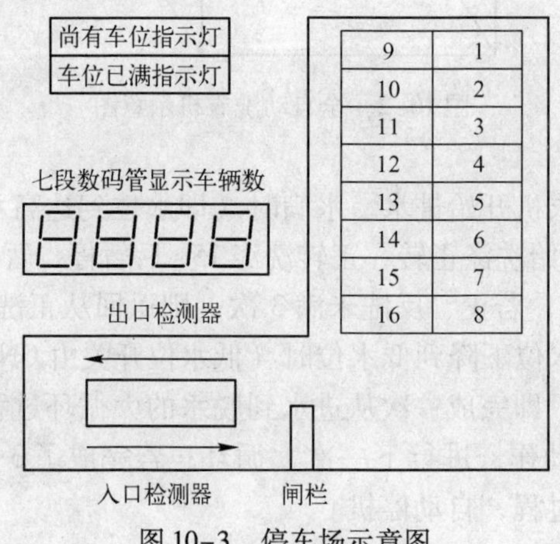

图 10-3　停车场示意图

2. 控制任务

（1）用一个绿色指示灯表示尚有车位。此时入口处若有车，入口闸栏可以将门开启让车辆进入停放。

（2）用一个红色指示灯显示车位已满，车位满时，入口闸栏不能开启，禁止车辆进入停放。

（3）用7段数码管显示目前停车场共有几部车。

实训项目五　知识竞赛抢答器控制系统的设计

1. 系统描述

现有一个4路抢答器，配有4个选手抢答按钮SB1～SB4、一个主持人答题按钮SB5、复位按钮SB6、显示屏以及工作指示灯HL1、犯规指示灯HL2和超时指示灯HL3等组成。

2. 控制任务

（1）在答题过程中，当主持人按下开始答题按钮SB5后，4位选手开始抢答，抢先按下按钮的选手号码应该在显示屏上显示出来，同时有工作指示灯HL1亮，其他选手按钮不起作用。

（2）如果主持人未按下开始抢答按钮就有选手抢先答题，则认为犯规，犯规选手的号码应该闪烁显示（闪烁周期为1 s），同时犯规指示灯闪烁HL2闪烁（周期与显示屏相同）。

（3）当主持人按下开始答题按钮，超过10 s仍无选手抢答，则系统超时指示灯HL3亮，此后不允许再有选手抢答该题。

（4）当主持人按下复位按钮，系统进行复位，重新开始抢答。

实训项目六　自动剪板机控制系统的设计

1. 系统描述

自动剪板机主要用于剪裁金属板，其示意图如图10-4所示，板料运行到一定位置后，压钳下行压紧板料，然后剪刀下行剪断板料。

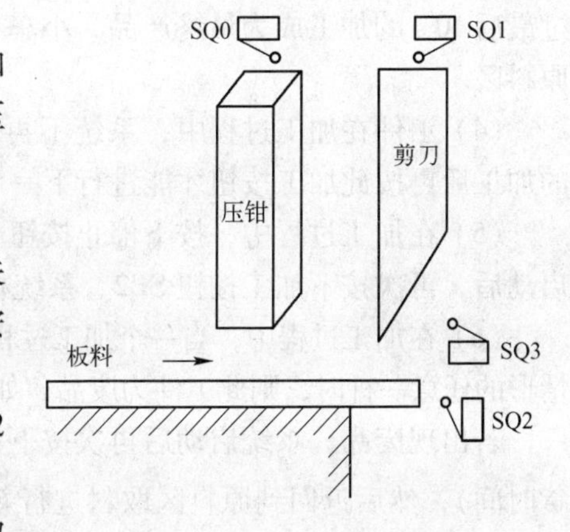

图10-4　自动剪板机示意图

2. 控制任务

（1）开始时压钳和剪刀在上限位置，限位开关SQ0和SQ1为ON。若要启动剪板机，需按下启动按钮SB1。

（2）启动后，板料右行，直到碰到限位开关SQ2后停止右行。

（3）压钳下行，压紧板料后，压力继电器KY为ON，使压钳保持压紧状态。

（4）剪刀开始下行，剪断板料，碰到限位开关SQ3。

（5）压钳和剪刀同时开始上行，分别碰到限位开关SQ0和SQ1后停止。

（6）都停止后开始下一周期，连续三次后停止。

（7）工作过程中可以在任意位置停止，返回原点后可重新操作。

实训项目七　生产流水线小车控制系统的设计

1. 系统描述

现有一条生产线，生产一件产品需要进行四次加工，每次加工之前都需要回到原料区进行取料，根据加工过程将此生产线分为原料区、加工工位一区、加工工位二区、加工工位三区、加工工位四区五个区位，每个区位都安装一个行程开关判断位置。

现要求设计一台小车的控制系统，能够根据加工要求自动往返于每个工位之间，为了判断产品的加工过程，每加工一次，在加工显示屏上都会显示相应的加工次数，同时对于加工过程出现的半成品，可以通过拨码器手动输入已经完成的加工次数，自动进行余下工位的加工。其结构示意图如图 10-5 所示。

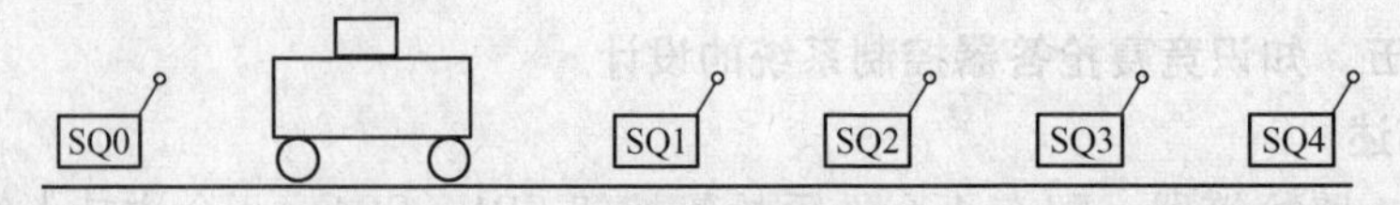

图 10-5　生产流水线小车控制示意图

2. 控制任务

(1) 系统第一次上电时，小车自动回到原料区，等待加工指令。

(2) 按下启动按钮 SB1，系统启动，开始准备加工。按下加工按钮 SB2，当工件是初次加工时，小车从原料区取完工件后右行到达加工工位一区（行程开关 SQ1 的位置），加工 10 s后，带着工件返回到原料区取配件，当再次按下加工按钮 SB2 时，小车从原料区经过加工一区到达加工二区（行程开关 SQ2 的位置）进行加工，加工 5 s 后，带着工件返回到原料区继续取配件。

(3) 再次按下加工按钮 SB2，小车从原料区经过加工一区、加工二区到达加工三区（行程开关 SQ3 的位置），加工 8 s 后，带着工件返回原料区，继续按下加工按钮 SB2，小车将继续从原料区经过加工一区、加工二区、加工三区到达加工四区（行程开关 SQ4 的位置），经过最后 10 s 的加工成为最终产品，小车在加工完成后，等待 2 s（进行卸货）后自动返回到原料区。

(4) 工件在加工过程中，系统不再响应加工按钮 SB2 的信号输入，直到完成当前工位的加工后再按此加工按钮才能进行下一个工序的加工。

(5) 在加工过程中，按下停止按钮 SB3，工件完成当前加工过程后停止运行，直到系统启动后，再次按下加工按钮 SB2，系统根据加工工艺完成剩余加工过程。

(6) 在加工过程中，当一个加工过程未完成时，若出现系统断电或急停按钮被按下这两种情形的任意一种时，则此工件为废品；如果此工位的加工过程已经完成，则此工件为半成品。

若出现废品，系统启动后再次按下加工按钮时，废品直接送到加工四区，等待 2 s（卸货时间），然后返回到原料区取料进行新一轮的加工。当工件为半成品时，再次按下加工按钮，根据手动输入的加工次数，系统自动完成剩余加工过程。

(7) 在加工过程中，数字显示器显示当前已经加工完成的次数。当此次加工完成后，显示数值自动调整。

实训项目八　霓虹灯控制系统的设计

1. 系统描述

现有一套霓虹灯控制系统，由 5 条环形灯 R1、R2、R3、R4、R5 和 8 条线性灯 L1、L2、L3、L4、L5、L6、L7、L8 以及圆心 Q0 组成，结构示意图如图 10-6 所示。每条环形灯以及每条线性灯均可单独控制。

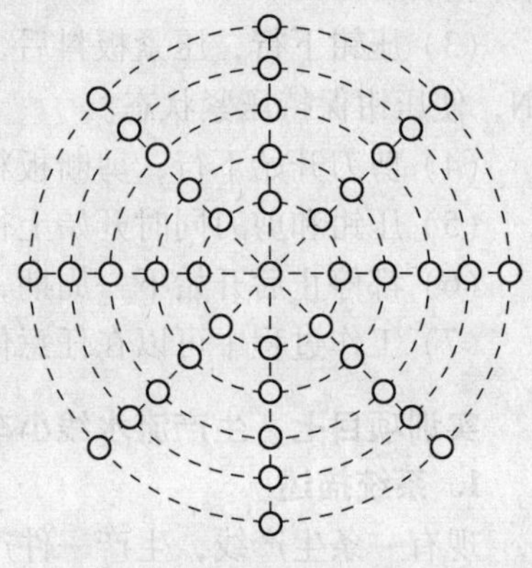

图 10-6　霓虹灯控制系统示意图

2. 控制任务

(1) 当系统上电时，所有的霓虹灯均不亮。

(2) 按下启动按钮 SB1 后，可通过拨码器选择灯光变幻的方式。

当拨码器输入数字 1 ~ 3 时，按下运行按钮 SB3，霓虹灯系统根据设定方式运行。

1) 当拨码器输入数值为 1 时，8 条线性灯柱以 1 s 为时间间隔依次循环变化，即首先线性灯柱 L1 亮 1 s 后灭，然后灯柱 L2 亮 1 s 后灭，接着灯柱 L3、L4、L5、L6、L7、L8 依次亮 1 s 后灭。

2) 当拨码器输入数值为 2 时，圆心 Q0 及环形灯圈 R1、R2、R3、R4、R5 依次间隔 2 s 循环变化，即圆心 Q0 亮 2 s 后灭，接着灯圈 R1、R2、R3、R4、R5 依次亮 2 s 后灭。

3) 当拨码器输入数值为 3 时，由霓虹灯组成的字符 K、L、Y、X 开始以 1 s 为周期依次闪烁 2 次，即字符 K 闪烁 2 次后字符 L 闪烁 2 次，然后是字符 Y 和字符 X。

4) 如果拨码器输入的数值超过了设定范围 1 ~ 3，则霓虹灯以 2 s 为周期进行闪烁，每次点亮的指示灯由控制器随机选择。

5) 调整完拨码器输入数值并按下按钮 SB3 后，霓虹灯在完成本周期的变幻以后自动转换到指定的工作方式。

(3) 当按下停止按钮 SB2 时，所有的霓虹灯均不亮。

三、PLC 控制系统设计师高级操作技能考核项目

考核项目一　采用现场总线实现生产线分拣系统的控制

1. 系统描述

现有一套生产线的分拣系统，可根据工件的属性进行分拣。分拣系统由传感器、变频器、三相异步电动机、分拣站（由气缸和出料导槽组成一个分拣站）、触摸屏、旋转编码器、蜂鸣器等组成。

系统分拣的工件分为三种，即金属工件、白色塑料工件和黑色塑料工件，系统的功能主要是将工件分拣出来后进行打包。系统规定一个金属工件和两个白色塑料工件为一组，当分拣槽内的工件构成一组后，系统进行手动打包。

系统的结构示意图如图 10-7 所示。

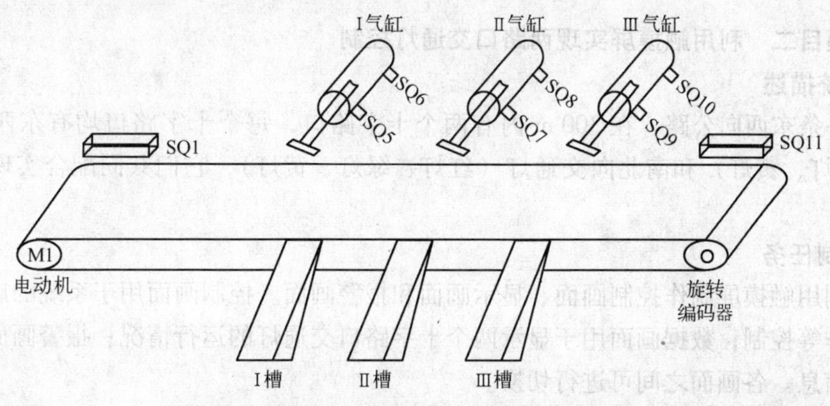

图 10-7　采用现场总线实现生产线分拣系统示意图

2. 控制任务

(1) 在触摸屏上制作起始画面、参数设置画面、控制画面以及监控画面。

触摸屏在开机时显示起始画面，该画面用于显示项目名称及当天的年月日信息。经过2 s后自动跳转到控制画面。

控制画面用于设置系统的启动、停止、复位等按钮，并能输入工件的属性，还能显示传送带当前的速度以及工件的坐标（以传送带右向运行时传感器SQ1刚检测不到货物为起始零点）。

监控画面用于显示系统当前各个部件的状态、运行工件的位置以及统计各个槽内的货物数量。

(2) 系统上电时，系统处于初始状态，即传送带停止运行，各气缸活塞杆处于缩回状态。

当位置传感器SQ1检测到工件时，触摸屏上弹出工件属性输入框，根据人眼观测工件属性的结果，由人工在控制画面中输入工件的属性。分拣的要求是将一个金属工件和两个白色塑料放入Ⅲ槽（不分先后顺序）。

分拣过程中如有多余的金属工件（假设分拣过程中不会出现多余的白色塑料工件），则暂存到Ⅰ槽，当Ⅰ槽内有工件时，指示灯HL1点亮提示，并对槽内的工件进行计数，待Ⅲ槽内完成一组工件的包装后，指示灯HL1闪烁（每秒闪烁1次），提示2 s内手工将Ⅰ槽内的工件取走。当Ⅰ槽内的没有工件时（2 s过后），指示灯HL1熄灭。

若传送带上混入黑色塑料工件，在经过传感器SQ1检测后，带式传输机中速运行（变频器运行的频率为30 Hz），将工件传送至Ⅱ槽位置，由Ⅱ气缸活塞杆运动将其推入槽内。

分拣完成一组后，进行手动打包。打包期间，传送带停止运行。指示灯HL2作禁止放料提示。打包时间为3 s，3 s后打包结束，指示灯HL2作允许放料提示，系统恢复初始状态。

(3) 传送带的运行位置由旋转编码器进行检测。

(4) 现场设备中的触摸屏通过现场总线与PLC模块进行连接，其他检测器件和执行器件都直接与PLC模块连接。

考核项目二　利用触摸屏实现两路口交通灯控制

1. 系统描述

现有一条东西向公路，在300 m内有两个十字路口，每个十字路口均有东西向交通灯（红灯、绿灯、黄灯）和南北向交通灯（红灯、绿灯、黄灯），它们共同配合实现路口的交通管理。

2. 控制任务

(1) 利用触摸屏制作控制画面、显示画面和报警画面。控制画面用于系统的启动、停止和手动操作等控制；数据画面用于显示两个十字路口交通灯的运行情况；报警画面用于显示系统报警信息。各画面之间可进行切换。

(2) 东西公路在上午时由东向西的车多，下午时由西向东的车多，因此两个路口的交通灯可自动实现分时控制，即在上午（测试时全天采用6 min来模拟，前3 min模拟上午，后

3 min模拟下午）东面的绿色交通灯比西面的提前5 s，在下午（后3 min）西面绿色交通灯比东面的提前5 s。

（3）在触摸屏上按下启动按钮，两个路口的交通灯进入工作状态。默认情况下两个路口南北向交通灯的控制方式为：红灯亮30 s后绿灯亮25 s，然后黄灯亮5 s，依此循环。东西向交通灯的控制方式为：绿灯亮25 s后黄灯亮5 s，然后红灯亮30 s，依此循环。

（4）触摸屏的数据画面可同时监视两个路口交通灯的变化情况。

（5）在触摸屏上的控制画面可手动调节交通灯的运行周期、绿灯和黄灯时间，运行周期时间如需改变必须在绿灯之前进行。黄灯和绿灯的时间修改后，两个路口同步变化，红灯时间在修改过程中自动变化。当输入的绿灯时间大于运行周期时触摸屏将给出提示信息，修改无效。

（6）在紧急情况下可通过触摸屏的控制画面将每个路口的信号灯切换为手动控制。

（7）当需要交通管制时，在控制画面上选择交通管制按钮，这时所有车辆禁止通行。特殊车辆通过后，按下启动按钮，交通灯继续运行。

（8）在控制画面上按下停止按钮，两个路口的所有交通灯全部变为黄灯闪烁（闪烁频率为1 Hz）。

（9）主站通过现场总线控制两个路口的交通灯的变化。

考核项目三　采用现场总线技术实现水闸的控制

1. 系统描述

现有一套水闸系统，主要由PLC、变频器UF1、触摸屏、接触器（KM1和KM2）、3个闸门以及现场总线网络等组成，如图10-8所示。

在闸门的上下两端都装有限位开关，用于检测闸门开启或关闭是否到位。1#闸门和3#闸门均采用接触器进行控制，两闸门的流量相等，均为总流量的30%。

2#闸门由变频器进行控制，流量是总流量的40%。此闸门由螺杆进行控制，螺杆上装有旋转编码器，螺杆每转动10周，闸门打开总量程的0.5%。

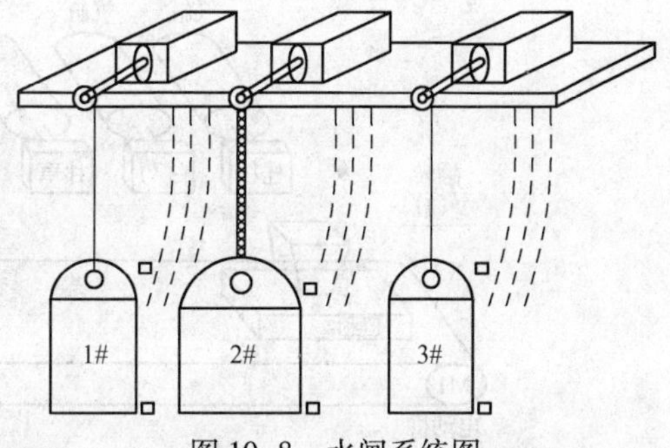

图10-8　水闸系统图

由于总控制室距离实现现场比较远，因此水闸现场所有的传感器、执行器是通过设备层总线与控制室相连的。在总控制室配有一台触摸屏，可实现对水闸的监控管理。

2. 控制任务

（1）制作触摸屏画面，即控制、监控和报警画面。控制画面完成流量的预先设定、手动控制闸门的提升以及启动和停止现场设备。监控画面用于监控2#闸门开启的状态。所有画面之间可以进行切换。

（2）在控制画面输入水闸的流量（以百分比形式输入），然后按下启动按钮，这时3个闸门根据设置的流量实现3台闸门的开启。

（3）正常情况下，系统到达稳定状态的调节时间为10 s，若在10 s内未达到稳定状态，则触摸屏上弹出报警画面，给出提示信息。

（4）在闸门提升的动作过程中，按下控制画面的停止按钮，所有闸门都将停止运行。再次按下启动按钮，闸门则继续运行。

（5）在监控画面要求制作2#闸门提升时的动画效果，能实时反映当前开启的程度，同时显示打开的百分比。

（6）要求在触摸屏上制作调试画面，可通过按钮控制1#和3#闸门的开闭，通过滑块控制2#闸门的任意开度，同时还能监控PLC现场输入信号的状态。

考核项目四　中药自动配药系统的控制

1. 系统描述

这套中药自动配药系统，可按照药剂的配方，自动完成配药的过程。

该系统主要完成感冒药的制作，在触摸屏选择药剂名称，系统将提示其配方，根据配方选择各种成分。系统主要由推料气缸及其电磁阀（YV1～YV8）、翻转气缸及其电磁阀（YV9）、交流电动机M1及接触器（KM1、KM2）、旋转编码器、自动取料小车和电子秤等组成。为了检测气缸活塞杆的位置，分别在每个气缸的前后限位处装有磁性开关。在取料小车运动的左极限位处和右极限位都装有行程开关。

系统的配药成分主要有桂枝、白芍、甘草、生姜、金银花、五指柑、野菊花、三叉苦，每种成分由一台推料气缸控制其添加的份量（气缸每动作一次完成1 g药剂的增加）。系统配有的自动取料小车和一台电子秤，其目的是完成药剂的混合。当取料完成后通过翻转气缸自动将药倒入到量杯。系统结构示意图如图10-9所示。

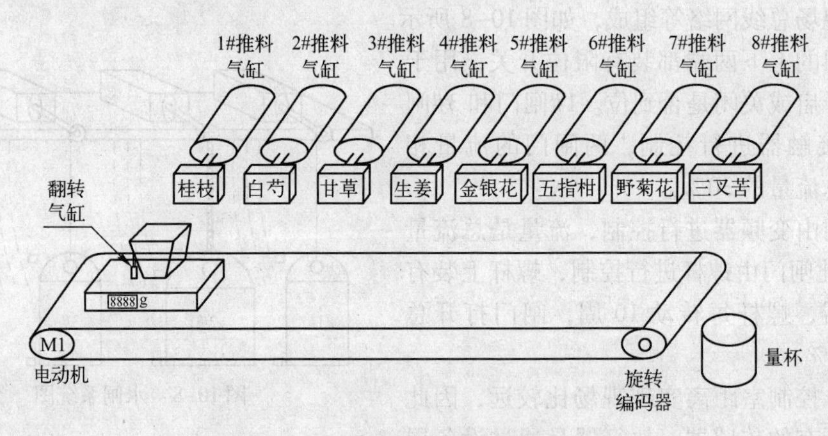

图10-9　中药自动配药系统结构示意图

2. 控制任务

（1）在触摸屏上制作选择画面、调药画面、报警画面及调试画面。

在选择画面上制药人员可以用下拉菜单选择中药配方。当制药人员选择一种配方后，要求在屏幕上显示配方内容。调药画面用于实时显示当前正在配制的成分以及当前电子秤测量的数值。

（2）系统上电后，恢复初始状态，自动送料小车处于左限位状态，各个气缸活塞杆处于复位状态。

（3）按下启动按钮SB1，系统启动。当制药人员在触摸屏上选择一种配方后，自动取料小车根据配方中各成分的先后顺序，依次到达各个取药点等待。

当自动取料小车到位后，推料小车根据配方中的比例，逐次推出药剂。例如，当需要桂枝 5 g 时，1#推料气缸将以 2 Hz 的频率推 5 次，经电子秤判断确认后转到下一位置。

药剂的配方如表 10–1 所示。

表 10–1　药剂配方表（单位：g）

配方 成分	配　方　一	配　方　二	配　方　三	配　方　四
桂枝	5	5	4	5
白芍	3	3	3	3
甘草	2	4	2	3
生姜	1	3	5	6
金银花	4	2	5	6
五指柑	5	3	6	4
野菊花	4	4	4	3
三叉苦	3	2	2	2

将药剂配比完成后，自动送料小车到达右限位，翻转气缸动作，将中药倒入到量杯后返回到左限位位置。

（4）按下停止按钮 SB2，系统停止运行，当药剂配比未完成时，触摸屏记录当前已经完成的配比，在下次启动时，弹出报警框提示制药人员处理。

（5）要求在触摸屏上制作调试画面，使用触摸屏监控 PLC 现场输入信号的状态，并手动控制 PLC 输出状态的转换。

考核项目五　PLC 位置控制系统设计

1. 系统描述

这套自动定位系统，由 PLC、光电旋转编码器、变频器等组成控制单元，要求实现工件在平行工作台上的精确定位。该系统的工作原理是将光电编码器的机械轴和传动辊（由三相交流异步电动机拖动）同轴相连，通过传动辊带动光电编码器机械轴转动，输出脉冲信号，利用 PLC 的高速计数器指令对编码器产生的脉冲（采用 A 相脉冲）个数进行计数，当高速计数器的当前值等于预设值时产生中断，经变频器控制电动机停止运行，从而实现工件在平行工作台上的精确定位。其中，高速计数器的预设值即为工件运行到一定位置时光电编码器产生的脉冲数，该脉冲数值与传输带运行距离、光电编码器的每转脉冲数以及传动辊直径等参数有关。

2. 控制任务

（1）设定变频器的频率，电压输出。通过光电旋转编码器反馈当前位置。

（2）系统上电后，按下复位按钮 SB1，电动机移动复位，设置原点位置为 0。

（3）按下启动按钮 SB2，设定变频器频率，工件在平行工作台上运动到一定位置停止。

（4）向外旋出停止旋钮 SB4，系统暂停。向里旋进停止旋钮 SB4，继续运行。

附录 A　FX_{3U} 系列 PLC 技术指标

附表 A-1　FX_{3u} 系列 PLC 的一般技术指标

项　目	技术指标				
环境温度	运行时为 0℃ ~55℃，保存时为 -25℃ ~ +75℃				
环境湿度	5% ~95% RH（不结露）使用				
耐振动①		频率/Hz	加速度/（m/s^2）	单向振幅/mm	X、Y、Z 方向各 10 次（合计共 80 min）
	DIN 导轨安装时	10 ~57	—	0.035	
		57 ~150	4.9	—	
	直接安装时	10 ~57	—	0.075	
		57 ~150	9.8	—	
耐冲击②	147 m/s^2，作用时间 11 ms，正弦半波脉冲 X、Y、Z 方向各 3 次				
抗噪声	采用噪声电压为 1000Vp-p，噪声脉冲宽度为 1 μs，上升沿 1 ns，周期 30 ~100 Hz 的噪声模拟器				
耐压	AC 1500 V 1min		所有端子与接地端之间		
绝缘电阻	5 MΩ 以上（DC 500 V 绝缘电阻表）				
接地②	D 类接地，（接地电阻：100 Ω 以下）（不允许与强电系统共同接地）				
使用环境	无腐蚀、可燃性气体，导电性尘埃不严重的场合				
使用高度③	2000 m 以下				

① 以 IEC61131-2 为判断基准。
② 接地请采用专用接地或共同接地。
③ 不能在外加压超出大气压环境下使用，否则可能引起故障。

附表 A-2　FX_{3U} 系列 PLC 的电源技术指标（AC 电源/DC 输入型）

项　目	FX_{3U}-16M/E	FX_{3U}-32M/E	FX_{3U}-48M/E	FX_{3U}-64M/E	FX_{3U}-80M/E	FX_{3U}-128M/E
电源电压	AC 100 ~240 V（允许范围 85 ~264 V）；50/60 Hz					
允许瞬间断电时间	对于 10 ms 以下的瞬间断电，控制动作不受影响；电源电压为 AC 200 V 系统时，可通过用户程序在 10 ~240 ms 间更改					
电源熔丝	250 V　3.15 A		250 V　5 A			
冲击电流	最大 30 A　5 ms 以下/AC 100 V，最大 65 A　5 ms 以下/AC 200 V，					
消耗功率①/W	30	45	40	45	50	65
DC 24 V 供给电源②	400 mA 以下		600 mA 以下			
DC 5 V 内置电源③	500 mA 以下					

① 这个消耗功率是指基本单元的 DC 24 V 供电电源被扩展的输入输出、扩展模块以及特殊功能单元/模块消耗的最大值。
② 当连接了输入输出扩展的情况下，DC 24 V 供给电源可以被使用的电流会减少。
③ 不能在外部单独使用。提供给输入输出扩展模块、特殊功能模块、特殊适配器以及功能扩展版的电源容量。

附表 A-3　FX_{3U}系列 PLC 的输入技术指标

输入电压	输入电流			ON 输入感应电流			OFF 输入感应电流	输入阻抗			输入隔离	输入响应时间
	X0 ~ X5	X6、X7	X10 以上	X0 ~ X5	X6、X7	X10 以上		X0 ~ X5	X6、X7	X10 以上		
DC 24 V	6 mA	7 mA	5 mA	3.5 mA 以上	4.5 mA 以上	3.5 mA 以上	1.5 mA 以下	3.9 kΩ	3.3 kΩ	4.3 kΩ	光耦合器隔离	约 10 ms
AC 100 V	4.7 mA/50 Hz；6.2 mA/60 Hz			3.8 mA 以上			1.5 mA 以下	约 21 kΩ/50 Hz；约 18 kΩ/60 Hz；			光耦合器隔离	约 25 ~ 30 ms

附表 A-4　FX_{3U}系列 PLC 的输出技术指标

项　目		继电器输出	晶闸管输出	晶体管输出
外部电源		AC 250 V，DC 30 V 以下	AC 85 ~ 242 V	DC 5 ~ 30 V
最大负载	电阻负载	2A/1 点；8A/4 点共享；8 A/8 点共享	0.3A/1 点；0.8A/4 点共享；0.8A/8 点共享	0.5A/1 点；0.8A/4 点共享；1.6A/8 点共享
	感性负载	80VA	15VA/AC 100 V 30VA/AC 200 V	12W/DC 24 V（1 点） 19.2 W/DC 24 V（4 点） 38.4 W/DC 24 V（8 点）
开路漏电流		—	1 mA/AC 100 V 2 mA/AC 200 V	0.1 mA 以下/DC 30 V
最小负载		DC 5 V，2 mA（参考值）	0.4VA/AC 100 V 1.6VA/AC 200 V	—
响应时间	OFF 到 ON	约 10 ms	1 ms 以下	Y000 ~ Y002：5 μs/10 mA 以上（DC 5 ~ 24 V） Y003 以后：0.2 ms 以下/200 mA 以上（DC 24 V）
	ON 到 OFF	约 10 ms	10 ms 以下	Y000 ~ Y002：5 μs/10 mA 以上（DC 5 ~ 24 V） Y003 以后：0.2 ms 以下/200 mA 以上（DC 24 V）
电路隔离	机械隔离	光电晶闸管隔离	光耦合器隔离	
动作显示	继电器通电时 LED 灯亮	光电晶闸管驱动时 LED 灯亮	光耦合器驱动时 LED 灯亮	

附录 A-5　FX_{3U}系列 PLC 的性能技术指标

运算控制方式		存储程序反复运算方法（专用 LSI），中断指令	
输入输出控制方式		批处理方式（在执行 END 指令时），但有输入输出刷新指令	
运算处理速度	基本指令	0.065 μs/指令	
	应用指令	0.642 μs 或以上/指令	
程序语言		指令表、梯形图、SFC	
程序容量存储器形式		内附 64 K RAM，可选 16 K/64 K 闪存	
指令数	基本、步进指令	基本（顺控）指令 29 个，步进指令 2 个	
	应用指令	209 种 209	
输入继电器		X000 ~ X367（八进制编号）248 点	合计 256 点
输出继电器		Y000 ~ Y367（八进制编号）248 点	

（续）

软元件	项目	范围	备注
辅助继电器	一般用（可变）	M000 ~ M499　500 点	通过参数可以更改保持/非保持的设定
	保持用（可变）	M500 ~ M1023　524 点	
	保持用（固定）	M1024 ~ M7679　6656 点	
	特殊用	M8000 ~ M8511　512 点	
状态寄存器	初始化状态（一般用［可变］）	S0 ~ S9　10 点	
	一般用［可变］	S10 ~ S499　490 点	通过参数可以更改保持/非保持的设定
	保持用［可变］	S500 ~ S899　400 点	
	信号报警用（保持用［可变］）	S900 ~ S999　100 点	
	保持用［固定］	S1000 ~ S4095　3096 点	
定时器	100 ms	T0 ~ T199（0.1 ~ 3276.7 s）200 点，其中 T191 ~ T199 共 8 点子程序、中断子程序用	
	10 ms	T200 ~ 245（0.01 ~ 327.67 s）　46 点	
	1 ms（累计型）	T246 ~ T249（0.001 ~ 32.767 s）　4 点	
	100 ms（累计型）	T250 ~ T255（0.1 ~ 32.767 s）　6 点	
	1 ms	T256 ~ T511（0.001 ~ 32.767 s）　256 点	
计数器	增计数　一般用（可变）	C0 ~ C99　（16 位）100 点	0 ~ 32,767，通过参数可以更改保持/非保持的设定
	增计数　保持用（可变）	C100 ~ C199（16 位）100 点	
	增/减计数用　一般用（可变）	C200 ~ C219（32 位）20 点	通过参数可以更改保持/非保持的设定
	增/减计数用　保持用（可变）	C220 ~ C234（32 位）15 点	
	高速用	C235 ~ C255，（32 位），最多可使用 8 点［保持用］，通过参数可以更改保持/非保持的设定	
数据寄存器	一般用（16 位）（可变）	D0 ~ D199，200 点	
	保持用（16 位）（可变）	D200 ~ D511，312 点	
	保持用（16 位）（固定）	D512 ~ D7999，7488 点，通过参数可以将寄存器 7488 点中 D1000 以后的软元件以每 500 点为单位设定成文件寄存器	
	特殊用（16 位）	D8000 ~ D8511（16 位）512 点	
	变址用	V0 ~ V7，Z0 ~ Z7（16 位）16 点	
指针	JUMP、CALL 分支用	P0 ~ P4095　4096 点，CJ 指令、CALL 指令用	
	输入中断、输入延时中断	I0** ~ I5**，6 点	
	定时器中断	I6** ~ I8**，3 点	
	计数器中断	I010 ~ I060，6 点，HSCS 指令用	
	嵌套（主控）	N0 ~ N7，8 点，MC 主控用	
常数	十进制 K	16 位：−3768 ~ +32767；32 位：−2147483648 ~ +2147483647	
	十六进制 H	16 位：0 ~ FFFF（H）；32 位：0 ~ FFFFFFFF（H）	
	实数（E）	32 位，-1.0×2^{128} ~ -1.0×2^{-126}，0，1.0×2^{-126} ~ 1.0×2^{128}，可以用小数点或指数形式表示	
	字符串（“　”）	字符串，指令上的常数中，最多可以使用半角的 32 个字符	

（续）

SFC 程序	○
注释输入	○
内附 RUN/STOP 开关	○
程序 RUN 中写入	○
时钟功能	○（内藏）
输入滤波器调整	X000 ~ X017 0 ~ 60 ms 可变；FX_{3U} - 16 M　X000 ~ X007，由于 X10 以上的输入输出扩展单元/模块的输入滤波器固定为 10 ms
恒定扫描	○

注：“○”表示支持该功能，“—”表示不支持该功能。

附录 B　FX_{3U}系列 PLC 的型号名称体系及其种类

一、FX_{3U}系列的基本单元

FX_{3U}系列的基本单元型号名称体系形式如图 B-1 所示。

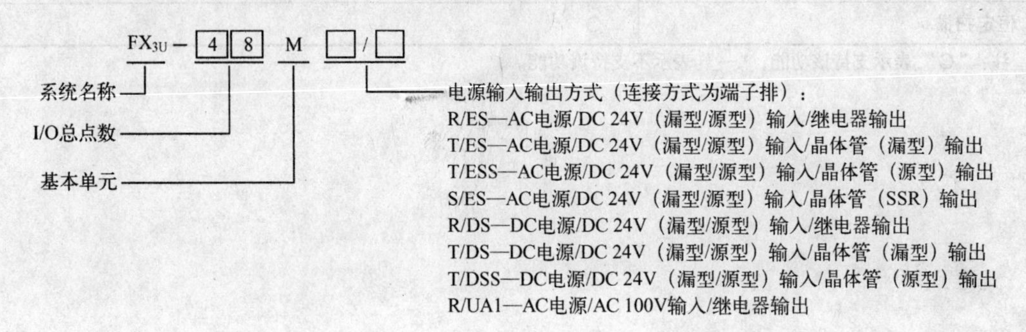

附图 B-1　FX_{3U}系列的基本单元型号名称体系形式

FX_{3U}系列的基本单元供有 16 种，如附表 B-1 所示。

附表 B-1　FX_{3U}系列的基本单元种类

FX_{3U}系列单元格			输入点数	输出点数	输入输出总点数
AC 电源/DC 输入					
继电器输出	晶闸管输出	晶体管输出			
FX_{3U}－16MR/ES（－A）	—	FX_{3U}－16MT/ES 或 ESS	8	8	16
FX_{3U}－32MR/ES（－A）	FX_{3U}－32MS/ES	FX_{3U}－32MT/ES 或 ESS	16	16	32
FX_{3U}－48MR/ES（－A）	—	FX_{3U}－48MT/ES 或 ESS	24	24	48
FX_{3U}－64MR/ES（－A）	FX_{3U}－64MS/ES	FX_{3U}－64MT/ES 或 ESS	32	32	64
FX_{3U}－80MR/ES（－A）		FX_{3U}－80MT/ES 或 ESS	40	40	80
FX_{3U}－128MR/ES（－A）		FX_{3U}－128MT/ES 或 ESS	64	64	128

FX_{3U}系列 PLC 构成的系统允许的输入输出点数及每个基本单元最多可以连接的功能扩展板、特殊适配器及特殊功能单元/模块的连接台数，如附图 B-2 所示。其供电方式如附图 B-3 所示，从基本单元、输入输出扩展单元、扩展电源单元的内置电源分别对扩展的设备供电。

二、FX_{3U}系列 PLC 的扩展单元

FX_{3U}系列 PLC 的扩展单元均为 FX_{2N}系列，名称体系形式如附图 B-4 所示。

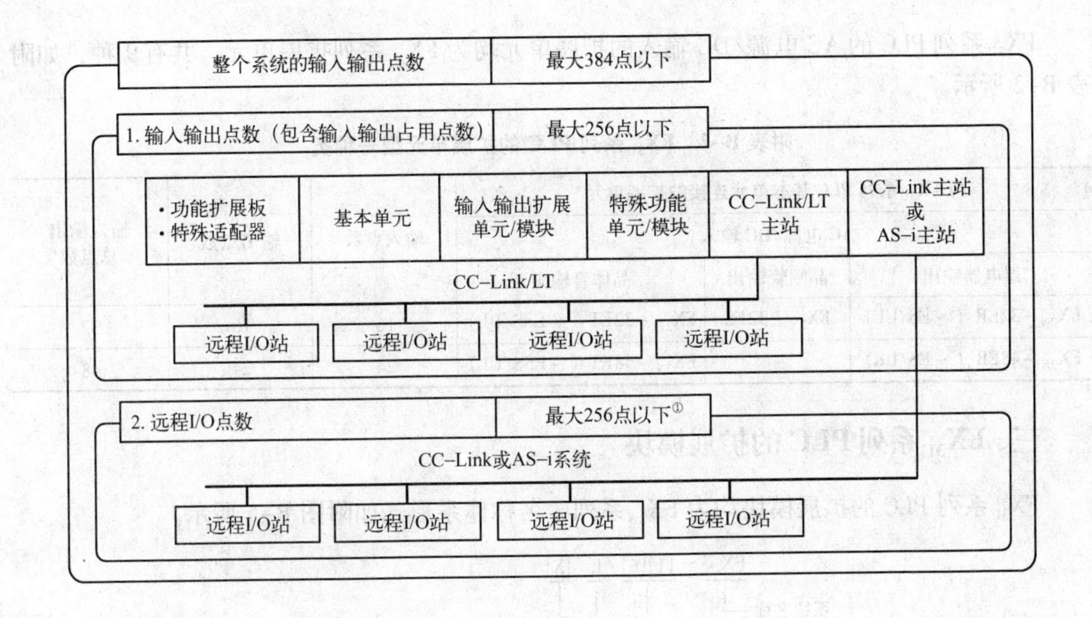

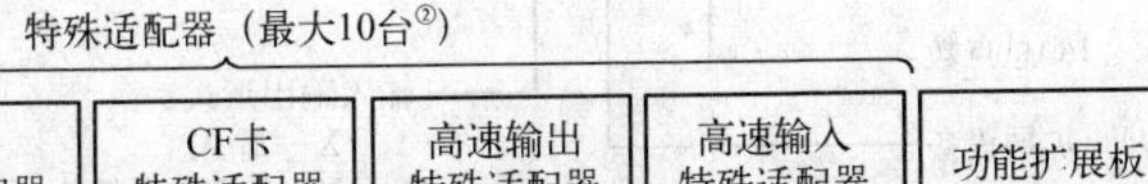

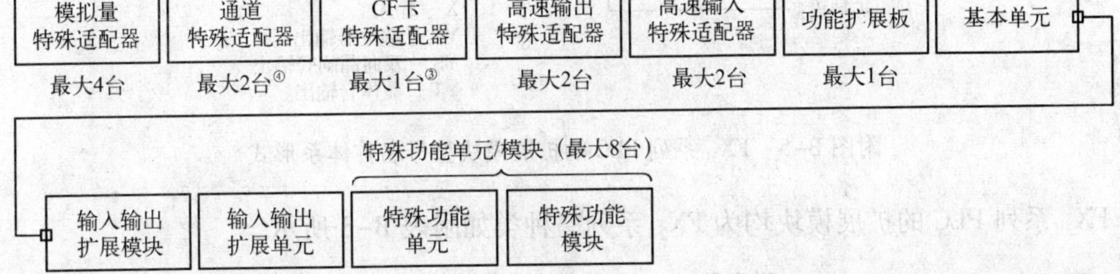

① 远程 I/O 点数因网络种类而异，CC－Link 最大 224 点以下，AS－i 最大 248 点以下。

② 使用 FX_{3U}－CNV－BD 以外的功能扩展板时最多 9 台。

③ 使用 FX_{3U}－CNV－BD 以外的功能扩展板或 CF 卡特殊适配器时最多 1 台。

④ 使用 FX_{3U}－CNV－BD 以外的功能扩展板以及通信特殊适配器共使用 2 台时，不能连接。

附图 B-2　FX_{3U}系列 PLC 系统允许的输入输出点数及基本单元允许连接特殊扩展设备的台数

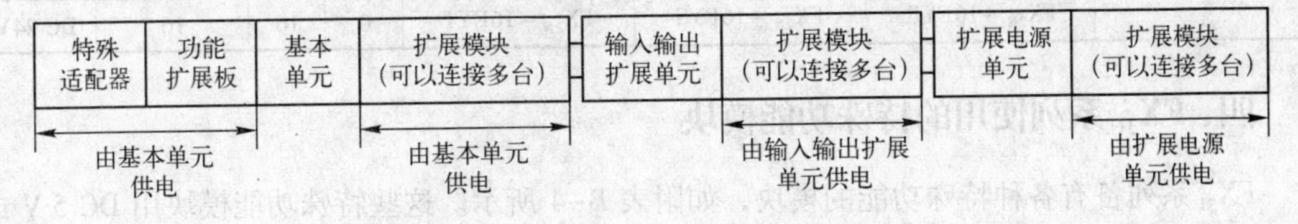

附图 B-3　FX_{3U}系列 PLC 系统的供电方式

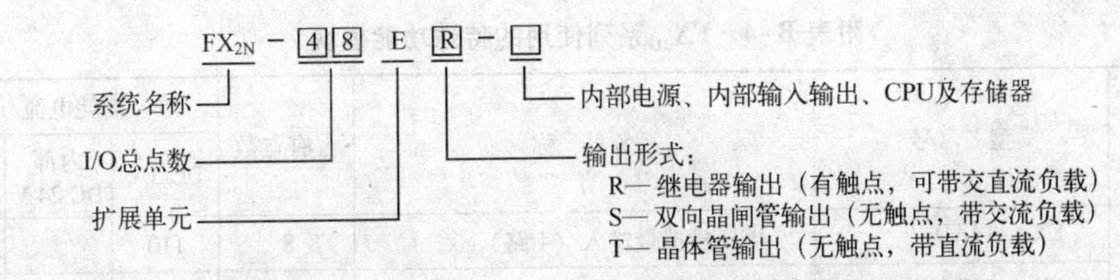

附图 B-4　FX_{3U}系列 PLC 的扩展单元型号名称体系形式

FX_{3U}系列 PLC 的 AC 电源/DC 输入的扩展单元均为FX_{2N}系列扩展单元，共有 9 种，如附表 B-2 所示。

附表 B-2　FX_{3U}系列 PLC 的扩展单元型号种类

与FX_{3U}系列 PLC 基本单元连接的扩展单元			输入点数	输出点数	输入输出总点数
AC 电源/DC 输入					
继电器输出	晶闸管输出	晶体管输出			
FX_{2N}-32ER（-ES/UL）	FX_{2N}-32ES	FX_{2N}-32ET（-ESS/UL）	16	16	32
FX_{2N}-48ER（-ES/UL）	—	FX_{2N}-48ET（-ESS/UL）	24	24	48

三、FX_{3U}系列 PLC 的扩展模块

FX_{3U}系列 PLC 的扩展模块均为FX_{2N}系列，名称体系形式如附图 B-5 所示。

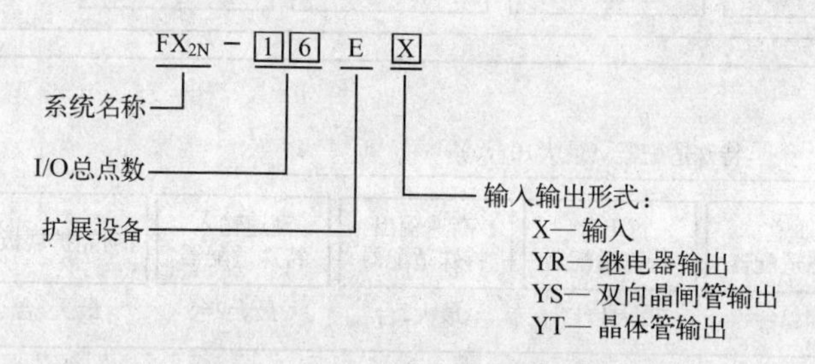

附图 B-5　FX_{3U}系列 PLC 的扩展模块型号名称体系形式

FX_{3U}系列 PLC 的扩展模块均为FX_{2N}系列，种类如附表 B-3 所示。

附表 B-3　FX_{2N}系列的扩展模块种类

输　入	继电器输出	晶闸管输出	晶体管输出	输入点数	输出点数	输入输出总点数	输入电压
FX_{2N}-8EX	—	—	—	8	0	16	DC 24V
FX_{2N}-16EX	—	—	—	16	16	16	DC 24V
	FX_{2N}-8EYR	—	FX_{2N}-8EYT	0	8	8	DC 24V
	FX_{2N}-16EYR	FX_{2N}-16EYS	FX_{2N}-16EYT	0	16	16	DC 24V

四、FX_{3U}系列使用的特殊功能模块

FX_{3U}系列备有各种特殊功能的模块，如附表 B-4 所示。这些特殊功能模块用 DC 5 V 或 24 V 电源驱动。

附表 B-4　FX_{3U}系列使用的特殊功能模块

分　类	型　号	名　称	占有点数	消耗电流/mA		
				DC 5 V	内部 DC 24 V	外部 DC 24 V
模拟量控制模块	FX_{3U}-4AD	4CH 模拟量输入（4 路）	8	110		90
	FX_{3U}-4DA	4CH 模拟量输出（4 路）	8	120		160

（续）

分类	型号	名称	占有点数	消耗电流/mA		
				DC 5 V	内部 DC 24 V	外部 DC 24 V
模拟量控制模块	FX$_{3U}$ – 4LC	4CH 温度调节模块（4 路）	8	160		50
	FX$_{2N}$ – 2AD	2CH 模拟量输入（2 路）	8	20	50	
	FX$_{2N}$ – 2DA	2CH 模拟量输出（2 路）	8	30	85	
	FX$_{2N}$ – 4AD	4CH 模拟量输入（4 路）	8	30		55
	FX$_{2N}$ – 4DA	4CH 模拟量输出（4 路）	8	30		200
	FX$_{2N}$ – 4AD – PT	4CH 温度传感器输入	8	30		50
	FX$_{2N}$ – 4AD – TC	4CH 热电温度传感器输入	8	30		50
	FX$_{2N}$ – 5A	模拟量输入输出（4 路输入 1 路输出）	8	70		90
	FX$_{2N}$ – 8AD	8CH 模拟量输入（8 路输入）	8	70		90
	FX$_{2N}$ – 2LC	2CH 温度控制模块	8	70		55
高速计数/位置控制模块	FX$_{3U}$ – 2HC	2 通道高速计数模块	8			90
	FX$_{3U}$ – 20SSC – H	2 轴控制模块	8	100		220
	FX$_{2N}$ – 1HC	高速计数模块	8	90		
	FX$_{2N}$ – 1PG（– E）	1 轴用脉冲输出模块	8	55		40
	FX$_{2N}$ – 10PG	1 轴用脉冲输出模块	8	120		70
	FX$_{2N}$ – 10GM	1 轴定位模块	8			5
	FX$_{2N}$ – 20GM	2 轴定位模块	8			10
	FX$_{2N}$ – 1RM（– E）– SET	转动角度检测单元	8			5
通信模块	FX$_{3U}$ – ENET – L	以太网通信模块	8			240
	FX$_{3U}$ – 64CCL	CCLink 通信模块	8			220
	FX$_{2N}$ – 232IF	RS – 232C 通讯用模块	8	40		80
	FX$_{2N}$ – 16CCL – M	CC – Link 通信模块	8			150
	FX$_{2N}$ – 32CCL	CC – Link 通信模块	8	130		50
	FX$_{2N}$ – 64CL – M	CC – Link 通信模块	8	190	由 CC – Link/LT 专用电源供电	
	FX$_{2N}$ – 16LNK – M	远程 IO 主模块	0	200		90
功能扩展板	FX$_{3U}$ – 232 – BD	RS – 232 串行通信扩展板	—	20		
	FX$_{3U}$ – 422 – BD	RS – 422 串行通信扩展板	—	20		
	FX$_{3U}$ – 485 – BD	RS – 485 串行通信扩展板	—	40		
	FX$_{3U}$ – USB – BD	USB 通信扩展板	—	15		
	FX$_{3U}$ – 8AV – BD	模拟电位器扩展板	—	20		
	FX$_{3U}$ – CNV – BD	特殊适配器转换扩展板	—	—		
特殊适配器	FX$_{3U}$ – 4HSX – ADP	4 通道高速输入适配器	—	30	30	
	FX$_{3U}$ – 2HSY – ADP	2 通道高速输出适配器	—	30	60	

（续）

分类	型号	名称	占有点数	消耗电流/mA		
				DC 5 V	内部 DC 24 V	外部 DC 24 V
特殊适配器	FX_{3U} - 4AD - ADP	模拟量输入适配器	—	15		40
	FX_{3U} - 4DA - ADP	模拟量输出适配器	—	15		150
	FX_{3U} - 4AD - PT - ADP	4 通道温度特殊适配器	—	15		50
	FX_{3U} - 4AD - PTW - ADP	4 通道温度特殊适配器	—	15		50
	FX_{3U} - 232ADP（ - MB）	RS - 232 特殊适配器	—	30		
	FX_{3U} - 485ADP（ - MB）	RS - 485 特殊适配器	—	30		

附录 C　FX_{3U} PLC 特殊元件编号及名称检索

项　目		FX_{3U}，FX_{3UC}	FX_{2N}，FX_{2NC}
I/O 设置		与用户选择有关，输入输出合计 256 点	硬件配置最多 256 点，与用户选择有关
辅助继电器	一般用辅助继电器［可变］①	500 点，M0 ~ M499	
	保持用辅助继电器［可变］②	524 点，M500 ~ M1023	
	保持用辅助继电器［固定］	6656 点，M1024 ~ M7679	2048 点，M1024 ~ M3071
	特殊辅助继电器	512 点，M8000 ~ M8511	256 点，M8000 ~ M8255
状态继电器	一般用状态继电器［可变］①	500 点，S0 ~ S499，其中 S0 ~ S9 为初始化状态继电器	
	保持用状态继电器［可变］②	400 点，S500 ~ S899	
	信号报警器保持用［可变］②	100 点，S900 ~ S999	
	保持用状态继电器［固定］	3096 点，S1000 ~ S4095	—
定时器	100 ms 定时器	200 点，T0 ~ T199，其中 T192 ~ T199 为子程序、中断子程序用	
	10 ms 定时器	46 点，T200 ~ T245	
	1 ms 累计型定时器	4 点，T246 ~ T249	
	100 ms 累计型定时器	6 点，T250 ~ T255	
	1 ms 定时器	256 点，T256 ~ T511	—
计数器	一般用增计数［可变］①	100 点 16 位，C0 ~ C99	
	保持用增加计数［可变］②	100 点 16 位，C100 ~ C199	
	一般用加减计数［可变］②	20 点 32 位，双向，C200 ~ C219	
	保持用加减计数［可变］②	15 点 32 位，双向，C220 ~ C234	
高速计数器	1 相 1 输入［可变］②	11 点 32 位，C235 ~ C245	
	1 相 2 输入［可变］②	5 点 32 位，C246 ~ C250	
	2 相输入［可变］②	5 点 32 位，C251 ~ C255	
数据寄存器	一般用数据寄存器［可变］①	16 位 200 点，D0 ~ D199	
	保持用数据寄存器［可变］②	16 位 312 点，D200 ~ D511	
	保持用数据寄存器	7488 点 D512 ~ 7999，D1000 后可作文件寄存器使用，以 500 个为单位设置	
	16 位特殊寄存器	512 点，D8000 ~ D8511	106 点，D8000 ~ D8195
	变址寄存器	16 位 16 点，V0 ~ V7，Z0 ~ Z7	
扩展寄存器	扩展寄存器（16 位）	R0 ~ R32767	—
	扩展文件寄存器（16 位）	ER0 ~ ER32767	—

（续）

项　　目		FX_{3U}，FX_{3UC}	FX_{2N}，FX_{2NC}
指针	跳步和子程序调用	4096，P0～P4095	128 点，P0～P127
	中断用 （上升沿触发□＝1，下降沿触发□＝0）	6 点输入中断 （I00□～I50□，上升中断最末位为 1，下降中断最末位为 0） 3 点定时中断 （16□□～18□□，□□部分输 10～99 的整数，表示这时中断时间间隔） 6 点计数中断 （I010～I060）	
MC 和 MCR 的嵌套层数		8 点，N0～N7	
常数	十进制 K	16 位：－32768～＋32767，32 位：－2147483648～＋2147483647	
	十六进制 H	16 位：0～FFFF，32 位：0～FFFFFFFF	
	实数（E）	32 位，-1.0×2^{128}～-1.0×2^{-126}，0，1.0×2^{-126}～1.0×2^{128}，可以用小数点或指数形式表示	

① 非停电保持。根据设定的参数，可改变保持/非保持的设定。
② 停电保持。根据设定的参数，可改变保持/非保持的设定。

附录 D　FX_{3U} 指令顺序排列及其索引

附表 D-1　基本指令简表

助记符名称	功　能	梯形图表示及可用元件	程序步
[LD] 取	触点运算开始（常开触点）	XYMSTC	1
[LDI] 取反	触点运算开始（常闭触点）	XYMSTC	1
[LDP] 取脉冲	上升沿检测运算开始	XYMSTC	2
[LDF] 取脉冲	下降沿检测运算开始	XYMSTC	2
[AND] 与	串联连接（常开触点）	XYMSTC	1
[ANI] 与非	串联连接（常闭触点）	XYMSTC	1
[ANDP] 与脉冲	上升沿检测串联连接	XYMSTC	2
[ANDF] 与脉冲	下降沿检测串联连接	XYMSTC	2
[OR] 或	并联连接（常开触点）	XYMSTC	1
[ORI] 或非	并联连接（常闭触点）	XYMSTC	1
[ORP] 或脉冲	脉冲上升沿检测并联连接	XYMSTC	2
[ORF] 或脉冲	脉冲下降沿检测并联连接	XYMSTC	2
[ANB] 电路块与	并联电路块的串联连接		1
[ORB] 电路块或	串联电路块的并联连接		1

（续）

助记符名称	功　能	梯形图表示及可用元件	程序步
[OUT] 输出	线圈驱动指令	YMSIC	Y、M：1 S、特 M：2 T：3 C：3～5
[SET] 位置	线圈接通保持指令	SET YMS	1
[RST] 复位	线圈接通清除指令	RST YMSTCD	1
[PLS] 上沿脉冲	上升沿检测指令	PLS Y M	2
[PLF] 下沿脉冲	下降沿检测指令	PLF Y M	2
[MC] 主控	公共串联点的连接线圈指令	MCF N YM	3
[MCR] 主控复位	公共串联点的清除指令	MCR N	2
[MPS] 进栈	运算储存	MPS	1
[MRD] 读栈	存储读出	MRD	1
[MPP] 出栈	存储读出与复位	MPP	1
[INV] 取反	运算结果的反转	INV	1
MEP	上升沿时导通		1
MEF	下降沿时导通		1
[NOP] 无操作	无动作	变更程序中替代某些指令	1
[END] 取脉冲	顺控程序结束	顺控程序结束返回到 0 步	1

附表 D-2　功能指令一览表

指令分类	功能号 FNC NO.	指令助记符	功　能	FX_{3U}	FX_{3UC}	FX_{2N}	FX_{2NC}
程序流程	0	CJ	条件跳转	○	○	○	○
	1	CALL	子程序调用	○	○	○	○
	2	SRET	子程序返回	○	○	○	○
	3	IRET	中断返回	○	○	○	○
	4	E1	中断许可	○	○	○	○
	5	DI	中断禁止	○	○	○	○
	6	FEND	主程序结束	○	○	○	○
	7	WDT	监控定时器	○	○	○	○
	8	FOR	循环范围开始	○	○	○	○
	9	NEXT	循环范围终了	○	○	○	○

（续）

指令分类	功能号 FNC NO.	指令助记符	功能	FX_{3U}	FX_{3UC}	FX_{2N}	FX_{2NC}
传送与比较	10	CMP	比较	○	○	○	○
	11	ZCP	区域比较	○	○	○	○
	12	MOV	传送	○	○	○	○
	13	SMOV	移位传送	○	○	○	○
	14	CML	倒转传送	○	○	○	○
	15	BMOV	一并传送	○	○	○	○
	16	FMOV	多点传送	○	○	○	○
	17	XCH	交换	○	○	○	○
	18	BCD	BCD 转换	○	○	○	○
	19	BIN	BIN 转换	○	○	○	○
四则逻辑运算	20	ADD	BIN 加法	○	○	○	○
	21	SUB	BIN 减法	○	○	○	○
	22	MUL	BIN 乘法	○	○	○	○
	23	DIV	BIN 除法	○	○	○	○
	24	INC	BIN 加 1	○	○	○	○
	25	DEC	BIN 减 1	○	○	○	○
	26	WAND	逻辑字与	○	○	○	○
	27	WOR	逻辑字或	○	○	○	○
	28	WXOR	逻辑字异或	○	○	○	○
	29	NEG	求补码	○	○	○	○
循环移位	30	ROR	循环右移	○	○	○	○
	31	ROL	循环左移	○	○	○	○
	32	RCR	带进位循环右移	○	○	○	○
	33	RCL	带进位循环左移	○	○	○	○
	34	SFTR	位右移	○	○	○	○
	35	SFTL	位左移	○	○	○	○
	36	WSFR	字右移	○	○	○	○
	37	WSFL	字左移	○	○	○	○
	38	SFWR	移位写入	○	○	○	○
	39	SFRD	移位读出	○	○	○	○
数据处理	40	ZRST	成批复位	○	○	○	○
	41	DECO	译码	○	○	○	○
	42	ENCO	编码	○	○	○	○
	43	SUM	ON 位数	○	○	○	○
	44	BON	ON 位的判定	○	○	○	○

(续)

指令分类	功能号 FNC NO.	指令助记符	功能	FX_{3U}	FX_{3UC}	FX_{2N}	FX_{2NC}
数据处理	45	MEAN	平均值	○	○	○	○
	46	ANS	信号报警器置位	○	○	○	○
	47	ANR	信号报警器复位	○	○	○	○
	48	SQR	BIN 开方	○	○	○	○
	49	FLT	BIN 整数→二进制浮点数转换	○	○	○	○
高速处理	50	REF	输入输出刷新	○	○	○	○
	51	REFF	输入刷新（带滤波器设定）	○	○	○	○
	52	MTR	矩阵输入	○	○	○	○
	53	HSCS	比较位置（高速计数器用）	○	○	○	○
	54	HSCR	比较复位（高速计数器用）	○	○	○	○
	55	HSZ	区间比较（高速计数器用）	○	○	○	○
	56	SPD	脉冲密度	○	○	○	○
	57	PLSY	脉冲输出	○	○	○	○
	58	PWM	脉冲调制	○	○	○	○
	59	PLSR	带加减速的脉冲输出	○	○	○	○
方便指令	60	IST	初始化状态	○	○	○	○
	61	SER	数据查找	○	○	○	○
	62	ABSD	凸轮控制（绝对方式）	○	○	○	○
	63	INCD	凸轮控制（增量方式）	○	○	○	○
	64	TTMR	示教定时器	○	○	○	○
	65	STMR	特殊定时器	○	○	○	○
	66	ALT	交替输出	○	○	○	○
	67	RAMP	斜坡信号	○	○	○	○
	68	ROTC	旋转工作台控制	○	○	○	○
	69	SORT	数据排列	○	○	○	○
外围设备 I/O	70	TKY	数字键输入	○	○	○	○
	71	HKY	16 键输入	○	○	○	○
	72	DSW	数字式开关	○	○	○	○
	73	SEGD	7 段码译码指令	○	○	○	○
	74	SEGL	带锁存 7 段码译码指令	○	○	○	○
	75	ARWS	箭头开关	○	○	○	○
	76	ASC	ASCⅡ码变换	○	○	○	○
	77	PR	ASCⅡ码打印输出	○	○	○	○
	78	FROM	BFM 读出	○	○	○	○
	79	TO	BFN 写入	○	○	○	○

（续）

指令分类	功能号 FNC NO.	指令助记符	功能	FX_{3U}	FX_{3UC}	FX_{2N}	FX_{2NC}
外围设备	80	RS	串行数据传送	○	○	○	○
	81	PRUN	八进制位传送	○	○	○	○
	82	ASCI	HEX→ASCⅡ转换	○	○	○	○
	83	HEX	ASCⅡ→HEX 转换	○	○	○	○
	84	CCD	校验码	○	○	○	○
	85	VRRD	电位器读出	—	—	○	○
	86	VRSC	电位器刻度	—	—	○	○
	87	RS2	串行数据传送 2	○	○	—	—
	88	PID	PID 运算	○	○	○	○
数据传送	102	ZPUSH	变址寄存器的成批保存	○	①	—	—
	103	ZPOP	变址寄存器的恢复	○	①	—	—
浮点数	110	ECMP	二进制浮点数比较	○	○	○	○
	111	EZCP	二进制浮点数区间比较	○	○	○	○
	112	EMOV	二进制浮点数数据传送	○	○	—	—
	116	ESTR	二进制浮点数→字符串的转换	○	○	—	—
	117	EVAL	字符串→二进制浮点数的转换	○	○	—	—
	118	EBCD	二进制浮点数→十进制浮点数转换	○	○	○	○
	119	EBIN	十进制浮点数→二进制浮点数转换	○	○	○	○
	120	EADD	二进制浮点数加法	○	○	○	○
	121	ESUB	二进制浮点数减法	○	○	○	○
	122	EMUL	二进制浮点数乘法	○	○	○	○
	123	EDIV	二进制浮点数除法	○	○	○	○
	124	EXP	二进制浮点数指数运算	○	○	—	—
	125	LOGE	二进制浮点数自然对数运算	○	○	—	—
	126	LOG10	二进制浮点数常用对数运算	○	○	—	—
	127	ESQR	二进制浮点数开方运算	○	○	○	○
	128	ENEG	二进制浮点数符号翻转	○	○	—	—
	129	INT	二进制浮点数→BIN 整数转换	○	○	○	○
	130	SIN	二进制浮点数 SIN 运算	○	○	○	○
	131	COS	二进制浮点数 COS 运算	○	○	○	○
	132	TAN	二进制浮点数 TAN 运算	○	○	○	○
	133	ASIN	二进制浮点数 SIN^{-1} 运算	○	○	—	—
	134	ACOS	二进制浮点数 COS^{-1} 运算	○	○	—	—
	135	ATAN	二进制浮点数 TAN^{-1} 运算	○	○	—	—
	136	RAD	二进制浮点数角度→弧度的转换	○	○	—	—
	137	DEG	二进制浮点数弧度→角度的转换	○	○	—	—

（续）

指令分类	功能号 FNC NO.	指令助记符	功能	FX_{3U}	FX_{3UC}	FX_{2N}	FX_{2NC}
数据处理2	140	WSUM	算出数据合计值	○	①	—	—
	141	WTOB	字节单位的数据分离	○	①	—	—
	142	BTOW	字节单位的数据结合	○	①	—	—
	143	UNI	16数据位的4位结合	○	①	—	—
	144	DIS	16数据位的4位分离	○	①	—	—
	147	SWAP	高低字节互换	○	○	○	○
	149	SORT2	数据排序2	○	①	—	—
定位	150	DSZR	带DOG搜索的原点回归	○	②	—	—
	151	DVIT	中断定位	○	②	—	—
	152	TBL	表格设定定位	○	①	—	—
	155	ABS	读出ABS当前值	○	○	③	③
	156	ZRN	原点回归	○	○	—	—
	157	PLSV	可变度的脉冲输出	○	○	—	—
	158	DRVI	相对定位	○	○	—	—
	159	DRVA	绝对定位	○	○	—	—
时钟运算	160	TCMP	时钟数据比较	○	○	○	○
	161	TZCP	时钟数据区间比较	○	○	○	○
	162	TADD	时钟数据加法	○	○	○	○
	163	TSUB	时钟数据减法	○	○	○	○
	164	HTOS	时、分、秒数据的秒转换	○	○	—	—
	165	STOH	秒数据的［时、分、秒］转换	○	○	—	—
	166	TRD	读出时钟数据	○	○	○	○
	167	TWR	写入时钟数据	○	○	○	○
	169	HOUR	计时表	○	○	③	③
外围设备	170	GRY	格雷码转换	○	○	○	○
	171	GBIN	格雷码逆转换	○	○	○	○
	176	RD3A	模拟量模块的读出	○	○	③	③
	177	WR3A	模拟量模块的写入	○	○	③	③
扩展功能	180	EXTR	扩展ROM功能	—	—	③	③
其他指令	182	COMRD	读取软元件的注释数据	○	①	—	—
	184	RND	产生随机数	○	○	—	—
	186	DUTY	产生定时脉冲	○	①	—	—
	188	CRC	CRC运算	○	○	—	—
	189	HCMOV	高速计数器传送	○	②	—	—

（续）

指令分类	功能号 FNC NO.	指令助记符	功 能	FX_{3U}	FX_{3UC}	FX_{2N}	FX_{2NC}
数据块处理	192	BK +	数据块的加法运算	○	①	—	—
	193	BK -	数据块的减法运算	○	①	—	—
	194	BKCMP =	数据块比较 S1 = S2	○	①	—	—
	195	BKCMP >	数据块比较 S1 > S2	○	①	—	—
	196	BKCMP =<	数据块比较 S1 < S2	○	①	—	—
	197	BKCMP < >	数据块比较 S1 ≠ S2	○	①	—	—
	198	BKCMP <=	数据块比较 S1 ≤ S2	○	①	—	—
	199	BKCMP > =	数据块比较 S1 ≥ S2	○	①	—	—
字符串	200	STR	BIN→字符串的转换	○	①	—	—
	201	VAL	字符串→BIN 的转换	○	①	—	—
	202	$ +	字符串的结合	○	○	—	—
	203	LEN	检测出字符串的长度	○	○	—	—
	204	RIGHT	从字符串的右侧开始取出	○	○	—	—
	205	LEFT	从字符串的左侧开始取出	○	○	—	—
	206	MIDR	从字符串中的任意取出	○	○	—	—
	207	MIDW	字符串中的任意替换	○	○	—	—
	208	INSTR	字符串的检索	○	①	—	—
	209	$ MOV	字符串的传送	○	○	—	—
数据处理 3	210	FDEL	数据表的数据删除	○	①	—	—
	211	FINS	数据表的数据插入	○	①	—	—
	212	POP	读取后入的数据［先入后出控制用］	○	○	—	—
	213	SFR	16 位数据 *n* 位右移（带进位）	○	○	—	—
	214	SFL	16 位数据 *n* 位左移（带进位）	○	○	—	—
接点比较	224	LD =	（S1） = （S2）	○	○	○	○
	225	LD >	（S1） > （S2）	○	○	○	○
	226	LD <	（S1） < （S2）	○	○	○	○
	228	LD < >	（S1） ≠ （S2）	○	○	○	○
	229	LD≤	（S1） ≤ （S2）	○	○	○	○
	230	LD≥	（S1） ≥ （S2）	○	○	○	○
	232	AND =	（S1） = （S2）	○	○	○	○
	233	AND >	（S1） > （S2）	○	○	○	○
	234	AND <	（S1） < （S2）	○	○	○	○
	236	AND < >	（S1） ≠ （S2）	○	○	○	○
	237	AND≤	（S1） ≤ （S2）	○	○	○	○
	238	AND≥	（S1） ≥ （S2）	○	○	○	○

（续）

指令分类	功能号 FNC NO.	指令助记符	功能	FX_{3U}	FX_{3UC}	FX_{2N}	FX_{2NC}
接点比较	240	OR =	（S1）=（S2）	○	○	○	○
	241	OR >	（S1）>（S2）	○	○	○	○
	242	OR <	（S1）<（S2）	○	○	○	○
	244	OR < >	（S1）≠（S2）	○	○	○	○
	245	OR≤	（S1）≤（S2）	○	○	○	○
	246	OR≥	（S1）≥（S2）	○	○	○	○
数据表处理	256	LIMIT	上下限限位控制	○	○	—	—
	257	BAND	死区控制	○	○	—	—
	258	ZONE	区域控制	○	○	—	—
	259	SCL	定坐标（不同点坐标数据）	○	○	—	—
	260	DABIN	十进制 ASCII→BIN 的转换	○	①	—	—
	261	BINDA	BIN→十进制 ASCII 的转换	○	①	—	—
	269	SCL2	定坐标 2（X/Y 坐标数据）	○	④	—	—
变频器通信	270	IVCK	变频器的运转监视	○	○	—	—
	271	IVDR	变频器的运行控制	○	○	—	—
	272	IVRD	读取变频器的参数	○	○	—	—
	273	IVWR	写入变频器的参数	○	○	—	—
	274	IVBWR	成批写入变频器的参数	○	○	—	—
数据传送 3	278	RBFM	BFM 分割读出	○	①	—	—
	279	WBFM	BFM 分割写入	○	①	—	—
高速处理	280	HSCT	高速计数器表比较	○	○	—	—
扩展文件寄存器	290	LOADR	读出扩展文件寄存器	○	○	—	—
	291	SAVER	成批写入扩展文件寄存器	○	○	—	—
	292	INITR	扩展寄存器的初始化	○	○	—	—
	293	LOGR	登录到扩展寄存器	○	○	—	—
	294	RWER	扩展文件寄存器的删除・写入	○	④	—	—
	295	INITER	扩展文件寄存器的初始化	○	④	—	—

① FX_{3UC}系列 Ver. 2. 20 以上产品中对应。
② FX_{3UC}系列 Ver. 2. 20 以上产品中可以更改功能。
③ FX_{2N}/FX_{2NC}系列 Ver. 3. 00 以上产品中对应。
④ FX_{3UC}系列 Ver. 1. 30 以上产品中对应。
“○”表示支持该功能，“—”表示不支持该功能。

参考文献

[1] 张万忠．可编程序控制器应用技术［M］．北京：化学工业出版社，2002.

[2] 王兆义．小型可编程控制器实用技术［M］．北京：机械工业出版社，2003.

[3] 王炳实．机床电气控制［M］．北京：机械工业出版社，2004.

[4] 史国生．电气控制与可编程控制器技术［M］．北京：化学工业出版社，2004.

[5] 张桂香．电气控制与 PLC 应用［M］．北京：化学工业出版社，2003.

[6] 郁汉琪．电气控制与可编程序控制器应用技术［M］．南京：东南大学出版社，2003.

[7] 阮友德．电气控制与 PLC 实训教程［M］．北京：人民邮电出版社，2006.

[8] 贺哲荣．流行 PLC 实用程序及设计（三菱 FX2 系列）［M］．西安：西安电子科技大学出版社，2006.

[9] 范永胜，王岷．电气控制与 PLC 应用［M］．北京：中国电力出版社，2014.

[10] 曹菁．三菱 PLC、触摸屏和变频器应用技术［M］．北京：机械工业出版社，2012.

[11] 田林红．机床电气控制与 PLC［M］．郑州：郑州大学出版社，2014.

[12] 徐新．人机界面与网络应用技术［M］．北京：机械工业出版社，2012.

[13] 张豪．三菱 PLC 应用案例解析［M］．北京：中国电力出版社，2012.